材料力学

闫晓鹏　武　瑛　主编
杨丽萍　高保凤　李志刚　编

清华大学出版社
北京

内 容 简 介

本书是根据高等工科院校"材料力学课程教学基本要求",依据材料力学课程教学大纲的内容和要求编写的。共 12 章,包括:绪论,拉伸、压缩与剪切,扭转,弯曲内力,弯曲应力,弯曲变形,应力状态和强度理论,组合变形,能量法,压杆稳定,动载荷,交变应力以及附录。本书理论与应用并重,概念清晰,易于理解,除第 1 章外,各章均有一定数量的例题、思考题及习题。

本书可作为高等学校工科各专业的材料力学课程教材,也可供有关工程技术人员参考。

图书在版编目(CIP)数据

材料力学/闫晓鹏等主编.—北京:清华大学出版社,2013.2(2024.3 重印)
 ISBN 978-7-302-31506-3

Ⅰ.①材… Ⅱ.①闫… Ⅲ.①材料力学-高等学校-教材 Ⅳ.①TB301

中国版本图书馆 CIP 数据核字(2013)第 027085 号

责任编辑:佟丽霞　赵从棉
封面设计:傅瑞学
责任校对:王淑云
责任印制:曹婉颖

出版发行:清华大学出版社
　　　网　　　址:https://www.tup.com.cn,https://www.wqxuetang.com
　　　地　　　址:北京清华大学学研大厦 A 座　　　　　　邮　　编:100084
　　　社 总 机:010-83470000　　　　　　　　　　　　邮　　购:010-62786544
　　　投稿与读者服务:010-62776969,c-service@tup.tsinghua.edu.cn
　　　质量反馈:010-62772015,zhiliang@tup.tsinghua.edu.cn
印 装 者:涿州市殷润文化传播有限公司
经　　销:全国新华书店
开　　本:185mm×260mm　　　　印　张:24.75　　　　字　数:604 千字
版　　次:2013 年 2 月第 1 版　　　　　　　　　　印　次:2024 年 3 月第 12 次印刷
定　　价:75.00 元

产品编号:052058-06

FOREWORD

前言

材料力学是高等工科院校开设的专业基础课程,理论性与应用性都较强,既是经典学科,又是一门不断发展和改革的学科。随着高等教育教学内容和课程体系改革的深入,为了使学生在有限的学时里理解和掌握材料力学的基本原理和基本方法,我们编写了此书,希望既在内容上反映新的时代特征,又为工科专业学生进一步的学习打好基础。

本书在保证传统教学体系相对稳定的前提下,力求做到:理论分析严密,逻辑性强,在概念的引出、理论的叙述及结论的应用中特别注意与工程实际的结合与联系;在例题的分析及解题过程中突出解题思路、方法、步骤与技巧,注意理论在题目中的应用并对重要的概念进行深入的研究和讨论。

本书共 12 章,包括:绪论,拉伸、压缩与剪切,扭转,弯曲内力,弯曲应力,弯曲变形,应力状态和强度理论,组合变形,能量法,压杆稳定,动载荷,交变应力以及附录。为了帮助学生深刻理解概念,各章都有思考题,其中汇集了编者在长期教学中所遇到的学生容易误解的问题;并精选了习题,题量适中,类型较全。

本书可作为高等学校工科各专业的材料力学课程教材,也可供有关工程技术人员参考。鉴于目前各专业材料力学学时的不同,可根据教学时数、后续专业课程的教学需要作适当的取舍。

本书第 1、2 章由闫晓鹏编写;第 3、9、10 章由武瑛编写;第 7、8、11 章由杨丽萍编写;第 4～6 章由高保凤编写;第 12 章、附录 A 由李志刚编写。全书由主编闫晓鹏、武瑛统稿审定。

参加本书编写工作的人员均是工作在材料力学教学第一线的教师,他们具有丰富的教学经验,长期致力于教学改革。2005 年“材料力学”课程被评为“山西省精品课程”。本书是太原理工大学材料力学教研室十余年教学改革与课程建设的成果反映,又是作者们长期教学经验的积累和结晶,并在编写过程中,参考吸收了许多国内外材料力学名著的思想和内容,非常感谢众多专家学者的精彩成果。

本书承蒙太原理工大学吴桂英教授认真审阅,并提出了许多宝贵意见,在此表示由衷的感谢。

由于编者水平所限,书中难免有疏漏与欠妥之处,恳请广大读者批评指正。

编　者

2012 年 12 月

CONTENTS

第1章

绪论

1.1 材料力学的基本任务

工程中的结构物通常都会受到各种外力的作用,如吊车梁承受的吊车和起吊物的重力,车床主轴受到的切削力以及物体的自重等。结构物或机械都是由各式各样的杆件和零件组合而成,这些零件通常称为**构件**。构件一般由固体材料制成,在外力作用下,固体将发生形状和尺寸的改变,称为**变形**。要想使结构物或机械在载荷作用下安全可靠地正常工作,必须保证组成它们的每一个构件都能够正常地工作,且具有足够的承受载荷的能力。构件承受载荷的能力由以下三个方面来衡量。

(1) 构件应具有足够的强度

强度是指构件在载荷作用下抵抗破坏的能力。在一定载荷作用下构件不应破坏(断裂或失效),应能够安全地承受载荷。例如压力容器不应开裂或爆破。这就要求构件必须具有足够的强度。

(2) 构件应具有足够的刚度

刚度是指构件在载荷作用下抵抗变形的能力。在一定的载荷作用下,构件只满足强度要求是不够的,如果变形过大,也会影响正常工作。例如机床主轴变形过大时,会影响加工精度。这就要求构件具有足够的刚度。

(3) 构件应具有足够的稳定性

稳定性是指构件保持其原有平衡状态的能力。对于细长受压构件,当压力较小时,构件能保持原有的直线平衡状态。若压力增大至某一数值时,构件会突然变弯,使结构不能正常工作,这种现象称为丧失稳定。例如,千斤顶的螺杆应始终维持原有的直线平衡形态。对于这类细长压力构件,必须具有始终保持原有平衡状态的能力,即要求构件具有足够的稳定性。

实际工程中的构件一般都应具有足够的强度、刚度和稳定性,但对具体构件又往往有所侧重。

构件的强度、刚度和稳定性都与所用的材料有关。因此材料力学还要研究材料在载荷作用下表现出的力学性能。材料的力学性能需要通过实验来测定。此外,许多理论分析的结果是在某些假设的前提下经过简化而得到的,其是否可靠,有待实验的验证。工程中还有些单靠理论分析解决不了的问题,也需借助于实验来解决。所以实验研究和理论分析均为材料力学解决问题的手段。

在设计构件时,除应满足强度、刚度和稳定性要求外,还必须尽可能地合理选用材料和节省材料,以降低成本。因此为构件选择适当的材料、合理的截面形状和尺寸,以保证构件既安全可靠又经济合理,为工程设计提供必要的理论基础和计算方法,这是材料力学的基本任务。

1.2 变形固体及其基本假设

固体在外力作用下都将发生变形,故称其为**变形固体**。变形固体的性质是多方面的,而且很复杂,从不同的角度研究问题,侧重面也不一样。研究构件的强度、刚度和稳定性,通常忽略一些次要因素,作出某些假设,将变形固体抽象为一种理想的力学模型。材料力学对变形固体采用如下的基本假设。

1. 连续性假设

设整个物体体积内毫无空隙地充满物质,即认为结构是密实的。根据这一假设,构件内的一些力学量既可用坐标的连续函数表示,也可采用无限小的数学分析方法。在正常的工作条件下,变形后的固体仍应保持其连续性,也就是说,构件内变形前相邻的质点在变形后也保持相邻,既不产生新的空隙或孔洞,也不出现重叠现象。

2. 均匀性假设

设物体内的任何部分,其力学性质相同。根据这一假设,从构件内部任何部位切取的微小体积单元都具有与构件完全相同的性质。同理,通过试样所测得的材料性质,也可用于构件内的任何部位。

实际情况是材料组成部分的力学性质往往存在不同程度的差异,例如金属是由无数微小晶粒组成,各个晶粒的力学性质不完全相同,但构件的任一部分中包含了数量极大的晶粒,而且无规则地排列,固体的力学性质是各晶粒的力学性质的统计平均值。所以可认为各部分的力学性质是均匀的。

3. 各向同性假设

认为在材料内沿各个不同方向具有相同的力学性质。具有这种属性的材料称为**各向同性材料**。就金属的单一晶粒来说,在不同方向上,其力学性质并不一样。但金属物体包含着数量极多的晶粒,而且各晶粒又是杂乱无章地排列的,这样其在各个方向上的性质就接近相同了。

沿不同方向力学性质不同的材料,称为**各向异性材料**,如木材、胶合板和纤维织品等。材料在外力作用下将产生变形,对于大多数材料,当外力不超过一定限度时,去除外力后,物体将恢复原有的形状和尺寸,这种性质称为**弹性**。随着外力卸除而消失的变形称为**弹性变形**。当外力过大时,去掉外力后,变形只能部分消失而残留下一部分永久变形,材料的这种性质称为**塑性**。残留的变形称为**塑性变形**。

去掉外力后能完全恢复原状的物体称为**理想弹性体**。

本书讨论的问题将限于材料的弹性阶段,即把物体视为理想弹性体。

工程中大多数构件在载荷作用下,其几何尺寸的改变量与构件本身的尺寸相比,通常是很微小的,这类变形称为**小变形**。我们研究的内容将限于小变形范围。由于变形很微小,在研究构件的平衡、运动等问题时,就可以采用构件变形前的原始尺寸进行计算,使问题大为简化。

综上所述,在材料力学中,是把研究对象视为连续、均匀、各向同性的变形体,而所研究的范围主要限于材料处于弹性阶段,且构件的变形是很微小的。

1.3 内力、截面法和应力的概念

构件不受外力时,内部各部分之间存在着相互作用的力,使构件维持一定的形状。当构件受到外力作用而变形时,其内部各部分之间的相互作用力将发生改变。这种因外力作用而引起的构件内各部分之间相互作用力的改变量称为附加内力,简称**内力**。构件的内力随外力的增加而增大,当内力达到某一限度时,构件就会破坏,因而它与构件的强度是密切相关的。

内力是构件内部各分子之间的相互作用力。如图 1-1(a)所示构件在外力作用下处于平衡状态,欲求 m—m 截面的内力,需要将其显示出来。可假想将构件沿 m—m 截面截开,分为 Ⅰ、Ⅱ 两部分,如图 1-1(b)、(c)所示。任取其中一部分,例如 Ⅰ 为研究对象,根据连续性假设,此时 Ⅱ 部分作用于 Ⅰ 部分的内力沿 m—m 截面连续分布。通常是将截面上的分布内力用位于该截面形心处的合力来代替,尽管内力的合力是未知的,但总可以用 6 个内力分量来表示。因构件在外力作用下处于平衡状态,所以截开后的保留部分也应该是平衡的,这样根据平衡方程,即可求得 6 个内力的分量。事实上,截面上的内力并不是都同时存在上述 6 个分量,可能只存在其中一个或几个。

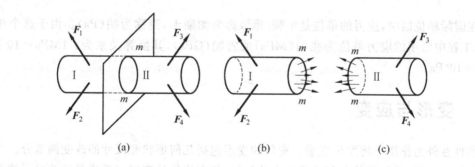

图 **1-1**

上述用截面假想地把构件分成两部分,以显示并确定内力的方法称为截面法。

用截面法求内力的步骤可归纳如下:

(1) 在欲求内力的截面处,用一假设的平面将构件截为两部分。这一步骤简称为"截开"。

(2) 留下一部分,弃掉一部分(任意弃留),并将弃掉的部分对留下部分的作用以内力代替之。此步骤简称为"代替"。

(3) 考虑留下部分的平衡,由平衡方程来确定内力值。该步骤简称为"平衡"。

在确定了构件截面上的内力后,还不能判断这个构件的强度是否足够。因此还要知道内力在截面上的分布规律以及在各点处强弱或密集的程度,即内力的集度,称为**应力**。如

图 1-2(a)所示,要研究受力构件内某截面 m—m 上 k 点处的应力,围绕 k 点取一微小面积 ΔA,设作用在该面积上的内力为 ΔF,则 ΔF 与 ΔA 的比值称为 ΔA 内的**平均应力**,并用 p_m 表示,即

$$p_m = \frac{\Delta F}{\Delta A} \tag{1-1}$$

一般情况下,内力沿截面并非均匀分布,平均应力 p_m 之值及其方向将随所取面积 ΔA 的变化而改变。为了精确地描述内力的分布情况,应使 ΔA 趋近于零,由此得到平均应力 p_m 的极限值,称为截面 m—m 上 k 点处的**应力**,反映内力系在 k 点的强弱程度,用 p 表示。即

$$p = \lim_{\Delta A \to 0} p_m = \lim_{\Delta A \to 0} \frac{\Delta F}{\Delta A} \tag{1-2}$$

应力 p 是一个矢量,通常将 p 沿截面的法向与切向分解为两个分量,如图 1-2(b)所示,沿截面法向的应力分量称为**正应力**,用 σ 表示;沿截面切向的应力分量称为**切应力**,用 τ 表示。

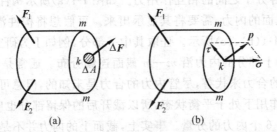

图　1-2

在国际单位制中,应力的单位是牛顿/米²,称为帕斯卡,简称为帕(Pa)。由于这个单位太小,工程中常用的应力单位为兆帕(MPa)或吉帕(GPa),其换算关系为:$1\text{MPa} = 10^6\text{Pa}$,$1\text{GPa} = 10^9\text{Pa}$。

1.4　变形与应变

构件在外力作用下将发生变形。构件的变形包括几何形状和尺寸的改变两部分。为了研究构件的变形,设想将其分割成无数个单元体,整个构件的变形可看成是这些单元体变形累积的结果。如图 1-3(a)所示是从构件中取出的一个单元体,其变形可用棱边长度的改变和棱边所夹直角的改变来描述。设棱边 AB 的原长为 Δx,变形后长度的改变量为 Δu,如图 1-3(b)所示,则比值 $\varepsilon_m = \dfrac{\Delta u}{\Delta x}$ 称为 AB 的平均线应变(又称正应变)。一般情况下,AB 内各点处的变形程度并不相同,为了精确描述 A 点沿 AB 方向的变形程度,应使 Δx 趋近于零,此时,A 点沿 AB 方向的线应变即为

$$\varepsilon_x = \lim_{\Delta x \to 0} \frac{\Delta u}{\Delta x} = \frac{\mathrm{d}u}{\mathrm{d}x} \tag{1-3}$$

用类似的方法,还可确定 A 点沿其他方向的线应变。

单元变形时,除棱边的长度改变外,棱边所夹直角也将发生改变,如图 1-3(c)所示。直

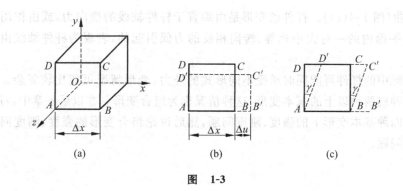

图 1-3

角的改变量 γ 称为 A 点在 xy 平面内的**切应变**(或称**角应变**)。线应变 ε 和切应变 γ 均为无量纲的量。

1.5 杆件变形的基本形式

工程中构件的种类很多,如杆、板、壳、块体等。材料力学所研究的主要是其中的杆件。所谓杆件,是指其长度相对于其他两个横向尺寸大得多的构件。一般来说,建筑工程中的梁、柱以及机器上的轴等均属于杆件。

就杆件的外形来分,可分为直杆、曲杆和折杆。杆件的轴线为直线时为直杆,轴线为曲线与折线时分别为曲杆与折杆。就横截面(垂直于轴线的截面)来分,杆件又可分为等截面(各截面均相同)杆和变截面(横截面是变化的)杆。本书将着重讨论等截面的直杆(简称为等直杆)。

在不同形式的外力作用下,杆件产生的变形形式也不相同,但构件变形的基本形式总不外乎以下几种形式。

(1) 轴向拉伸或压缩(图 1-4(a)、(b))。杆件的变形是由大小相等、方向相反、作用线与杆件轴线重合的一对力引起的,表现为杆件的长度发生伸长或缩短。

(2) 剪切(图 1-4(c))。杆件的变形是由一对大小相等、方向相反且作用线相距很近的横向力引起的,表现为受剪杆件的两部分沿外力作用方向发生相对错动。

(3) 扭转(图 1-4(d))。杆件的变形是由大小相等、转向相反、作用面都垂直于杆轴线的两个力偶引起的,表现为杆件的任意两个横截面发生绕轴线的相对转动。

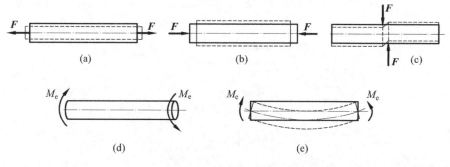

图 1-4

(a) 拉伸;(b) 压缩;(c) 剪切;(d) 扭转;(e) 弯曲

（4）弯曲（图 1-4(e)）。杆件的变形是由垂直于杆件轴线的横向力，或由作用于包含杆轴线的纵向平面内的一对大小相等、转向相反的力偶引起的，表现为杆件轴线由直线变为曲线。

工程实际中的杆件可能同时承受不同形式的外力，变形情况可能比较复杂。有些杆件同时发生两种或两种以上的基本变形，这种情况称为组合变形。在以后各章中，将分别讨论杆件在上述四种基本变形下的强度、刚度问题，然后讨论组合变形的强度、刚度问题以及压杆的稳定性问题。

第<big>2</big>章

拉伸、压缩与剪切

2.1 轴向拉伸与压缩的概念和实例

　　承受轴向拉伸或压缩的构件在工程中的应用非常广泛。例如,用于连接的螺栓(图 2-1)、斜拉索桥上的钢索(图 2-2)、吊运重物时的起重钢索(图 2-3)都承受轴向拉伸;千斤顶的螺杆在顶起重物时(图 2-4)、房屋建筑中的柱则承受轴向压缩。此外,钢木组合桁架结构中的杆件,则不是受拉就是受压(图 2-5)。

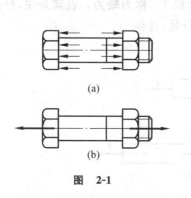

(a)

(b)

图　2-1

图　2-2

图　2-3

图　2-4

　　综上各例可以看出,工程实际中的这些构件除连接部分外,多为等截面直杆,它们的共同特点是:**作用在杆件上的外力合力的作用线与杆件轴线相重合,杆件变形是沿轴线方向的伸长或缩短。这类构件称为轴向拉(压)杆。**若不考虑实际拉(压)杆的具体形状与受力情况,则可将其简化为图 2-6 所示的受力简图。变形后的形状在图中用虚线表示。

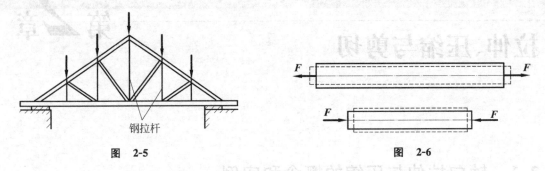

图　2-5

图　2-6

2.2　直杆轴向拉伸(压缩)时横截面上的内力和应力

为了解决构件的强度和刚度等问题,需要首先研究横截面上的内力。

设有一拉杆,为求某一横截面 m—m 上的内力,可沿该截面假想地把杆件分为两部分,(图 2-7(a))。任取左段或右段为研究对象(图 2-7(b)),由平衡条件可知,该截面上分布内力系的合力 F_N 的作用线必然与杆件的轴线重合,所以 F_N 称为**轴力**。也就是说,杆件在拉伸或压缩变形时横截面上只存在轴力 F_N 一个内力分量,且有

$$F_N = F$$

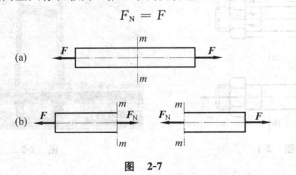

图　2-7

在材料力学中,力的符号是根据构件的变形情况来规定的。**当轴力背离截面,即杆件受拉伸时,其轴力为正;反之,当轴力指向截面,即杆件受压缩时,其轴力为负。**

如果杆件上作用有两个以上的轴向外力,则在杆件各部分的横截面上轴力不尽相同,即**只有两个轴向外力作用点之间的横截面上的轴力一定是相同的**。这时可用轴力图来表示轴力沿杆件轴线方向变化的情况。习惯上将正的轴力画在坐标轴的上侧,负的画在下侧。下面举例说明轴力图的绘制方法。

【例 2-1】　如图 2-8(a)所示等直杆,在 B、C、D 等处作用有集中载荷 F_1、F_2 和 F_3,其中 $F_1=12\text{kN}$,$F_2=6\text{kN}$,$F_3=2\text{kN}$。试画出杆件的轴力图。

解:(1) 求约束反力

以杆为研究对象,其受力如图 2-8(b)所示,列平衡方程

$$\sum F_x = 0, \quad F_1 - F_2 - F_3 - F_{RA} = 0$$

解得

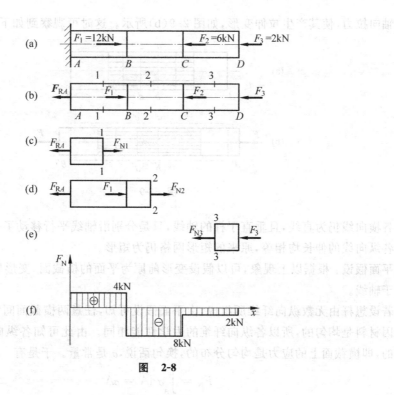

图 2-8

$$F_{RA} = 4\text{kN}$$

（2）计算轴力

在 AB 段内，沿 1—1 截面假想将杆分为两段，取左段为研究对象，其受力如图 2-8(c) 所示，由平衡方程

$$\sum F_x = 0, \quad F_{N1} - F_{RA} = 0$$

可得　　　　　　　　　　　　$F_{N1} = F_{RA} = 4\text{kN}（拉力）$

同理，可求得 BC 段、CD 段任一截面上的轴力为

$$F_{N2} = -8\text{kN}（压力）$$

$$F_{N3} = -2\text{kN}（压力）$$

（3）画轴力图

建立图 2-8(f) 所示的坐标系，横坐标表示横截面的位置，纵坐标表示相应截面上的轴力，便可绘制出轴力沿杆件轴线方向变化的关系曲线，即轴力图。

在确定了拉（压）杆的轴力以后，还无法判断杆件在外力作用下是否会因强度不够而破坏，必须进一步研究横截面上的应力。

在拉（压）杆的横截面上，与轴力 F_N 对应的是正应力 σ。根据均匀连续性假设，内力在横截面上是连续分布的。若以 A 表示横截面面积，则内力元素 $\sigma\mathrm{d}A$ 便构成了一个垂直于横截面的平行力系，其合力就是轴力 F_N。于是得

$$F_N = \int_A \sigma \mathrm{d}A \tag{a}$$

实验研究：为了确定 σ 的分布规律，可通过研究杆件的变形入手。变形前，在其侧面上作一系列平行于轴线的纵向线和垂直于轴线的横向线，如图 2-9(a) 所示。然后在杆两端加

一对轴向拉力,使其产生拉伸变形,如图 2-9(b)所示。这时可观察到如下现象:

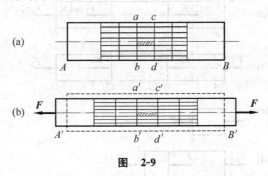

图　2-9

各横向线仍为直线,且垂直于杆的轴线,只是分别沿轴线平行移动了一段距离;

各纵向线的伸长均相等,原来的矩形网格仍为矩形。

平面假设:根据以上现象,可以假设变形前原为平面的横截面,变形后仍保持为平面且垂直于轴线。

若设想杆由无数纵向纤维所组成,由平面假设可知,任意两横截面间各条纤维的伸长相同。因材料是均匀的,所以各纵向纤维的力学性能相同。由此可知各纵向纤维所受的力是一样的,即横截面上的应力是均匀分布的,换句话说,σ 是常量。于是有

$$F_{\mathrm{N}} = \int_A \sigma \mathrm{d}A = \sigma A \qquad\qquad (\mathrm{b})$$

$$\sigma = \frac{F_{\mathrm{N}}}{A} \qquad\qquad (2\text{-}1)$$

关于正应力 σ 的符号,一般规定:**拉应力为正,压应力为负**。

式(2-1)是根据正应力在杆件横截面上均匀分布这一结论而导出的,已为实验所证实,适用于横截面为任意形状的等截面直杆。实践证明,除外力作用点附近外,式(2-1)均适用。这正如圣维南原理指出的:"力作用于杆端方式的不同,只会使与杆端距离不大于杆的横向尺寸的范围内受到影响。"因此,在拉(压)杆的应力计算中,除杆端外,式(2-1)均适用。

【例 2-2】　如图 2-10(a)所示为一悬臂吊车简图,斜杆 AB 为直径 $d = 20\mathrm{mm}$ 的钢杆,载荷 $W = 15\mathrm{kN}$,当载荷 W 移到 A 点时,求斜杆 AB 横截面上的应力。

解:(1) 求约束反力

分别以 AB 和 AC 为研究对象,其受力图如图 2-10(b) 和(c) 所示。由平衡方程 $\sum M_C = 0$ 得

$$F_{\max} \cdot \sin\alpha \cdot \overline{AC} - W \cdot \overline{AC} = 0$$

$$F_{\max} = \frac{W}{\sin\alpha}$$

由 $\triangle ABC$ 求出

$$\sin\alpha = \frac{\overline{BC}}{\overline{AB}} = 0.8 / \sqrt{0.8^2 + 1.9^2} = 0.388$$

于是得

$$F_{\max} = 38.7\mathrm{kN}$$

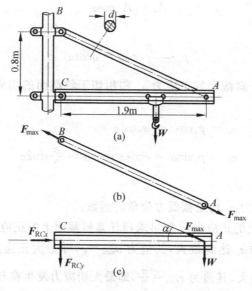

图 2-10

（2）计算轴力

用截面法可求得斜杆的轴力为

$$F_N = F_{max} = 38.7 \text{kN}$$

（3）应力计算

由式(2-1)，可求得杆 AB 横截面上的应力为

$$\sigma = \frac{F_N}{A} = \frac{38.7 \times 10^3}{(\pi/4) \times (20 \times 10^{-3})^2}$$

$$= 123 \times 10^6 (\text{Pa}) = 123 (\text{MPa})$$

2.3 直杆轴向拉伸（压缩）时斜截面上的应力

前面研究了轴向拉伸（压缩）时直杆横截面上的应力，但没有讨论其他方位截面上的应力情况。不同材料的实验表明，拉(压)杆的破坏并不总是沿横截面发生，为了更全面地对杆件进行强度计算，下面进一步讨论斜截面上的应力。

如图 2-11 所示拉杆，利用截面法，假想地用任意斜截面 $k—k$ 将杆件分为两段，取左段为研究对象，其受力如图 2-11(b)所示，考虑左端的平衡，则有

$$F_\alpha = F$$

仿照求横截面上正应力的过程，可知斜截面上的应力 p_α 也是均匀分布的，因此有

$$p_\alpha = \frac{F_\alpha}{A_\alpha} = \frac{F}{A_\alpha} \qquad (a)$$

式中 A_α 为斜截面的面积。它与横截面面积 A 之间具有下列关系：

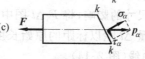

图 2-11

$$A_\alpha = A/\cos\alpha \qquad\qquad\qquad (b)$$

将式(b)代入式(a),得

$$p_\alpha = \frac{F}{A}\cos\alpha = \sigma\cos\alpha \qquad\qquad\qquad (c)$$

将 p_α 分解为垂直于斜截面的正应力 σ_α 和相切于斜截面的切应力 τ_α,如图 2-11(c)所示,可得

$$\sigma_\alpha = p_\alpha\cos\alpha = \sigma\cos^2\alpha \qquad\qquad\qquad (2\text{-}2)$$

$$\tau_\alpha = p_\alpha\sin\alpha = \sigma\cos\alpha \cdot \sin\alpha = \frac{\sigma}{2}\sin2\alpha \qquad\qquad (2\text{-}3)$$

式(2-2)和式(2-3)表明:

(1) 正应力 σ_α、切应力 τ_α 均是截面方位角的函数。

(2) 若已知横截面上的正应力 σ,便可求得任意斜截面上的正应力 σ_α 和切应力 τ_α。

(3) $\alpha=0°$时,正应力 σ_α 达到最大,其值为 $\sigma_{max}=\sigma$,即最大正应力发生在横截面上;若 $\alpha=45°$,切应力 τ_α 达到最大,其值为 $\tau_{max}=\dfrac{\sigma}{2}$,即最大切应力发生在与杆轴线成45°角的斜截面上。

2.4 材料拉伸(压缩)时的力学性能

材料在外力作用下所呈现的有关强度和变形方面的特性,称为**材料的力学性能**。材料的力学性能一般通过试验来测定。测定材料力学性能的试验种类较多,这里主要介绍在室温下以缓慢平稳的加载方式所进行的试验,即**常温静载试验**,以及通过试验所得到的一些力学性能。

2.4.1 材料拉伸时的力学性能

拉伸试验是测定材料力学性能最常用、最基本的试验之一。国家标准(《金属拉伸试验方法》,GB 228—87)规定,试件应做成标准试件。如图 2-12 所示,在试件中间等直部分取长为 l 的一段作为试验段,l 称为**标距**。对圆截面标准试件的标距 l 与直径 d 有两种比例,即 $l=10d$ 和 $l=5d$。

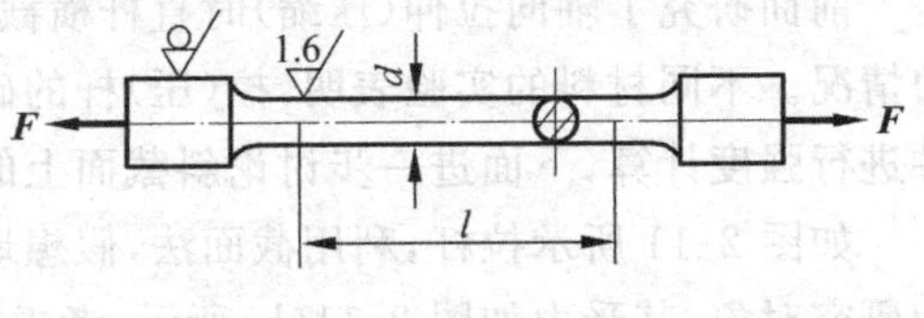

图 2-12

1. 低碳钢拉伸时的力学性能

低碳钢是指含碳量在 0.3% 以下的碳素钢,是工程中广泛使用的材料,它在拉伸试验中表现出来的力学性能比较全面和典型。

通过拉伸试验可以看到,随着拉力 F 的缓慢增加,标距 l 的伸长量 Δl 有规律的变化,由此可绘制出表示 F 和 Δl 关系的曲线,即 $F\text{-}\Delta l$ 曲线(图 2-13)。$F\text{-}\Delta l$ 图与试件尺寸有关,为了消除试件尺寸的影响,将 $F\text{-}\Delta l$ 图中的纵坐标即载荷 F 除以试件横截面的原始面积 A,横坐标即伸长量 Δl 除以标距的原始长度 l,便得到应力 σ 与应变 ε 的关系曲线,称为**应力-应变图或$\sigma\text{-}\varepsilon$ 曲线**(图 2-14)。

根据试验结果,低碳钢的 $\sigma\text{-}\varepsilon$ 曲线可以分为下列几个阶段。

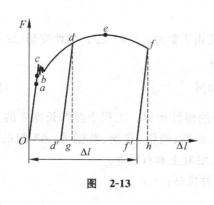

图 2-13

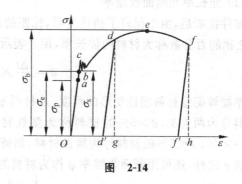

图 2-14

1）弹性阶段

如图 2-14 所示，在 Oa 阶段内，σ 与 ε 成线性关系，即

$$\sigma = E\varepsilon \tag{2-4}$$

上式称为**拉伸或压缩胡克定律**。式中 E 为与材料有关的比例常数，称为**弹性模量**。直线部分的最高点 a 所对应的应力值 σ_p，称为**比例极限**。

超过 a 点后，曲线 ab 段呈微弯状，但在 ab 段内卸载后变形能完全恢复，表明材料是弹性的。b 点所对应的应力 σ_e 称为**弹性极限**。应力超过 σ_e，便开始出现塑性变形，即 σ_e 是材料产生弹性变形的最大应力。

2）屈服阶段

当应力超过 b 点达到某一值时，应力不增加或在一微小范围内波动，变形却继续增大，材料暂时失去抵抗变形的能力，这便是**屈服现象**。在屈服阶段内的最高点和最低点分别称为上屈服点和下屈服点。在正常的试验条件下，下屈服点比较稳定，因此工程上以下屈服点所对应的应力作为材料的**屈服极限** σ_s。

在屈服阶段，若试件经过抛光，这时可看到与试件轴线成 45° 角的条纹，这是因为材料沿试件的最大切应力作用面发生滑移而出现的，称为**滑移线**。

材料屈服表现为显著的塑性变形，工程实践中构件产生较大的塑性变形后便不能正常工作，所以 σ_s 通常是衡量这类构件是否破坏的强度指标。

3）强化阶段

屈服阶段结束后，材料又恢复了抵抗变形的能力，要使它继续变形，必须增加拉力，这种现象称之为**强化**。强化阶段的最高点 e 所对应的应力 σ_b 是材料能承受的最大应力，称为**强度极限**或**抗拉强度**。它是衡量材料强度的另一重要指标。

4）局部变形阶段

当应力超过 σ_b 后，在试件某一局部范围内横向尺寸突然急剧减小，形成**缩颈现象**（图 2-15），由于缩颈处横截面面积迅速减小，试件伸长所需拉力也相应减少。最后试件在缩颈部分被拉断。

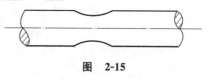

图 2-15

为了更全面衡量低碳钢材料的力学性能，除了掌握 σ-ε 曲线各阶段的强度指标以外，还应了解塑性指标（伸长率和断面收缩率），以及在强化阶段的卸载定律和冷作硬化现象对材料性能的影响。

（1）伸长率和断面收缩率

试件拉断后，由于保留了塑性变形，标距的长度由 l 变为 $l_1 = l + \Delta l$。塑性变形 Δl 与标距 l 之比的百分数称为材料的伸长率，用 δ 表示，即

$$\delta = \frac{\Delta l}{l} \times 100\% \tag{2-5}$$

伸长率能够衡量材料塑性变形的程度，是材料重要的塑性指标。工程中按伸长率 δ 的大小把材料分为两大类，$\delta > 5\%$ 的材料称为塑性材料，如钢、硬铝、青铜、黄铜等，A3 钢的 $\delta \approx 20\% \sim 30\%$；$\delta < 5\%$ 的材料称为脆性材料，如铸铁、混凝土和石料等。

除 δ 之外，还可用断面收缩率 ψ 作为材料的塑性指标：

$$\psi = \frac{A - A_1}{A} \times 100\% \tag{2-6}$$

式中 A_1 为断裂后断口处的最小横截面面积，A 为试样横截面的原始面积。A3 钢 $\psi \approx 60\%$。

（2）卸载定律和冷作硬化

当应力超过屈服极限以后，若在强化阶段某点 d 开始卸载（图 2-14），卸载曲线 dd' 为一条几乎平行于直线 Oa 的斜直线。这说明在卸载过程中，应力和应变按直线规律变化，这就是**卸载定律**。外力完全卸除后，图 2-14 中的 $d'g$ 表示消失了的弹性变形，而 Od' 表示消失不掉的塑性变形。

卸载后，若在短期内继续加载，则应力和应变大致上沿卸载时的斜直线 $d'd$ 变化，然后由 d 点按原来的 σ-ε 曲线变化至 f 点。可见，在再次加载时，材料的比例极限得到提高，而断裂时的塑性变形却由 Of' 减少至 $d'f'$，伸长率也相应地减少，这种现象称为**冷作硬化**。工程中常利用冷作硬化来提高构件在弹性范围内所能承受的最大载荷，冷作硬化经退火后可消除。

2. 铸铁拉伸时的力学性能

灰口铸铁拉伸时的 σ-ε 曲线如图 2-16 所示，它具有如下特点。

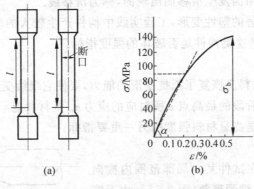

图 **2-16**

σ-ε 图中没有明显的直线阶段，但在实际使用的应力范围内，σ-ε 曲线的曲率很小，工程中常以割线代替曲线的开始部分（图 2-16），并以割线斜率作为弹性模量，称为**割线弹性模量**。

拉伸过程中既无屈服阶段，也无缩颈现象，拉断时测得的强度极限 σ_b 远低于低碳钢的

强度极限。

试件在拉伸过程中,变形很小,断裂时的应变只不过为原长的 0.4%～0.5%,断口垂直于试件的轴线(图 2-16)。

3. 其他材料拉伸时的力学性能

图 2-17 为几种塑性材料的 σ-ε 曲线。

由图可见,有些材料,如 16Mn 钢,和低碳钢一样,有明显的弹性阶段、屈服阶段、强化阶段和局部变形阶段;有些材料,如黄铜 H62,没有屈服阶段,但其他三个阶段却很明显;还有些材料,如 T10A,没有屈服阶段和局部变形阶段,只有弹性阶段和强化阶段。对这些没有明显屈服阶段的塑性材料,可以将产生 0.2% 塑性应变时的应力作为**屈服指标**(称为**名义屈服极限**),并用 $\sigma_{0.2}$ 来表示(图 2-18)。

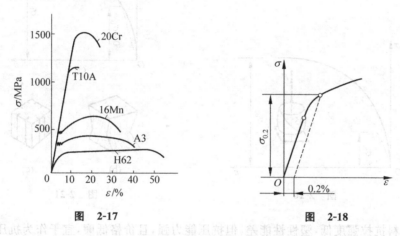

图 2-17　　　　　　　　　　　图 2-18

各类碳素钢,随含碳量的增加,屈服极限和强度极限相应提高,但伸长率却降低。例如合金钢、工具钢等高强度钢材,屈服极限较高,但塑性性能却较差。

2.4.2　材料压缩时的力学性能

材料的压缩试验也是测定材料力学性能的基本试验之一。金属材料的压缩试件为圆柱形,为避免试件被压弯,圆柱不能太高,通常取高度为直径的 1.5～3.0 倍;混凝土、石料等的试样为立方块。

低碳钢压缩时的 σ-ε 曲线如图 2-19 所示。在屈服阶段以前,压缩曲线与拉伸曲线基本重合,因此低碳钢压缩时的弹性模量 E、屈服极限 σ_s 等均与拉伸试验结果基本相同。进入强化阶段后,压缩曲线一直上升,这是由于试件越压越扁,截面面积越来越大,试件抗压能力也继续提高,试件产生很大的塑性变形而不断裂,因此,无法测出低碳钢的压缩强度极限,但由于可以从拉伸试验测定出低碳钢压缩时的主要性能,所以实际上不一定要进行压缩试验。

与塑性材料不同,脆性材料压缩时的力学性能与拉伸时有较大差异。图 2-20 为铸铁压缩时的 σ-ε 曲线。由图可见,试件在较小的变形下突然破坏。破坏断面的法

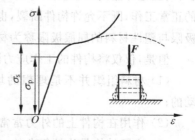

图　2-19

线与轴线大致成 $45°\sim55°$ 的倾角,表明试件沿最大切应力面发生错动而被剪断。铸铁的抗压强度比抗拉强度高 $3\sim5$ 倍。其他脆性材料,如混凝土、石料等,抗压强度也高于抗拉强度,混凝土的抗拉强度约为抗压强度的 $\frac{1}{5}\sim\frac{1}{20}$。

混凝土压缩时的 σ-ε 曲线如图 2-21(a)所示。在加载初期有很短的一直线段,以后明显弯曲,在变形不大的情况下突然断裂。混凝土的弹性模量规定以 $\sigma=0.4\sigma_b$ 时的割线斜率来确定。混凝土在压缩试验中的破坏形式,与两端压板和试块的接触面的润滑条件有关。图 2-21(b)、(c)分别为不同端部条件下的破坏形式,其标号就是根据其抗压强度标定的。

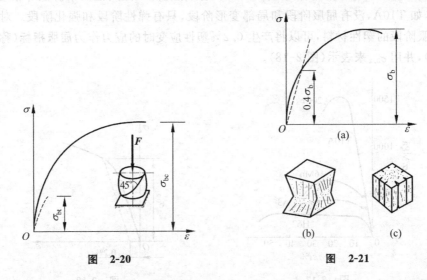

图 2-20   图 2-21

脆性材料抗拉强度低,塑性性能差,但抗压能力强,且价格低廉,宜于作为抗压构件的材料。铸铁坚硬耐磨,易于铸成形状复杂的零部件,是良好的耐压、减震材料,在工程中得到广泛应用;混凝土作为非金属的人造材料更是广泛用于工业与民用建筑当中。因此脆性材料的压缩试验比拉伸试验更为重要。

2.5 失效、安全因数和强度计算

2.5.1 安全因数 许用应力

实验结果表明:对于脆性材料,当正应力达到强度极限 σ_b 时,会引起断裂;对于塑性材料,当正应力达到屈服极限 σ_s 时,将产生屈服或产生显著塑性变形。工程上,为了确保构件的正常工作,既不允许构件断裂,也不允许构件产生显著塑性变形。通常将脆性材料的强度极限与塑性材料的屈服极限称为材料的破坏应力,即极限应力,用 σ_u 来表示。

但是,仅仅将构件的工作应力限制在极限应力的范围内还是不够的,这是因为:

(1) 材料组织并不是理想的均匀性,同一种材料测出的力学性能是在某一范围内波动的;

(2) 作用在构件上的外力常常估计不准确;

(3) 实际结构是比较复杂的,它与设计中的计算简图不可避免地存在差异,因而计算结果带有一定程度的近似性；

（4）构件需有必要的强度储备，特别是对于因破坏带来严重后果的构件，更应给予较大的强度储备。

由此可见，为了使构件具有足够的强度，在载荷作用下构件的工作应力显然应低于极限应力，也就是将材料的极限应力除以一个大于 1 的因数 n，作为构件应力所不允许超过的值。这个应力称为材料的许用应力，用 $[\sigma]$ 表示，因数 n 称为**安全因数**，它们具有如下关系：

$$[\sigma] = \frac{\sigma_{\mathrm{u}}}{n} \tag{2-7}$$

2.5.2　强度计算

为了确保拉（压）杆不致因强度不足而破坏，应使最大工作应力 $\sigma_{\max}$ 不超过许用应力 $[\sigma]$，即

$$\sigma_{\max} \leqslant [\sigma] \tag{2-8}$$

对于等截面直杆，轴向拉伸（压缩）时的强度条件为

$$\sigma = \frac{F_{\mathrm{N}}}{A} \leqslant [\sigma] \tag{2-9}$$

根据式（2-9）可进行下列三方面的强度计算。

1）强度校核

已知杆件的材料、所受载荷及尺寸，可直接运用式（2-9）对杆件进行强度校核。

2）设计截面尺寸

已知杆件的材料和所受载荷，利用式（2-9）得

$$A \geqslant \frac{F_{\mathrm{N}}}{[\sigma]} \tag{2-10}$$

于是可确定构件的横截面面积。

3）确定许可载荷

已知杆件的材料和尺寸，利用式（2-9）得

$$F_{\mathrm{N}} \leqslant A[\sigma] \tag{2-11}$$

由此可确定结构所能承受的最大载荷。

【例 2-3】　如图 2-22 所示空心圆截面杆，外径 $D=20\mathrm{mm}$，内径 $d=15\mathrm{mm}$，承受轴向载荷 $F=20\mathrm{kN}$ 作用，材料的屈服应力 $\sigma_{\mathrm{s}}=235\mathrm{MPa}$，安全因数 $n_{\mathrm{s}}=1.5$。试校核杆的强度。

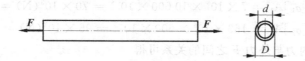

图　2-22

解：杆件横截面上的正应力为

$$\sigma = \frac{4F}{\pi(D^2-d^2)} = \frac{4 \times 20 \times 10^3}{\pi(0.020^2-0.015^2)}$$

$$= 145 \times 10^6 (\mathrm{Pa}) = 145 (\mathrm{MPa})$$

根据式(2-7)可知,材料的许用应力为

$$[\sigma] = \frac{\sigma_s}{n_s} = \frac{235 \times 10^6}{1.5} = 156 \times 10^6 (\text{Pa}) = 156 (\text{MPa})$$

可见,工作应力小于许用应力,说明杆件能够安全工作。

【例 2-4】 钢木构架如图 2-23 所示。BC 杆为钢制圆杆,AB 杆为木杆。$F = 10\text{kN}$,木杆 AB 的横截面积为 $A_1 = 10\ 000\text{mm}^2$,弹性模量 $E_1 = 10\text{GPa}$,许用应力 $[\sigma_1] = 7\text{MPa}$;钢杆 BC 的横截面积为 $A_2 = 600\text{mm}^2$,许用应力 $[\sigma_2] = 160\text{MPa}$。

(1) 校核两杆的强度;

(2) 求许可载荷 $[F]$;

(3) 根据许可载荷,重新设计钢杆 BC 的直径。

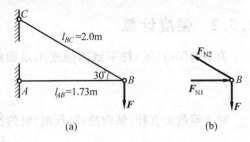

图　2-23

解:(1) 校核两杆强度

首先必须确定两杆的内力,由节点 B 的受力图(图 2-23(b))列出静力平衡条件:

$$\sum F_y = 0, \quad F_{N2}\cos 60° - F = 0$$

得

$$F_{N2} = 2F = 20(\text{kN})$$
$$\sum F_x = 0, \quad F_{N1} - F_{N2}\cos 30° = 0$$

得

$$F_{N1} = \sqrt{3}F = 17.3(\text{kN})$$

对两杆进行强度校核:

$$\sigma_{AB} = \frac{F_{N1}}{A_1} = \frac{17.3 \times 10^3}{10\ 000 \times 10^{-6}} = 1.73 \times 10^6(\text{Pa}) = 1.73(\text{MPa}) < [\sigma_1] = 7(\text{MPa})$$

$$\sigma_{BC} = \frac{F_{N2}}{A_2} = \frac{20 \times 10^3}{600 \times 10^{-6}} = 33.3 \times 10^6(\text{Pa}) = 33.3(\text{MPa}) < [\sigma_2] = 160(\text{MPa})$$

由上述计算可知,两杆内的正应力都远低于材料的许用应力,强度尚没有充分发挥。因此,悬吊的总量还可以增加。

(2) 求许可载荷

两杆分别能承担的许可内力为

$$[F_{N1}] = [\sigma_1]A_1 = 7 \times 10^6 \times 10\ 000 \times 10^{-6} = 70 \times 10^3(\text{N}) = 70(\text{kN})$$

$$[F_{N2}] = [\sigma_2]A_2 = 160 \times 10^6 \times 600 \times 10^{-6} = 96 \times 10^3(\text{N}) = 96(\text{kN})$$

由前面两杆的内力与外力 F 之间的关系可得

$$F_{N1} = \sqrt{3}F, \quad [F] = \frac{[F_{N1}]}{\sqrt{3}} = 40.4(\text{kN})$$

$$F_{N2} = 2F, \quad [F] = \frac{[F_{N2}]}{2} = 48(\text{kN})$$

根据上面计算结果,若以 BC 杆为准,取 $[F] = 48\text{kN}$,则 AB 杆的强度显然不够。因此,为了结构的安全,应取 $[F] = 40.4\text{kN}$。

（3）重新设计 BC 杆的直径

根据许可载荷 $[F]=40.4\text{kN}$，对于 AB 杆来说，恰到好处，但对 BC 杆来说，强度是有余的，也就是说 BC 杆的截面还可以适当减小。由 BC 杆的内力与载荷的关系可得

$$F_{N2}=2F=2\times40.4=80.8(\text{kN})$$

根据强度条件，BC 杆的横截面面积应为

$$A\geqslant\frac{F_{N2}}{[\sigma_2]}=\frac{80.8\times10^3}{160\times10^6}=5.05\times10^{-4}(\text{m}^2)=505(\text{mm}^2)$$

BC 杆的直径为

$$d\geqslant\sqrt{\frac{505\times4}{\pi}}=25.36(\text{mm})$$

2.6　轴向拉伸（压缩）的变形

杆件在轴向拉伸（压缩）时，将引起轴向尺寸伸长（或缩短）和横向尺寸减小（或增大）。

2.6.1　纵向变形

如图 2-24 所示，横截面面积为 A 的等直杆在轴向力 F 作用下，由原长 l 伸长至 l_1，则杆的纵向伸长为

$$\Delta l=l_1-l \tag{a}$$

由于拉杆各段的伸长是均匀的，因此拉杆在纵向方向的线应变为

$$\varepsilon=\frac{\Delta l}{l} \tag{b}$$

应用胡克定律：当应力 $\sigma\leqslant\sigma_p$ 时，应力与应变成线性关系，于是有 $\sigma=E\varepsilon$，又

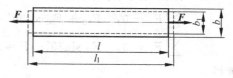

图　2-24

$$\sigma=\frac{F_N}{A} \tag{c}$$

将式（b）、（c）代入式 $\sigma=E\varepsilon$ 得

$$\Delta l=\frac{F_N l}{EA}=\frac{Fl}{EA} \tag{2-12}$$

式（2-12）表明：当应力不超过材料的比例极限时，杆件的伸长 Δl 与轴向拉力 F 和杆件的原长度 l 成正比，与横截面面积 A 成反比，这是胡克定律的另一种表达形式。以上结论同样可用于轴向压缩的情况。

式（2-12）中的 EA 称为杆件的**抗拉（压）刚度**，它反映了拉（压）杆抵抗变形的能力。

2.6.2　横向变形

若杆件变形前的横向尺寸为 b，变形后为 b_1，则横向应变为

$$\varepsilon'=\frac{\Delta b}{b}=\frac{b_1-b}{b} \tag{d}$$

试验表明：当 $\sigma\leqslant\sigma_p$ 时，横向应变 ε' 与轴向应变 ε 之比的绝对值是一个常数，即

$$\left|\frac{\varepsilon'}{\varepsilon}\right| = \mu \tag{2-13}$$

μ 称为**横向变形因数**或**泊松比**,为一无量纲量。它也是材料固有的弹性常数。表 2-1 给出了一些常用材料的 E 和 μ 值。

表 2-1　几种常用材料的 E 和 μ 值

材料名称	E/GPa	μ
碳钢	196～216	0.24～0.28
合金钢	186～206	0.25～0.30
灰铸铁	78.5～157	0.23～0.27
铜及其合金	72.6～128	0.31～0.42
铝合金	70	0.33

因轴向拉(压)杆件在变形过程中,ε' 与 ε 的符号是相反的,所以式(2-13)可以写成

$$\varepsilon' = -\mu\varepsilon \tag{2-14}$$

【例 2-5】　如图 2-25(a)所示的支架,AB 和 AC 两杆均为钢杆,弹性模量 $E_1 = E_2 = 200\mathrm{GPa}$,两杆横截面面积分别为 $A_1 = 200\mathrm{mm}^2$,$A_2 = 250\mathrm{mm}^2$。AB 杆长 $l_1 = 2\mathrm{m}$,载荷 $F = 10\mathrm{kN}$。试求节点 A 的位移。

解:(1) 计算内力

以 A 点为研究对象,其受力如图 2-25(b)所示。由平衡方程

$$\sum F_x = 0, \quad F_{N2} + F_{N1}\cos30° = 0$$

$$\sum F_y = 0, \quad F_{N1}\sin30° - F = 0$$

解得

$$F_{N1} = 2F = 20(\mathrm{kN})$$

$$F_{N2} = -F_{N1}\cos30° = -20\cos30° = -17.3(\mathrm{kN})$$

(2) 计算变形

由式(2-12),求得 AB、AC 杆的变形量分别为

$$\Delta l_1 = \frac{F_{N1}l_1}{E_1A_1} = \frac{20 \times 10^3 \times 2000}{200 \times 10^3 \times 200} = 1.0(\mathrm{mm})$$

$$\Delta l_2 = \frac{F_{N2}l_2}{E_2A_2} = \frac{F_{N2}l_1\cos30°}{E_2A_2}$$

$$= -\frac{17.3 \times 10^3 \times 2000 \times \frac{\sqrt{3}}{2}}{200 \times 10^3 \times 250} = -0.6(\mathrm{mm})$$

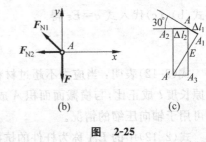

图　2-25

(3) 计算 A 点的位移

如图 2-25(c)所示,设想将支架 A 点拆开,AB、AC 杆变形后分别为 A_1B、A_2C。变形后 A 点的新位置,是以 B 点为圆心,BA_1 为半径所作的圆弧,与以 C 点为圆心,CA_2 为半径所作圆弧的交点。因变形很小,上述两圆弧可近似用其切线(分别垂直于直线 BA_1 和 CA_2)代替,两条切线的交点 A' 即为节点 A 的新位置,AA' 为节点 A 的位移。下面分别计算节点 A 的水平和垂直位移。

节点 A 的水平位移

$$\overline{AA_2} = |\Delta l_2| = 0.6\text{mm}(\leftarrow)$$

节点 A 的垂直位移

$$\overline{AA_3} = \overline{AE} + \overline{EA_3} = \frac{\Delta l_1}{\sin 30°} + \frac{\Delta l_2}{\tan 30°} = \frac{1.0}{\sin 30°} + \frac{0.6}{\tan 30°} = 3.0(\text{mm})(\downarrow)$$

故节点 A 的位移

$$\overline{AA'} = \sqrt{\left(\overline{AA_2}\right)^2 + \left(\overline{AA_3}\right)^2} = \sqrt{0.6^2 + 0.3^2} = 3.06(\text{mm})$$

至于节点 A 的位移方向,读者可试求。

【例 2-6】　如图 2-26 所示,一铅直悬挂的等截面直杆,长为 l,横截面面积为 A,其材料的重度为 γ,求自重引起的最大正应力及杆的伸长。

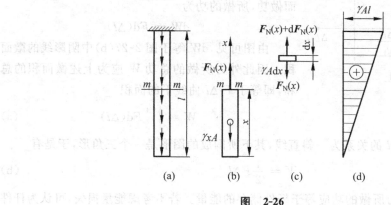

图　2-26

解:取位置为 x 的 m—m 截面以下的一段杆为研究对象,受力如图 2-26(b)所示,则该段所受重力为 $\gamma x A$,m—m 截面上的轴力为 $F_N(x) = \gamma x A$,故应力为

$$\sigma(x) = \frac{F_N(x)}{A} = \frac{\gamma x A}{A} = \gamma x$$

可见杆中的正应力与横截面面积的大小无关,而仅与 x 成正比。所以最大应力发生在杆的上端截面,其值为

$$\sigma_{\max} = \sigma_{x=l} = \gamma l$$

取微段 $\mathrm{d}x$,则该微段上的纵向应变

$$\varepsilon = \frac{\sigma(x)}{E} = \frac{\gamma x}{E}$$

其伸长

$$\mathrm{d}(\Delta l) = \varepsilon \mathrm{d}x = \frac{\gamma x}{E}\mathrm{d}x$$

因此全杆的伸长

$$\Delta l = \int_0^l \mathrm{d}(\Delta l) = \int_0^l \frac{\gamma x}{E}\mathrm{d}x = \frac{\gamma l^2}{2E} = \frac{\gamma l A \cdot l}{2EA} = \frac{Wl}{2EA}$$

式中 $W = \gamma A l$ 为杆的总重量。其轴力变化如图 2-26(d)所示。

2.7 轴向拉伸(压缩)的应变能

物体在外力作用下发生变形,在变形过程中,外力所做的功将转变为储存于物体内的能量。当外力逐渐减小时,变形逐渐恢复,物体又将释放出储存的能量而做功。物体在外力作用下因变形而储存的能量称为**应变能**。

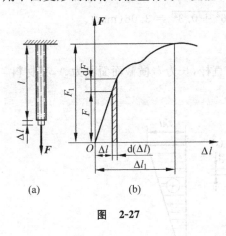

图　2-27

现在讨论轴向拉伸(压缩)时的应变能。如图 2-27(a)所示的拉杆,拉力由零开始缓慢增加,其 $F\text{-}\Delta l$ 关系曲线如图 2-27(b)所示。在加力过程中,当外力为 F 时,杆件的伸长为 Δl。若再增加 $\mathrm{d}F$,杆件相应的变形增量为 $\mathrm{d}(\Delta l)$。于是 F 因位移 $\mathrm{d}(\Delta l)$ 而做功,所做的功为

$$\mathrm{d}W = F\mathrm{d}(\Delta l)$$

由图可见,$\mathrm{d}W$ 等于图 2-27(b)中阴影线的微面积。因此外力所做的总功 W 应为上述微面积的总和,即等于 $F\text{-}\Delta l$ 曲线下的面积

$$W = \int_0^{\Delta l_1} F\mathrm{d}(\Delta l) \tag{a}$$

当 $\sigma \leqslant \sigma_\mathrm{p}$ 时,F 与 Δl 的关系为一斜直线,其下所围成的图形是一个三角形,于是有

$$W = \frac{1}{2}F\Delta l \tag{b}$$

根据功能原理,外力所做的功应等于杆件储存的能量。若不考虑能量损失,可认为杆件内储存的应变能 V_ε 在数值上就等于外力所做的功。在线弹性范围内,有

$$V_\varepsilon = W = \frac{1}{2}F\Delta l$$

由胡克定律,$\Delta l = \dfrac{Fl}{EA}$,上式又可写成

$$V_\varepsilon = W = \frac{1}{2}F\Delta l = \frac{F^2 l}{2EA} \tag{2-15}$$

由于在轴向拉伸(压缩)时,各部分的受力和变形均相同,故可将杆的变形能除以杆的体积 Al,得到杆在单位体积内的应变能,称为**比能**或应变能密度,以 v_ε 表示,单位为 $\mathrm{J/m^3}$,其计算式为

$$v_\varepsilon = \frac{\dfrac{1}{2}F\Delta l}{Al} = \frac{1}{2}\sigma\varepsilon \tag{2-16}$$

或

$$v_\varepsilon = \frac{1}{Al}\frac{F_\mathrm{N}^2 l}{2EA} = \frac{\sigma^2}{2E} \tag{2-17}$$

以上结果同样适用于轴向压缩情况。

【**例 2-7**】　如图 2-28 所示的简易起重机。BD 杆为无缝钢索,外径 90mm,壁厚 2.5mm,杆长 $l=3\mathrm{m}$,弹性模量 $E=210\mathrm{GPa}$,BC 是两条横截面面积为 $172\mathrm{mm^2}$ 的钢索,弹性模量 $E_1=177\mathrm{GPa}$。设 $P=30\mathrm{kN}$,若不考虑立柱的变形,求 B 点的垂直和水平位移。

解：(1) 求垂直位移

由 BD 杆的平衡可求得钢索 BC 的拉力

$$F_{N1} = 1.41P$$

BD 杆的压力

$$F_{N2} = 1.93P$$

由式(2-15)得，P 完成的功在数值上应等于杆系的应变能，则

$$\frac{1}{2}P\delta_V = \frac{F_{N1}^2 l_1}{2E_1 A_1} + \frac{F_{N2}^2 l}{2EA}$$

$$= \frac{(1.41P)^2 \times 2.20}{2 \times 177 \times 10^9 \times 2 \times 172 \times 10^{-6}}$$

$$+ \frac{(1.93P)^2 \times 3}{2 \times 210 \times 10^9 \times \frac{\pi}{4}(90^2 - 85^2) \times 10^{-6}}$$

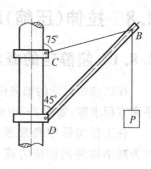

图 2-28

由此求得

$$\delta_V = 14.93 \times 10^{-8} P = 4.48 \times 10^{-3}\text{(m)} = 4.48\text{(mm)}$$

(2) 求水平位移

设 W_P 表示力 P 完成的功，于是有

$$W_P = \frac{P\delta_V}{2} = \frac{F_{N1}^2 l_1}{2E_1 A_1} + \frac{F_{N2}^2 l}{2EA} \tag{a}$$

为了求水平位移 δ_H，设想在 P 作用之前，先在 B 点作用一水平力 F_{Bx}（如图 2-29 所示）。由平衡方程可求得 BC 和 BD 因 F_{Bx} 引起的轴力分别是

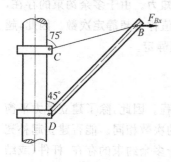

图 2-29

$$F_{N1Bx} = 1.41 F_{Bx}（拉）$$

$$F_{N2Bx} = 0.518 F_{Bx}（压）$$

以 W_{Bx} 表示力 F_{Bx} 所做的功，则有

$$W_{Bx} = \frac{F_{N1Bx}^2 l_1}{2E_1 A_1} + \frac{F_{N2Bx}^2 l}{2EA} \tag{b}$$

在作用 F_{Bx} 之后，再作用 P。这样外力所完成的功除 $W_{Bx} + W_P$ 外，还有因 B 点已有的水平力 F_{Bx} 在 P 所引起的位移 δ_{Bx} 上所完成的功，其数量等于 $F_{Bx}\delta_{Bx}$。没有系数 $\frac{1}{2}$，是因为在发生位移 δ_{Bx} 过程中，F_{Bx} 的大小始终不变，于是外力功为

$$W = W_{Bx} + W_P + F_{Bx}\delta_{Bx} \tag{c}$$

此时杆系应变能为

$$V_\varepsilon = \frac{(F_{N1} + F_{N1Bx})^2 l_1}{2E_1 A_1} + \frac{(F_{N2} + F_{N2Bx})^2 l}{2EA} \tag{d}$$

由 $W = V_\varepsilon$ 得

$$W_{Bx} + W_P + F_{Bx}\delta_{Bx} = \frac{(F_{N1} + F_{N1Bx})^2 l_1}{2E_1 A_1} + \frac{(F_{N2} + F_{N2Bx})^2 l}{2EA} \tag{e}$$

联立式(a)、(b)和(e)，得

$$F_{Bx}\delta_{Bx} = \frac{F_{N1} F_{N1Bx} l_1}{E_1 A_1} + \frac{F_{N2} F_{N2Bx} l}{EA}$$

代入数据,求得

$$\delta_{Bx} = 2.78 \times 10^{-3} \mathrm{m} = 2.78 \mathrm{mm}$$

2.8　拉伸(压缩)超静定问题

2.8.1　超静定的概念

在以前所讨论的轴向拉压杆或杆系问题中,无论其约束反力或构件的内力均可由静力平衡方程求解,如图 2-30(a)所示桁架,这类问题称为**静定问题**。

在工程实际中经常遇到另一类情况,有时为减小构件内的应力或变形(位移),往往采用更多的构件或支座。例如在图 2-30(a)所示桁架中增加一个杆件 AD(图 2-30(b)),对于节点 A 来说,由于平面汇交力系仅有两个独立的静力平衡方程,显然,仅由两个平衡方程不可能求解出三个未知轴力。这类仅靠静力平衡方程不能求解的问题,称为**超静定问题**。

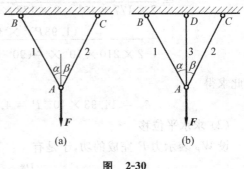

图　2-30

在静定结构上附加的杆件或支座,如图 2-30(b)中杆 AD,习惯上将其称为**"多余"约束**,这种"多余"只是对保证结构的平衡与几何不变性而言的,对于提高结构的强度、刚度则是需要的。与多余约束相对应的内力或支反力,习惯上称为**多余未知力**。由于多余约束的存在,未知力的数目必然多于独立的静力平衡方程的数目,两者之差值称为**超静定次数**。因此,超静定的次数就等于多余约束的个数。图 2-30(b)所示为一次超静定。

2.8.2　超静定问题的解法

为求解超静定问题,必须建立与未知力个数相等的平衡方程。因此,除了建立静力平衡方程外,还必须建立补充方程,且补充方程的个数要与超静定的次数相同。能否建立起补充方程,又如何建立补充方程,这是求解超静定问题的关键。由于多余约束的存在,杆件(或结构)的变形受到了多于静定结构的附加限制,称为**变形协调条件**。于是,根据变形协调条件,可建立附加的**变形协调方程**。另外,由于变形(或位移)与力(或其他产生变形的因素)间具有一定的物理关系,将物理关系代入变形协调方程,即可得到补充方程。将静力平衡方程与补充方程联立求解,即可解出全部未知力。这就是综合运用变形协调条件、物理关系及静力学平衡条件三方面,求解超静定问题的方法。实际上,材料力学的许多基本理论也正是从这三方面进行综合分析后建立的。

下面通过例题来说明超静定问题的解法。

【例 2-8】　如图 2-31 所示等截面杆,两端固定,在横截面 C 处承受轴向外载荷 F,杆的拉压刚度为 EA,试求杆端的支反力。

解:(1) 静力学方面

杆 AB 为轴向拉压杆,故杆两端的支反力也均为轴向力,且与外载荷 F 组成一共线力

系,其平衡方程为

$$\sum F_y = 0, \quad F_{RA} + F_{RB} - F = 0 \tag{a}$$

两个未知力,一个平衡方程,故为一次超静定问题。

（2）几何方面

根据杆两端的约束条件可知,受力后各杆段虽变形,但杆的总长不变,即变形协调条件为 $\Delta l = 0$。因此,若将 AC 段与 CB 段的轴向变形分别用 Δl_{AC} 与 Δl_{CB} 表示,根据变形协调条件,可得变形协调方程为

$$\Delta l_{AC} + \Delta l_{CB} = 0 \tag{b}$$

（3）物理方面

由力与位移间的物理关系,可得

$$\Delta l_{AC} = \frac{F_{RA}a}{EA} \tag{c}$$

$$\Delta l_{CB} = -\frac{F_{RB}b}{EA} \tag{d}$$

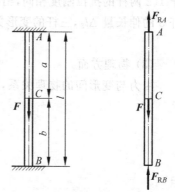

图 2-31

式（d）中负号是因为 F_{RB} 假设向上,产生的变形为压缩变形。

（4）支反力计算

将式（c）和式（d）代入式（b）,即得补充方程为

$$\frac{F_{RA}a}{EA} - \frac{F_{RB}b}{EA} = 0 \tag{e}$$

最后,联立平衡方程（a）和补充方程（e）,求得

$$F_{RA} = \frac{b}{l}F, \quad F_{RB} = \frac{a}{l}F$$

结果均为正,表明其实际指向与假设一致。

【例 2-9】　如图 2-32 所示结构,已知 $l_1 = l_2$,$E_1A_1 = E_2A_2$,杆 3 的长度为 l_3,抗拉压刚度为 E_3A_3,试求在铅垂外载荷作用下各杆的轴力。

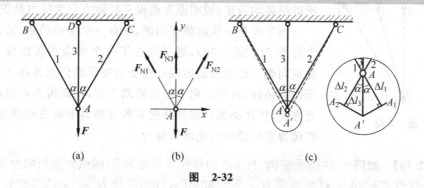

图　2-32

解:（1）静力学方面

设三杆轴力分别为 F_{N1}、F_{N2}、F_{N3},由图 2-32（b）得节点 A 的静力平衡方程

$$\begin{cases} \sum F_x = 0, & F_{N1}\sin\alpha - F_{N2}\sin\alpha = 0 \\ \sum F_y = 0, & 2F_{N1}\cos\alpha + F_{N3} - F = 0 \end{cases} \tag{a}$$

三个未知力,两个静力平衡方程,故为一次超静定问题。

(2) 几何方面

由于三杆在下端连接于 A 点,故三杆在受力变形后,其下端仍应连接在一起,同时,由于 1、2 两杆的抗拉刚度相同,桁架变形是对称的,故节点 A 铅垂移动到 A' 点,位移 AA' 即为杆 3 的伸长量 Δl_3,三杆的变形关系如图 2-32c 所示。由此可得变形协调方程为

$$\Delta l_1 = \Delta l_3 \cos\alpha \tag{b}$$

(3) 物理方面

由力与变形间的物理关系,可得

$$\begin{cases} \Delta l_1 = \dfrac{F_{N1} l_1}{E_1 A_1} \\[3mm] \Delta l_3 = \dfrac{F_{N3} l_3}{E_3 A_3} \end{cases} \tag{c}$$

且

$$l_3 = l_1 \cos\alpha$$

(4) 轴力计算

将式(c)代入式(b),即得补充方程为

$$\frac{F_{N1} l_1}{E_1 A_1} = \frac{F_{N3} l_1 \cos\alpha}{E_3 A_3} \cos\alpha$$

即

$$F_{N1} = \frac{E_1 A_1}{E_3 A_3} \cos^2\alpha \cdot F_{N3} \tag{d}$$

最后,将式(d)与式(a)联立,即可求得

$$F_{N1} = F_{N2} = \frac{F\cos^2\alpha}{2\cos^3\alpha + \dfrac{E_3 A_3}{E_1 A_1}}$$

$$F_{N3} = \frac{F}{1 + 2\dfrac{E_1 A_1}{E_3 A_3}\cos^3\alpha}$$

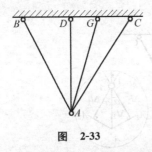

图 2-33

所得结果均为正,说明原先假设三杆轴力均为拉力是正确的。

例 2-9 是一次超静定问题,仅有一个多余约束,若再增加一个杆件 AG(图 2-33),则又增加了一个多余约束而成为二次超静定问题。此时为满足四杆在受力变形后仍然连接于一点的变形协调条件,可列出两个变形协调方程,从而得到相应的两个补充方程,依此类推。将其补充方程与静力平衡方程联立,就可求解超静定问题中的全部未知力。

【例 2-10】 如图 2-34 所示结构,杆 1、2 的弹性模量均为 E,横截面面积均为 A,梁 BD 为刚体,载荷 $F=50\text{kN}$,许用拉应力 $[\sigma_t]=160\text{MPa}$,许用压应力 $[\sigma_c]=120\text{MPa}$。试确定各杆的横截面面积。

解:(1) 静力学方面

以刚体 BD 作为研究对象,分析其受力情况(图 2-34(b)),平衡方程为

$$\sum M_B = 0, \quad F_{N1}\sin 45° \cdot l + F_{N2} \cdot 2l - F \cdot 2l = 0$$

即

$$F_{N1} + 2\sqrt{2}F_{N2} - 2\sqrt{2}F = 0 \tag{a}$$

本例中，因只需求轴力 F_{N1} 与 F_{N2}，而另外两个

平衡方程 $\left(\sum F_x = 0, \sum F_y = 0\right)$ 将包括未知反力

F_{RBx} 与 F_{RBy}，故可不必列出。

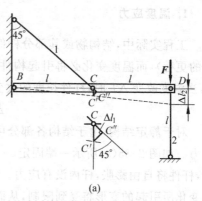

一个平衡方程中有两个未知力，故为一次超静

定问题。

（2）建立补充方程

由变形图可以看出

$$\Delta l_2 = 2\,\overline{CC'} = 2\sqrt{2}\,\Delta l_1$$

即变形协调条件为

$$\Delta l_2 = 2\sqrt{2}\,\Delta l_1 \tag{b}$$

根据胡克定律得

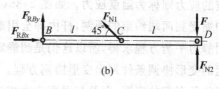

$$\Delta l_1 = \frac{F_{N1}l_1}{EA} = \frac{\sqrt{2}F_{N1}l}{EA}$$

$$\Delta l_2 = \frac{F_{N2}l_2}{EA} = \frac{F_{N2}l}{EA}$$

图 2-34

将上述关系代入式（b），得补充方程为

$$F_{N2} = 4F_{N1} \tag{c}$$

（3）截面设计

联立求解式（a）和式（c），得

$$F_{N2} = 4F_{N1} = \frac{8\sqrt{2}F}{8\sqrt{2}+1} = \frac{8\sqrt{2}\times 50\times 10^3}{8\sqrt{2}+1} = 4.59\times 10^4\,(\text{N})$$

由此得杆 1 与杆 2 所需横截面面积分别为

$$A_1 \geqslant \frac{F_{N1}}{[\sigma_t]} = \frac{4.59\times 10^4}{4\times 160\times 10^6} = 7.17\times 10^{-5}\,(\text{m}^2)$$

$$A_2 \geqslant \frac{F_{N2}}{[\sigma_c]} = \frac{4.59\times 10^4}{120\times 10^6} = 3.83\times 10^{-4}\,(\text{m}^2)$$

但是，由于已选定 $A_1 = A_2 = A$，且上述轴力正是在此条件下求得的，因此，应取

$$A_1 = A_2 = A = 3.83\times 10^{-4}\,\text{m}^2 = 383\text{mm}^2$$

否则，各杆轴力及应力将随之改变。

综合上述各例题，需注意以下两点：

（1）在画受力图与变形图时，应使受力图中的拉力或压力分别与变形图中的伸长或缩短一一对应。

（2）与静定结构相比，在超静定杆系结构中，各杆的内力分配不仅与载荷和结构的形状有关，而且与各杆之间的相对刚度比有关。一般来说，杆的刚度越大，分配到的内力越大。

2.8.3　温度应力和装配应力

1. 温度应力

工程实际中,结构物或其部分杆件往往会遇到温度变化(如工作条件中的温度改变或季节的更替),而温度变化必将引起构件的热胀或冷缩。若杆件原长为 l,材料的线胀系数为 α_l,当温度改变 ΔT 时,杆件长度的改变量为

$$\Delta l_T = \alpha_l \cdot \Delta T \cdot l \tag{2-18}$$

对于静定结构,由于结构各部分可以自由变形,当温度均匀变化时,并不会引起构件的内力。如图 2-35(a)所示一端固定、一端自由的等截面直杆,若不计杆的自重,当温度升高时,杆件将自由膨胀,杆内没有应力。但对于超静定结构,由于多余约束的存在,杆件由于温度变化所引起的变形将受到限制,从而在杆中将产生内力,这种内力称为**温度内力**。与之相应的应力则称为**温度应力**。如图 2-35(b)所示两端固定杆件,由于温度变化引起的杆件的伸缩受到两端约束的限制,杆内即会引起温度内力,进而产生温度应力。由于支反力不能只用静力平衡方程求得,所以这仍是超静定问题。因此计算温度应力的关键同样是要根据问题的变形协调条件列出变形协调方程。与前面不同的是,杆件的变形包括两部分,即由温度变化所引起的变形,以及与温度内力相应的弹性变形。

【例 2-11】　如图 2-35(b)所示等直杆 AB 的两端分别与刚性支承连接,设两支承间的距离(即杆长)为 l,杆的横截面面积为 A,材料的弹性模量为 E,线胀系数为 α_l,试求温度升高 ΔT 时,杆内的温度应力。

解：设刚性支承对杆的支反力为 F_{RA} 和 F_{RB},则静力平衡方程为

$$F_{RA} = F_{RB}$$

一个方程,两个未知力,故为一次超静定问题。

由于杆两端的支承是刚性的,故与这一约束情况相适应的变形协调条件是杆的总长度不变,即

$$\Delta l = 0$$

设想将杆的右端支座解除,则杆将自由膨胀 Δl_T,见图 2-35(c),但由于支反力 F_{RB} 的作用,又将杆右端压回到原来的位置,即把杆压短了 Δl_R,如图 2-35(d)所示,则变形协调方程为

$$\Delta l = \Delta l_T - \Delta l_R = 0$$

式中 Δl_T 和 Δl_R 均取绝对值。

由胡克定律和热膨胀规律得到物理方程为

$$\Delta l_T = \alpha_l \cdot \Delta T \cdot l$$

$$\Delta l_R = \frac{F_{RB} l}{EA}$$

由此求得

$$F_{RA} = F_{RB} = \alpha_l \cdot EA \cdot \Delta T$$

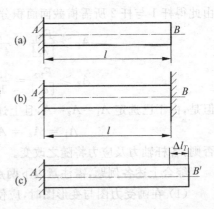
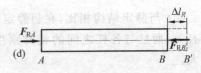

图 2-35

丁是,杆内各横截面上的温度内力

$$F_N = F_{RA} = \alpha_l \cdot EA \cdot \Delta T$$

温度应力为

$$\sigma = \frac{F_N}{A} = \alpha_l \cdot E \cdot \Delta T$$

由于假设杆的支反力为压力,所以温度应力为压应力。

若杆的材料为碳钢,$\alpha_l = 12.5 \times 10^{-6}/℃$,$E = 200\text{GPa}$,当温度升高 $\Delta T = 1℃$ 时,杆内的温度应力为

$$\sigma = 12.5 \times 10^{-6} \times 200 \times 10^3 \times 1 = 2.5(\text{MPa})$$

计算表明,当温度升高时,所产生的温度应力就非常可观。因此对于超静定结构,温度应力是一个不容忽视的因素。工程中,常采用一些措施来减少和预防温度应力的产生。如火车钢轨对接时,两段钢轨间要预先留有适当的空隙;钢桥桁架一端采用活动铰链支座;以及蒸汽管道中利用伸缩节(图 2-36)。如果忽视了温度变化的影响,将会导致破坏或妨碍结构物的正常工作。

2. 装配应力

加工制造杆件时,其尺寸不可避免地存在微小误差。在静定问题中,这种微小的加工误差只会使结构的几何形状发生微小的变化,而不会在杆中引起附加的内力。但在超静定问题中,由于有了多余约束,必将产生附加的内力,这种由尺

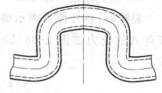

图　2-36

寸的微小误差造成杆件在装配时产生的附加内力称为**装配内力**,而与之相应的应力则称为**装配应力**。图 2-37(a)所示静定结构中若杆 1 比原设计长度 l 短 $\delta(\delta \ll l)$,装配后结构形状如虚线所示,在无载荷作用时,杆 1 和杆 2 均无应力产生。但对图 2-37(b)所示超静定结构,若杆 3 比原设计长度 l 短 $\delta(\delta \ll l)$,则必须把杆 3 拉长,同时将杆 1、2 压短,才能使三杆装配在一起(如图中虚线所示)。这样,虽未受到外载荷作用,但各杆中已有装配应力存在。由于装配应力是杆在外载荷作用之前已经具有的应力,因此称其为**初应力**。工程上,装配应力的存在常常是不利的,但有时有意识地利用装配应力以提高结构的承载能力,如在机械制造中的紧配合和土木结构中的预应力钢筋混凝土等。计算装配应力的关键仍然是根据变形协调条件列出变形协调方程。

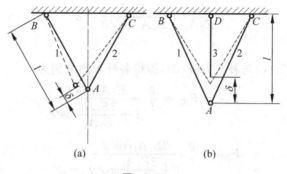

(a)　　　　　(b)

图　2-37

【例 2-12】　如图 2-38(a)所示桁架,杆 3 的实际长度比设计长度 l 稍短,制造误差为 δ,试分析装配后各杆的轴力。已知杆 1 与杆 2 各截面的抗拉(压)刚度均为 E_1A_1,杆 3 各截面的抗拉(压)刚度均为 E_3A_3。

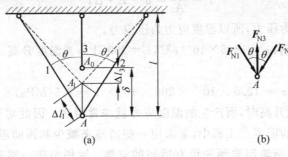

图　2-38

解:(1)建立平衡方程

装配后,各杆位于图示虚线位置。杆 3 伸长,即受拉力;杆 1 与杆 2 缩短,即受压力。节点 A 的受力如图 2-38(b)所示,轴力 F_{N1}、F_{N2} 与 F_{N3} 组成一自相平衡力系,其平衡方程为

$$\sum F_x = 0, \quad F_{N1}\sin\theta - F_{N2}\sin\theta = 0 \tag{a}$$

$$\sum F_y = 0, \quad F_{N3} - F_{N1}\cos\theta - F_{N2}\cos\theta = 0 \tag{b}$$

由式(a)可知

$$F_{N1} = F_{N2}$$

将上式代入式(b),得

$$F_{N3} - 2F_{N1}\cos\theta = 0 \tag{c}$$

(2)建立补充方程

从变形图中可以看出,变形协调方程为

$$\Delta l_3 + \frac{\Delta l_1}{\cos\theta} = \delta$$

利用胡克定律,得补充方程为

$$\frac{F_{N3}l}{E_3A_3} + \frac{F_{N1}l}{E_1A_1}\frac{1}{\cos^2\theta} = \delta \tag{d}$$

(3)轴力计算

联立求解平衡方程(c)与补充方程(d),即得各杆轴力分别为

$$F_{N1} = F_{N2} = \frac{\delta}{l}\frac{E_1A_1\cos^2\theta}{1 + \dfrac{2E_1A_1}{E_3A_3}\cos^3\theta}$$

$$F_{N3} = \frac{\delta}{l}\frac{2E_1A_1\cos^3\theta}{1 + \dfrac{2E_1A_1}{E_3A_3}\cos^3\theta}$$

从所得结果可以看出,制造不准确所引起的各杆轴力与误差 δ 成正比,并与抗拉(压)刚

度有关。

上述温度应力和装配应力的求解都是建立在胡克定律的基础上,因此,只有当材料在线弹性范围内工作时,所得结果才是正确的。

2.9 应力集中的概念

如前所述的应力计算公式,只适用于等截面直杆,对于横截面平缓变化的杆件,按等截面直杆的应力计算公式进行计算,在工程实际中一般是允许的。但是对于截面尺寸有急剧变化的杆件,例如有开孔、沟槽、肩台和螺纹的构件,试验和理论分析表明,在构件尺寸突然改变的横截面上,应力不再均匀分布。在孔槽等附近(图 2-39),应力急剧增加;距孔槽相当距离后,应力又趋于均匀。这种因构件形状尺寸变化而引起局部应力急剧增大的现象,称为**应力集中**。

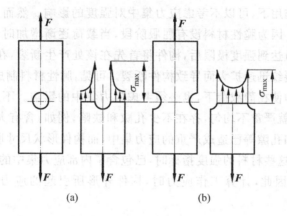

图 2-39

应力集中处的最大应力 $\sigma_{\max}$ 与同一截面上的平均应力 σ 的比值称为**理论应力集中因数**,用 K 表示,即

$$K = \frac{\sigma_{\max}}{\sigma} \tag{2-19}$$

K 反映了应力集中的程度,是一个大于 1 的因数。试验和理论分析指出:构件的截面尺寸改变越急剧,构件中的孔越小,缺口的角越尖,应力集中程度就越严重。因此,构件上相邻两段的截面形状,尺寸不同,则需用圆弧过渡,并且在结构允许的范围内,尽可能用半径大的圆弧。

对于有应力集中的构件,往往可利用降低许用应力的办法来进行强度计算。但由于不同材料对应力集中的敏感程度不同,在某些情况下可以不考虑应力集中的影响。

图 2-40(a)所示为塑性材料制成的带孔板条,因塑性材料有屈服阶段,当局部的最大应力 $\sigma_{\max}$ 达到屈服强度 σ_s 以后,若继续增加外力,则该处材料的变形因屈服流动而继续增长,但应力数值却不再增大。所增外力由截面上还未屈服的材料承担,使截面上这些点的应力继续增大到屈服强度,如图 2-40(b)所示。这样就限制了最大应力的数值,并使截面上的应力逐渐趋于平均。可见屈服现象有缓和应力集中的作用。因此,在设计中,对于用塑性材料

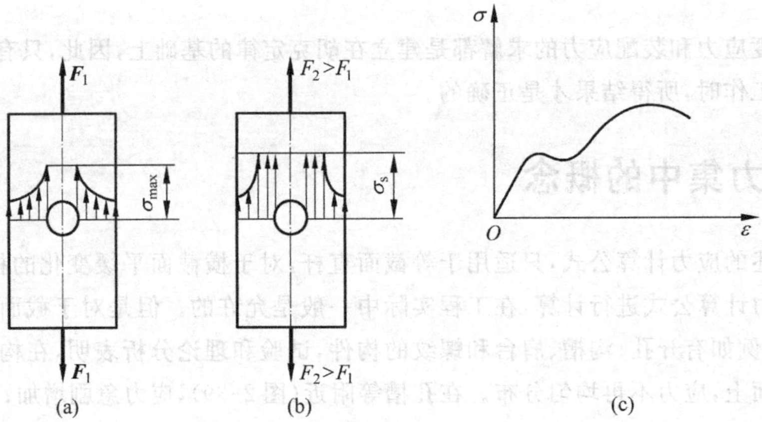

图 **2-40**

制成的构件,在静载作用下,可以不考虑应力集中对强度的影响。然而,由脆性材料制成的构件,情况就不同了。因为脆性材料没有屈服阶段,当载荷逐渐增加时,最大应力点的应力值一直领先,直到其值达到强度极限后,构件将首先在该处产生断裂,在裂纹根部又产生更严重的应力集中,使裂纹迅速扩大而导致构件断裂。可见,脆性材料制成的构件对应力集中是很敏感的。因此,即使在静载荷下,也必须考虑应力集中的影响。不过也有例外,如有些脆性材料的内部本来就严重不均匀,存在不少孔隙和缺陷,例如,含有大量片状石墨的灰铸铁,其内部不均匀性和孔隙等已造成严重的应力集中,而构件形状尺寸所引起的应力集中则处于次要地位。测定这些材料的强度指标时,已包含了内部应力集中的影响,自然降低了强度极限和许用应力。因此,计算工作应力时,构件外形所引起的应力集中就可以不再考虑了。

以上讨论是针对构件在静载荷作用下的情况。当构件在动载荷作用下,不论是塑性材料还是脆性材料,均应考虑应力集中的影响,此问题将在以后专门讨论。

2.10　剪切和挤压的实用计算

在工程实际中,常会遇到剪切问题。例如常用的销(图 2-41)、螺栓(图 2-42)、平键(图 2-43)等连接件都是主要发生剪切变形的构件。这类构件的受力和变形特点是:作用在构件两侧面上的横向外力的合力大小相等,方向相反,作用线相距很近,致使两力间的横截面发生相对错动,这种变形形式称为**剪切**。发生剪切变形的截面称为**剪切面**。

剪切构件在剪切变形的同时常伴随着其他形式的变形。例如,图 2-42 所示螺栓上的两个外力 F 并不沿同一条直线作用,它们形成一个力偶,要保持螺栓平衡,必然还有其他的外力作用,如图 2-44 所示。这就出现了拉伸、弯曲等其他形式的变形。但这些附加的变形一般都不是影响剪切构件强度的主要因素,可以不加考虑。

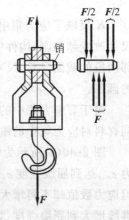

图　**2-41**

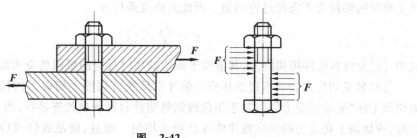

图 2-42

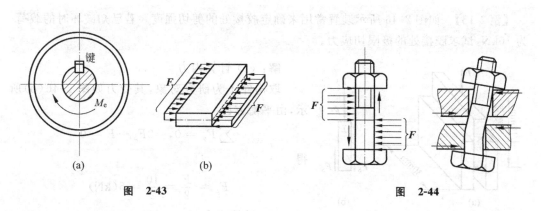

图 2-43   图 2-44

2.10.1 剪切的实用计算

1. 内力计算

如图 2-45(a)所示,两钢板用螺栓连接后承受拉力 F 作用,螺栓的受力如图 2-45(b)所示。若作用力 F 过大,则螺栓可沿着剪切面 $m—m$ 被剪断。欲求剪切面上的内力,可应用截面法假想地将螺栓沿剪切面 $m—m$ 分为两部分,取其中一部分作为研究对象,受力如图 2-45(c)所示。由平衡条件可知,在剪切面内必然有与外力大小相等、方向相反的内力存在,这个内力叫做**剪力**,用 F_S 表示,它是剪切面上分布内力的总和,其大小为

$$F_S = F$$

2. 切应力计算 强度条件

因在剪切面上切应力的实际分布情况比较复杂,因此工程实际中,切应力的计算常采用实用计算法,即假设切应力在剪切面上均匀分布。于是剪切面上的切应力为

$$\tau = \frac{F_S}{A} \qquad (2\text{-}20)$$

式中,A 为剪切面面积。

按此假设计算出的平均切应力称为名义切应力。

为了确保受剪构件安全可靠地工作,要求

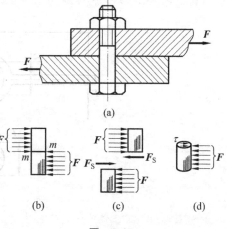

图 2-45

其工作时的切应力不得超过许用值。因此其强度条件为

$$\tau = \frac{F_S}{A} \leqslant [\tau] \tag{2-21}$$

式中，$[\tau]$ 为材料的许用切应力，其值等于剪切破坏时材料的极限切应力除以安全因数。

虽然名义切应力公式求得的切应力值并不反映剪切面上切应力的精确理论值，它仅是剪切面上的"平均切应力"，但对于用低碳钢等塑性材料制成的连接件，当变形较大而临近破坏时，剪切面上切应力的变化规律将逐渐趋于均匀。而且，满足式(2-21)时，显然不至于发生剪切破坏，从而满足工程实用的要求，因此此式在工程实际中得到广泛的应用。

【例 2-13】 如图 2-46 所示装置常用来确定胶接处的剪切强度。若已知破坏时的载荷为 10kN，试求胶接处的极限切应力。

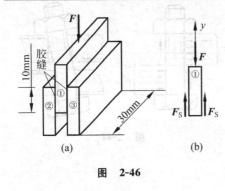

图 2-46

解：（1）计算内力

取构件 1 为研究对象，其受力如图 2-46(b)所示，由平衡方程

$$\sum F_y = 0, \quad 2F_S - F = 0$$

得

$$F_S = \frac{F}{2} = \frac{10}{2} = 5(\text{kN})$$

（2）计算应力

由图 2-46(a)知，胶接处的胶缝面积即为剪切面积，其大小

$$A = 0.03 \times 0.01 = 3 \times 10^{-4}(\text{m}^2)$$

胶接处的极限切应力为

$$\tau = \frac{F_S}{A} = \frac{5 \times 10^3}{3 \times 10^{-4}} = 16.7 \times 10^6 (\text{Pa}) = 16.7(\text{MPa})$$

【例 2-14】 如图 2-47 所示的销钉连接中，构件 A 通过安全销 C 将力偶矩传递到构件 B。已知载荷 $F = 2\text{kN}$，施力臂长 $l = 1.2\text{m}$，构件 B 的直径 $D = 65\text{mm}$，销钉的极限切应力 $\tau_p = 200\text{MPa}$，求安全销所需的直径。

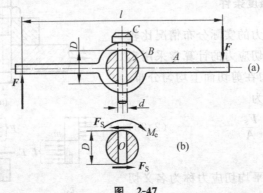

图 2-47

解：(1) 计算应力

取构件 B 及安全销为研究对象,其受力如图 2-47(b)所示,由平衡方程

$$\sum M_O = 0, \quad F_S D = M_e = Fl$$

可得传到销子上的剪力

$$F_S = \frac{Fl}{D} = \frac{2 \times 1.2}{0.065} = 36.92 \text{(kN)}$$

(2) 计算直径

当安全销截面上的切应力达到极限值时,销钉被剪断,即

$$\tau = \frac{F_S}{A} = \frac{F_S}{\pi d^2/4} = \tau_p$$

所以安全销的直径为

$$d = \sqrt{\frac{4F_S}{\pi \tau_p}} = \sqrt{\frac{4 \times 36.92 \times 10^2}{\pi \times 200 \times 10^3}} = 0.0153 \text{(m)} = 15.3 \text{(mm)}$$

2.10.2　挤压的实用计算

图 2-45 所示的螺栓连接中,在螺栓与钢板相互接触的侧面上,将发生彼此间的局部承压现象,称为**挤压**。作用在接触面上的压力称为**挤压力**,记为 F_{bs}。挤压力的大小可根据被连接件所受的外力,由平衡方程求得。当挤压力过大时,可能引起螺栓压扁或钢板在孔缘压皱,从而导致连接松动而失效,如图 2-48 所示。

挤压力的作用面称为**挤压面**,由挤压力而引起的应力叫做**挤压应力**,以 σ_{bs} 表示。因挤压应力在挤压面上的分布比较复杂,在工程实际中,常采用实用计算方法,即认为挤压应力在挤压面上是均匀分布的。因此挤压应力可按下式计算:

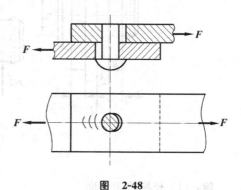

$$\sigma_{bs} = \frac{F_{bs}}{A_{bs}} \qquad (2-22)$$

式中,A_{bs} 为挤压面面积。当接触面为圆柱面时,计算挤压面面积取实际接触面在直径平面上的投影面积,即 $A_{bs} = dt$,如图 2-49(b)所示。分析表明:这类圆柱状连接件与钢板孔壁间接触面上的挤压应力沿圆柱变化情况如图 2-49(a)所示。而式(2-22)所得的挤压应力与接触面中点处的实际最大挤压应力很接近。当接触面为平面时,挤压面面积就是实际接触面的面积。

图 **2-48**

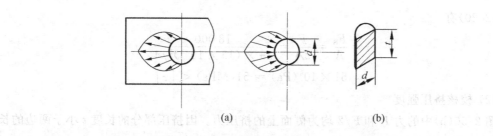

(a)　　　　　　　　　　　　　(b)

图 **2-49**

为了确保构件正常工作,要求构件工作时所引起的挤压应力不得超过许用值,因此挤压强度条件为

$$\sigma_{bs} = \frac{F_{bs}}{A_{bs}} \leqslant [\sigma_{bs}] \tag{2-23}$$

式中$[\sigma_{bs}]$为材料的许用挤压应力,其值可从有关设计规范中查得。

注意,挤压应力是在连接件和被连接件之间相互作用的。因而,当两者材料不同时,应校核其中许用压应力值较低的材料的挤压强度。

【例 2-15】 一销钉连接如图 2-50(a)所示。已知外力 $F = 18\text{kN}$,被连接的构件 A 和 B 的厚度分别为 $t = 8\text{mm}$ 和 $t_1 = 5\text{mm}$,销钉直径 $d = 15\text{mm}$,销钉材料的$[\tau] = 60\text{MPa}$,$[\sigma_{bs}] = 200\text{MPa}$,试校核销钉的强度。

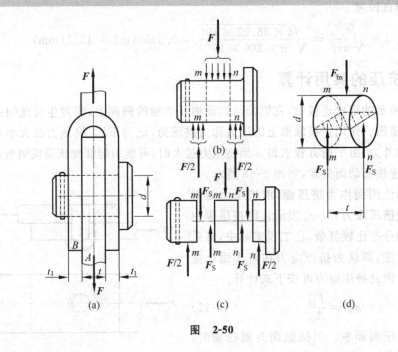

图 **2-50**

解: (1) 校核剪切强度

取销钉为研究对象,其受力如图 2-50(b)所示。用截面 m—m 和 n—n 假想将销钉沿剪切面截开(图 2-50(c)),由平衡方程可得两个剪切面上的剪力 F_S 均为

$$F_S = \frac{F}{2}$$

由式(2-20)有

$$\tau = \frac{F_S}{A} = \frac{F}{2A} = \frac{18\ 000}{2\pi \times (15 \times 10^{-3})^2/4}$$
$$= 51 \times 10^6 (\text{Pa}) = 51 (\text{MPa}) < [\tau]$$

(2) 校核挤压强度

图 2-50(b)中的力 F 和 $F/2$ 均为侧面上的挤压力。因挤压部分的长度 t 小于两边的长度之和 $2t_1$,故应取长度为 t 的中间一段来进行挤压强度校核(图 2-50(d))。

由式(2-22)有

$$\sigma_{bs} = \frac{F_{bs}}{A_{bs}} = \frac{F}{dt} = \frac{18\,000}{15 \times 8 \times 10^{-6}}$$
$$= 1.50 \times 10^8 (\text{Pa}) = 150 (\text{MPa}) < [\sigma_{bs}]$$

故销钉安全。

【例 2-16】　如图 2-51(a)表示齿轮用平键和轴连接。已知轴的直径为 $d = 70\text{mm}$,键的尺寸为 $b \times h \times l = 20\text{mm} \times 12\text{mm} \times 100\text{mm}$,传递的扭转力偶矩 $M_e = 2\text{kN} \cdot \text{m}$,键的许用应力$[\tau] = 60\text{MPa}$,$[\sigma_{bs}] = 100\text{MPa}$。试校核键的强度。

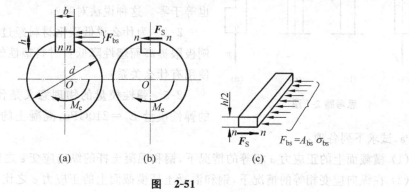

(a)　　　　　　(b)　　　　　　(c)

图　2-51

解:(1) 校核剪切强度

将平键沿 n—n 截面分成两部分,取下面部分和轴作为研究对象,其受力如图 2-51(b)所示。由平衡方程

$$\sum M_O = 0, \quad F_S \cdot \frac{d}{2} = M_e$$

得

$$F_S = \frac{2M_e}{d}$$

由式(2-20)有

$$\tau = \frac{F_S}{A} = \frac{2M_e}{bld} = \frac{2 \times 2000}{20 \times 100 \times 70 \times 10^{-9}}$$
$$= 28.6 \times 10^6 (\text{Pa}) = 28.6 (\text{MPa}) < [\tau]$$

满足剪切强度条件。

(2) 校核挤压强度

取 n—n 截面以上部分为研究对象,其受力如图 2-51(c)所示,平衡方程为

$$\sum F_x = 0, \quad F_S = F_{bs}$$

由式(2-22)有

$$\sigma_{bs} = \frac{F_{bs}}{A_{bs}} = \frac{F_S}{hl/2} = \frac{2M_e}{dlh/2} = \frac{4M_e}{dlh} = \frac{4 \times 2000}{70 \times 100 \times 12 \times 10^{-9}}$$
$$= 95.3 \times 10^6 (\text{Pa}) = 95.3 (\text{MPa}) < [\sigma_{bs}]$$

满足挤压强度。

思考题

2-1　思考题 2-1 图所示构件中,哪些属于轴向拉伸或轴向压缩?

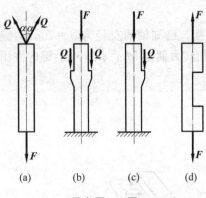

思考题 2-1 图

2-2　试述应力公式 $\sigma = \dfrac{F_N}{A}$ 的适用条件。应力 $\sigma > \sigma_e$ 还能否适用?

2-3　因抗拉(压)杆件纵向截面($\alpha = 90°$)上的正应力等于零,所以垂直于纵向截面方向的线应变也等于零。这种说法对吗?

2-4　为什么说低碳钢材料经过冷作硬化后,比例极限提高而塑性降低? 材料塑性的高低与材料的使用有什么关系?

2-5　弹性模量的物理意义是什么? 若低碳钢的弹性模量 $E_s = 210\text{GPa}$,混凝土的弹性模量 $E_c = 28\text{GPa}$,试求下列各项:

(1) 横截面上的正应力 σ 相等的情况下,钢和混凝土杆的纵向应变 ε 之比;

(2) 在纵向应变相等的情况下,钢和混凝土杆横截面上的正应力 σ 之比;

(3) 当纵向应变 $\varepsilon = 0.00015$ 时,钢和混凝土杆横截面上的正应力的值。

2-6　打印机的色带是将一定长度的条形带两端对接后形成的环形带。试问:在思考题 2-6 图(a)、(b)所示的两种对接缝中,哪种更好? 为什么? 如果选择接缝(b),α 取什么角度为好? 再观察实际色带的对接缝,证实你的分析正确与否。

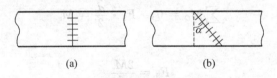

思考题 2-6 图

2-7　若在受力物体内某点处,已测得 x 和 y 方向两方向均有线应变,试问在 x 和 y 两方向是否必有正应力? 若测得仅 x 方向有线应变,则是否 y 方向必无正应力? 若测得 x 和 y 方向均无线应变,则是否 x 和 y 方向都必无正应力?

2-8　直径相同的铸铁圆截面杆,可设计成思考题 2-8 图(a)、(b)两种结构形式,试问哪种结构所承受的载荷 F 大? 为什么?

2-9　指出图示结构中,哪些是超静定结构。

2-10　思考题 2-10 图所示的带有孔或裂缝的拉杆中,应力集中最严重的是哪个杆?((a)、(b)为穿透孔;(c)、(d)为穿透细裂缝。)

2-11　电线杆拉索上的低压瓷质绝缘子已设计

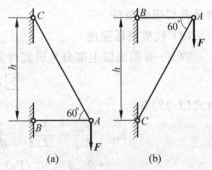

思考题 2-8 图

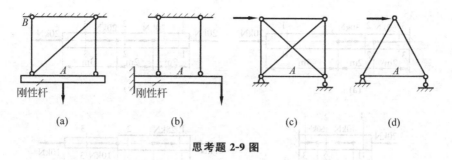

思考题 2-9 图

的一种受力状况如图所示。但瓷是脆性材料,抗拉强度极限较低,容易被拉断。你能改进这一设计吗?

2-12　落地移门配有落地门帘。为了移动门帘,在门顶部设置水平圆杆。在圆杆上套进多个小圆环,将门帘上端的小铁钩勾在各圆环的下方,就可以拉动门帘,如图所示。试问:用木材加工这些小圆环是否合适?(从木材的各向异性考虑)

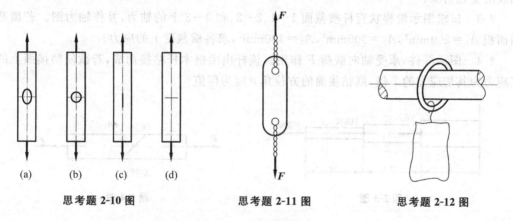

思考题 2-10 图　　　　思考题 2-11 图　　　　思考题 2-12 图

2-13　指出思考题 2-13 图中构件的剪切面和挤压面。

2-14　如图所示,铜板与钢柱均受压力作用,试问何处应考虑压缩强度?何处应考虑挤压强度?应对哪个构件进行挤压强度计算?为什么?

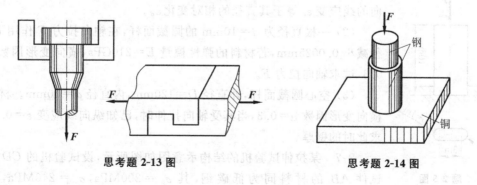

思考题 2-13 图　　　　　　思考题 2-14 图

习题

2-1　(1)求图示各杆 1—1、2—2、3—3 截面的轴力;

(2) 作出各杆的轴力图。

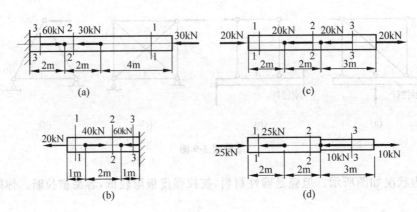

题 2-1 图

2-2 在题 2-1 图(d)中,$d_1 = d_2 = 24\text{mm}$,$d_3 = 15\text{mm}$,试用图线表示横截面上的应力沿轴线的变化情况。

2-3 试求图示阶梯状直杆横截面 1—1、2—2、和 3—3 上的轴力,并作轴力图。若横截面面积 $A_1 = 200\text{mm}^2$,$A_2 = 300\text{mm}^2$,$A_3 = 400\text{mm}^2$,求各横截面上的应力。

2-4 图示杆件,承受轴向载荷 F 作用。该杆由两根木杆粘接而成,若欲使粘接面上的正应力为其切应力的 2 倍,则粘接面的方位角 θ 应为何值?

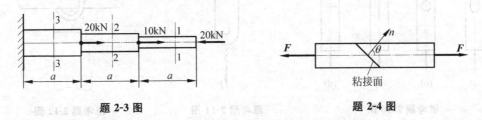

题 2-3 图　　　　　　　　　　　　题 2-4 图

2-5 石砌桥墩身高 $l = 10\text{m}$,其截面尺寸如图所示。若载荷 $F = 1000\text{kN}$,材料的密度 $\rho = 23\text{kN/m}^3$,求墩身底部横截面上的压应力。

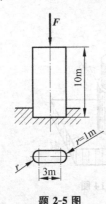

题 2-5 图

2-6 (1)试证明受轴向拉伸(压缩)的圆截面杆横截面沿圆周方向的线应变 ε_s 等于其直径的相对变化 ε_d。

(2)一根直径为 $d = 10\text{mm}$ 的圆截面杆,在轴向拉力 F 作用下,直径减小 0.0025mm,若材料的弹性模量 $E = 210\text{GPa}$,横向变形因数 $\mu = 0.3$,试求轴向拉力 F。

(3)空心圆截面杆,外直径 $D = 120\text{mm}$,内直径 $d = 60\text{mm}$。材料的横向变形因数 $\mu = 0.3$,当其受轴向拉伸时,已知纵向线应变 $\varepsilon = 0.001$,求此时的壁厚。

2-7 某拉伸试验机的结构示意图如图所示,设试验机的 CD 杆与试件 AB 的材料同为低碳钢,其 $\sigma_p = 200\text{MPa}$,$\sigma_s = 240\text{MPa}$,$\sigma_b = 400\text{MPa}$,试验机最大拉力为 100kN。

(1)用这一试验机作拉伸试验时,试样直径最大可达多大?

(2)若设计时取试验机的安全因数 $n = 2$,则 CD 杆横截面面积为多少?

(3)若试样直径 $d = 10\text{mm}$,今欲测弹性模量 E,则所加载荷最大不能超过多少?

2-8　图示结构由圆截面杆 1 与杆 2 组成,并在节点 A 承受载荷 $F=80$kN 作用。杆 1、杆 2 的直径分别为 $d_1=30$mm 和 $d_2=20$mm,两杆材料相同,屈服极限 $\sigma_s=320$MPa,安全因数 $n_s=2.0$。试校核结构的强度。

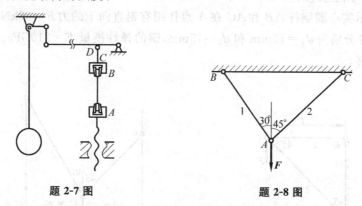

题 2-7 图　　　　　　　　　题 2-8 图

2-9　图示杆件结构中,1、2 杆为木制,3、4 杆为钢制。已知 1、2 杆的横截面面积 $A_1=A_2=4000$mm^2,3、4 杆的横截面面积 $A_3=A_4=800$mm^2;1、2 杆的许用应力 $[\sigma_w]=20$MPa,3、4 杆的许用应力 $[\sigma_s]=120$MPa。试求结构的许可载荷 $[F]$。

2-10　在图示杆系中,BC 和 BD 两杆的材料相同,且抗拉和抗压许用应力相等,同为 $[\sigma]$。为使杆系所用材料最省,试求夹角 θ 的值。

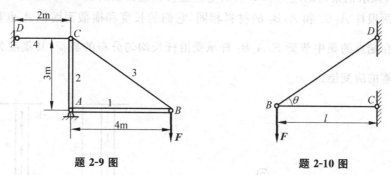

题 2-9 图　　　　　　　　　题 2-10 图

2-11　受轴向拉力 F 作用的薄壁杆如图所示。已知该杆材料的弹性常数为 E、μ,试求 C、D 两点间距离改变量 δ_{CD}。

2-12　图示双杆夹紧机构,需产生一对 20kN 的夹紧力,试求水平杆 AB 及斜杆 BC 和 BD 的横截面直径。已知:该三杆的材料相同,$[\sigma]=100$MPa,$\alpha=30°$。

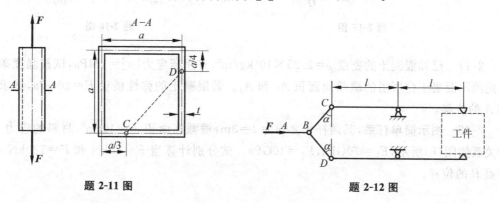

题 2-11 图　　　　　　　　　题 2-12 图

2-13 图示桁架,杆 1 为圆截面钢杆,杆 2 为方截面木杆,在节点 A 承受载荷 F 作用。试确定钢杆的直径 d 与木杆截面的边宽 b。已知载荷 $F=50\text{kN}$,钢的许用应力 $[\sigma_s]=160\text{MPa}$,木的许用应力 $[\sigma_w]=10\text{MPa}$。

2-14 图示实心圆钢杆 AB 和 AC 在 A 点作用有铅直向下的力 $F=35\text{kN}$。已知 AB 杆和 AC 杆的直径分别为 $d_1=12\text{mm}$ 和 $d_2=15\text{mm}$,钢的弹性模量 $E=210\text{GPa}$。试求 A 点在铅垂方向的位移。

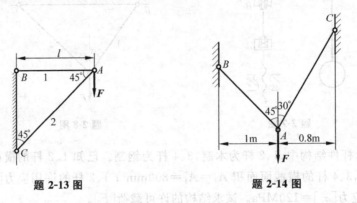

题 2-13 图   题 2-14 图

2-15 设横梁 $ABCD$ 为刚体。横截面面积为 76.36mm^2 的钢索绕过无摩擦的滑轮。设 $F=20\text{kN}$,试求钢索内的应力和 C 点的垂直位移。设钢索的 $E=177\text{GPa}$。

2-16 两根杆 A_1B_1 和 A_2B_2 的材料相同,它们的长度和横截面面积 A 也相同。A_1B_1 杆承受作用在端点的集中载荷 F,A_2B_2 杆承受沿杆长均匀分布的载荷,其集度为 $p=\dfrac{F}{L}$,试比较两杆积蓄的应变能。

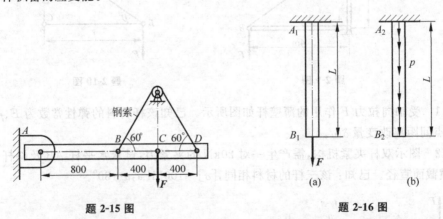

题 2-15 图   题 2-16 图

2-17 已知混凝土的密度 $\rho=2.25\times10^3\text{kg/m}^3$,许用压应力 $[\sigma]=2\text{MPa}$,试按强度条件确定图示混凝土柱所需的横截面面积 A_1 和 A_2。若混凝土的弹性模量 $E=20\text{GPa}$,试求柱顶 A 的位移。

2-18 图示简单杆系,其两杆长度均为 $l=3\text{m}$,横截面面积 $A=10\text{cm}^2$,材料的应力-应变关系如图(b)所示,$E_1=70\text{GPa}$,$E_2=10\text{GPa}$。试分别计算当 $F=80\text{kN}$ 和 $F=120\text{kN}$ 时,节点 B 的位移。

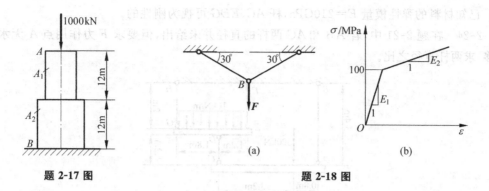

题 2-17 图　　　　　　　　　　题 2-18 图

2-19　打入粘土的木桩长为 L，顶上载荷为 F。设载荷全由摩擦力承担，且沿木桩单位长度的摩擦力 f 按抛物线 $f=Ky^2$ 变化，其中 K 为常数。若 $F=420\text{kN}$，$L=12\text{m}$，$A=640\text{cm}^2$，$E=10\text{GPa}$，试确定常数 K，并求木桩的缩短量。

2-20　一桁架受力如图所示。各杆件由两等边角钢组成。已知材料的许用应力 $[\sigma]=170\text{MPa}$，试选择 AC 和 CD 的角钢型号。

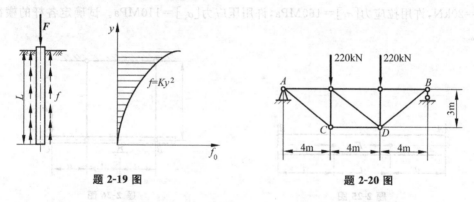

题 2-19 图　　　　　　　　　　题 2-20 图

2-21　由五根钢杆组成的杆系如图所示，各杆的横截面面积均为 500mm^2，$E=200\text{GPa}$，设沿对角线方向作用一对 20kN 的力，试求 A、C 两点的距离改变。

2-22　图示桁架由三根钢杆组成，各杆的横截面面积均为 $A=300\text{mm}^2$，弹性模量 $E=200\text{GPa}$，$F=15\text{kN}$。试求 C 点的垂直及水平位移。

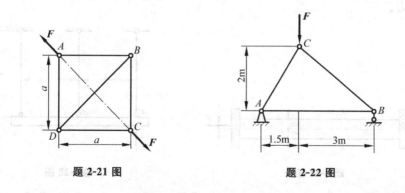

题 2-21 图　　　　　　　　　　题 2-22 图

2-23　结构受力如图所示，杆件 AB、CD、EF、GH 都由两根不等边角钢组成，已知材料的许用应力 $[\sigma]=170\text{MPa}$，试选择各杆的截面型号，并分别求点 D、C、A 处的位移 Δ_D、Δ_C、

Δ_A。已知材料的弹性模量 $E=210$GPa，杆 AC、EDG 可视为刚性的。

2-24 在题 2-21 中，若 AB 和 AC 两杆的直径并未给出，但要求 F 力作用点 A 无水平位移，求两杆直径之比。

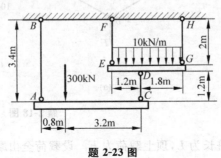

题 2-23 图

2-25 图示两端固定杆件，承受轴向载荷作用。试求支反力与杆内的最大轴力，并画轴力图。

2-26 图示结构，杆 1 和杆 2 的弹性模量均为 E，横截面面积均为 A，梁 BC 为刚体，载荷 $F=20$kN，许用拉应力 $[\sigma_t]=160$MPa，许用压应力 $[\sigma_c]=110$MPa。试确定各杆的横截面面积。

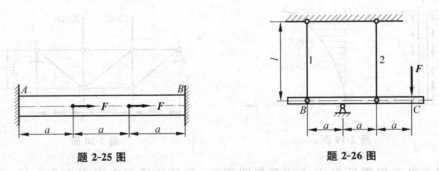

题 2-25 图   题 2-26 图

2-27 两根材料不同但截面尺寸相同的杆件，同时固定连接于两端的刚性板上，且 $E_1>E_2$，若使两杆都为均匀拉伸，试求拉力 F 的偏心距 e。

2-28 在图示结构中，假设 AC 梁为刚杆，杆 1、2、3 的横截面面积相等，材料相同。试求三杆的轴力。

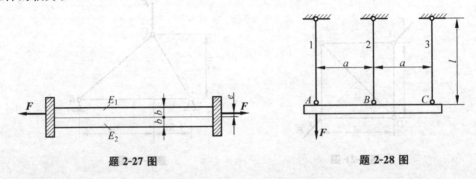

题 2-27 图   题 2-28 图

2-29 图示支架中的三根杆材料相同，杆 1 的横截面面积为 200mm^2，杆 2 为 300mm^2，杆 3 为 400mm^2。若 $F=30$kN，试求各杆内的应力。

2-30 图示刚性梁受均布载荷作用，梁在 A 端铰支，在 B 点和 C 点由两根钢杆 BD 和 CE 支承。已知钢杆 BD 和 CE 的横截面面积 $A_2=200\text{mm}^2$ 和 $A_1=400\text{mm}^2$，钢的许用应力 $[\sigma]=170\text{MPa}$，试校核钢杆的强度。

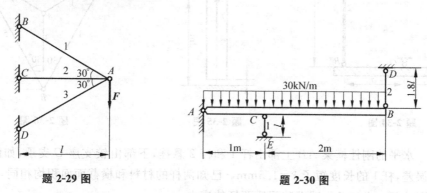

题 2-29 图   题 2-30 图

2-31 横截面为 $250\text{mm}\times250\text{mm}$ 的短木柱，用四根 $40\text{mm}\times40\text{mm}\times5\text{mm}$ 的等边角钢加固，并承受压力 F 作用，如图所示。已知角钢的许用应力 $[\sigma]_钢=160\text{MPa}$，弹性模量 $E_钢=200\text{GPa}$；木材的许用应力 $[\sigma]_木=12\text{MPa}$，弹性模量 $E_木=10\text{GPa}$。试求短木柱的许可载荷 $[F]$。

2-32 两钢杆如图所示，已知截面面积 $A_1=1\text{cm}^2$，$A_2=2\text{cm}^2$；材料的弹性模量 $E=210\text{GPa}$，线胀系数 $\alpha_l=12.5\times10^{-6}/℃$。当温度升高 $30℃$ 时，试求两杆内的最大应力。

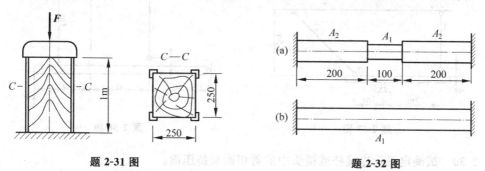

题 2-31 图   题 2-32 图

2-33 图示杆系的两杆同为钢杆，$E=200\text{GPa}$，$\alpha_l=12.5\times10^{-6}/℃$。两杆的横截面面积同为 10cm^2。若 BC 杆的温度降低 $20℃$，而 BD 杆的温度不变，试求两杆的应力。

2-34 杆 1 为钢杆，$E_1=210\text{GPa}$，$\alpha_{l1}=12.5\times10^{-6}/℃$，$A_1=30\text{cm}^2$。杆 2 为铜杆，$E_2=105\text{GPa}$，$\alpha_{l2}=19\times10^{-6}/℃$，$A_2=30\text{cm}^2$。载荷 $F=50\text{kN}$。若 AB 为刚杆，且始终保持水平，试问温度是升高还是降低？并求温度的改变量 ΔT。

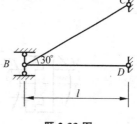

题 2-33 图

2-35 一阶梯形杆，其上端固定，下端与刚性底面留有空隙 $\Delta=0.08\text{mm}$。上段为铜，$A_1=40\text{cm}^2$，$E_1=100\text{GPa}$；下段为钢，$A_2=20\text{cm}^2$，$E_2=200\text{GPa}$。问：

(1) F 力等于多少时，下端空隙恰好消失？

(2) $F=500\text{kN}$ 时，各段内的应力值为多少？

2-36 在图示杆系中，AB 杆比名义长度略短，误差为 δ。若各杆材料相同、横截面面积相等，试求装配后各杆的轴力。

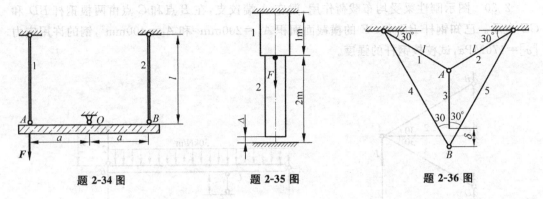

题 2-34 图　　　　题 2-35 图　　　　题 2-36 图

2-37 水平的刚性横梁 AB 上部由杆 1 和杆 2 悬挂,下部由铰支座 C 支承,如图所示。由于制造误差,杆 1 的长度短了 $\delta=1.5\mathrm{mm}$。已知两杆的材料和横截面面积均相同,且 $E_1=E_2=200\mathrm{GPa}$,$A_1=A_2=A$。试求装配后两杆的应力。

2-38 一结构如图所示。刚性杆吊在材料相同的钢杆 1 和 2 上,两杆横截面面积比为 $A_1:A_2=2$,弹性模量 $E=200\mathrm{GPa}$。制造时杆 1 短了 $\Delta=0.1\mathrm{mm}$。杆 1 和刚性杆连接后,再加载荷 $F=120\mathrm{kN}$。已知许用应力 $[\sigma]=160\mathrm{MPa}$,试选择各杆的面积。

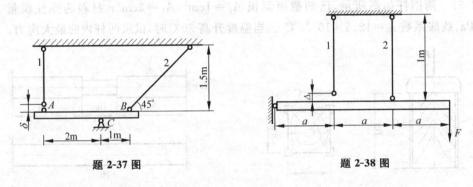

题 2-37 图　　　　题 2-38 图

2-39 试确定图示连接杆或接头中的剪切面和挤压面。

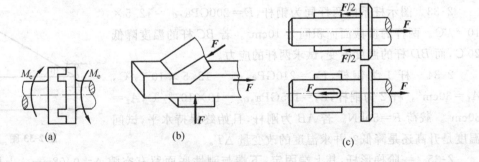

题 2-39 图

2-40 一螺栓连接如图,已知 $F=200\mathrm{kN}$,$\delta=2\mathrm{cm}$,螺栓的许用应力 $[\tau]=80\mathrm{MPa}$,试求螺栓的直径。

2-41 试校核图示拉杆头部的剪切强度和挤压强度。已知 $D=32\mathrm{mm}$,$d=20\mathrm{mm}$ 和 $h=12\mathrm{mm}$,杆的许用切应力 $[\tau]=100\mathrm{MPa}$,许用挤压应力 $[\sigma_{\mathrm{bs}}]=240\mathrm{MPa}$。

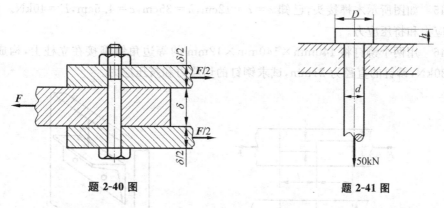

题 2-40 图　　　　　　　　　　　　　题 2-41 图

2-42　图示螺钉受拉力 F 作用。已知材料的剪切许用应力 $[\tau]$ 和拉伸许用应力 $[\sigma]$ 之间的关系约为 $[\tau]=0.6[\sigma]$，试求螺钉直径 d 与钉头高度的合理比值。

2-43　图示圆截面杆件，承受轴向拉力 F 作用。设拉杆的直径为 d，端部墩头的直径为 D，高度为 h，试从强度方面考虑，建立三者间的合理比值。已知许用应力 $[\sigma]=120$MPa，许用切应力 $[\tau]=90$MPa，许用挤压应力 $[\sigma_{bs}]=240$MPa。

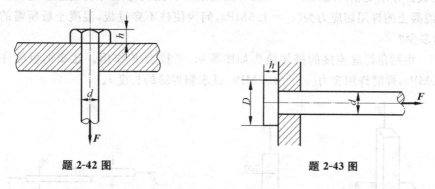

题 2-42 图　　　　　　　　　　　　　题 2-43 图

2-44　图示凸缘联轴节传递的力偶矩为 $M_e=200$N·m，凸缘之间用四只螺栓连接，螺栓内径 $d=10$mm，对称地分布在 $D_0=80$mm 的圆周上。如螺栓的剪切许用应力 $[\tau]=60$MPa，试校核螺栓的剪切强度。

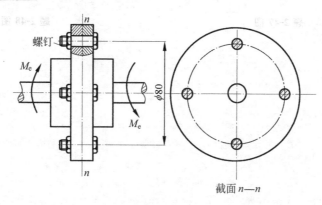

题 2-44 图

2-45 如图所示木榫接头,已知 $a=b=12\text{cm}$,$h=35\text{cm}$,$c=4.5\text{cm}$,$F=40\text{kN}$。试求接头的切应力和挤压应力。

2-46 用两个铆钉将 140mm×140mm×12mm 的等边角钢铆接在立柱上,构成支托。若 $F=30\text{kN}$,铆钉的直径为 21mm,试求铆钉的切应力和挤压应力。

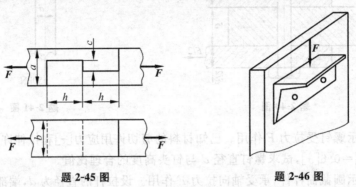

题 2-45 图　　　　　　　题 2-46 图

2-47 正方形截面的混凝土柱,其横截面边长为 200mm,其基底为边长 $a=1\text{m}$ 的正方形混凝土板。柱承受轴向压力 $F=100\text{kN}$,如图所示。假设地基对混凝土板的支反力为均匀分布,混凝土的许用切应力为 $[\tau]=1.5\text{MPa}$,问为使柱不穿过板,混凝土板所需的最小厚度 t 应为多少?

2-48 由贴角焊缝连接的搭接接头如图所示,受拉力 F 作用。已知钢板的许用应力 $[\sigma]=160\text{MPa}$,焊缝许用应力 $[\tau_\text{h}]=120\text{MPa}$,试求侧焊缝的长度 l。

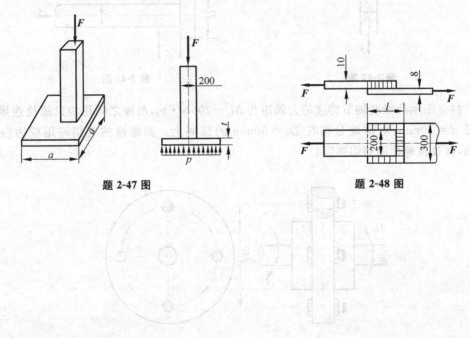

题 2-47 图　　　　　　　题 2-48 图

第3章

扭转

3.1 概述

扭转是杆件变形的基本形式之一。工程实际中,主要发生扭转变形的例子很多,例如,汽车转向轴(图 3-1)、钻杆(图 3-2)及各种机器的传动轴等。这类杆件的受力特点是:在垂直于杆件轴线的不同平面内,受到若干外力偶的作用。其变形特点是:杆件的轴线保持不动,各横截面绕杆件轴线相对转动。这种变形称为扭转变形。任意两横截面绕轴线相对转过的角度称为扭转角,用 φ 表示(图 3-3)。

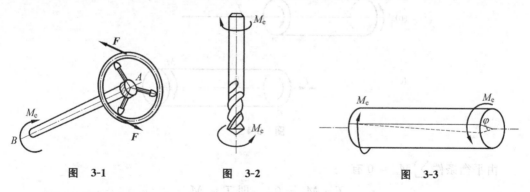

图 3-1   图 3-2   图 3-3

以扭转为主要变形的杆件习惯上称为轴。工程上还有一些构件,如电动机主轴、车床主轴等,它们除了发生扭转变形外还有弯曲变形,这类问题将在组合变形中介绍。

本章重点讨论圆轴扭转问题,这是工程中最常见、最简单的扭转问题,同时也是唯一能用材料力学的方法解决的扭转问题。对非圆截面杆件的扭转,将简单介绍一些按弹性力学方法求得的结果。

3.2 圆轴扭转时横截面上的内力

3.2.1 外力偶矩的计算

为了研究圆轴扭转时的应力和变形,必须首先计算出作用在轴上的外力偶矩及横截面上的内力。但是,在工程实际中,作用于轴上的外力偶矩并不是直接给出的,给出的往往是轴所传递的功率 P 和转速 n。因此,必须利用功率、转速和力偶间的关系,计算出作用在轴上的外力偶矩。计算公式为

$$M_e = 9549 \frac{P}{n}(\text{N} \cdot \text{m}) \tag{3-1}$$

式中,M_e——作用在轴上的外力偶矩,单位是牛顿·米(N·m);

　　P——轴所传递的功率,单位是千瓦(kW);

　　n——轴的转速,单位是转/分(r/min)。

　　至于外力偶矩的转向,由于主动轮带动轴转动,故主动轮上的外力偶矩转向和轴的转向相同,而从动轮上的外力偶矩和轴的转向相反。

3.2.2　扭矩及扭矩图

　　在求出作用于轴上的所有外力偶矩后,即可用截面法研究横截面上的内力。图 3-4(a) 所示的圆轴,受外力偶 M_e 的作用,现欲求任意横截面 n—n 上的内力。为此,假想地将圆轴沿该截面分成 Ⅰ、Ⅱ 两段,并取 Ⅰ 段作为研究对象,其受力如图 3-4(b) 所示。

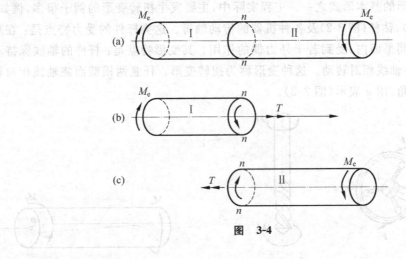

图　**3-4**

　　由平衡条件 $\sum M_x = 0$ 有

$$T - M_e = 0, \quad \text{即 } T = M_e$$

T 即为圆轴扭转时横截面上的内力(亦称内力偶),称为**扭矩**。它是 Ⅰ、Ⅱ 两部分在 n—n 截面上相互作用的分布内力系的合力偶矩。

　　若取 Ⅱ 段作为研究对象,用同样的方法求出 n—n 截面上的扭矩,将与上面所得扭矩的大小相等,但转向相反(图 3-4(c))。为使左右两段求出的同一横截面上的扭矩符号一致,现将扭矩的正负号规定如下:**按右手螺旋法则将扭矩 T 表示为矢量,当矢量的方向与截面的外法线方向一致时,T 为正;反之为负**。根据这一规则,在图 3-4 中,n—n 截面上的扭矩,无论从左侧计算,还是从右侧计算,其结果均为正。

　　若作用在轴上的外力偶多于两个,则在不同的横截面上,扭矩值将各不相同。为表示横截面上的扭矩随横截面位置的变化情况,以便确定危险截面的位置,同轴力图一样,可作扭矩图。扭矩图的绘制方法见例题,且习惯将正的扭矩画在水平坐标轴的上方,负的画在下方。

　　【例 3-1】　一传动轴如图 3-5(a)所示。主动轮 A 的输入功率 $P_A = 36\text{kW}$,从动轮 B、C、D 的输出功率分别为 $P_B = P_C = 11\text{kW}$,$P_D = 14\text{kW}$,轴的转速为 $n = 300\text{r/min}$,试画出该轴的扭矩图。

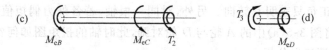

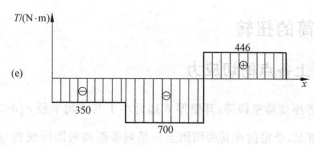

图 **3-5**

解：（1）计算外力偶

根据式（3-1）可得

$$M_{eA} = 9549 \frac{P_A}{n} = 9549 \times \frac{36}{300} = 1146(\text{N} \cdot \text{m})$$

$$M_{eB} = M_{eC} = 9549 \frac{P_B}{n} = 9549 \times \frac{11}{300} = 350(\text{N} \cdot \text{m})$$

$$M_{eD} = 9549 \frac{P_D}{n} = 9549 \times \frac{14}{300} = 446(\text{N} \cdot \text{m})$$

（2）计算各截面扭矩

在 BC 段内，沿任意截面 1—1 将轴截开，并取左段为研究对象，其受力如图 3-5(b)所示，由平衡方程

$$\sum M_x = 0, \quad T_1 + M_{eB} = 0$$

得

$$T_1 = -M_{eB} = -350\text{N} \cdot \text{m}$$

负号表明假设扭矩转向与实际转向相反。

在 CA 段内，沿任意截面 2—2 将轴截开，并取左段为研究对象，其受力如图 3-5(c)所示，由平衡方程

$$\sum M_x = 0, \quad T_2 + M_{eB} + M_{eC} = 0$$

得

$$T_2 = -M_{eC} - M_{cB} = -700(\text{N} \cdot \text{m})$$

在 AD 段内,沿 3—3 截面将轴截开,如图 3-5(d)所示,由平衡方程得

$$T_3 = M_{eD} = 446\text{N} \cdot \text{m}$$

(3) 画扭矩图

建立图 3-5(e)所示的坐标系,横坐标表示横截面的位置,纵坐标表示所对应的横截面上的扭矩,便可绘出扭矩与截面位置的关系曲线,即扭矩图。由图可知,最大扭矩发生在 CA 段内,其值为

$$T_{\max} = 700\text{kN} \cdot \text{m}$$

注意:扭矩的正负只表明其转向。另外,对同一根轴,若各外力偶矩值保持不变,只调换各轮的位置,如将图 3-5(a)中的 A 轮与 D 轮对调,此时轴的扭矩图如何?哪种情况下轴的受力更为合理?请读者分析。

3.3 薄壁圆筒的扭转

3.3.1 横截面上各点的切应力

图 3-6(a)所示等厚度薄壁圆筒,其壁厚 δ 远远小于其平均半径 $r\left(\delta < \frac{1}{10}r\right)$。为研究横截面上各点的应力情况,受扭前在其表面画上一系列等距离的圆周线和与筒轴线平行的纵向线(图 3-6(a)),然后在两端面施加外力偶,使其产生扭转变形(图 3-6(b))。实验观察到的现象是:

(1) 各圆周线绕杆件轴线转过不同的角度,但其大小、形状以及任意两相邻圆周线的距离均未改变;

(2) 各纵向线仍然相互平行,但都倾斜了同一个角度 γ,使受扭前的矩形小方格变为菱形(图 3-6(b))。

由此,可以推断:

(1) 薄壁圆筒扭转时,任一横截面上各点均无正应力,只有切应力(图 3-6(c))。

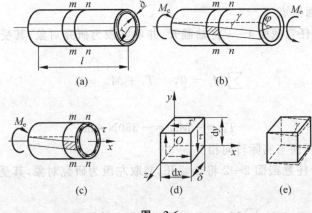

图 3-6

（2）同一圆周上各点处的切应变 γ 均相等，且发生在垂直于半径的平面内。由此可见，任一横截面且同一圆周线上各点的切应力相等，且垂直于各点所在的半径。

此外，因薄壁圆筒壁厚很小，可以认为切应力沿壁厚均匀分布。这样，横截面 m—m 的内力系对 x 轴之矩为 $2\pi r \cdot \delta \tau r$（图 3-6(c)），考虑图 3-6(c) 所示部分圆筒的平衡，则有

$$M_e = 2\pi r \cdot \delta r$$

故横截面上各点的切应力为

$$\tau = \frac{M_e}{2\pi r^2 \delta}$$

由于 m—m 截面上，扭矩 $T = M_e$，故上式可写为

$$\tau = \frac{T}{2\pi r^2 \delta} \tag{3-2}$$

3.3.2　切应力互等定理

用分别相距 dx、dy 的两个横截面和两个纵截面从圆筒中截取一单元体，如图 3-6(d) 所示。由于圆筒横截面上有切应力存在，故在单元体左、右两侧面有切应力 τ，根据平衡方程 $\sum F_y = 0$，该两侧面上的切应力必定数值相等但方向相反，于是便组成一个力偶，其矩为 $(\tau \delta dy)dx$，使单元体具有顺时针转动的趋势。为使单元体保持平衡，故在其上下两个侧面上必然有切应力 τ' 存在，由平衡方程 $\sum F_x = 0$ 可知，该两侧面上的切应力必等值反向，于是也组成了一个力偶，其矩为 $(\tau' \delta dx)dy$。由平衡方程 $\sum M_z = 0$ 得

$$(\tau \delta dy)dx = (\tau' \delta dx)dy$$

即

$$\tau = \tau' \tag{3-3}$$

上式表明：在单元体相互垂直的两个面上，切应力必然成对存在，大小相等；且均垂直于这两平面的交线，方向或同时指向或同时背离这一交线。这就是**切应力互等定理**。这一定理具有普遍意义。

上述单元体中，四个侧面只有切应力而无正应力的受力情况，称为**纯剪切**。

3.3.3　剪切胡克定律

在上述纯剪切单元体中，由于四个侧面上的切应力，使原来的一个正六面体变形成一个平行六面体，如图 3-6(e) 所示，即产生了剪切变形，使原来两条相互垂直的线段改变了一个角度，即切应变 γ。通过薄壁圆筒的扭转实验，可得到材料在纯剪切状态下切应力与切应变之间的关系曲线，如图 3-7 所示。实验结果表明：当切应力 $\tau \leqslant$ 材料的剪切比例极限 τ_p 时，切应力 τ 和切应变 γ 成正比。即

$$\tau = G\gamma \tag{3-4}$$

这就是**剪切胡克定律**。式中 G 称为材料的切变模量，单位与 E 相同，其值可通过实验测定。常见材料的 G 值见表 3-1。

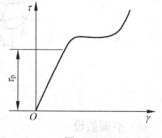

图 3-7

表 3-1　常见材料的 G 值

材料	钢	铸铁	铜	铝	木材
G 值/GPa	80~81	45	40~46	26~27	0.55

　　至此,本书已引用了材料的三个弹性常数,即弹性模量 E、切变模量 G 和泊松比 μ。对各向同性材料,可以证明,三者具有下列关系:

$$G = \frac{E}{2(1+\mu)} \tag{3-5}$$

可见,材料的三个弹性常数并不独立,只要知道任意两个,另一个即可由上式确定。

3.4　圆轴扭转的应力及强度条件

3.4.1　圆轴扭转时的应力

　　研究圆轴扭转时的应力,与研究薄壁圆筒扭转时的应力一样,首先要明确横截面上存在什么应力,分布规律怎样,以便确定最大应力,进行强度计算。为此必须综合研究几何、物理和静力等三方面的关系。

1. 变形几何关系

1）实验研究

　　为了确定圆轴横截面上的应力及分布规律,可从实验出发,观察圆轴扭转时的变形。正如薄壁圆筒一样,受扭前,在轴的表面画上一系列的圆周线和纵向线,然后在其两端施加外力偶 M_e,使其产生扭转变形,如图 3-8(a)所示(变形前的纵向线用虚线表示),得到与薄壁圆筒扭转时相似的现象。

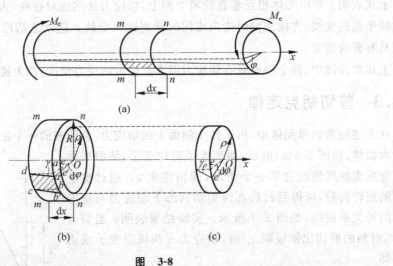

图　3-8

2）平面假设

　　根据所观察到的现象,可假设:圆轴受扭时各横截面如同刚性平面一样绕轴线转动,其形状、大小不变,半径仍为直线,且两相邻横截面间的距离不变。这就是圆轴扭转时的平面假设。由此可知,圆轴扭转时,其横截面上各点无正应力,仅有切应力。

下面分析横截面上各点的切应变的变化规律,为此假想地用两个横截面 m—m 和 n—n 从轴上取出长为 dx 的一个微段,如图 3-8(b)所示。若截面 n—n 对截面 m—m 的相对转角为 $d\varphi$,由平面假设可知,截面 n—n 上的任一半径 Oa 也转过 $d\varphi$ 角达到 Oa',这时圆轴表面的纵向线 ad 倾斜了一个角度 γ,γ 就是 d 点的切应变。由图 3-8(b)可得

$$\gamma = \frac{aa'}{ad} = \frac{R\,d\varphi}{dx} = R\,\frac{d\varphi}{dx} \tag{a}$$

同理可得在任意半径 ρ 处的切应变为(图 3-8(c))

$$\gamma_\rho = \rho\,\frac{d\varphi}{dx} \tag{b}$$

显然,切应变发生在垂直于半径的平面内。

式(b)就是圆轴扭转时切应变沿半径方向的变化规律。$\dfrac{d\varphi}{dx}$ 是扭转角 φ 沿 x 轴的变化率,对指定截面而言,$\dfrac{d\varphi}{dx}$ 为一定值。由式(b)可知,横截面任一点的剪应变 γ_ρ 与该点到圆心的距离 ρ 成正比。

2. 物理关系

由剪切胡克定律,当切应力 $\tau \leqslant \tau_p$ 时,切应力 τ 与切应变 γ 成正比,即

$$\tau = G\gamma \tag{c}$$

将式(b)代入式(c)得

$$\tau_\rho = G\gamma_\rho = G\rho\,\frac{d\varphi}{dx} \tag{d}$$

式(d)为横截面上各点切应力分布规律的表达式。它表明横截面上任一点切应力的大小与该点到圆心的距离 ρ 成正比,方向垂直于半径。其分布规律如图 3-9 所示。

3. 静力关系

如图 3-10 所示,在横截面上距圆心为 ρ 处取一微面积 dA,其上作用有微内力 $\tau_\rho dA$,它对圆心 O 的微力矩为 $\rho\tau_\rho dA$。在整个截面上,由 $\tau_\rho dA$ 所构成的微内力系向 O 点的简化结果为 $\int_A \rho \cdot \tau_\rho dA$,这就是该截面上的扭矩,即

$$T = \int_A \rho \cdot \tau_\rho\,dA \tag{e}$$

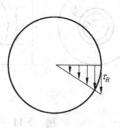

图　3-9

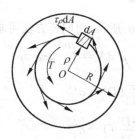

图　3-10

将式(d)代入式(e)，得

$$T = G\frac{d\varphi}{dx}\int_A \rho^2 dA = G\frac{d\varphi}{dx}I_p \qquad (f)$$

整理得

$$\frac{d\varphi}{dx} = \frac{T}{GI_p} \qquad (3\text{-}6)$$

式(f)、式(3-6)中 I_p 是圆截面对圆心的极惯性矩。

将式(3-6)代入式(d)得

$$\tau_\rho = \frac{T\rho}{I_p} \qquad (3\text{-}7)$$

这就是圆轴扭转时横截面上任一点切应力的计算公式。

由式(3-7)可知，当 $\rho=R$ 时，即在圆截面周边各点处，有最大切应力存在，该值为

$$\tau_{max} = \frac{TR}{I_p} = \frac{T}{I_p/R}$$

或

$$\tau_{max} = \frac{T}{W_t} \qquad (3\text{-}8)$$

式中 $W_t = I_p/R$，称为**抗扭截面系数**。

需要指出的是，式(3-7)和式(3-8)是以平面假设为基础导出的。实验结果表明，只有对横截面不变的圆轴，平面假设才是正确的。所以，这些公式只适用于等直圆杆，对圆截面沿轴线变化不大的小锥度杆，也可近似使用。此外，在导出上述公式时利用了剪切胡克定律，故公式只适用于弹性范围内。

3.4.2　I_p 和 W_t 的计算

1. 实心圆轴

如图 3-11(a)所示，在距圆心 ρ 处取厚为 $d\rho$ 的圆环，其微面积 $dA = 2\pi\rho d\rho$，于是

$$I_p = \int_A \rho^2 dA = \int_0^{D/2} 2\pi\rho^3 d\rho = \frac{\pi D^4}{32} \qquad (3\text{-}9)$$

抗扭截面系数为

$$W_t = I_p/R = \frac{\frac{1}{32}\pi D^4}{\frac{D}{2}} = \frac{\pi D^3}{16} \qquad (3\text{-}10)$$

2. 空心圆轴

如图 3-11(b)所示，用同样方法可求得

$$\begin{aligned}
I_p &= \int_A \rho^2 dA = \int_{d/2}^{D/2} 2\pi\rho^3 d\rho \\
&= \frac{\pi}{32}(D^4 - d^4) \\
&= \frac{\pi D^4}{32}(1 - \alpha^4) \qquad (3\text{-}11)
\end{aligned}$$

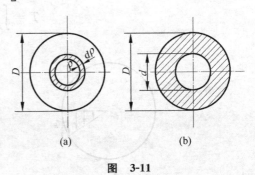

(a)　　　(b)

图　3-11

式中，$\alpha = d/D$。

抗扭截面系数为

$$W_t = I_p/R = \frac{\frac{1}{32}\pi D^4(1-\alpha^4)}{\frac{D}{2}} = \frac{\pi D^3}{16}(1-\alpha^4) \tag{3-12}$$

3. 强度条件

为了确保圆轴不因强度不足而破坏，必须限制其最大切应力 τ_{max} 不超过材料的许用切应力。对等直圆杆，τ_{max} 发生在 $|T|_{max}$ 所在截面的周边各点处，强度条件为

$$\tau_{max} = \frac{T_{max}}{W_t} \leqslant [\tau] \tag{3-13}$$

对变截面圆轴，τ_{max} 发生在何处，请读者思考。

在静载情况下，$[\tau]$ 与 $[\sigma]$ 的大致关系如下：

塑性材料：$[\tau] = (0.5\sim0.6)[\sigma]$

脆性材料：$[\tau] = (0.8\sim1)[\sigma]$

与轴向拉压的情况相似，利用上述强度条件可解决强度校核、设计截面尺寸及确定许可载荷三方面的计算问题。

【**例 3-2**】 如图 3-12(a)所示阶梯状圆轴，AB 段直径 $d_1 = 120\text{mm}$，BC 段直径 $d_2 = 100\text{mm}$。扭转力偶矩为 $M_{eA} = 22\text{kN·m}$，$M_{eB} = 36\text{kN·m}$，$M_{eC} = 14\text{kN·m}$。已知材料的许用切应力 $[\tau] = 80\text{MPa}$，试校核轴的强度。

解：(1) 计算扭矩。

用截面法可求得 AB、BC 段的扭矩分别为

$$AB\ \text{段} \qquad T_1 = 22\text{kN·m}$$
$$BC\ \text{段} \qquad T_2 = -14\text{kN·m}$$

其扭矩图如图 3-12(b)所示。

(2) 强度计算

最大切应力：

AB 段 $\quad \tau_{max} = \dfrac{T_1}{W_{t1}} = \dfrac{22\times10^3}{(\pi/16)\times(0.12)^3}$

$\qquad = 64.84\times10^6(\text{Pa}) = 64.84(\text{MPa}) < [\tau]$

BC 段 $\quad \tau_{max} = \dfrac{T_2}{W_{t2}} = \dfrac{14\times10^3}{(\pi/16)\times(0.1)^3}$

$\qquad = 71.3\times10^6(\text{Pa}) = 71.3(\text{MPa}) < [\tau]$

因此，该轴满足强度要求。

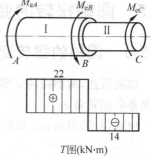

图 **3-12**

【**例 3-3**】 某传动轴，轴内的扭矩 $T = 1.5\text{kN·m}$，若许用切应力 $[\tau] = 50\text{MPa}$，试按下列两种方案设计轴的截面尺寸，并比较其重量。

(1) 实心圆截面轴；

(2) 空心圆截面轴，其 $\alpha = 0.9$。

解：(1) 设计实心圆截面轴的直径

由式(3-13)可得

$$W_t \geqslant \frac{T}{[\tau]}, \quad 即 \quad \frac{\pi D^3}{16} \geqslant \frac{T}{[\tau]}$$

于是有

$$D \geqslant \sqrt[3]{\frac{16T}{\pi[\tau]}} = \sqrt[3]{\frac{16 \times 1.5 \times 10^3}{\pi \times 50 \times 10^6}} = 0.0535(\mathrm{m})$$

取

$$D = 54\mathrm{mm}$$

(2) 空心轴的内、外径

由式(3-13)可得

$$\frac{\pi D_1^3}{16}(1 - \alpha^4) \geqslant \frac{T}{[\tau]}$$

即

$$D_1 \geqslant \sqrt[3]{\frac{16T}{\pi(1 - \alpha^4)[\tau]}} = \sqrt[3]{\frac{16 \times 1.5 \times 10^3}{\pi \times (1 - 0.9^4) \times 50 \times 10^6}} = 0.0763(\mathrm{m})$$

取

$$D_1 = 76\mathrm{mm}$$

因为 $\alpha = 0.9$，则 $d = 68\mathrm{mm}$。

(3) 重量比

因材料、长度均相同，故二者重量之比 β 便等于其面积之比，即

$$\beta = \frac{\pi(D_1^2 - d^2)}{4} \bigg/ \frac{\pi D^4}{4} = \frac{0.076^2 - 0.068^2}{0.054^2} = 0.395$$

由此可见，空心轴远比实心轴轻，其减轻重量、节约材料是显而易见的，究其原因，读者可从横截面上的应力分布规律去考虑。

3.5 圆轴扭转的变形及刚度条件

3.5.1 圆轴的扭转变形

如前所述，所谓扭转变形的特点就是指任意两横截面绕轴线发生相对转动，即产生相对转角亦即扭转角 φ。

由式(3-6)可得，$\mathrm{d}x$ 微段的扭转变形为

$$\mathrm{d}\varphi = \frac{T}{GI_\mathrm{p}}\mathrm{d}x$$

因此，长为 l 的两横截面间的相对扭转角 φ 为

$$\varphi = \int_l \frac{T}{GI_\mathrm{p}}\mathrm{d}x \tag{3-14}$$

由此可见，对于等截面圆轴，当 T 为常量时，则式(3-14)亦可改写为

$$\varphi = \frac{Tl}{GI_\mathrm{p}} \tag{3-15}$$

这就是计算扭转变形的基本公式。计算出的 φ 用弧度(rad)表示。该式表明：扭转角 φ 与扭矩 T、轴长 l 成正比，与 GI_p 成反比。其中 GI_p 称为圆轴的**抗扭刚度**。

若在计算长度 l 范围内，T 与 I_p 为变量，则应分段或积分计算。

3.5.2 刚度条件

式(3-15)中的扭转角 φ 与长度 l 有关，φ 值的大小并不能真实反映扭转变形的程度，在工程中，常用单位长度的扭转角来衡量扭转变形，即

$$\varphi' = \frac{\mathrm{d}\varphi}{\mathrm{d}x} = \frac{T}{GI_p} \tag{3-16}$$

φ' 的单位是弧度/米(rad/m)。

为了确保圆轴能正常工作，除要满足强度条件外，还要限制轴的变形。限制变形的条件即为刚度条件。在扭转问题中，通常要求最大的单位长度扭转角 φ'_{max} 不得超过规定的许用值 $[\varphi']$，即

$$\varphi'_{max} = \frac{T_{max}}{GI_p} \leqslant [\varphi'] \tag{3-17}$$

式中，$[\varphi']$ 为单位长度的许用扭转角。工程中，$[\varphi']$ 的单位习惯用(°)/m，则式(3-17)变为

$$\varphi'_{max} = \frac{T_{max}}{GI_p} \times \frac{180}{\pi} \leqslant [\varphi'] \quad [(°)/m] \tag{3-18}$$

$[\varphi']$ 一般根据对机器的精度要求、载荷的性质和工作情况而定，可以从有关手册中查得。利用刚度条件式(3-17)和式(3-18)同样可以进行刚度校核、设计截面尺寸、确定许可载荷三方面的计算。

【例 3-4】 一传动轴如图 3-13(a)所示，其转速为 208r/min，主动轮 A 的输入功率 P_A =6kW，从动轮 B、C 的输出功率分别为 $P_B=4$kW，$P_C=2$kW。已知轴的许用应力 $[\tau]=$ 30MPa，单位长度许用扭转角 $[\varphi']=1$(°)/m，切变模量 $G=80$GPa，试按强度条件和刚度条件设计轴的直径。

解：(1) 计算外力偶矩

由式(3-1)得

$$M_{eA} = 9549\frac{P_A}{n} = 9549 \times \frac{6}{208} = 275.4(\mathrm{N \cdot m})$$

$$M_{eB} = 9549\frac{P_B}{n} = 9549 \times \frac{4}{208} = 183.6(\mathrm{N \cdot m})$$

$$M_{eC} = 9549\frac{P_C}{n} = 9549 \times \frac{2}{208} = 91.8(\mathrm{N \cdot m})$$

(2) 扭矩计算

利用截面法可得 AB、AC 两段的扭矩分别为

$$T_{AB} = 183.6\mathrm{N \cdot m}$$

$$T_{AC} = -91.8\mathrm{N \cdot m}$$

其扭矩图如图 3-13(b)所示，由此可知

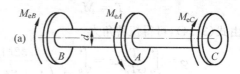

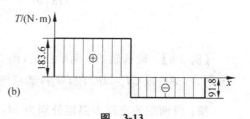

图 3-13

$$T_{\max} = 183.6\text{N} \cdot \text{m}$$

（3）按强度条件设计轴的直径

由式（3-13）可得

$$W_t \geqslant \frac{T_{\max}}{[\tau]}, \quad \text{即} \quad \frac{\pi D^3}{16} \geqslant \frac{T_{\max}}{[\tau]}$$

于是有

$$D \geqslant \sqrt[3]{\frac{16 T_{\max}}{\pi [\tau]}} = \sqrt[3]{\frac{16 \times 183.6}{\pi \times 30 \times 10^6}} = 31.5 \times 10^{-3}\text{(m)} = 31.5\text{(mm)}$$

（4）按刚度条件设计轴的直径

据式（3-18）可得

$$I_p \geqslant \frac{T_{\max}}{G[\varphi']} \times \frac{180}{\pi}, \quad \text{即} \quad \frac{\pi D^4}{32} \geqslant \frac{T_{\max}}{G[\varphi']} \times \frac{180}{\pi}$$

于是有

$$D \geqslant \sqrt[4]{\frac{32 \times T_{\max} \times 180}{G[\varphi']\pi^2}} = \sqrt[4]{\frac{32 \times 183.6 \times 180}{80 \times 10^9 \times \pi^2 \times 1}} = 34 \times 10^{-3}\text{(m)} = 34\text{(mm)}$$

为了同时满足轴的强度和刚度条件，故轴的直径应取为 $D=34\text{mm}$。

可见，该轴的设计是由刚度条件控制的。由于刚度是大多数轴类构件的主要矛盾，所以用刚度作为控制因素的轴是相当普遍的。

【例 3-5】 如图 3-14 所示圆锥形轴，两端承受外力偶矩 M_e 的作用。设轴长为 l，左右两端直径分别为 d_1 和 d_2，材料的切变模量为 G，试计算轴的扭转角 φ。

解：设 x 截面的直径为 $d(x)$，则其极惯性矩为

$$I_p = \frac{\pi}{32}d^4(x) = \frac{\pi}{32}\left(d_1 + \frac{d_2 - d_1}{l}x\right)^4$$

利用截面法可得 x 截面的扭矩

$$T = M_e$$

图 **3-14**

由式（3-14），可得扭转角为

$$\varphi = \int_0^l \frac{T}{GI_p}\mathrm{d}x = \int_0^l \frac{32 M_e}{G\pi\left(d_1 + \dfrac{d_2 - d_1}{l}x\right)^4}\mathrm{d}x = \frac{32 M_e l}{3G\pi(d_2 - d_1)}\left(\frac{1}{d_1^3} - \frac{1}{d_2^3}\right)$$

【例 3-6】 阶梯轴 AB 两端固定（图 3-15），C 处受外力偶矩 M_e 作用，若轴的抗扭刚度分别为：AC 段 GI_{p1}，BC 段 GI_{p2}，试求该轴两端的支反力偶矩。

解：设两端的支反力偶矩分别为 M_A 和 M_B，如图所示。此轴在三个力偶矩作用下保持平衡，静力平衡方程为

$$\sum M_x = 0, \quad M_A + M_B - M_e = 0 \tag{a}$$

一个平衡方程中有两个未知量，故为一次超静定问题，需建立一个补充方程。

由图可知，轴的两端固定，故两端截面的相对扭转角为零，即

$$\varphi_{AB} = 0, \quad \varphi_{AC} + \varphi_{CB} = 0 \qquad (b)$$

物理方程为

$$\varphi_{AC} = \frac{M_A l_1}{GI_{p1}}, \varphi_{CB} = -\frac{M_B l_2}{GI_{p2}}$$

将上式代入式(b)得补充方程

$$\frac{M_A l_1}{GI_{p1}} - \frac{M_B l_2}{GI_{p2}} = 0 \qquad (c)$$

联立式(a)、(c),求得

$$M_A = M_e \frac{I_{p1} l_2}{I_{p1} l_2 + I_{p2} l_1}, M_B = M_e \frac{I_{p2} l_1}{I_{p1} l_2 + I_{p2} l_1}$$

结果为正,说明图示支反力偶的转向与实际转向相同。

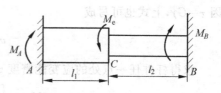
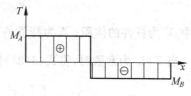

图　3-15

3.6　圆轴扭转时的应变能

当圆杆受到外力偶矩作用发生扭转变形时,杆内将积蓄应变能。下面从纯剪切单元体的变形入手,推导扭转应变能的计算公式。

图 3-16 所示是从构件取出的受纯剪切的单元体,假设单元体左侧面固定,右侧面上的剪力为 $\tau dy dz$,因有剪切变形,右侧面向下错动的距离为 γdx。现给切应力一个增量 $d\tau$,相应切应变的增量则为 $d\gamma$,右侧面向下的位移增量便为 $d\gamma dx$。因此剪力 $\tau dy dz$ 在位移 $d\gamma dx$ 上所做的功为 $\tau dy dz \cdot d\gamma dx$。其总功应为

$$dW = \int_0^\gamma \tau dy dz \cdot d\gamma dx$$

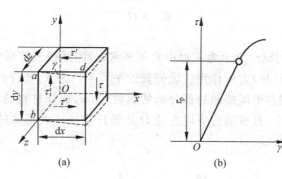

图　3-16

由于单元体内所积蓄的应变能 dV_ε 数值上等于 dW,故

$$dV_\varepsilon = dW = \int_0^\gamma \tau dy dz \cdot d\gamma dx = \left(\int_0^\gamma \tau d\gamma \right) dV$$

式中 $dV = dx dy dz$ 为单元体的体积。因此单位体积内的应变能(应变能密度)为 v_ε

$$v_\varepsilon = \frac{dV_\varepsilon}{dV} = \int_0^\gamma \tau d\gamma \qquad (3\text{-}19)$$

这表明,v_ε 等于 τ-γ 曲线下的面积。当 $\tau \leqslant \tau_p$ 时,τ 与 γ 成线性关系,于是有

$$v_\varepsilon = \frac{1}{2} \tau \gamma \qquad (3\text{-}20)$$

因 $\tau = G\gamma$，上式也可写成

$$v_\varepsilon = \frac{1}{2}\tau\gamma = \frac{\tau^2}{2G} \tag{3-21}$$

求得杆件任一点处的应变能密度 v_ε 后，整个杆件的应变能 V_ε 即可由积分计算：

$$V_\varepsilon = \int_V v_\varepsilon \mathrm{d}V = \int_l \iint_A v_\varepsilon \mathrm{d}A \mathrm{d}x$$

式中，V 为杆件的体积；A 为杆件的面积；l 为杆长。

当 T、I_p 为常数时，将式(3-21)代入，同时由 $\tau = \dfrac{T\rho}{I_p}$，可得杆内的应变能为

$$V_\varepsilon = \int_l \iint_A \frac{\tau^2}{2G}\mathrm{d}A\mathrm{d}x = \frac{l}{2G}\left(\frac{T}{I_p}\right)^2 \int_A \rho^2 \mathrm{d}A = \frac{T^2 l}{2GI_p} \tag{3-22}$$

以上应变能表达式也可利用外力功与应变能数值上相等的关系，直接从作用在杆端的外力偶 M_e 在杆发生扭转过程中所做的功 W 算得。当杆在线弹性范围内工作时，截面 B 相对于 A 的相对扭转角 φ 与外力偶矩 M_e 在加载过程中呈线性关系，如图 3-17 所示。仿照轴向拉压应变能公式的推导方法，即可导出以上应变能表达式。

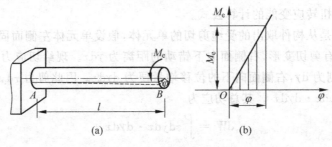

图　3-17

【例 3-7】　如图 3-18(a)所示为工程中常用来起缓冲、减振或控制作用的圆柱形密圈螺旋弹簧，承受轴向压(拉)力的作用。设弹簧的平均半径为 R，簧杆的直径为 d，弹簧的有效圈数(即除去两端与平面接触的部分后的圈数)为 n，簧杆材料的切变模量为 G。试在簧杆的斜度 α 小于 $5°$，且簧圈的平均直径 D 比簧杆直径 d 大得多的情况下，推导弹簧的应力和变形的计算公式。

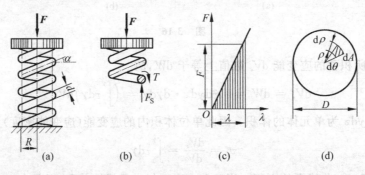

图　3-18

解：(1) 应力的计算

用截面法沿簧杆的任一横截面假想地截取其上半部分(图 3-18(b))，并取其为研究对象，其受力如图 3-18(b)所示。因 $\alpha < 5°$，为研究方便，可视为零度，于是簧杆的截面就在包含弹簧截面轴线(即外力 F 的作用线)的纵向平面内。由平衡方程便可求得截面上的内力分量为通过截面形心的剪力

$$F_s = F$$

及扭矩

$$T = FR$$

作为近似解，可略去剪力 F_s 所对应的切应力，且当 $\dfrac{D}{d}$ 很大时，还可略去簧圈的曲率影响。由式(3-8)便可求得簧杆横截面上的最大扭转切应力 τ_{max}，即

$$\tau_{max} = \frac{T}{W_t} = \frac{FR}{\dfrac{\pi}{16}d^3} = \frac{16FR}{\pi d^3}$$

由上式算出的最大切应力是偏低的近似值。

(2) 变形计算

试验表明，在弹性范围内，压力 F 与变形 λ(压缩量)成正比，即 F 与 λ 的关系是一条斜直线，如图 3-18(c)所示，由此可得外力所做功为

$$W = \frac{1}{2}F\lambda \tag{a}$$

现计算弹簧内的应变能。如图 3-18(b)所示，在簧丝横截面上的任意点的切应力为

$$\tau_\rho = \frac{T\rho}{I_p} = \frac{\dfrac{1}{2}FD\rho}{\dfrac{\pi d^4}{32}} = \frac{16FD\rho}{\pi d^4}$$

由式(3-21)，单位体积的应变能是

$$v_\varepsilon = \frac{\tau_\rho^2}{2G} = \frac{128F^2D^2\rho^2}{G\pi^2d^8} \tag{b}$$

因此弹簧的应变能为

$$V_\varepsilon = \int_V v_\varepsilon dV \tag{c}$$

式中 V 为弹簧的体积。若以 dA 表示簧丝横截面微面积，ds 是簧丝轴线的微长度，则 $dV = dA \cdot ds = \rho d\theta d\rho ds$，将式(b)代入式(c)，于是有

$$V_\varepsilon = \int_V v_\varepsilon dV = \frac{128F^2D^2}{G\pi^2d^8}\int_0^{2\pi}\int_0^{d/2}\rho^3 d\theta d\rho \int_0^{n\pi D}ds = \frac{4F^2D^3n}{Gd^4} \tag{d}$$

又 $W = V_\varepsilon$，于是

$$\frac{1}{2}F\lambda = \frac{4F^2D^3n}{Gd^4}$$

由此得弹簧的变形为

$$\lambda = \frac{8FD^3n}{Gd^4} = \frac{64FR^3n}{Gd^4} \tag{e}$$

式中，$R = \dfrac{D}{2}$，为弹簧圈的平均半径。

令

$$k = \frac{Gd^4}{8D^3 n}$$

则式(e)可以写成

$$\lambda = \frac{F}{k} \tag{f}$$

可见,k 代表弹簧抵抗变形的能力,称为弹簧的刚度,又称劲度系数。

3.7 非圆截面杆扭转简介

圆截面轴是最常见的受扭杆件,工程中还经常遇到一些非圆截面杆的扭转,例如矩形截面轴等。

3.7.1 非圆截面杆扭转变形的特点

图 3-19(a)所示为一矩形截面杆,受扭前若在其表面画上一系列纵向线及横向线,扭转变形后,则发现横向线已变成空间曲线,如图 3-19(b)所示。这样,原为平面的横截面在变形后就不再保持为平面,这种现象称为**翘曲**。因此,圆轴扭转时的计算公式不再适用于非圆截面杆的扭转问题。这类问题只能用弹性力学的方法求解。

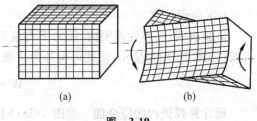

图 3-19

非圆截面杆件的扭转分为自由扭转和约束扭转。**自由扭转**是指等直杆受扭后,各横截面的翘曲不受任何限制,任意两个相邻截面的翘曲程度完全相同,纵向纤维的长度无伸缩,故横截面上仍然是只有切应力而无正应力,如图 3-20(a)所示。相反,若因约束条件或受力条件限制,引起受扭杆件各截面翘曲程度不同,于是横截面上既有切应力,又有正应力,这种情况称为**约束扭转**,如图 3-20(b)所示。

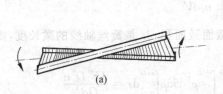
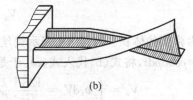

图 3-20

约束扭转所引起的正应力在一般实体杆(如矩形、椭圆形杆件)中通常很小,可忽略不计,但在薄壁杆件中不能忽略。

本节直接引用弹性力学的一些结果,并介绍非圆截面直杆在自由扭转时的最大切应力及变形的计算公式。

3.7.2 矩形截面直杆的扭转

由弹性理论知,矩形截面杆受扭时,横截面上最大切应力发生于长边中点;四个角点处的切应力均为零;截面周边各点切应力与周边平行。其切应力分布如图 3-21 所示,横截面上的最大切应力 τ_{max}、短边中点的切应力 τ_1 及两端截面的相对扭转角 φ 分别用下列公式计算:

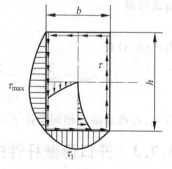

$$\tau_{max} = \frac{T}{\alpha h b^2} \qquad (3-23)$$

$$\tau_1 = \nu \tau_{max} \qquad (3-24)$$

$$\varphi = \frac{Tl}{G\beta h b^3} = \frac{Tl}{GI_t} \qquad (3-25)$$

式中,α、β、ν 是系数,它们的大小取决于 h/b,可由表 3-2 查得;GI_t 是非圆截面直杆抗扭刚度。

图 3-21

表 3-2 矩形截面杆扭转时的 α、β 和 ν

h/b	1.0	1.2	1.5	2.0	2.5	3.0	4.0	6.0	8.0	10.0	∞
α	0.208	0.219	0.231	0.246	0.258	0.267	0.282	0.299	0.307	0.313	0.333
β	0.141	0.166	0.196	0.229	0.249	0.263	0.281	0.299	0.307	0.313	0.333
ν	1.000	0.930	0.858	0.796	0.767	0.753	0.745	0.743	0.743	0.743	0.743

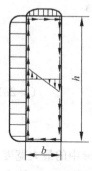

由表 3-2 可知,当 $h/b > 10$ 时,即截面为狭长矩形,此时 $\alpha = \beta \approx 1/3$。则式(3-23)和式(3-25)又可写为

$$\tau_{max} = \frac{T}{\frac{1}{3}hb^2} \qquad (3-26)$$

$$\varphi = \frac{Tl}{G \cdot \frac{1}{3}hb^3} \qquad (3-27)$$

图 3-22

式中 b 表示狭长矩形短边的长度。在其截面上,切应力的变化规律如图 3-22 所示。图示表明:尽管最大切应力仍在长边中点,但沿长边各点的切应力值变化很小,接近相等,只在靠近角点处迅速减小为零。

【例 3-8】 一矩形截面杆,横截面高 $h = 90mm$,宽 $b = 60mm$,承受外力偶矩 $M_e = 2.5 \times 10^3 N \cdot m$ 的作用,试计算 τ_{max}。若改为截面面积相等的圆截面杆,试比较两种情况下的 τ_{max}。

解:(1)求矩形截面杆的 τ_{max}

用截面法便可求得各截面的扭矩为

$$T = M_e$$

由式(3-23)得

$$\tau_{max} = \frac{T}{\alpha h b^2} = \frac{2.5 \times 10^3}{0.231 \times 90 \times 10^{-3} \times (60 \times 10^{-3})^2} = 33.4 \times 10^6 (Pa) = 33.4 (MPa)$$

（2）计算圆截面杆的 τ_{max}

由已知条件可知，$A_圆 = A_矩$，即

$$\pi R^2 = h \cdot b = 90 \times 60 = 5.4 \times 10^3 \, (\text{mm}^2)$$

由此可得

$$R = 41.5\text{mm}, \quad D = 83\text{mm}$$

由式（3-8）有

$$\tau_{max} = \frac{T}{W_t} = \frac{2.5 \times 10^3}{\frac{\pi}{16} \times 83^3 \times 10^{-9}} = 22.3 \times 10^6 \, (\text{Pa}) = 22.3 \, (\text{MPa})$$

可见，在截面面积相同条件下，矩形截面的最大切应力比圆截面的最大切应力要大。

3.7.3　开口薄壁杆件的自由扭转

工程结构中，为了减轻重量，广泛采用其壁厚远远小于横截面其他两个方向的尺寸的杆件，即薄壁杆件。若薄壁截面的壁厚中线为一条不封闭的折线或曲线，则称其为开口薄壁杆件，如图 3-23(a) 所示；否则为闭口薄壁杆件，如图 3-23(b) 所示。

开口薄壁杆件，如槽钢、工字钢等，其截面可看作由若干个狭长矩形所组成。若各狭长矩形的壁厚相等，则可将其展成为一狭长矩形，这样便可利用式（3-26）和式（3-27）分别计算最大切应力及扭转角，其中 h 为要展开的截面中线长度。若各狭长矩形的壁厚不等，其最大切应力及扭转角分别按下列公式计算：

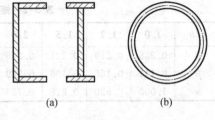

图　3-23

$$\begin{cases} \tau_{max} = \dfrac{T\delta_{max}}{\dfrac{1}{3}\sum h_i \delta_i^3} = \dfrac{T\delta_{max}}{I_t} \\[4mm] \phi = \dfrac{Tl}{G \dfrac{1}{3}\sum h_i \delta_i^3} = \dfrac{Tl}{GI_t} \end{cases} \qquad (3\text{-}28)$$

式中，h_i 和 δ_i 分别为各狭长矩形的长与宽，如图 3-24 所示；δ_{max} 是所有狭长矩形中的最大宽度；τ_{max} 发生在宽度最大的狭长矩形的长边上。切应力方向与边界相切形成环流，如图 3-25 所示。

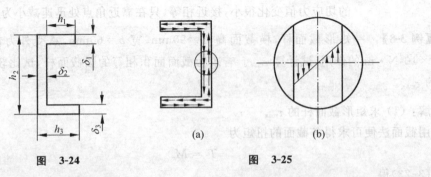

图　3-24　　　　　　　　　　　　　图　3-25

注意，在计算各种型钢截面的 I_t 时，因各部分连接处有圆角，增加了抗扭刚度，故应进行修正，其修正公式为

$$I_t = \eta \cdot \frac{1}{3} \sum h_i \delta_i^3$$

式中,η 是修正系数。角钢 $\eta=1.00$,槽钢 $\eta=1.12$,T 字钢 $\eta=1.15$,工字钢 $\eta=1.20$。

3.7.4　闭口薄壁杆件的自由扭转

图 3-26 所示为闭口薄壁杆,设其壁厚 δ 为常量,因 δ 很小,故可认为切应力沿壁厚均匀分布,方向沿截面中线的切线方向形成环流。其切应力和扭转角的计算公式为

$$\begin{cases} \tau = \dfrac{T}{2\omega\delta} \\[2mm] \varphi = \dfrac{Tls}{4G\omega^2\delta} \end{cases} \qquad (3\text{-}29)$$

式中,ω 为截面中线所围成的面积;s 为截面中线全长。

图　**3-26**

【例 3-9】　薄壁杆件的横截面如图 3-27 所示,分别为开口和闭口的圆环形。设两杆的平均半径 r 和壁厚 δ 均相同,试比较两者的最大切应力及扭转角。

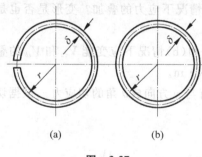

　　　(a)　　　　　(b)

图　**3-27**

闭口截面的 ω 和 s 分别为

由式(3-29)可求得

解:(1) 计算开口薄壁杆件的应力及变形

环形开口截面可看作是 $h=2\pi r$、宽为 δ 的狭长矩形,据式(3-26)和式(3-27)可求得

$$\tau_1 = \frac{T}{\frac{1}{3}h\delta^2} = \frac{3T}{2\pi r\delta^2}$$

$$\varphi_1 = \frac{Tl}{G \times \frac{1}{3}h\delta^3} = \frac{3Tl}{2\pi r\delta^3 G}$$

(2) 计算闭口薄壁杆的应力及变形

$$\omega = \pi r^2, \quad s = 2\pi r$$

$$\tau_2 = \frac{T}{2\omega\delta} = \frac{T}{2\pi r^2\delta}$$

$$\varphi_2 = \frac{Tls}{4G\omega^2\delta} = \frac{Tl}{2G\pi r^3\delta}$$

(3) 比较

在 T 和 l 相同的情况下,两者应力之比为

$$\frac{\tau_1}{\tau_2} = 3\,\frac{r}{\delta}$$

两扭转角之比

$$\frac{\varphi_1}{\varphi_2} = 3\left(\frac{r}{\delta}\right)^2$$

由于 $r \gg \delta$,可见开口薄壁杆的应力和变形要远大于同样情况下的闭口薄壁杆。

思考题

3-1 扭转的受力与变形各有何特点?试举一扭转的实例。

3-2 在车削工件时(如图所示),工人师傅在粗加工时通常采用较低的转速,而在精加工时,则用较高的转速,为什么?

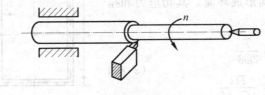

思考题 3-2 图

3-3 由薄壁圆筒的扭转切应力计算公式证明,当 $\delta \leqslant r/10$ 时,该公式的最大误差不超过 4.77%。

3-4 同一圆杆在思考题 3-4 图(a)、(b)、(c)所示三种不同加载情况下,在线弹性范围内工作,且变形微小,试问:

(1) 图(c)受力情况下的应力是否等于图(a)和(b)情况下应力的叠加?变形是否也是如此?

(2) 图(c)受力情况下的应变能 V_ε 是否等于图(a)和(b)情况下应变能 $V_{\varepsilon a}$ 和 $V_{\varepsilon b}$ 的叠加,为什么?已知 $d=100\text{mm}$, $M_1=5\text{kN} \cdot \text{m}$, $M_2=10\text{kN} \cdot \text{m}$。

3-5 思考题 3-5 图所示的单元体,已知右侧面上有与 y 方向成 θ 角的切应力 τ,试据切应力互等定理画出其他面上的切应力。

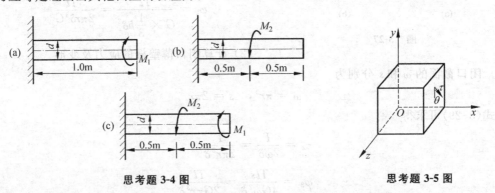

思考题 3-4 图   **思考题 3-5 图**

3-6 由实心圆杆 1 及空心圆杆 2 组成受扭圆轴如图所示。假设在扭转过程中两杆无相对滑动,若:(1)两杆材料相同,即 $G_1=G_2$;(2)两杆材料不同,$G_1=2G_2$,试绘出横截面上切应力沿水平直径的变化情况。

3-7 长为 l、直径为 d 的两根由不同材料制成的圆轴,在其两端作用相同的扭转力偶矩 M_e,试问:

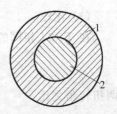

思考题 3-6 图

（1）最大切应力 τ_{max} 是否相同？为什么？

（2）相对扭转角是否相同？为什么？

3-8 在剪切实用计算中所采用的许用切应力与许用扭转切应力是否相同？为什么？

3-9 长度相同，壁厚均为 $\delta = \dfrac{d_0}{20}$ 的三根薄壁截面杆的横截面如图所示。若三杆的两端均受到相同的一对矩为 M_e 的扭转力偶作用，且杆在弹性范围内工作，试问其横截面上的切应力哪个大，哪个小？

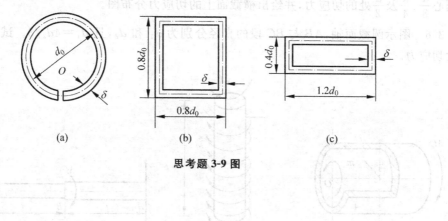

思考题 3-9 图

习题

3-1 下列各图中所示的切应力分布图是否正确？其中 T 为该截面上的扭矩。

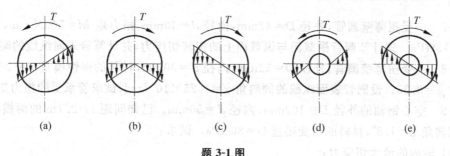

题 3-1 图

3-2 一传动轴作匀速转动，转速 $n=200\text{r/min}$，轴上装有五个轮子，主动轮 II 输入的功率为 60kW，从动轮 I、III、IV、V 依次输出 18kW，12kW，22kW，8kW。试作轴的扭矩图。

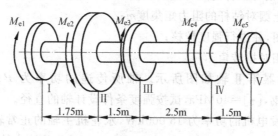

题 3-2 图

3-3 图示空心轴受外力偶 M_e 的作用,试沿其半径 OA 画出在横截面和纵截面上的切应力分布图。

3-4 一钻探机的功率为 10kW,转速为 $n=180$r/min,钻杆钻入土层的深度 $l=40$m,土壤对钻杆的阻力可以认为是均匀分布的力偶,试求此分布力偶的集度 $\bar{m}$,并作出钻杆的扭矩图。

3-5 一实心圆轴的直径 $d=10$cm,极惯性矩 $I_p=10\,000$cm^4,扭矩 $T=100$kN·m,试求距圆心 $\frac{d}{8}$、$\frac{d}{4}$ 及 $\frac{d}{2}$ 处的切应力,并绘出横截面上的切应力分布图。

3-6 图示圆截面轴,AB 与 BC 段的直径分别为 d_1 和 d_2,且 $d_1=4d_2/3$。试求轴内的最大切应力。

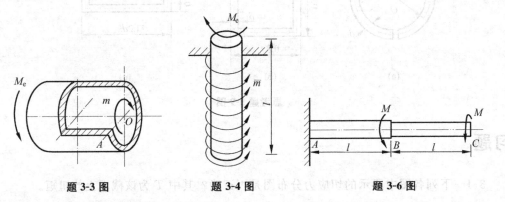

题 3-3 图　　　　　题 3-4 图　　　　　题 3-6 图

3-7 一受扭薄壁圆管,外径 $D=42$mm,内径 $d=40$mm,扭力矩 $M=500$N·m,切变模量 $G=75$GPa。试计算圆管横截面与纵截面上的扭转切应力,并计算管表面纵线的倾斜角。

3-8 一受扭薄壁圆管,外径 $D=32$mm,内径 $d=30$mm,材料的弹性模量 $E=200$GPa,泊松比 $\mu=0.25$。设圆管表面纵线的倾斜角 $\gamma=1.25\times10^{-3}$rad,试求管承受的扭力矩。

3-9 空心钢轴的外径 $D=100$mm,内径 $d=50$mm。已知间距 $l=2.7$m 的两横截面的相对扭转角 $\varphi=1.8°$,材料的切变模量 $G=80$GPa。试求:

(1) 轴内的最大切应力;

(2) 当轴以 $n=80$r/min 的转速旋转时,轴所传递的功率。

3-10 已知钻探机钻杆(参看题 3-4 图)的外径 $D=60$mm,内径 $d=50$mm,功率 $P=7.355$kW,转速 $n=180$r/min,钻杆入土深度 $l=40$m,钻杆材料的 $G=80$GPa,许用切应力 $[\tau]=40$MPa。假设土壤对钻杆的阻力是沿长度均匀分布的,试求:

(1) 单位长度上土壤对钻杆的阻力矩集度 $\bar{m}$;

(2) 作钻杆扭矩图,并进行强度校核;

(3) 两端截面的相对扭转角。

3-11 机床变速器第 II 轴如图所示。轴所传递的功率为 $P=5.5$kW,转速 $n=200$r/min,材料为 45 钢,$[\tau]=40$MPa,试按强度条件设计轴的直径。

3-12 图示水轮发电机的功率为 15 000kW,水轮机主轴的正常转速 $n=250$r/min,材料的许用切应力 $[\tau]=50$MPa,$D=550$mm,$d=300$mm。试校核该水轮机主轴的强度。

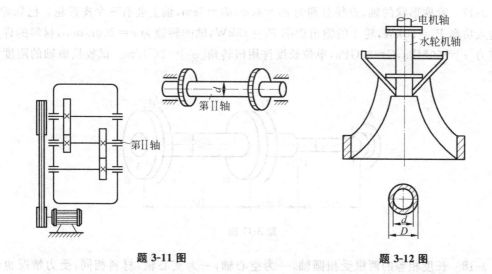

题 3-11 图   题 3-12 图

3-13 图示轴 AB 长 $l=2$m,直径 $d=100$mm,$G=80$GPa,承受均匀分布的外力偶矩 $m_0=2$kN·m/m,试绘扭矩图,并求最大切应力和最大扭转角。

3-14 如图所示,圆轴 AB 和套管 CD 用刚性凸缘 E 焊接成一体,并在截面 A 承受扭力矩 M 作用。已知圆轴的直径 $d=56$mm,许用切应力 $[\tau_1]=80$MPa,套管的外径 $D=80$mm,壁厚 $\delta=6$mm,许用切应力 $[\tau_2]=40$MPa。试求扭力矩 M 的许用值。

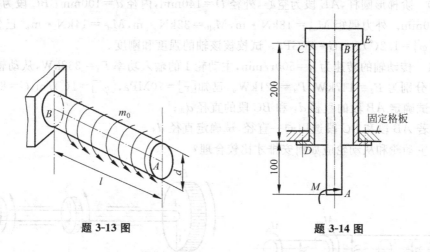

题 3-13 图   题 3-14 图

3-15 直径 $d=50$mm 的等直圆杆,在自由端截面上承受外力偶矩 $M_e=6$kN·m,而在圆杆表面上的 A 点将移动到 A_1 点,如图所示。已知 $\Delta s=\overset{\frown}{AA_1}=3$mm,圆杆材料的弹性模量 $E=210$GPa,试求泊松比 μ 。

3-16 直径 $d=25$mm 的钢圆杆,受轴向拉力 60kN 作用时,在标距为 200mm 的长度内伸长了 0.113mm;当其承受一对扭转外力偶矩 $M_e=0.2$kN·m 时,在标距为 200mm 的长度内相对扭转了 0.732° 的角度。试求钢材的弹性常数 E、G 和 μ 。

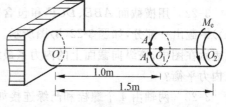

题 3-15 图

3-17 阶梯形状的轴,直径分别为 $d_1=4\text{cm}$,$d_2=7\text{cm}$,轴上装有三个皮带轮。已知轮 3 的输入功率 $P_3=30\text{kW}$,轮 1 的输出功率 $P_1=13\text{kW}$,轴的转速为 $n=200\text{r/min}$,材料的许用切应力 $[\tau]=60\text{MPa}$,$G=80\text{GPa}$,单位长度许用扭转角 $[\varphi']=2(°)/\text{m}$。试校核该轴的刚度和强度。

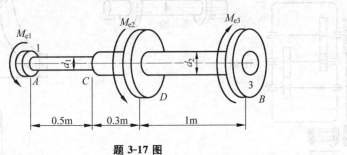

题 3-17 图

3-18 长度相等的两根受扭圆轴,一为空心轴,一为实心轴,材料相同,受力情况也相同。实心轴直径为 d,空心轴外径为 D,内径为 d_0,且 $\dfrac{d_0}{D}=0.8$,试求当空心轴与实心轴具有相等强度时,两者的重量比和刚度比。

3-19 已知实心圆轴的转速 $n=300\text{r/min}$,传递的功率 $P=330\text{kW}$,轴材料的许用切应力 $[\tau]=60\text{MPa}$,$G=80\text{GPa}$。若要求在 2m 长度的相对扭转角不超过 $1°$,试求该轴的直径。

3-20 阶梯形圆杆,AE 段为空心,外径 $D=140\text{mm}$,内径 $d=100\text{mm}$;BC 段为实心,直径 $d=100\text{mm}$。外力偶矩 $M_{eA}=18\text{kN}\cdot\text{m}$,$M_{eB}=32\text{kN}\cdot\text{m}$,$M_{eC}=14\text{kN}\cdot\text{m}$。已知 $[\tau]=80\text{MPa}$,$[\varphi]=1.2(°)/\text{m}$,$G=80\text{GPa}$。试校核该轴的强度和刚度。

3-21 传动轴的转速为 $n=500\text{r/min}$,主动轮 1 的输入功率 $P_1=368\text{kW}$,从动轮 2、3 的输出功率分别为 $P_2=147\text{kW}$,$P_3=221\text{kW}$。已知 $[\tau]=70\text{MPa}$,$[\varphi']=1(°)/\text{m}$,$G=80\text{GPa}$。

(1) 试确定 AB 段的直径 d_1 和 BC 段的直径 d_2;

(2) 若 AB 段和 BC 段选用同一直径,试确定直径 d;

(3) 主动轮和从动轮应如何安排才比较合理?

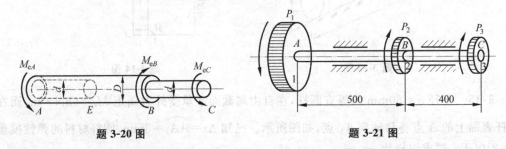

题 3-20 图   题 3-21 图

3-22 用横截面 ABE、DCF 和包含轴线的纵向截面 $ABCD$ 从受扭圆轴(题 3-22 图 (a))中截出一部分,如题 3-22(b)图所示。根据切应力互等定理可知纵向截面上的切应力 τ' 已表示在图中,该纵向截面上的内力系最终将组成一个力偶矩。试问它与截出部分上的什么内力平衡?

3-23 两轴由 4 个螺栓和凸缘连接如图所示。若使轴和螺钉的最大切应力相等,试求 D 与 d 的关系。

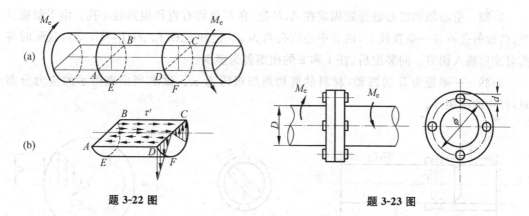

题 3-22 图

题 3-23 图

3-24　图示某齿轮通过键和圆轴连接。圆轴传递功率 $P=70\mathrm{kW}$，轴的转速 $n=200\mathrm{r/min}$。已知圆轴的直径 $d=80\mathrm{mm}$，键的高度 $h=16\mathrm{mm}$，宽 $b=20\mathrm{mm}$，许用切应力 $[\tau]=40\mathrm{MPa}$，许用挤压应力 $[\tau_{\mathrm{bs}}]=100\mathrm{MPa}$，试求轴内的最大切应力及键的长度 l。

3-25　图示两端固定的圆杆，已知 $M_{\mathrm{e}}=15\mathrm{kN\cdot m}$，材料的许用切应力 $[\tau]=80\mathrm{MPa}$，试确定圆杆的直径 d。

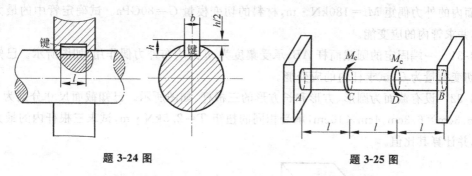

题 3-24 图

题 3-25 图

3-26　将空心管 B 和实心杆 A 牢固地粘接在一起，组成一实心圆杆如图所示。管 B 和杆 A 材料的切变模量分别为 G_b 和 G_a。试推导出该组合杆承受扭矩 M_{e} 时实心杆与空心管中的最大切应力计算公式（平面假设仍然适用）。

3-27　AB 和 CD 两杆的尺寸相同。AB 为钢杆，CD 为铝杆，两种材料的切变模量之比为 $3:1$。若不计 BE 和 ED 两杆的变形，试问 F 力的影响将以怎样的比例分配于 AB 和 CD 两杆？

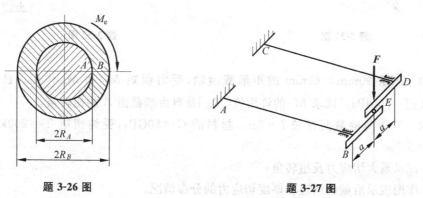

题 3-26 图

题 3-27 图

3-28 空心轴和实心轴分别固定在 A、B 处,在 C 处均有直径相同的小孔。由于制造误差,两轴的孔不在一条直线上,两者中心线夹角为 α。已知 α、$G_1 I_{p1}$、$G_2 I_{p2}$ 及 l_1、l_2,装配时将孔对准后插入销钉。问装配后,杆 1 和 2 的扭矩各为多少?

3-29 一半径为 R 的圆轴,材料的剪切屈服极限为 τ_s。试求当出现图示的应力分布时,杆中的扭矩 T。

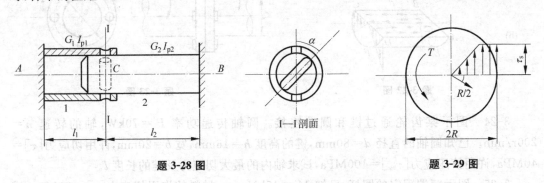

题 3-28 图   题 3-29 图

3-30 有一壁厚 $\delta = 25\text{mm}$、内径 $d = 250\text{mm}$ 的空心薄壁圆筒,其长度 $l = 1\text{m}$,作用在轴两端面内的外力偶矩 $M_e = 180\text{kN·m}$,材料的切变模量 $G = 80\text{GPa}$。试确定管中的最大切应力,并求管内的应变能。

3-31 一端固定的圆截面杆 AB,承受集度为 m 的均布外力偶作用,如图所示。已知材料的切变模量为 G,试求杆内的应变能。

3-32 设有截面为圆形、方形和长方形的三根杆,如图所示。已知截面尺寸分别为 $d = 7\text{cm}$,$6.3\text{cm} \times 6.3\text{cm}$,$4\text{cm} \times 10\text{cm}$,承受相同的扭矩 $T = 2.5\text{kN·m}$,试求三根杆内的最大切应力,并计算其比值。

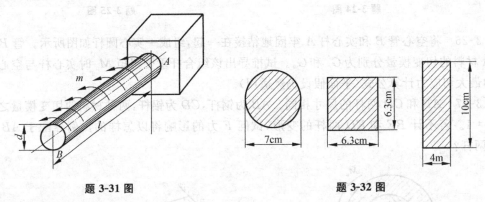

题 3-31 图   题 3-32 图

3-33 图示 $90\text{mm} \times 60\text{mm}$ 的矩形截面轴,受力偶矩 M_{e1} 和 M_{e2} 作用。已知 $M_{e1} = 1.6M_{e2}$,$[\tau] = 60\text{MPa}$。试求 M_{e2} 的许用值 $[M_{e2}]$ 及自由端截面 A 的扭转角。

3-34 T 形薄壁截面杆长 $l = 2\text{cm}$,材料的 $G = 80\text{GPa}$,受纯扭矩 $T = 200\text{kN·m}$ 的作用。

(1) 试求最大切应力及扭转角;

(2) 作图表示沿截面周边和厚度切应力的分布情况。

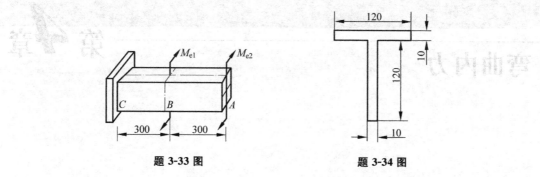

题 3-33 图　　　　　题 3-34 图

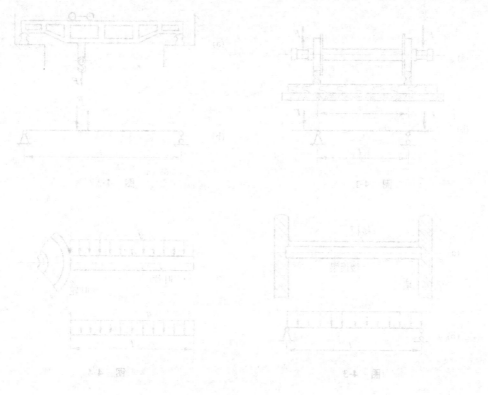

第4章

弯曲内力

4.1 弯曲的概念和实例

在工程实际中,存在着大量受到弯曲的构件。例如图 4-1(a)所示的火车轮轴、图 4-2(a)所示的桥式起重机横梁、图 4-3(a)所示的房屋结构中的大梁、图 4-4(a)所示的受气流冲击的汽轮机叶片等。这些弯曲构件的受力特点是:杆件受到垂直于杆轴线的外力(即横向力)或受到位于轴线所在平面内的力偶(即力偶矩矢垂直于轴线的力偶)作用;变形特点是:杆的轴线将由直线变为曲线。这种变形形式称为弯曲。凡是以弯曲变形为主的杆件,习惯上称为梁。梁是一类常用的构件,几乎在各类工程中都占有重要的地位。

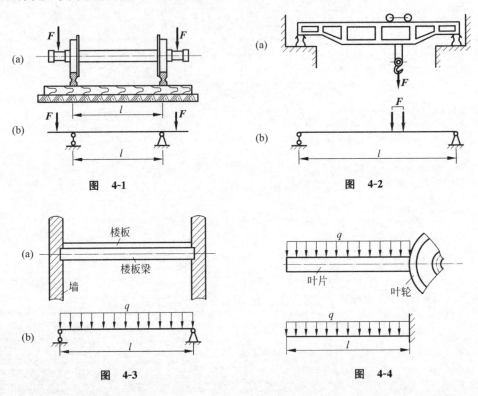

图 4-1

图 4-2

图 4-3

图 4-4

工程中梁的横截面一般都至少有一个对称轴(图 4-5),由对称轴组成的平面称为纵向对称面。若梁上所有的外力都作用在该纵向平面内,梁变形后的轴线必定是一条在该平面内的曲线,这种弯曲称为平面弯曲(图 4-6)。平面弯曲是弯曲问题中最简单和最常见的情况。

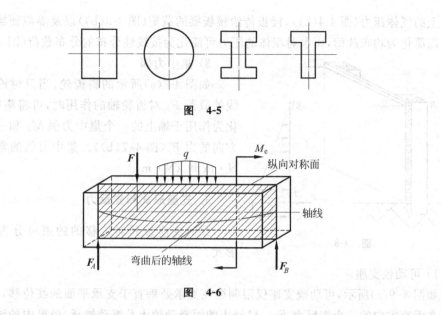

图 4-5

图 4-6

　　本章主要讨论梁在平面弯曲下的内力计算,它是对梁进行强度和刚度计算的重要基础。

4.2　梁的简化及其典型形式

4.2.1　梁的简化

　　工程问题中,受弯杆件的几何形状不同、支承条件各异、载荷情况复杂,为了便于分析计算,一般需要根据具体情况区分主次因素,将实际构件简化为计算简图,即所谓建立力学模型。建立力学模型的一般原则是:精度足够,计算简便和偏于安全。

1. 构件的简化

　　在梁的计算简图中用梁的轴线代表梁,取两个支承中间的距离作为梁的长度,称为跨度(见图 4-7(a))。

2. 载荷的简化

　　1)集中力

　　若外力分布面积远小于构件的表面尺寸,或沿杆件轴线分布范围远小于梁的跨度时,可将其简化为作用于一点的集中力,如火

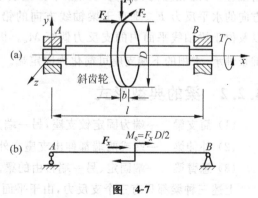

图 4-7

车轮对钢轨的压力、滚珠轴承对轴的反作用力等。集中力的单位常用 N 和 kN 表示。

　　2)分布载荷

　　沿梁的长度(部分或全部)连续分布的横向力称为线分布载荷,用单位长度上的力 $q(x)$ 表示。常用的单位是 N/m 或 kN/m。若 $q(x)$ 为常数则称为均布载荷。例如作用在汽轮机

叶片上的气体压力(图 4-4(b)),楼板传给楼板梁的载荷(图 4-3(b))以及等截面梁的自重等都可以简化为均布载荷,而水对坝体的压力可简化为按线性分布的分布载荷(图 4-8)。

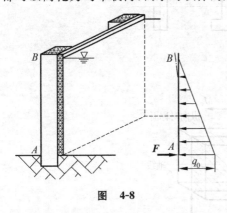

图 4-8

3) 集中力偶

如图 4-7(a)所示的斜齿轮,当只讨论平行于轴线的载荷 F_x 对齿轮轴的作用时,可将集中力 F_x 简化为作用于轴上的一个集中力偶 M_e 和一个沿轴线方向的力 F_x (图 4-7(b))。集中力偶的常用单位是 N·m 和 kN·m。

3. 支座形式和支反力

梁的支座按其对位移的约束可分为三种典型形式。

1) 可动铰支座

如图 4-9(a)所示,可动铰支座仅限制梁在支承处垂直于支承平面的线位移,与此对应,仅存在垂直方向的一个支反力 F_y。机械中的短滑动轴承及滚动轴承、桥梁中的滚轴支座等都可简化为可动铰支座。

2) 固定铰支座

如图 4-9(b)所示,固定铰支座限制梁在支承处沿任何方向的线位移,因此相应支反力可用两个分力表示,例如沿梁轴线方向的水平反力 F_x 与垂直于梁轴线方向的铅垂反力 F_y。机械中的止推轴承、桥梁下的固定支座都可简化为固定铰支座。

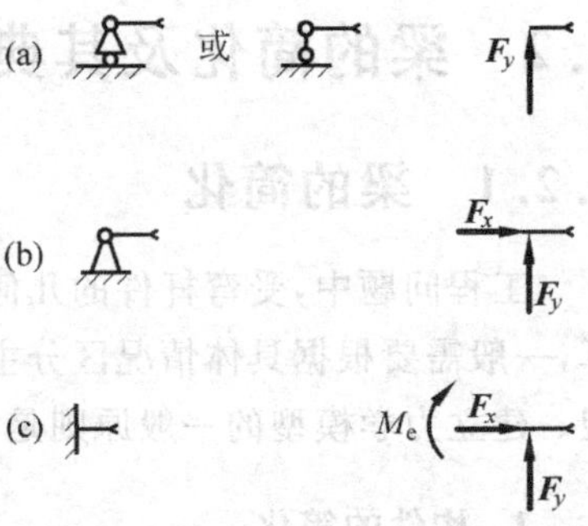

3) 固定端

如图 4-9(c)所示,固定端限制梁端截面的线位移与角位移,与之相应的支反力可用三个分量表示:沿轴线方向的水平反力 F_x、垂直于梁轴线方向的铅垂反力 F_y,以及位于梁轴线平面内的支反力偶矩 M_e。机械中的止推长轴承、水坝的下端支座可简化为固定端。

图 4-9

4.2.2 梁的典型形式

(1) 简支梁　一端为固定铰支座,另一端为可动铰支座的梁。如图 4-2(b)所示的梁。

(2) 外伸梁　一端或两端都伸出支座之外的梁。如图 4-1(b)所示的梁。

(3) 悬臂梁　一端固定、另一端自由的梁。如图 4-4(b)所示的梁。

上述三种梁都只有三个支反力,由于平面弯曲时支反力与主动力构成平面一般力系,有三个独立的平衡方程,所以支反力可以由静力平衡方程确定,统称为静定梁。有时工程上根据需要,对一个梁设置较多的支座,因而梁的支反力数目多于独立平衡方程的数目,此时仅用平衡方程就无法确定其所有的支反力,这种梁称为静不定梁或超静定梁,将在第6章中讨论。

【例 4-1】 试求如图 4-10(a)所示的静定梁固定端 A 及支座 B 处的支反力。

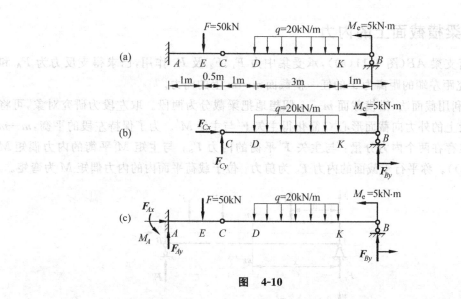

图　4-10

解：静定梁的 AC 段又称为基本梁或主梁，CB 段又称为副梁。

求支反力时，可将中间铰拆开（图 4-10(b)），先通过平衡方程求出副梁 CB 上支座 B 的支反力。然后，再研究整个梁 AB（图 4-10(c)），由平衡方程求出固定端 A 的支反力。

(1) 先研究梁 CB。梁上的均布载荷以其合力代替，合力的作用线通过均布载荷图形面积的形心。由平衡方程

$$\sum M_C = 0, \quad F_{By} \times 5 + 5 \times 10^3 - 20 \times 10^3 \times 3 \times 2.5 = 0$$

解得

$$F_{By} = 29\text{kN}$$

(2) 再研究整个梁 AB。由平衡方程

$$\sum F_x = 0, \quad F_{Ax} = 0$$

$$\sum F_{Ay} = 0, \quad F_{Ay} - 50 \times 10^3 - 20 \times 10^3 \times 3 + 29 \times 10^3 = 0$$

得

$$F_{Ay} = 81\text{kN}$$

$$\sum M_A = 0, \quad M_A - 50 \times 10^3 \times 1 - 20 \times 10^3 \times 3 \times 4 + 5 \times 10^3 + 29 \times 10^3 \times 6.5 = 0$$

解得

$$M_A = 96.5\text{kN} \cdot \text{m}$$

注意：本题亦可先研究梁 CB，再研究梁 AC，从而求得支反力。

4.3　剪力和弯矩

当作用在梁上的全部外力（包括载荷和支反力）均为已知时，就可利用截面法确定梁的内力。为了计算梁的应力和变形，必须首先确定梁在外力作用下任一横截面上的内力。

4.3.1　梁横截面上的内力

设一简支梁 AB（图 4-11(a)），承受集中力 F_1、F_2 及 F_3 作用，已求得支反力为 F_A 和 F_B。现研究距左端的距离为 x 的任一横截面 m—m 上的内力。

首先，利用截面法，沿横截面 m—m 假想地把梁截分为两段。取左段为研究对象，可将作用在左段上的外力向截面形心 C 简化得主矢 F' 与主矩 M'。为了保持左段的平衡，m—m 截面上必然存在两个内力分量：与主矢 F' 平衡的内力 F_S；与主矩 M' 平衡的内力偶矩 M（图 4-11(b)）。称平行于截面的内力 F_S 为**剪力**；位于载荷平面内的内力偶矩 M 为**弯矩**。

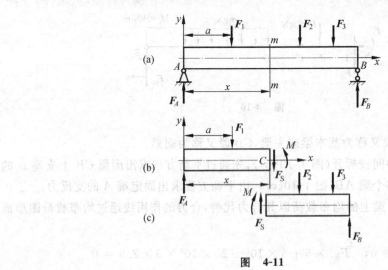

图　4-11

根据左段梁的平衡方程

$$\sum F_y = 0, \quad F_A - F_1 - F_S = 0$$

得

$$F_S = F_A - F_1 \tag{a}$$

$$\sum M_C = 0, \quad M - F_A x + F_1(x-a) = 0$$

得

$$M = F_A x - F_1(x-a) \tag{b}$$

左段梁横截面 m—m 上的剪力和弯矩，实际上是右段梁对左段梁的作用。由作用与反作用原理可知，右段梁在同一截面 m—m 上的剪力和弯矩，在数值上应该分别与式(a)、(b)相等，但指向和转向相反（图 4-11(c)）。若对右段梁列出平衡方程，所得结果必然相同。

4.3.2　剪力和弯矩的正负号规定

为了使左、右两段梁上求得的同一横截面上的内力不仅数值相等，而且符号相同，根据梁的变形，对剪力和弯矩的符号作如下规定。

在所截横截面的内侧切取微段，凡使微段产生顺时针转动趋势的剪力为正（图 4-12(a)），反之为负（图 4-12(b)）。使微段弯曲变形后，凹面朝上的弯矩为正（图 4-12(c)），反之为负（图 4-12(d)）。按此规定，图 4-11(b)、(c)中的剪力和弯矩均为正号。

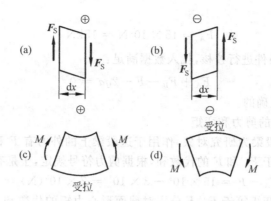

图　4-12

4.3.3　梁横截面上内力的计算

利用截面法计算内力较麻烦,需画出脱离体的受力图、列平衡方程、解方程。故仔细观察(a)、(b)两式,可归纳出梁横截面上内力的计算规律如下。

(1) 梁任一横截面上的剪力在数值上等于该截面一侧所有竖向外力(包括支反力)的代数和。根据剪力的正负规定可知,横截面左侧向上的外力或右侧向下的外力产生正剪力,反之产生负剪力。

(2) 梁任一横截面上的弯矩在数值上等于该截面一侧所有外力(包括支反力)对该截面形心取力矩的代数和。根据弯矩正负号的规定可知,不论在横截面左侧还是右侧,向上的外力均产生正弯矩,反之向下的外力均产生负弯矩;若截面一侧有外力偶,则外力偶的转向与该截面同侧向上的外力对该截面形心的力矩转向相同时产生正弯矩,反之产生负弯矩。即左侧梁上,顺时针转动的外力偶为正;右侧梁上,逆时针转动的外力偶为正。

上述规律,可以概括为口诀:"左上右下,剪力为正;左顺右逆,弯矩为正。"据此可直接写出梁上任一横截面的剪力和弯矩的计算式。

【**例 4-2**】　简支梁受载荷作用如图 4-13 所示。已知 $F = 8\text{kN}$, $q = 12\text{kN/m}$, $a = 1.5\text{m}$, $b = 2\text{m}$。试求截面 1—1 和 2—2 上的剪力和弯矩。

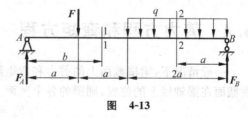

图　4-13

解:(1) 求支反力

设 A、B 支座处的反力 F_A、F_B 是向上的,由静力学平衡方程

$$\sum M_A = 0, \quad 4F_B a - Fa - 2qa \times 3a = 0$$

即

$$4F_B \times 1.5 - 8 \times 10^3 \times 1.5 - 2 \times 12 \times 10^3 \times 1.5 \times 3 \times 1.5 = 0$$

得

$$F_B = 29 \times 10^3\text{N} = 29\text{kN}$$

$$\sum M_B = 0, \quad 4F_A a - 3Fa - 2qa \times a = 0$$

即

$$4F_A \times 1.5 - 3 \times 8 \times 10^3 \times 1.5 - 2 \times 12 \times 10^3 \times 1.5^2 = 0$$

得

$$F_A = 15 \times 10^3 \text{N} = 15\text{kN}$$

应用 $\sum F_y = 0$ 条件进行校核,代入数据满足:

$$F_A + F_B - F - 2qa = 0$$

经验证所求支反力是正确的。

(2) 求指定截面上的剪力和弯矩

1—1 截面   取左段梁为研究对象,作用于这段梁上的外力有 F 和支反力 F_A。作用于截面 1—1 上的剪力等于 F_A 和 F 的代数和,根据剪力符号规定,于是有

$$F_{S1} = F_A - F = 15 \times 10^3 - 8 \times 10^3 = 7 \times 10^3 (\text{N}) = 7 (\text{kN})$$

作用于 1—1 截面上的弯矩等于 F_A、F 分别对截面形心力矩的代数和,且 F_A 之矩为顺时针转向,F 之矩为逆时针转向。根据弯矩符号规定,于是有

$$M_1 = F_A b - F(b - a) = 15 \times 10^3 \times 2 - 8 \times 10^3 (2 - 1.5)$$
$$= 26 \times 10^3 (\text{N} \cdot \text{m}) = 26 (\text{kN} \cdot \text{m})$$

2—2 截面   取右段梁为研究对象,作用于这段梁上的外力有支反力 F_B 和均布载荷 q。根据剪力符号规定,有

$$F_{S2} = qa - F_B = 12 \times 10^3 \times 1.5 - 29 \times 10^3 = 11 \times 10^3 (\text{N}) = -11 (\text{kN})$$

求得的剪力为负,表明该截面上剪力的实际方向是向下的。

根据弯矩符号规定,对应于逆时针转向的矩 $F_B a$ 的弯矩为正,而对应于顺时针转向的矩 $\frac{1}{2}qa^2$ 的弯矩为负,于是得

$$M_2 = F_B a - \frac{1}{2}qa^2 = 29 \times 10^3 \times 1.5 - \frac{1}{2} \times 12 \times 10^3 \times (1.5)^2$$
$$= 30 \times 10^3 (\text{N} \cdot \text{m}) = 30 (\text{kN} \cdot \text{m})$$

该值为正,说明此截面上的弯矩为顺时针转向。

由本例题看到,按上述方法计算任一截面内力时,省略了取脱离体及列平衡方程,因而非常方便。此外,计算时通常取外力比较简单的一侧。

4.4   剪力方程和弯矩方程   剪力图和弯矩图

一般情况下,梁横截面上的剪力和弯矩随截面位置的不同而不同。若以横坐标 x 表示横截面在梁轴线上的位置,则梁的各个截面上的剪力和弯矩可以表示为坐标 x 的函数,即

$$F_S = F_S(x)$$
$$M = M(x)$$

上述关系式分别称为剪力方程和弯矩方程。

以平行于梁轴线的横坐标 x 表示横截面的位置,以相应截面上的剪力或弯矩为纵坐标,根据剪力方程和弯矩方程绘出的剪力和弯矩沿轴线变化的图线称为**剪力图和弯矩图**。从剪力图和弯矩图上可直观地判断最大剪力和最大弯矩所在截面的位置和数值。

下面举例说明如何建立剪力方程和弯矩方程,以及如何根据方程绘制剪力图和弯矩图。

【例 4-3】   如图 4-14(a)所示悬臂梁 AB,在自由端受集中力 F,试列出剪力方程和弯矩方程;绘制剪力图和弯矩图,并求出最大剪力和最大弯矩值。

解：在一般情况下，应首先求出支反力。但因本题悬臂梁 A 端是自由端，若取左侧计算任一截面内力时，左段梁上只有已知集中力 F，而无支反力作用，故可不必求出梁的支反力。

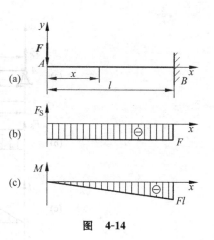

图 **4-14**

（1）建立剪力、弯矩方程

以截面 A 的形心为坐标 x 的原点，选取坐标系如图 4-14(a) 所示，x 轴与梁轴线 x 重合。在距 A 为 x 的截面处假想将梁截开，取左侧为研究对象，则该截面上的剪力和弯矩分别为

$$F_S(x) = -F, \quad 0 < x < l \tag{a}$$

$$M(x) = -Fx, \quad 0 \leqslant x < l \tag{b}$$

（2）绘剪力图、弯矩图

建立坐标系如图 4-14(b)、(c) 所示，x 轴一般取向右为正，F_S 或 M 轴取向上为正。

由式(a)可知，梁上各截面的剪力不随 x 而变化，即各截面剪力为一常量，故剪力图为一平行于 x 轴且位于 x 轴下方的一条水平线（图 4-14(b)）。

由式(b)可知，梁上各截面的弯矩是 x 的一次函数，故弯矩图为一条斜直线，只需用两个截面的 M 值就可定出这条斜线。

当 $x=0$ 时，即在自由端，

$$M = 0$$

当 $x=l$ 时，即在固定端，

$$M = -Fl$$

于是绘出 M 图（见图 4-14(c)）。

（3）求最大剪力、弯矩值

由图可以清楚地看出，梁的所有截面上的剪力都相同，而最大弯矩作用在梁的固定端截面。

$$|F_S|_{\max} = F$$

$$|M|_{\max} = Fl$$

【例 4-4】　如图 4-15 所示简支梁，在截面 C 处承受集中力 F 的作用。试建立梁的剪力、弯矩方程，并绘剪力、弯矩图。

解：（1）计算支反力

由平衡方程

$$\sum M_B = 0, \quad Fb - F_A l = 0$$

$$\sum M_A = 0, \quad F_B l - Fa = 0$$

求得支反力为

$$F_A = \frac{Fb}{l} \quad (\uparrow)$$

$$F_B = \frac{Fa}{l} \quad (\uparrow)$$

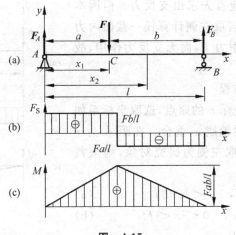

图 4-15

(2) 建立剪力、弯矩方程

由于在截面 C 处作用有集中力 F，梁 AC 和 CB 段内的剪力或弯矩不能用同一方程式表达，故应以该截面为界，分段建立剪力与弯矩方程。

选 A 点为原点，对于 AC 段用 x_1 表示横截面的位置，根据剪力和弯矩的计算方法，求得该段梁的剪力和弯矩方程为

$$F_S(x_1) = F_A = \frac{Fb}{l}, \quad 0 < x_1 < a \tag{a}$$

$$M(x_1) = F_A x_1 = \frac{Fb}{l} x_1, \quad 0 \leqslant x_1 \leqslant a \tag{b}$$

对于 CB 段，用坐标 x_2 表示横截面位置，该梁段的剪力和弯矩方程为

$$F_S(x_2) = F_A - F = \frac{Fb}{l} - F = -\frac{Fa}{l}, \quad a < x_2 < l \tag{c}$$

$$M(x_2) = F_A x_2 - F(x_2 - a) = \frac{Fa}{l}(l - x_2), \quad a \leqslant x_2 \leqslant l \tag{d}$$

(3) 绘剪力、弯矩图

根据式(a)、(c)画剪力图(图 4-14(b))；根据式(b)、(d)画弯矩图(图 4-14(c))。若 $b >$ a，则 AC 段的剪力最大，其值为

$$|F_S|_{\max} = \frac{Fb}{l}$$

横截面 C 的弯矩最大，其值为

$$|M|_{\max} = \frac{Fab}{l}$$

由剪力、弯矩图可以看出，在集中力作用处，其左、右两侧横截面上剪力发生突变，突变量等于该集中力之值；而弯矩值相等，故弯矩图连续但其上有尖点。

【例 4-5】 如图 4-16(a)所示简支梁，在 C 截面处受集中力偶 M_e 作用，试绘此梁的剪力图和弯矩图。

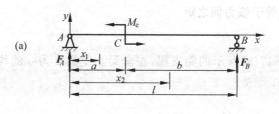

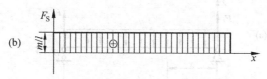

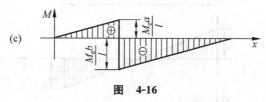

图 4-16

解:(1) 求支反力

由平衡方程

$$\sum M_B = 0, \quad -F_A l + M_e = 0$$

$$\sum M_A = 0, \quad F_B l + M_e = 0$$

求得支反力

$$F_A = \frac{M_e}{l} \quad (\uparrow)$$

$$F_B = -\frac{M_e}{l} \quad (\downarrow)$$

F_B 为负值,表示其实际方向与假设方向相反。

(2) 列剪力、弯矩方程

因 C 处作用一集中力偶 M_e,故需分段列剪力、弯矩方程。选 A 点为原点,AC 段:用 x_1 表示横截面位置,则由剪力、弯矩计算方法得

$$F_S(x_1) = F_A = \frac{M_e}{l}, \quad 0 < x_1 \leqslant a \tag{a}$$

$$M(x_1) = F_A x_1 = \frac{M_e}{l} x_1, \quad 0 \leqslant x_1 < a \tag{b}$$

BC 段:用 x_2 表示横截面位置,则有

$$F_S(x_2) = -F_B = \frac{M_e}{l}, \quad a \leqslant x_2 < l \tag{c}$$

$$M(x_2) = F_B(l - x_2) = -\frac{M_e}{l}(l - x_2), \quad a < x_2 \leqslant l \tag{d}$$

(3) 绘剪力、弯矩图

根据式(a)、(c)绘剪力图(图 4-16(b)),根据式(b)、(d)绘弯矩图(图 4-16(c))。

由剪力、弯矩图可以看出,在集中力偶作用处,其左、右两侧横截面上的剪力相同,而弯

矩则发生突变,突变量等于该力偶之矩。

【**例 4-6**】 如图 4-17(a)所示的简支梁,在全梁上受集度为 q 的均布载荷作用。试画梁的剪力图和弯矩图。

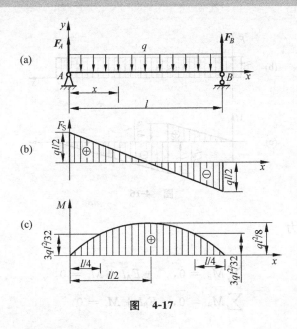

图　4-17

解:对于简支梁,须先求出支反力。

(1) 求支反力

本例由于载荷与支反力关于梁跨中心对称,故两支反力相等,由平衡方程

$$\sum F_y = 0, \quad F_A - ql + F_B = 0$$

得

$$F_A = F_B = \frac{ql}{2} \; (\uparrow)$$

(2) 列剪力、弯矩方程

取距左端(坐标原点)为 x 的任意横截面,以左侧为研究对象,则梁的剪力和弯矩方程为

$$F_S(x) = F_A - qx = \frac{ql}{2} - qx, \quad 0 < x < l \tag{a}$$

$$M(x) = F_A x - qx \cdot \frac{x}{2} = \frac{ql}{2}x - \frac{qx^2}{2}, 0 \leqslant x \leqslant l \tag{b}$$

(3) 绘剪力、弯矩图

由式(a)可知,剪力图为一斜直线,确定两点即可作出此图。

当 $x=0$ 时,

$$F_S = \frac{ql}{2}$$

当 $x=l$ 时,

$$F_s = -\frac{ql}{2}$$

于是绘出剪力图(图 4-17(b))。

由式(b)可知,弯矩图是一条二次抛物线,这就至少需确定其上三个点,例如

当 $x=0$ 时,

$$M = 0$$

当 $x=l/2$ 时,

$$M = \frac{ql^2}{8}$$

当 $x=l$ 时,

$$M = 0$$

才可将其绘出(图 4-17(c))。

由图可见,两支座内侧横截面上的剪力值为最大,$|F_s|_{max} = \frac{ql}{2}$;梁跨中点横截面上的弯矩值为最大,$|M|_{max} = \frac{ql^2}{8}$,且该截面上 $F_s=0$。

说明:

(1) 为确定弯矩图的顶点,可将式(b)对 x 求导,并令

$$\frac{dM(x)}{dx} = \frac{ql}{2} - qx = 0, \quad 0 < x < l \tag{c}$$

求得极值弯矩截面的位置 $x=\frac{l}{2}$,代入式(b)可得极值弯矩

$$|M|_{max} = \frac{ql^2}{8}$$

(2) 对式(a)、(c)进行比较分析后容易发现,剪力、弯矩和分布载荷之间存在如下关系:

$$\frac{dM}{dx} = F_s$$

$$\frac{d^2M}{dx^2} = \frac{dF_s}{dx} = -q \quad (\text{负号说明 } q \text{ 的方向向下})$$

这些函数关系是普遍存在的规律,以下将从一般情况给予论证。

4.5　载荷集度、剪力和弯矩之间的微分关系

设如图 4-18(a)所示的梁受任意载荷作用,取梁的左端为 x 轴的坐标原点,分布载荷 $q=q(x)$ 在作用段内是 x 的连续函数,并规定 $q(x)$ 向上为正。用坐标为 x 和 $x+dx$ 的两横截面,假想地从梁中截出长为 dx 的微段梁(图 4-18(b))。

设 m—m 截面上的内力为 $F_s(x)$、$M(x)$,则在 n—n 截面上的内力应为 $F_s(x)+dF_s(x)$ 和 $M(x)+dM(x)$,并均设为正值。由于 dx 为微量,所以作用在微段梁上的分布载荷 $q(x)$ 可视为均匀分布。微段梁在以上所有外力作用下应处于平衡。由微段梁的平衡方程

$$\sum F_y = 0, \quad F_s(x) + q(x)dx - [F_s(x) + dF_s(x)] = 0$$

从而得到

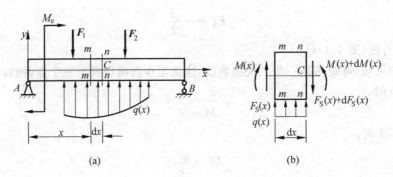

图　4-18

$$\frac{\mathrm{d}F_{\mathrm{S}}(x)}{\mathrm{d}x} = q(x) \tag{4-1}$$

$$\sum M_C = 0, \quad M(x) + \mathrm{d}M(x) - q(x)\mathrm{d}x \cdot \frac{\mathrm{d}x}{2} - M(x) - F_{\mathrm{S}}(x)\mathrm{d}x = 0$$

略去二阶无穷小量 $q(x) \cdot \frac{(\mathrm{d}x)^2}{2}$，得

$$\frac{\mathrm{d}M(x)}{\mathrm{d}x} = F_{\mathrm{S}}(x) \tag{4-2}$$

从式(4-1)和式(4-2)两式又可得

$$\frac{\mathrm{d}^2 M(x)}{\mathrm{d}x^2} = q(x) \tag{4-3}$$

以上三式就是载荷集度、剪力和弯矩之间的微分关系。

式(4-1)和式(4-2)的几何意义为：剪力图上某点处的切线斜率等于该点处载荷集度的大小；弯矩图上某点处的切线斜率等于该点处剪力的大小。此外，由式(4-3)可知，由载荷集度的正负可判定弯矩曲线的凹凸性。

应用这些关系，以及有关剪力图和弯矩图的规律，可检验所作剪力图和弯矩图的正确性，或直接作梁的剪力图和弯矩图。现将载荷与剪力、弯矩之间的微分关系以及剪力图和弯矩图的一些特征归纳如下。

(1) 在梁段上无载荷作用

由于 $q(x)=0, \dfrac{\mathrm{d}F_{\mathrm{S}}(x)}{\mathrm{d}x}=q(x)=0$，因此 $F_{\mathrm{S}}(x)=$ 常数，即剪力图是平行于 x 轴的直线，如图 4-15(b)所示。由于 $F_{\mathrm{S}}(x)=$ 常数，所以，$\dfrac{\mathrm{d}M(x)}{\mathrm{d}x}=F_{\mathrm{S}}(x)=$ 常数，即相应的弯矩图是斜直线，如图 4-15(c)所示。

(2) 在梁段上作用有均布载荷

由于 $q(x)=$ 常数 $\neq 0, \dfrac{\mathrm{d}F_{\mathrm{S}}(x)}{\mathrm{d}x}=$ 常数 $\neq 0$，故剪力图为斜直线，其斜率随 q 值而定，而相应的弯矩图则为二次抛物线。且当均布载荷向上即 $q>0$ 时，$\dfrac{\mathrm{d}^2 M(x)}{\mathrm{d}x^2}=q>0$，弯矩图为凹曲线；反之，当分布载荷向下即 $q<0$ 时，弯矩图为凸曲线(图 4-17(c))。

此外在梁的某一截面上，若 $\dfrac{\mathrm{d}M(x)}{\mathrm{d}x}=F_{\mathrm{S}}(x)=0$，则在这一横截面处，弯矩图相应存在极

值,即剪力为零的横截面上弯矩取得极值(图 4-17)。

(3) 在集中力作用的截面

在集中力作用截面的左、右两侧,剪力 F_S 发生突然变化,突变的数值和方向与集中力相同;该处弯矩图连续,但有尖点(图 4-15)。

事实上,所谓集中力不可能"集中"作用于一点,它只是为了计算方便起见,进行数学抽象的结果。若将集中力看成是作用在一定长度上的分布载荷,剪力图在该处是渐变的,弯矩图是曲线(图 4-19)。用简化后的内力数值(见图 4-19(c)虚线)进行强度计算更偏于安全。对集中力偶作用的截面,也可作同样的解释。

(4) 在集中力偶作用的截面

在集中力偶作用截面的左、右两侧,弯矩图发生突变,突变的数值与集中力偶相同(见图 4-16),而剪力图连续且无变化。

应该指出,上述微分关系只适用于直梁,并必须按图 4-18 选取坐标系和规定 $q(x)$、$F_S(x)$ 及 $M(x)$ 的正负号才是正确的。

下面举例说明上述各种关系的应用。

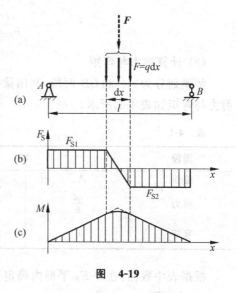

图 4-19

【例 4-7】 如图 4-20 所示简支梁,右半段承受均布载荷 q 作用。试画梁的剪力与弯矩图。

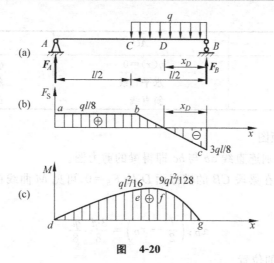

图 4-20

解:(1) 求支反力
由平衡方程

$$\sum M_B = 0, \quad F_A l - q \frac{l}{2} \cdot \frac{l}{4} = 0$$

$$\sum F_y = 0, \quad F_A + F_B - q\frac{l}{2} = 0$$

求得 A、B 的支反力分别为

$$F_A = \frac{ql}{8} \quad (\uparrow)$$

$$F_B = \frac{3}{8}ql \quad (\uparrow)$$

（2）计算剪力与弯矩

将梁划分为 AC 和 CB 两段，利用梁横截面上内力的计算方法求得各段起点与终点的剪力与弯矩如表 4-1 所示。

表 4-1

梁段	AC			CB	
截面	A_+		C_-	C_+	B_-
剪力	$\dfrac{ql}{8}$		$\dfrac{ql}{8}$	$\dfrac{ql}{8}$	$-\dfrac{3ql}{8}$
弯矩	0		$\dfrac{ql^2}{16}$	$\dfrac{ql^2}{16}$	0

根据表中数据，在 x-F_s 平面内确定三点 a、b 与 c（图 4-20(b)）；在 x-M 平面内确定三点 d、e 与 g（图 4-20(c)）。

（3）判断剪力与弯矩图的形状

根据载荷集度、剪力与弯矩之微分关系，可知 AC 与 CB 两段梁的剪力、弯矩图的形状具有下述特征，见表 4-2。

表 4-2

梁 段	AC	CB
载荷集度	$q(x)=0$	$q(x)=$常数<0
剪力图	水平直线	斜直线
弯矩图	斜直线	凸曲线

（4）绘剪力与弯矩图

根据以上分析，分别连直线 ab 与 bc 即得梁的剪力图。

由剪力图中看到，在梁段 CB 的横截面 D 处 $F_s=0$，可见 M 曲线在该截面处存在极值。则由图 4-20(b) 可知

$$x_D : \left(\frac{l}{2} - x_D\right) = \frac{3ql}{8} : \frac{ql}{8}$$

由此得 D 截面距右端的位置

$$x_D = \frac{3}{8}l$$

则截面 D 的弯矩为

$$M_D = F_B x_D - \frac{q}{2}x_D^2 = \frac{3ql}{8}\frac{3l}{8} - \frac{q}{2}\left(\frac{3l}{8}\right)^2 = \frac{9ql^2}{128}$$

由坐标 (x_D, M_D) 在 $x\text{-}M$ 平面内得到极值点 f。于是，连直线 de，过点 e、f 与 g 绘制以点 f 为极值的凸曲线，即得梁的弯矩图。

说明：

(1) 利用载荷集度、剪力与弯矩之微分关系作剪力图和弯矩图，可不必写出剪力方程和弯矩方程，从而使作图过程简化。因此，这种作图方法也称为简易法。

(2) 求某个特定截面的内力时，可以使用列内力方程的方法，也可以根据截面左侧或右侧的分离体平衡直接计算，应根据具体情况选择最简便的方法。

(3) 用简易法作剪力、弯矩图的步骤如下。

① 求支反力；

② 根据梁上的外力确定分段，并用微分关系判断各段剪力图和弯矩图的形状；

③ 用截面法和突变规律确定各段端点和特征截面的 F_S、M 值；

④ 作出 F_S、M 图并确定剪力与弯矩的最大值。

注意：在 F_S、M 图上，应标注正负号，以及各段的端值和极值以及取得极值的截面位置。

【例 4-8】　外伸梁受力如图 4-21(a)所示。已知 $a=2\text{m}$，集中力 $F=20\text{kN}$，集中力偶 $M_\text{e}=160\text{kN}\cdot\text{m}$，均布载荷集度 $q=20\text{kN/m}$，求作 F_S、M 图并确定其最大值。

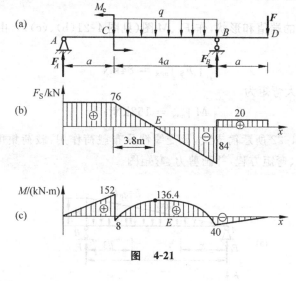

图　4-21

解：(1) 求支反力

由平衡方程

$$\sum M_B = 0, \quad 可得 F_A = 76\text{kN}$$

$$\sum M_A = 0, \quad 可得 F_B = 104\text{kN}$$

(2) 分段，判断 F_S、M 图形状

该梁应分为 AC、CB 和 BD 三段。在 AC 和 BD 段 $q=0$，所以 F_S 图为水平线，M 图为斜直线；在 CB 段，q 向下为负，所以 F_S 图为右下斜直线，M 图为二次凸曲线。

（3）定端值

根据突变规律，A、B 和 D 处剪力有突变，但弯矩连续；C 处剪力连续，但弯矩发生突变。所以只需确定 A 截面右侧和 B 截面左、右两侧的剪力，就可作出剪力图。对于弯矩图，不仅需确定 A、B、D 截面的弯矩值，而且需确定 C 截面左、右两侧的弯矩值及抛物线顶点的弯矩值。由截面法得

$$F_{SB左} = -84\text{kN}$$

$$M_{C左} = 152\text{kN} \cdot \text{m}$$

$$M_B = -40\text{kN} \cdot \text{m}$$

$$M_A = M_D = 0$$

由突变规律得

$$F_{SB右} = F_{SB左} + F_B = 20(\text{kN})$$

$$F_{SA右} = F_A = F_{SC左} = F_{SC右} = 76(\text{kN})$$

$$M_{C右} = -8\text{kN} \cdot \text{m}$$

CB 段剪力有零点，弯矩有极值。根据 CB 段剪力图的几何关系，算得 $F_S = 0$ 的截面 E 距 C 截面为 3.8m，由截面法可得该截面的弯矩为

$$M_E = F_A(a + 3.8) - M_e - \frac{1}{2}q \times 3.8^2 = 136.4(\text{kN} \cdot \text{m})$$

（4）绘图线

根据各段 F_S、M 的端值和形状，作 F_S、M 图（见图 4-21(b)、(c)）。由图可知，$B_左$ 截面剪力最大，最大剪力为

$$|F_S|_{\max} = 84\text{kN}$$

$C_左$ 截面弯矩最大，最大弯矩为

$$|M|_{\max} = 152\text{kN} \cdot \text{m}$$

【例 4-9】 如图 4-22 所示简支梁，承受线性分布载荷作用，载荷集度的最大绝对值为 q。试建立梁的剪力、弯矩方程，并画剪力、弯矩图。

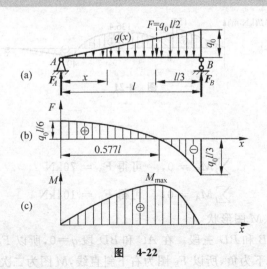

图 **4-22**

解：(1) 计算支反力

分布载荷的合力为 $F = ql/2$，并作用在距 B 端 $l/3$ 处。由平衡方程

$$\sum M_B = 0, \quad F_A l - \frac{q_0 l}{2} \frac{l}{3} = 0$$

得

$$F_A = \frac{q_0 l}{6}$$

同理，由 $\sum M_A = 0$ 可以求得

$$F_B = \frac{q_0 l}{3}$$

(2) 建立剪力与弯矩方程

由图 4-22(b) 可知，在横截面 x 处，载荷集度的数值为 $\dfrac{q_0 x}{l}$。所以，梁的剪力与弯矩方程分别为

$$F_S(x) = F_A - \frac{q_0 x}{l} \frac{x}{2} = \frac{q_0 l}{6} - \frac{q_0}{2l} x^2 \tag{a}$$

$$M(x) = F_A x - \frac{q_0 x}{l} \frac{x}{2} \frac{x}{3} = \frac{q_0 l}{6} x - \frac{q_0}{6l} x^3 \tag{b}$$

(3) 画剪力与弯矩图

由式 (a) 和式 (b) 可知，剪力图为二次抛物线，弯矩图为三次曲线。利用载荷集度、剪力与弯矩间的微分关系分析，由于载荷集度为渐减函数，因而

$$\frac{d^2 F_S}{dx^2} = \frac{dq}{dx} < 0$$

同时，在 $x = 0$ 处，$q = 0$，所以剪力图为在截面 A 处存在极值点的凸曲线。

其次，在 AB 梁上，载荷集度 $q < 0$，同时截面 C 的剪力 $F_{SC} = 0$。因此，弯矩图为在截面 C 处存在极值点的凸曲线。

由式 (a) 和式 (b) 求出几个截面的剪力和弯矩值，即可绘出梁的剪力与弯矩图 (图 4-22(b)、(c))。其中令式 (a) 等于零，即 $F_S(x) = 0$，可求得截面 C 的横截坐标为

$$x_C = \frac{l}{\sqrt{3}} = 0.577l$$

将 x_C 代入式 (b)，即得截面 C 的弯矩即梁的最大弯矩为

$$M_C = \frac{q_0 l^2}{9\sqrt{3}} = \frac{q_0 l^2}{15.59} = M_{max}$$

在式 (b) 中令 $x = l/2$，求出跨度中点截面上的弯矩为

$$M\left(\frac{l}{2}\right) = \frac{q_0 l^2}{16}$$

可见，M_{max} 与 $M\left(\dfrac{l}{2}\right)$ 相差很小，故可用跨度中点截面上的弯矩代替最大弯矩。

【例 4-10】 试用简易法作例 4-1 所示静定梁 (图 4-23(a)) 的剪力图和弯矩图。

解：在例 4-1 中已求得梁的支反力为

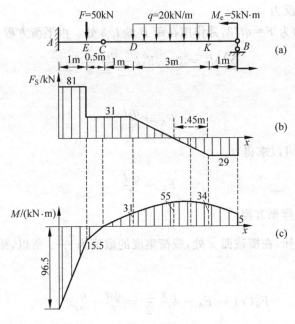

图 4-23

$$F_A = 81\text{kN}, \quad F_B = 29\text{kN}, \quad m_A = 96.5\text{kN} \cdot \text{m}$$

分析梁上受力情况,将梁分为四段,需分段绘制剪力图和弯矩图。

下面对各分段,判断 F_S、M 图形状,求必要的端值,然后绘内力图。

(1) 作剪力图

因 AE、ED、KB 三段梁上无分布载荷,即 $q(x)=0$,该三段梁上 F_S 图为水平直线。注意到支座 A 及截面 E 处有集中力作用,F_S 图有突变,要分别计算集中力作用处的左、右两侧截面上的剪力值。各段分界处的剪力值为

AE 段:$F_{SA右} = F_{SE左} = F_A = 81\text{kN}$

ED 段:$F_{SE右} = F_{SD} = F_A - F = 81 - 50 = 31(\text{kN})$

DK 段:$q(x)$ 等于负常量,F_S 图应为向右下方倾斜的直线,因截面 K 上无集中力,则可取右侧梁来研究,截面 K 的剪力为

$$F_{SK} = -F_B = -29\text{kN}$$

KB 段:$F_{SB左} = -F_B = -29\text{kN}$

还需求出 $F_S = 0$ 的截面位置。设该截面距截面 K 为 x,于是在截面 x 上的剪力为零,即

$$F_{S\,x} = -F_B + qx = 0$$

$$x = \frac{F_B}{q} = \frac{29 \times 10^3}{20 \times 10^3} = 1.45(\text{m})$$

由以上各段的剪力值并结合微分关系,便可绘出剪力图(图 4-23(b))。

(2) 作弯矩图

因 AE、ED、KB 三段梁上 $q(x)=0$,F_S 图为水平线,故三段梁上的 M 图应为斜直线。各段分界处的弯矩值为

$$M_A = -m_A = -96.5 \text{kN}$$

$$M_E = -m_A + F_A \times 1 = -96.5 \times 10^3 + 81 \times 10^3 \times 1$$

$$= -15.5 \times 10^3 (\text{N} \cdot \text{m}) \quad = -15.5 (\text{kN} \cdot \text{m})$$

$$M_D = -m_A + F_A \times 2.5 - F \times 1.5$$

$$= -96.5 \times 10^3 + 81 \times 10^3 \times 2.5 - 50 \times 10^3 \times 1.5$$

$$= 31 \times 10^3 (\text{N} \cdot \text{m}) = 31 (\text{kN} \cdot \text{m})$$

$$M_{B左} = M_e = 5 (\text{kN} \cdot \text{m})$$

$$M_K = F_B \times 1 + M_e = 29 \times 10^3 \times 1 + 5 \times 10^3$$

$$= 34 \times 10^3 (\text{N} \cdot \text{m}) = 34 (\text{kN} \cdot \text{m})$$

显然,在 ED 段的中间铰 C 处的弯矩 $M_C = 0$。

DK 段:该段梁上 $q(x) = 0$ 为负常量,M 图为二次凸曲线。在 $F_S = 0$ 的截面上弯矩有极值,其值为

$$M_{极值} = F_B \times 2.45 + M_e - \frac{q}{2} \times (1.45)^2$$

$$= 29 \times 10^3 \times 2.45 + 5 \times 10^3 - \frac{20 \times 10^3}{2} \times (1.45)^2$$

$$= 55 \times 10^3 (\text{N} \cdot \text{m}) = 55 (\text{kN} \cdot \text{m})$$

根据以上各段分界点的弯矩值和在 $F_S = 0$ 处的 $M_{极值}$,并根据微分关系,便可绘出该梁的弯矩图(图 4-23(c))。

由图可知,最大剪力和弯矩分别为

$$|F_S|_{max} = 81 \text{kN}$$

$$|M|_{max} = 96.5 \text{kN} \cdot \text{m}$$

此外,有时也用叠加原理作弯矩图。当梁在载荷作用下为微小变形时,求梁的支反力、剪力和弯矩所得到的结果均与梁上的载荷成线性关系。在这种情况下,当梁上受几个载荷共同作用时,某一截面上的内力就等于梁在各个载荷单独作用下同一横截面上的内力的代数和。例如图 4-24 中,简支梁受集中力 F 和均布载荷 q 共同作用下的任意截面上的剪力和

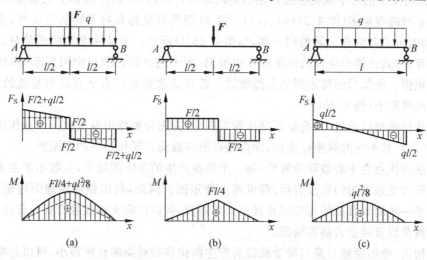

(a)　　　　　　　　(b)　　　　　　　　(c)

图 4-24

弯矩就等于集中力 F 和均布载荷 q 单独作用下该截面上的剪力与弯矩的代数和。这是一个普遍的原理，即**叠加原理**(力的独立作用原理)：当所求参数(内力、应力或位移)与梁上的载荷为线性关系时，由几个载荷共同作用时所引起的某一参数，就等于每个载荷单独作用时所引起的该参数值的叠加。

由于在常见载荷作用下梁的剪力图一般为直线形式，比较简单，故一般不用叠加原理作图。下面通过例子只着重说明用叠加原理作梁的弯矩图的方法。

【例 4-11】 悬臂梁受力如图 4-25(a)所示，用叠加原理作出此梁的弯矩图。已知梁长为 l，其上受均布载荷 q、集中力 F 作用，且 $F = \dfrac{3}{8}ql$。

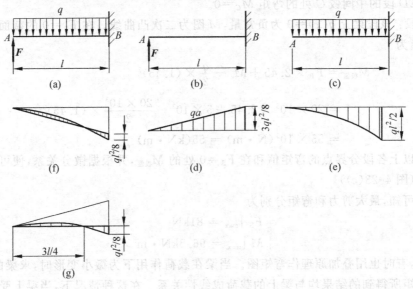

图　4-25

解： 先将梁上的每个载荷单独作用(图 4-25(b)、(c))，分别作出梁上只有集中力 F 和均布载荷 q 时的弯矩图(图 4-25(d)、(e))。两 M 图的纵坐标具有不同的正负号，为方便起见，在叠加时可将其画在 x 轴的同一侧，如图 4-25(f)所示。于是两图共同的部分(图(f)中无阴影线部分)其正值和负值的纵坐标互相抵消，剩下的纵距(图(f)中阴影部分)即代表叠加后的弯矩值。叠加后的弯矩图仍为抛物线。若将其改画为以水平直线为基线的图，即得通常形式的弯矩图(图 4-25(g))。

从上述例题可以看出，用叠加原理作弯矩图时，首先分别作出各项载荷单独作用下梁的弯矩图，然后将其相应的纵坐标叠加，即得梁在所有载荷共同作用下的弯矩图。

叠加法的优点在于将载荷分解后，每一个载荷产生的弯矩图简单，一般不需要求出约束反力或能很方便地求出约束反力后，即可画出弯矩图。因此，利用叠加原理画弯矩图时，必须较为熟悉一些简单载荷的弯矩图及其最大弯矩值，例如在简支梁或悬臂梁上作用集中力、整跨均布载荷以及端点力偶等情况。

应该指出，叠加原理只是当梁受载荷后产生的位移相对梁的长度很小，可以忽略不计时才能应用，即只适用于小变形梁的情况。

4.6 平面刚架和曲杆的内力图

平面刚架是由在同一平面内、不同取向的杆件,在节点处相互刚性连接而组成的结构。如图 4-26 所示的结构 ABC 为一刚架,杆 AC 与杆 BC 在节点 B 处刚性连接,节点 B 称为**刚节点**。它与铰节点的区别在于结构承载变形后,刚节点处杆件间的夹角仍与承载前相同,保持不变,而铰节点处杆件间的夹角是可以变化的。例如图 4-27 所示结构中 B 处为刚节点,C 处为铰节点。在承载后,此结构变成 $AB'C'D$ 形状。节点 B 及 C 处承载前都为直角。变形后刚节点处的角度仍为直角 $\left(\theta_1 = \dfrac{\pi}{2}\right)$,而铰节点处的角度发生变化 $\left(\theta_2 \neq \dfrac{\pi}{2}\right)$。

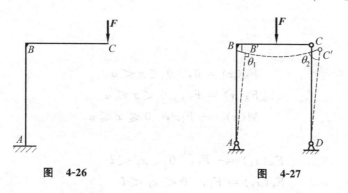

图 4-26 图 4-27

因此,对刚架从几何形状来看,虽然轴线已不再是一根直线,但由于其节点是刚性的,在承受载荷时可作为一连续的整体来考虑。刚节点不仅可像铰节点那样传递力的作用,而且可以传递力偶的作用。由于刚架的轴线为折线,与梁相比较,其内力情况将更复杂些。一般情况,平面刚架在平面内受力时,内力除了弯矩及剪力外,尚存在轴向力,故刚架的内力图包括轴力图、剪力图及弯矩图。

刚架内力的求解原则上与求梁内力的方法相同,即某截面内力的数值等于此截面一侧所有外力对此截面简化后的合力及合力矩。但由于刚架各杆的轴线方向不同,为了能表示内力沿各杆轴线的变化规律,习惯上按下列约定:弯矩图画在各杆的受压一侧,不注明正负号;剪力图及轴力图可画在刚架轴线的任意一侧(通常正值画在刚架的外侧),需注明正负号(剪力与轴力的正负号规定同前)。

轴线是一平面曲线的杆件称为平面曲杆,工程中的某些构件如活塞环、吊钩、链环、拱等都可简化为平面杆件。平面曲杆横截面上的内力情况及其内力图的绘制方法与刚架的相类似。

下面举例说明平面刚架和曲杆内力图的绘制方法。

【例 4-12】 如图 4-28(a)所示为下端固定的刚架,在其轴线平面内受集中载荷 F_1 和 F_2 作用。试作刚架的内力图。

解:计算内力时,一般应先求出刚架的支反力。本题刚架 C 点为自由端,若取包含自由端部分为研究对象(见图 4-28(a)),就可不求支反力。下面分别列出各段杆的内力方程。

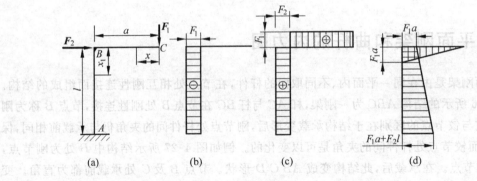

图 4-28

(a) 刚架；(b) F_N 图；(c) F_S 图；(d) M 图

CB 段：

$$F_N(x) = 0, \quad 0 < x < a$$

$$F_S(x) = F_1, \quad 0 < x \leqslant a$$

$$M(x) = -F_1 x, \quad 0 \leqslant x \leqslant a$$

BA 段：

$$F_N(x_1) = -F_1, \quad 0 < x_1 < l$$

$$F_S(x_1) = F_2, \quad 0 < x_1 < l$$

$$M(x_1) = -F_1 a - F_2 x_1, \quad 0 \leqslant x_1 < l$$

根据各段杆的内力方程，即可绘出轴力图、剪力图与弯矩图，分别如图 4-28(b)、(c)、d 所示。

【例 4-13】 绘制如图 4-29(a)所示刚架的内力图。

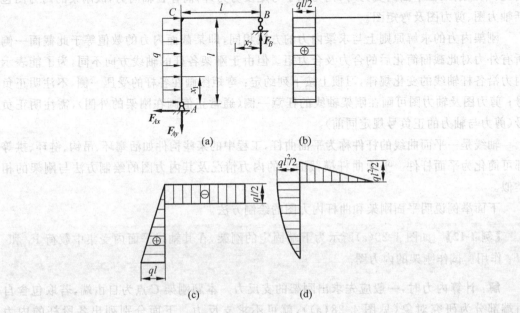

图 4-29

(a) 刚架；(b) F_N 图；(c) F_S 图；(d) M 图

解：(1) 求支反力

取整体为研究对象，由平衡方程

$$\sum F_x = 0, \quad ql - F_{Ax} = 0$$

得

$$F_{Ax} = ql \quad (\leftarrow)$$

$$\sum M_A = 0, \quad F_B l - ql \cdot \frac{l}{2} = 0$$

得

$$F_B = \frac{ql}{2} \quad (\uparrow)$$

$$\sum F_y = 0, \quad F_B - F_{Ay} = 0$$

得

$$F_{Ay} = \frac{ql}{2} \quad (\downarrow)$$

(2) 写出各杆内力方程

将 AC 杆及 BC 杆的坐标原点分别设在 A 点和 B 点，各杆任意截面为 x_1 和 x_2，则其内力方程为

AC 杆：

$$F_N(x_1) = F_{Ay} = \frac{ql}{2}, \quad 0 < x_1 < l$$

$$F_S(x_1) = F_{Ax} - qx_1 = ql - qx_1, \quad 0 < x_1 \leqslant l$$

$$M(x_1) = F_{Ax}x_1 - qx_1 \frac{x_1}{2} = qlx_1 - \frac{q}{2}x_1^2, \quad 0 \leqslant x_1 \leqslant l$$

BC 杆：

$$F_N(x_2) = 0, \quad 0 < x_2 < l$$

$$F_S(x_2) = -F_B = -\frac{ql}{2}, \quad 0 < x_2 \leqslant l$$

$$M(x_2) = F_B x_2 = \frac{ql}{2}x_2, \quad 0 \leqslant x_2 \leqslant l$$

(3) 画内力图

由以上各段杆的内力方程即可画出刚架的轴力、剪力和弯矩图，分别如图 4-29(b)、(c)、(d)所示。

由图中可以看出，刚节点 C 处弯矩最大，其值为 $\frac{ql^2}{2}$。

【例 4-14】 如图 4-30(a)所示为一端固定的四分之一圆环，半径为 R，受力 F 作用。试作此曲杆的内力图。

解：对于曲杆，应用极坐标表示其横截面位置。取环的中心 O 为极点，以 OB 为极轴，并用 θ 表示横截面位置(图 4-30(a))。

(1) 列内力方程

根据截出部分(图 4-30(b))的静力平衡条件，可得

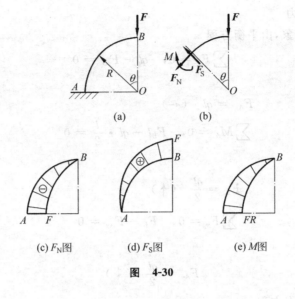

$$F_N(\theta) = -F\sin\theta$$
$$F_S(\theta) = F\cos\theta$$
$$M(\theta) = -FR\sin\theta$$

其中内力的符号规定同刚架一样,即引起拉伸变形的轴力为正;对保留段内任一点取矩,若力矩为顺时针方向则剪力为正,反之为负(正的轴力、剪力图通常画在曲杆外侧)。对于弯矩则规定使轴线曲率增加为正,反之为负。弯矩图画在曲杆弯曲时受压一侧,而不在图中标出正负号。

(2) 画内力图

根据上述内力方程及内力图画法,以曲杆轴线为基线,用径向射线的长度表示内力的大小,分别作该曲杆的轴力图、剪力图和弯矩图,如图 4-30(c)、(d)、(e)所示。

思考题

4-1 什么叫平面弯曲?

4-2 怎样确定弯矩及剪力的正负号? 它们与梁的变形有何关系? "剪力向上为正,弯矩顺时针方向为正"的提法是否正确? 为什么?

4-3 在写 F_S、M 方程时,试问在何处需要分段?

4-4 试问载荷集度、剪力和弯矩之间的微分关系,即式(4-1)和式(4-2)的应用条件是什么? 在集中力和集中力偶作用处,此关系能否适用?

4-5 试总结在集中载荷作用处内力图的突变规律。

4-6 (1)试问在思考题 4-6(a)图所示梁中,AC 段和 CB 段剪力图图线的斜率是否相同? 为什么?

(2)试问在思考题 4-6(b)图所示梁的集中力偶作用处,左、右两段弯矩图图线的切线斜率是否相同? 为什么?

4-7 图示两梁的内力图是否相同? 为什么在求分布载荷梁的内力时用截面法前不能

将分布载荷看成集中力,而在截开后能看成集中力?

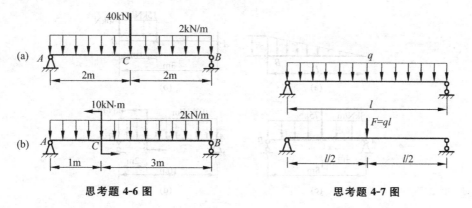

思考题 4-6 图　　　　　　　　思考题 4-7 图

4-8　刚架的刚节点与铰节点有何不同?

习题

4-1　试求图示各梁中指定截面上的剪力和弯矩。

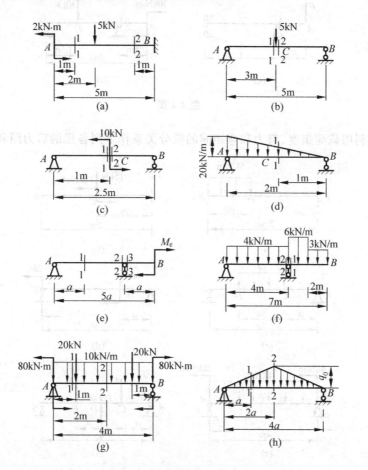

题 4-1 图

4-2 试写出下列各梁的剪力方程和弯矩方程,并作剪力图和弯矩图。

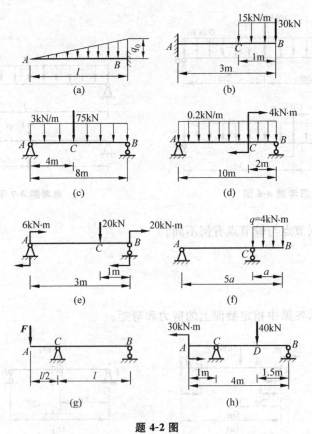

题 4-2 图

4-3 试利用载荷集度、剪力和弯矩间的微分关系作下列各梁的剪力图和弯矩图。

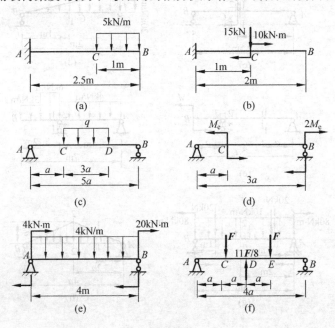

题 4-3 图

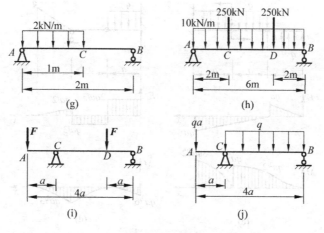

题 4-3 图(续)

4-4　试作下列具有中间铰的梁的剪力图和弯矩图。

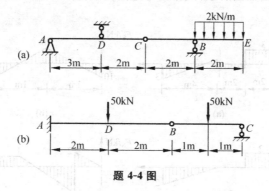

题 4-4 图

4-5　试根据载荷集度、剪力与弯矩之间的微分关系指出图示剪力图和弯矩图的错误并予以改正。

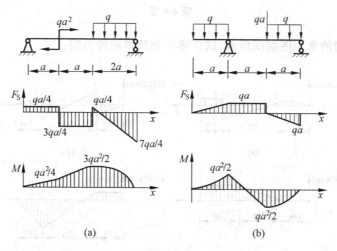

题 4-5 图

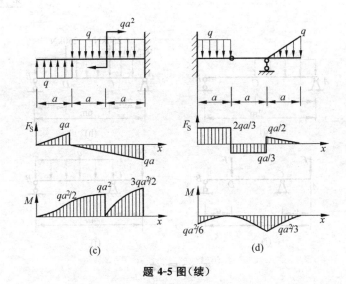

题 4-5 图（续）

4-6 设梁的剪力图如图所示，试作出弯矩图及载荷图。已知梁上没有作用集中力偶。

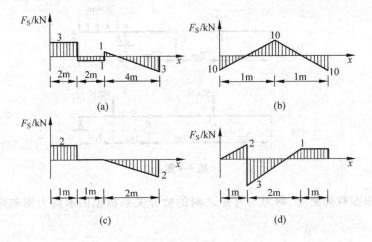

题 4-6 图

4-7 已知梁的弯矩图如图所示，试作梁的载荷图和剪力图。

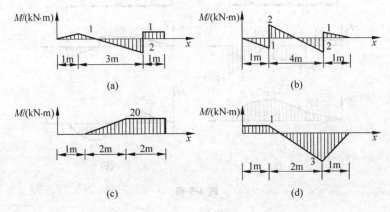

题 4-7 图

4-8　用叠加法绘出下列各梁的弯矩图。

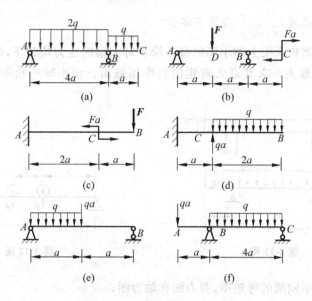

题 4-8 图

4-9　选择适当的方法,试作图示各梁的剪力图和弯矩图,并求出最大剪力和最大弯矩。

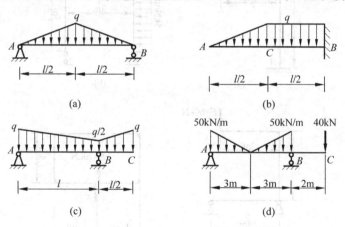

题 4-9 图

4-10　图示以三种不同方式悬吊着的长 12m、重 24kN 的等直杆,每根吊索承受由杆重引起的力相同,试分别作三种情况下杆的弯矩图,并加以比较。这些结果说明什么问题?

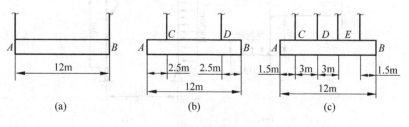

题 4-10 图

4-11　如欲使图示外伸梁的跨度中点处的正弯矩值等于支点处负弯矩值，则支座到端点的距离 a 与梁的长度 l 之比 $\dfrac{a}{l}$ 应等于多少？

4-12　桥式起重机大梁上的小车的每个轮子对大梁的压力均为 F，试问小车在什么位置时梁内的弯矩为最大？求其最大弯矩值及作用截面。设小车的轮距为 d，大梁的跨度为 l。

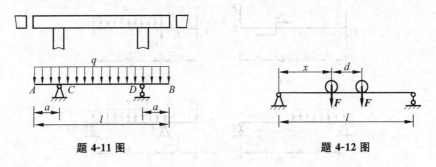

题 4-11 图　　　　　　　题 4-12 图

4-13　试作图示刚架的弯矩图、剪力图和轴力图。

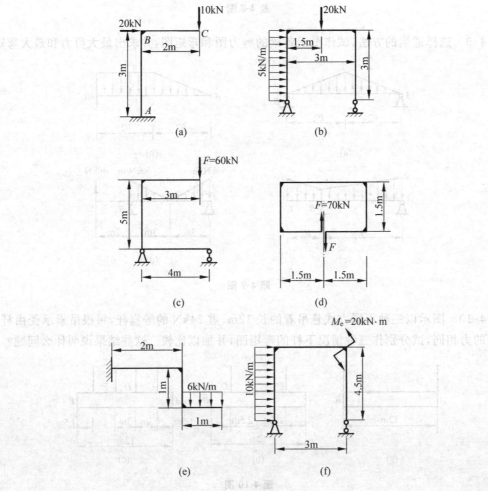

题 4-13 图

4-14 圆弧形曲杆受力如图所示。已知曲杆轴线的半径为 R，试写出任意截面 C 上的剪力、弯矩和轴力的表达式（表示成 φ 角的函数），并作曲杆的剪力图、弯矩图和轴力图。

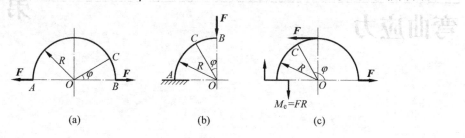

(a)   (b)   (c)

题 4-14 图

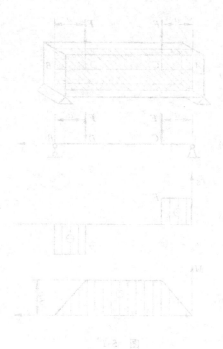

第5章

弯曲应力

5.1 弯曲时梁横截面上的正应力

5.1.1 纯弯曲时梁横截面上的正应力

在前一章中讨论了梁横截面上的内力,为了进行强度计算,必须进一步研究梁在弯曲时横截面上的应力及其分布规律。

图 5-1(a)所示简支梁横截面为矩形,两个外力 F 垂直于轴线,对称地作用于梁的纵向对称面内。梁的计算简图、剪力图和弯矩图分别表示于图 5-1(b)、(c)和 d 中。从图中可以看出,在 AC 和 BD 两段内,梁各横截面上既有弯矩又有剪力,这种弯曲称为横力弯曲或剪切弯曲。在 CD 段内梁横截面上剪力为零,而弯矩为常数,即只有弯矩而无剪力,这种弯曲称为纯弯曲。由静力学关系可知,弯矩 M 是横截面上法向分布内力组成的合力偶矩,而剪力 F_S 则是切向分布内力组成的合力。因此,梁在横力弯曲时,横截面上既有正应力又有切应力;而梁在纯弯曲时,横截面上只有正应力而无切应力。为了方便起见,本章先研究梁在纯弯曲下的正应力,然后再研究横力弯曲下的正应力和切应力。

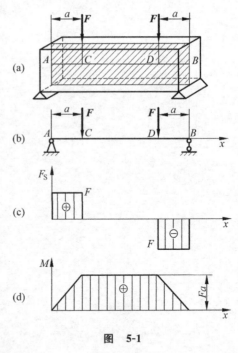

图 5-1

设在梁的纵向对称面内,作用大小相等、转向相反的力偶,构成纯弯曲。这时梁的横截面上只有弯矩,因而也只有与弯矩相关的正应力。像研究扭转一样,从研究梁的变形入手,分析变形几何关系,再综合物理关系和静力学关系得出纯弯曲时的正应力。

1. 试验与假设

首先观察梁的变形,取一根对称截面梁(例如矩形截面梁),在其表面画上纵向线 ab 和 cd,并作与它们垂直的横向线 1—1 和 2—2(图 5-2(a))。然后在梁两端纵向对称平面内施加一对大小相等、转向相反的力偶,使杆件发生纯弯曲变形。从试验中观察到(图 5-2(b)):

(1)各纵向线变为弧线,而且靠近梁顶面的纵向线缩短,靠近梁底面的纵向线伸长;

（2）各横向线仍为直线，且仍与已经变成弧线的纵向线正交，只是横向线间相对转过一个角度；

（3）从横截面看，在纵向线伸长区，梁的宽度减少，而在纵向线缩短区，梁的宽度则增加，变形情况与轴向拉、压时的变形相似。

根据上述现象，对梁内变形与受力作如下假设：变形后，梁横截面仍保持为平面，且仍与纵向线正交；同时，梁内各纵向"纤维"仅承受轴向拉应力或压应力。前者称为**弯曲平面假设**；后者称为**单向受力假设**。这两个假设已被试验与理论分析所证实。

根据平面假设，梁弯曲时沿截面高度，应由底面"纤维"的伸长连续地逐渐变为顶面"纤维"的缩短，其间必存在一长度不变的过渡层，这一层"纤维"称为**中性层**。中性层与横截面的交线称为**中性轴**（图 5-3）。平面弯曲时，梁的变形对称于纵向对称面，因此，中性轴必垂直于截面的纵向对称面。

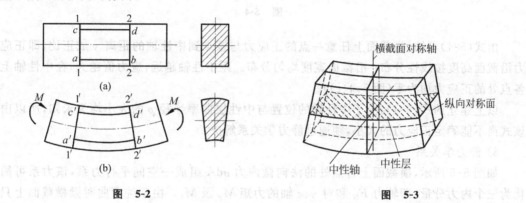

图 5-2　　　　　　　　图 5-3

综上所述，纯弯曲时梁的所有横截面均保持为平面，且仍与变形后梁的轴线正交，并绕中性轴作相对转动，而所有纵向"纤维"均处于单向受力状态。

2. 正应力公式推导

1）变形几何关系

为分析纵向线段的变形，用横截面 1—1 与 2—2 从梁中切取长度为 $\mathrm{d}x$ 的微段，取截面对称轴为 y 轴，中性轴为 z 轴（图 5-4(a)）。梁弯曲后，纵坐标为 y 的纵线 ab 由直线变为弧线 $\overset{\frown}{a'b'}$（图 5-4(b)）。设截面 1—1 与 2—2 间的相对转角为 $\mathrm{d}\theta$，中性层 O_1O_2 的曲率半径为 ρ，则纵线 ab 的线应变为

$$\varepsilon = \frac{\overset{\frown}{a'b'} - \overline{ab}}{\overline{ab}} = \frac{(\rho + y)\mathrm{d}\theta - \rho\mathrm{d}\theta}{\rho\mathrm{d}\theta} = \frac{y}{\rho} \tag{a}$$

上式表明，梁的纵向线应变沿截面高度按线性分布，距中性层越远，ε 越大。距中性层等远的各"纤维"其变形相同。

2）物理关系

在纯弯曲下，假设各纵向"纤维"处于单向受力状态，因此，当正应力不超过材料的比例极限时，由胡克定律可得

$$\sigma = E\varepsilon = E\frac{y}{\rho} \tag{5-1}$$

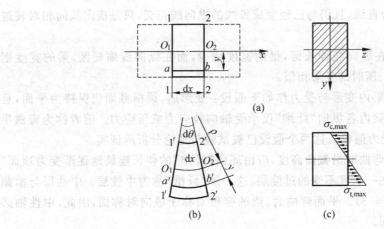

图 5-4

由式(5-1)可知,横截面上任意一点的正应力与该点到中性轴的距离 y 成正比,即正应力沿截面高度按线性分布;沿截面宽度均匀分布。距中性轴越远,应力值越大,在中性轴上各点处的正应力均为零(图 5-4(c))。

以上建立的式(5-1),由于中性轴的位置与中性层曲率半径 ρ 的大小均为未知,所以由该式尚不能确定正应力的大小,须通过静力学关系解决。

3) 静力学关系

如图 5-5 所示,横截面上各点处的法向微内力 σdA 组成一空间平行力系,该力系可简化为三个内力分量,即轴力 F_N 和对 y、z 轴的力矩 M_y 及 M_z。由于纯弯曲时梁横截面上只有弯矩 M,根据静力学平衡条件有

$$F_N = \int_A \sigma dA = 0 \qquad (b)$$

$$M_y = \int_A z\sigma dA = 0 \qquad (c)$$

$$M_z = \int_A y\sigma dA = M \qquad (d)$$

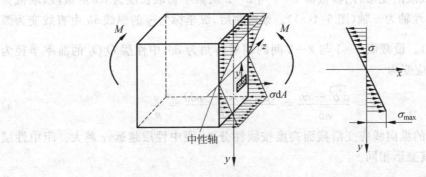

图 5-5

将式(5-1)代入式(b)得

$$\frac{E}{\rho} \int_A y dA = \frac{E}{\rho} S_z = 0$$

式中 $S_z = \int_A y\mathrm{d}A$ 为横截面对中性轴的静矩。由于 $\dfrac{E}{\rho} \neq 0$，故必然有 $S_z = 0$，由图形几何性质（附录 A）可知，仅当 z 轴通过截面形心时静矩 S_z 才为零。由此可见，中性轴 z 必定通过截面形心。

将式(5-1)代入式(c)得

$$\int_A z\sigma\mathrm{d}A = \frac{E}{\rho}\int_A yz\mathrm{d}A = 0$$

式中，积分 $\int_A yz\mathrm{d}A = I_{yz}$ 为横截面对 y 轴和 z 轴的惯性积。由于 y 轴是横截面的对称轴，因此 $I_{yz} = 0$，式(c)自动满足。

将式(5-1)代入式(d)得

$$\int_A y\sigma\mathrm{d}A = \frac{E}{\rho}\int_A y^2\mathrm{d}A = \frac{E}{\rho}I_z = M \tag{e}$$

式中

$$I_z = \int_A y^2\mathrm{d}A$$

为横截面对中性轴的惯性矩（见附录 A）。于是式(e)可写成

$$\frac{1}{\rho} = \frac{M}{EI_z} \tag{5-2}$$

式(5-2)是用曲率表示的弯曲变形公式。该式表明中性层的曲率 $\dfrac{1}{\rho}$ 与弯矩成正比，与 EI_z 成反比。乘积 EI_z 称为梁截面的**抗弯刚度**。惯性矩 I_z 综合反映了横截面形状与尺寸对弯曲变形的影响。

将式(5-2)代入式(5-1)，即得纯弯曲时等直梁横截面上正应力计算公式

$$\sigma = \frac{My}{I_z} \tag{5-3}$$

式中，M 和 I_z 分别为横截面上的弯矩和惯性矩；y 为所求应力点到中性轴的距离。用公式(5-3)计算正应力时，若将 M 和 y 的正负代入，计算所得结果为正，则表明该点的正应力为拉应力；若为负，则为压应力。通常，M 和 y 一般用绝对值代入，至于所求点正应力的正负号，可根据梁变形的情况予以判断。

4) 最大弯曲正应力

由式(5-3)可知，弯曲时横截面上离中性轴最远的各点处，即 $y = y_{max}$ 的点，弯曲正应力最大，其值为

$$\sigma_{max} = \frac{My_{max}}{I_z} = \frac{M}{\dfrac{I_z}{y_{max}}}$$

式中，比值 I_z/y_{max} 仅与截面的形状与尺寸有关，称为**抗弯截面系数**，并用 W[①] 表示，即

$$W = \frac{I_z}{y_{max}} \tag{5-4}$$

于是，最大弯曲正应力即为

$$\sigma_{max} = \frac{M}{W} \tag{5-5}$$

---

① 后文有时记作 W_z，以区别于对另一坐标轴 y 的抗弯截面系数 W_y，$W_y = I_y/z_{max}$。当下标省略时，W 通常表示 W_z。

可见,最大弯曲正应力与弯矩成正比,与抗弯截面系数成反比。抗弯截面系数 W 综合地反映了横截面的形状与尺寸对弯曲正应力的影响。

对于矩形截面(图5-6(a)),由式(5-4)得

$$W = \frac{I_z}{y_{\max}} = \frac{\frac{1}{12}bh^3}{\frac{h}{2}} = \frac{1}{6}bh^2 \tag{5-6}$$

同理,对圆截面(图5-6(b))

$$W = \frac{I_z}{y_{\max}} = \frac{\frac{\pi d^4}{64}}{\frac{d}{2}} = \frac{\pi d^3}{32} \tag{5-7}$$

对于空心圆截面(图5-6(c))

$$W = \frac{\pi D^3}{32}(1 - \alpha^4) \tag{5-8}$$

式中,$\alpha = \dfrac{d}{D}$,代表内、外径之比值。

至于型钢截面的抗弯截面系数,则可以从型钢规格表中查到。

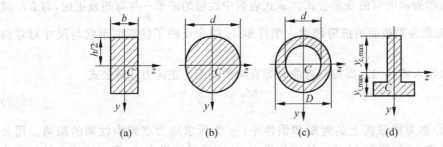

(a)　　　　　　(b)　　　　　　(c)　　　　　　(d)

图 5-6

梁弯曲时,横截面上各点的正应力或为拉应力或为压应力。对于中性轴为对称轴的横截面,例如矩形、圆形和工字形等截面,其最大拉应力和最大压应力在数值上相等,可按式(5-5)求得。对于中性轴不是对称轴的截面,例如 T 字形截面,则其上拉应力和压应力的最大值不等,这时应分别以横截面上受拉和受压部分距中性轴最远的距离 $y_{t,\max}$ 和 $y_{c,\max}$(图5-6(d))直接代入式(5-3)以求得相应的最大拉、压应力。

5.1.2　横力弯曲时梁横截面上的正应力

式(5-3)是在纯弯情况下,并以5.1.1节提出的两个假设为基础导出的。但常见的弯曲问题多为横力弯曲,即梁的横截面上不但有正应力而且还有切应力。由于切应力的存在,梁的横截面将发生翘曲。此外,在与中性层平行的纵截面上,还有由横向力引起的挤压应力。因此,梁在纯弯曲时所作的平面假设和单向受力状态的假设都不能成立。但弹性理论的分析结果指出,在均布载荷作用下的矩形截面简支梁,当其跨度与截面高度之比 l/h 大于5时,横截面上的最大正应力按纯弯曲时的式(5-3)来计算,其误差不超过1%。对于工程实际中常用的其他梁,应用纯弯曲时的正应力计算公式来计算梁在横力弯曲时横截面上的正

应力,所得结果误差虽略偏大一些,但足以满足工程中的精度要求。且梁的跨高比 l/h 越大,其误差越小。于是式(5-3)可推广为

$$\sigma = \frac{M(x)y}{I_z} \qquad (5\text{-}9)$$

式中,$M(x)$ 为计算截面的弯矩。另外,横力弯曲时,由于弯矩随截面位置变化,故用式(5-5)计算横力弯曲时等直梁的最大正应力就要用 M_{max} 代替 M,即

$$\sigma_{max} = \frac{M_{max}}{W} \qquad (5\text{-}10)$$

此式表明等直梁横截面上的最大正应力发生在弯矩最大的截面上,且在离中性轴最远处。

【例 5-1】 如图 5-7(a)所示为一受均布载荷的悬臂梁,已知梁的长度 $l=1\mathrm{m}$,均布载荷集度 $q=6\mathrm{kN/m}$,梁由 10 号槽钢制成,试求此梁的最大拉应力和最大压应力。

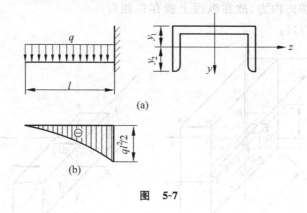

图   5-7

解:(1)查表得槽钢截面尺寸如图所示,$y_1=15.2\mathrm{mm}$,$y_2=32.8\mathrm{mm}$,其截面的惯性矩 $I_z=25.6\times10^4\mathrm{mm}^4$。

(2)作弯矩图(图 5-7(b))

由弯矩图知梁的固定端截面上弯矩最大,其值为

$$|M|_{max} = \frac{ql^2}{2} = \frac{1}{2}(6\times10^3\times1^2) = 3\,000(\mathrm{N\cdot m})$$

(3)求最大应力

因危险截面上的弯矩为负,故截面上边缘点受最大拉应力;截面下边缘点受最大压应力。其值为

$$\sigma_{t,max} = \frac{M_{max}}{I_z}y_1 = \frac{3\,000}{25.6\times10^{-8}}\times0.015\,2 = 178\times10^6(\mathrm{Pa}) = 178(\mathrm{MPa})$$

$$\sigma_{c,max} = \frac{M_{max}}{I_z}y_2 = \frac{3\,000}{25.6\times10^{-8}}\times0.032\,8 = 385\times10^6(\mathrm{Pa}) = 385(\mathrm{MPa})$$

5.2 弯曲切应力

在横力弯曲的情况下,梁的横截面上有剪力,相应地就有切应力。弯曲切应力的分布比正应力复杂,随截面形状不同其分布规律亦不同,本节讨论工程中经常采用的几种截面梁的

弯曲切应力。

5.2.1 矩形截面梁

首先研究矩形截面梁横截面上的切应力,并以此阐明研究弯曲切应力的基本原理和方法。如图 5-8 所示一矩形截面梁受任意横向载荷作用。以横截面 $m—m$ 和横截面 $n—n$ 假想地从梁中取出长为 $\mathrm{d}x$ 的一段,一般情况下,该两横截面上的弯矩并不相等,因而两截面上同一 y 坐标处的正应力也不相等。再用平行于中性层的纵截面 AA_1 B_1B 假想地从梁段上截出体积元素 mB_1(图 5-9(b)),则在端面 mA_1 和 nB_1 上,与正应力对应的法向内力也不相等。因此,为维持体积元素 mB_1 的平衡,在纵面 AB_1 上必有沿 x 方向的切向内力,故在纵面上就存在相应的切应力 τ'(图 5-9(a))。

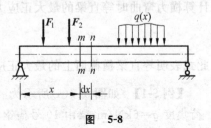

图 5-8

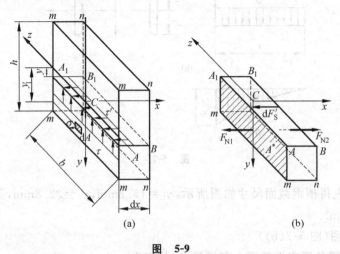

(a)   (b)

图 5-9

为推导切应力的表达式,还需求切应力沿截面宽度的变化规律以及切应力的方向。对于狭长矩形截面,由于梁的侧面上无切应力,故横截面上侧边各点处的切应力必与侧边平行,而在平面弯曲情况下,对称轴 y 处的切应力必沿 y 方向,且狭长矩形截面上切应力沿截面宽度的变化不可能大。于是,可作如下两个假设:

(1) 横截面上各点处的切应力均平行剪力;

(2) 切应力沿矩形截面宽度均匀分布。

根据上述假设所得到的解,对于狭长矩形截面梁足够精确,而对于一般高度大于宽度的矩形截面梁,在工程计算中也是适用的。

已知横截面上切应力的变化规律后,就可直接由静力平衡条件导出切应力的计算公式。设在图 5-8 中距左端为 x 和 $x+\mathrm{d}x$ 处横截面 $m—m$ 和 $n—n$ 上的弯矩为 M 和 $M+\mathrm{d}M$,两截面上距中性轴为 y_1 处的正应力分别为 σ_1 和 σ_2,于是得两端面的法向内力 $F_{\mathrm{N}1}$ 和 $F_{\mathrm{N}2}$:

$$F_{\mathrm{N}1} = \int_{A^*} \sigma_1 \mathrm{d}A = \int_{A^*} \frac{My_1}{I_z} \mathrm{d}A = \frac{M}{I_z}\int_{A^*} y_1 \mathrm{d}A = \frac{M}{I_z}S_z^* \tag{a}$$

$$F_{N2} = \int_{A^*} \sigma_2 \mathrm{d}A = \int_{A^*} \frac{(M + \mathrm{d}M)y_1}{I_z} \mathrm{d}A = \frac{M + \mathrm{d}M}{I_z} S_z^* \qquad\text{(b)}$$

式中，$S_z^* = \int_{A^*} y_1 \mathrm{d}A$ 为面积 A^* 对横截面中性轴的静矩；A^* 为横截面上距中性轴为 y 的横线以外部分的面积（即图 5-9(b) 中阴影线面积）。

纵截面 AB_1 上由 $\tau' \mathrm{d}A$ 所组成的切向内力为 $\mathrm{d}F_S'$（图 5-9(b)）。由假设(2)及切应力互等定理可知，在纵截面横线 AA_1 各点处的切应力 τ' 大小相等。至于在 $\mathrm{d}x$ 长度上，τ' 即使有变化，其增量也是无穷小，可略去不计，从而认为 τ' 在纵截面 AB_1 上为一常量。于是有

$$\mathrm{d}F_S' = \tau' b \mathrm{d}x \qquad\text{(c)}$$

将式(a)、(b)和(c)代入平衡方程

$$\sum F_x = 0, \quad F_{N2} - F_{N1} - \mathrm{d}F_S' = 0$$

经化简后得

$$\tau' = \frac{\mathrm{d}M}{\mathrm{d}x} \times \frac{S_z^*}{b I_z}$$

引进弯矩与剪力间的微分关系 $\dfrac{\mathrm{d}M}{\mathrm{d}x} = F_S$，上式即为

$$\tau' = \frac{F_S S_z^*}{b I_z}$$

由切应力互等定理可知，$\tau = \tau'$，故有

$$\tau = \frac{F_S S_z^*}{b I_z} \qquad\text{(5-11)}$$

式中，F_S 为横截面上的剪力；b 为矩形截面的宽度；I_z 为整个横截面对其中性轴的惯性矩；S_z^* 为横截面上距中性轴为 y 的横线以外部分的面积对中性轴的静矩。τ 的方向与剪力 F_S 的方向相同。式(5-11)即矩形截面等直梁在平面弯曲时横截面上任一点处切应力的计算公式。

式(5-11)中的 F_S、b 和 I_z 对某一横截面而言均为常量，因此横截面上切应力 τ 的变化规律由 S_z^* 确定，而 S_z^* 与坐标 y 有关，所以 τ 随坐标 y 而变化。取 $b\mathrm{d}y_1$ 作为面积元素 $\mathrm{d}A$，计算 S_z^*。由图 5-9(a)可得

$$S_z^* = \int_y^{\frac{h}{2}} y_1 \mathrm{d}A = \int_y^{\frac{h}{2}} y_1 b \mathrm{d}y_1 = \frac{b}{2}\left(\frac{h^2}{4} - y^2\right)$$

代入式(5-11)，即得

$$\tau(y) = \frac{F_S}{2I_z}\left(\frac{h^2}{4} - y^2\right) \qquad\text{(d)}$$

可见，τ 沿截面高度是按二次抛物线规律变化的（图 5-10）。当 $y = \pm\dfrac{h}{2}$ 时，即在横截面上距中性轴最远处，切应力 $\tau = 0$；当 $y = 0$ 时，即在中性轴上各点处，切应力达到最大值 $\tau_{\max}$。将 $y = 0$ 代入式(d)，得

$$\tau_{\max} = \frac{F_S h^2}{8 I_z} = \frac{F_S h^2}{8 \times \dfrac{b h^3}{12}} = \frac{3 F_S}{2 b h}$$

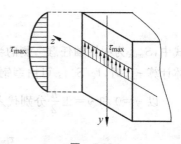

图 5-10

或

$$\tau_{\max} = \frac{3F_s}{2A} \tag{5-12}$$

式中，$A = bh$ 为矩形截面的面积。

　　对于其他形状的对称截面，均可应用上面推导的方法，求得切应力的近似解。但对于侧边与对称轴不平行的截面（例如梯形截面），前面所作的假设就须作相应的变动。

　　此外，还应指出，对于矩形截面，在式(5-11)中截面宽度 b 为常数，而中性轴任一边的半个截面面积对中性轴的静矩 S_z^* 为最大，所以中性轴上各点处的切应力为最大。对于其他形状的对称截面，横截面上的最大切应力通常也是发生在中性轴上各点处，只有宽度在中性轴处显著增大的截面（如十字形截面），或某些变宽度的截面（如等腰三角形截面）等除外。因此，下面对于工字形、环形和圆形截面梁，主要讨论其中性轴上各点处的最大切应力 $\tau_{\max}$。

5.2.2　工字形截面梁

　　对于工字形截面梁，由于腹板是狭长矩形，完全可以采用前述两个假设，于是，可以从式(5-11)直接求得其横截面腹板上任一点处的切应力 τ，即

$$\tau = \frac{F_s S_z^*}{b I_z} \tag{5-13}$$

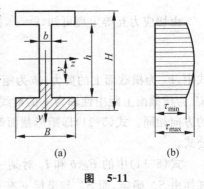

图　5-11

式中，b 为腹板厚度；I_z 为工字形截面对中性轴的惯性矩；S_z^* 为距中性轴为 y 的横线以外部分的横截面（图5-11(a)中阴影线面积）对中性轴的静矩。由图5-11(a)可以看出，y 处横线以下的截面是由下翼缘与部分腹板所组成，其对中性轴 z 的静矩为

$$
\begin{aligned}
S_z^* &= B\left(\frac{H}{2} - \frac{h}{2}\right)\left[\frac{h}{2} + \frac{1}{2}\left(\frac{H}{2} - \frac{h}{2}\right)\right] \\
&\quad + b\left(\frac{h}{2} - y\right)\left[y + \frac{1}{2}\left(\frac{h}{2} - y\right)\right] \\
&= \frac{B}{8}(H^2 - h^2) + \frac{b}{2}\left(\frac{h^2}{4} - y^2\right)
\end{aligned}
$$

代入式(5-13)得

$$\tau(y) = \frac{F_s}{b I_z}\left[\frac{B}{8}(H^2 - h^2) + \frac{b}{2}\left(\frac{h^2}{4} - y^2\right)\right] \tag{a}$$

式(a)表明，腹板上的弯曲切应力沿腹板高度呈抛物线分布（图5-11(b)）。其最大切应力也发生在中性轴上。显然，这也是整个横截面上的最大切应力 $\tau_{\max}$，其值为

$$\tau_{\max} = \frac{F_s S_{z\,\max}^*}{b I_z}$$

式中，$S_{z\max}^*$ 为中性轴任意一侧的半个横截面面积对中性轴的静矩。对于轧制的工字钢，在具体计算 $\tau_{\max}$ 时，$I_z / S_{z\,\max}^*$ 可由型钢规格表中查得（见附录B）。

　　以 $y = 0$ 和 $y = \pm\dfrac{h}{2}$ 分别代入式(a)，可求得腹板上的最大和最小切应力分别为

$$\tau_{\max} = \frac{F_s}{b I_z}\left[\frac{BH^2}{8} - (B - b)\frac{h^2}{8}\right] \tag{b}$$

$$\tau_{\min} = \frac{F_S}{bI_z}\left(\frac{BH^2}{8} - \frac{Bh^2}{8}\right) \tag{c}$$

比较(b)、(c)两式可以看出,当腹板厚度 b 远小于翼缘宽度 B 时,最大切应力 $\tau_{\max}$ 与最小切应力 $\tau_{\min}$ 的差值甚小,因此腹板上的切应力可近似看成是均匀分布的。故有

$$\tau = \frac{F_S}{A'} \tag{5-14}$$

其中 A' 为腹板的面积。

至于工字形截面翼缘上的切应力,基本上沿翼缘侧边,其值与腹板切应力相比较小,进行强度计算时一般可以不予考虑。

5.2.3　圆截面梁

对于圆截面梁(图 5-12(a)),由切应力互等定理可知,在截面边缘上各点处切应力 τ 的方向必与圆周相切,而在与对称轴 y 相交的各点处,由于剪力、截面图形和材料物性均对称于 y 轴,因此,其切应力必沿 y 方向。为此,可以假设:

(1) 沿宽度 kk' 上各点处的切应力均汇交于 O' 点;

(2) 各点处切应力在 y 方向的分量沿宽度相等。

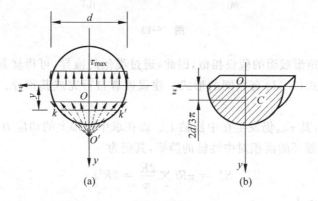

图　5-12

根据以上假设,即可用式(5-11)求出截面上距中性轴为同一高度 y 处切应力沿 y 方向的分量,然后按所在点处切应力方向与 y 轴间的夹角,求出该点处的切应力。圆截面的最大切应力 $\tau_{\max}$ 仍然在中性轴上各点处。由于在中性轴两端处切应力的方向均与圆周相切,且与外力所在平面平行,故中性轴上各点处的切应力方向均与外力所在平面平行,且中性轴上各点处切应力相等。于是,仿照推导矩形截面弯曲切应力公式的方法,得圆截面上的最大弯曲切应力为

$$\tau_{\max} = \frac{F_S S_{z\,\max}^*}{bI_z} = \frac{F_S \dfrac{d^3}{12}}{d\left(\dfrac{\pi d^4}{64}\right)} = \frac{4F_S}{3A} \tag{5-15}$$

式中,d 为圆截面的直径;I_z 为圆截面对中性轴的惯性矩;S_z^* 为半个圆面积对中性轴的静矩,其值为

$$S_z^* = \frac{1}{2} \times \frac{\pi d^2}{4} \times \frac{2d}{3\pi} = \frac{d^3}{12}$$

而 A 为圆截面的面积。可见,圆形截面最大切应力为平均切应力的 1.33 倍。

5.2.4　薄壁圆环形截面梁

一般情况下,称壁厚 t 远小于平均半径 $R(R>10t)$ 的圆环为薄壁圆环。由于 t 与 R 相比很小,故可假设:

(1) 横截面上切应力沿壁厚均匀分布;

(2) 切应力的方向与圆周相切(图 5-13(a))。

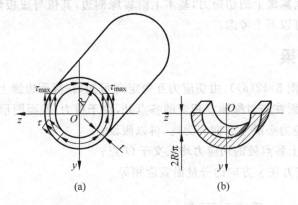

图　5-13

由于该假设与矩形截面的假设相似,因此,通过类似的推导,可得横截面上任一点处切应力的计算公式与式(5-11)有相同的形式。建议读者自行完成其推导。下面只讨论横截面上的 τ_{max}。

对于圆环截面,其 τ_{max} 仍发生在中性轴上。而在求中性轴上的切应力时,式中的 b 应为 $2t$,而 S_z^* 则为半个圆环的面积对中性轴的静矩,其值为

$$S_z^* = \pi R t \times \frac{2R}{\pi} = 2R^2 t$$

而环形截面的惯性矩为

$$I_z = \pi R^3 t$$

于是得

$$\tau_{max} = \frac{F_S S_{z\,max}^*}{b I_z} = \frac{F_S \times 2R^2 t}{2t \times \pi R^3 t} = 2\frac{F_S}{A} \tag{5-16}$$

式中,$A = \frac{\pi}{4}\left[(2R+t)^2 - (2R-t)^2\right] = 2\pi R t$,代表环形截面的面积。因此,薄壁圆环截面上最大切应力为平均切应力的 2 倍。

最后,讨论计算等直梁截面上最大切应力的一般公式。对于等直梁,其最大切应力 τ_{max} 发生在最大剪力 F_{Smax} 所在的横截面上,而且一般地说是位于该截面的中性轴上。由以上各种形状的横截面上的最大切应力计算公式可知,全梁各横截面中最大切应力 τ_{max} 可统一表达为

$$\tau_{max} = \frac{F_{Smax} S_{z\,max}^*}{b I_z} \tag{5-17}$$

式中,F_{Smax} 为全梁的最大切应力;$S_{z\,max}^*$ 为横截面上中性轴一侧的面积对中性轴的静矩;

b 为横截面在中性轴处的宽度；I_z 是整个横截面对中性轴的惯性矩。

【例 5-2】 梁截面如图 5-14(a)所示，剪力 $F_S = 15\text{kN}$，并位于梁的 x-y 平面内。试计算该截面的最大弯曲切应力，以及腹板与翼缘交接处的弯曲切应力。已知截面的惯性矩 $I_z = 8.84 \times 10^{-6}\text{m}^4$。

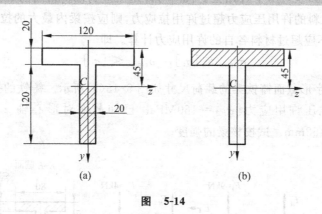

图 5-14

解: (1) 计算 $S_{z\,\text{max}}^*$，求 τ_{max}

中性轴一侧的部分截面对中性轴的静矩为

$$S_{z\,\text{max}}^* = \frac{1}{2}(0.020 + 0.120 - 0.045)^2 \times 0.020 = 9.03 \times 10^{-5}(\text{m}^3)$$

所以，最大弯曲切应力为

$$\tau_{\text{max}} = \frac{F_S S_{z\,\text{max}}^*}{bI_z} = \frac{15 \times 10^3 \times 9.03 \times 10^{-5}}{0.020 \times 8.84 \times 10^{-6}} = 7.66 \times 10^6(\text{Pa}) = 7.66(\text{MPa})$$

(2) 腹板、翼缘交接处的弯曲切应力

由图 5-14(b)可知，腹板、翼缘交接线一侧的部分截面对中性轴 z 的静矩为

$$S_z^* = 0.020 \times 0.120 \times \left(0.045 - \frac{0.020}{2}\right) = 8.40 \times 10^{-5}(\text{m}^3)$$

所以，该交接各点处的弯曲切应力为

$$\tau = \frac{F_S S_z^*}{bI_z} = \frac{15 \times 10^3 \times 8.40 \times 10^{-5}}{0.020 \times 8.84 \times 10^{-6}} = 7.13 \times 10^6(\text{Pa}) = 7.13(\text{MPa})$$

5.3 梁的强度条件

一般情况下，梁内同时存在弯曲正应力与弯曲切应力。

5.3.1 弯曲正应力强度条件

前述分析表明，最大弯曲正应力发生在横截面上离中性轴最远的各点处，而该处的切应力一般为零，因而最大弯曲正应力作用点可看成是处于单向受力形态。所以，弯曲正应力强度条件为

$$\sigma_{\text{max}} = \left(\frac{M}{W}\right)_{\text{max}} \leqslant [\sigma] \tag{5-18}$$

即要求梁内的最大弯曲正应力 σ_{max} 不超过材料在单向受力时的许用应力$[\sigma]$。

对于等截面直梁，上式变为

$$\sigma_{max} = \frac{M_{max}}{W} \leqslant [\sigma] \tag{5-19}$$

式(5-18)与式(5-19)仅适用于许用拉力$[\sigma_t]$与许用压应力$[\sigma_c]$相同的梁。如果二者不同，例如铸铁等脆性材料的许用压应力超过许用拉应力，则应按梁内最大的拉应力 $\sigma_{t,max}$ 和最大的压应力 $\sigma_{c,max}$ 都不应超过材料各自的许用应力计算。即

$$\sigma_{t,max} \leqslant [\sigma_t], \quad \sigma_{c,max} \leqslant [\sigma_c]$$

【例 5-3】 T 字形截面铸铁梁的载荷尺寸如图 5-15(a)所示。铸铁的抗拉许用应力为$[\sigma_t] = 30\text{MPa}$，抗压许用应力$[\sigma_c] = 160\text{MPa}$。已知截面对形心轴 z 的惯性矩 $I_z = 763\text{cm}^4$，且$|y_1| = 52\text{mm}$。试校核梁的强度。

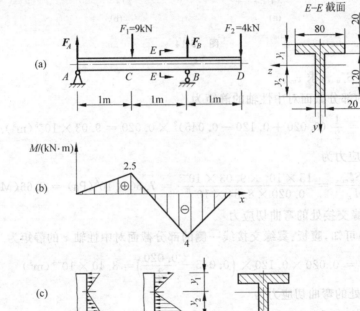

图 5-15

解：(1) 求支反力

由静力平衡方程求出梁的支反力为

$$F_A = 2.5\text{kN} \quad (\uparrow), \quad F_B = 10.5\text{kN} \quad (\uparrow)$$

(2) 绘弯矩图(图 5-15(b))

最大正弯矩在截面 C 上，

$$M_C = 2.5\text{kN} \cdot \text{m}$$

最大负弯矩在截面 B 上，

$$M_B = -4\text{kN} \cdot \text{m}$$

（3）危险截面与危险点判断

T 形截面与中性轴不对称，注意到梁的最大拉应力和最大压应力往往并不发生在同一截面上，故作用有最大正弯矩的 C 截面和作用有最大负弯矩的 B 截面均为危险截面。

截面 C 与 B 的弯曲正应力分布分别绘在图 5-15(c)中。在截面 B 上，M 为负，最大拉应力发生在上边缘各点，最大压应力发生在下边缘各点；在截面 C 上，M 为正，最大拉应力发生在下边缘各点，最大压应力发生于上边缘各点。

由于 $|M_B| > |M_C|$，$|y_2| > |y_1|$，因此，梁内的最大弯曲压应力 $\sigma_{c,max}$ 发生在 B 截面的下边缘各点。至于最大弯曲拉应力究竟发生在 B 截面上边缘各点还是 C 截面下边缘各点，则须经计算才能确定。这些可能最先发生破坏的点称为危险点。

（4）强度校核

由式（5-3）得

对 B 截面

$$\sigma_t = \frac{M_B y_1}{I_z} = \frac{4 \times 10^3 \times 52 \times 10^{-3}}{763 \times 10^{-8}} = 27.2 \times 10^6 (\text{Pa}) = 27.2 (\text{MPa})$$

$$\sigma_c = \frac{M_B y_2}{I_z} = \frac{4 \times 10^3 \times (120 + 20 - 52) \times 10^{-3}}{763 \times 10^{-8}} = 46.2 \times 10^6 (\text{Pa}) = 46.2 (\text{MPa})$$

对 C 截面

$$\sigma_t = \frac{M_C y_2}{I_z} = \frac{2.5 \times 10^3 \times (120 + 20 - 52) \times 10^{-3}}{763 \times 10^{-8}} = 28.8 \times 10^6 (\text{Pa}) = 28.8 (\text{MPa})$$

所以，最大拉应力是在截面 C 的下边缘各点处。由此，得

$$\sigma_{t,max} = 28.8 \text{MPa} < [\sigma_t]$$

$$\sigma_{c,max} = 46.2 \text{MPa} < [\sigma_c]$$

可见，梁的弯曲强度符合要求。

5.3.2 弯曲切应力强度条件

最大弯曲切应力通常发生在中性轴上各点处，而该处的弯曲正应力为零。因此，最大弯曲切应力作用点处于纯剪切状态，相应的弯曲切应力强度条件为

$$\tau_{max} = \left(\frac{F_S S_{z\,max}^*}{b I_z} \right)_{max} \leqslant [\tau] \tag{5-20}$$

即要求梁内的最大弯曲切应力 τ_{max} 不超过材料在纯剪切时的许用切应力 $[\tau]$。

对于等截面直梁，上式变为

$$\tau_{max} = \frac{F_{S\,max} S_{z\,max}^*}{b I_z} \leqslant [\tau] \tag{5-21}$$

在进行梁的强度计算时，一般先考虑正应力强度条件，然后再按切应力强度条件校核。对于实心截面的细长梁，由于弯曲正应力是主要控制因素，通常只需按正应力强度条件分析，无须再进行切应力校核。但对于薄壁截面梁、短而粗的梁、集中载荷作用在支座附近的梁等，则不仅考虑正应力强度条件，还应考虑切应力强度条件。

还需指出，在薄壁梁的某些点处，如工字形截面的腹板与翼缘的交界处，正应力与切应力的数值都较大，这种正应力与切应力联合作用下点的强度问题，将在第 8 章详细讨论。

【例 5-4】 简支梁 AB 如图 5-16(a)所示。$l=2m$，$a=0.2m$。梁上的载荷为 $q=10kN/m$，$F=200kN$。材料的许用应力为 $[\sigma]=150MPa$，$[\tau]=100MPa$。试选择适用的工字钢型号。

解：(1) 计算支反力

由对称性得

$$F_A = F_B = 210kN \quad (\uparrow)$$

(2) 作剪力图和弯矩图(图 5-15(b))，由图可知

$$|F_S|_{max} = 210kN$$

$$|M|_{max} = 45kN \cdot m$$

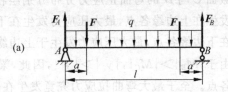

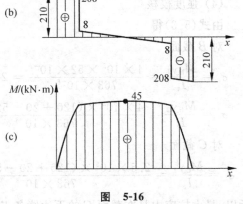

(3) 按正应力强度条件选择截面

由弯曲正应力强度条件，有

$$W \geqslant \frac{M_{max}}{[\sigma]} = \frac{45 \times 10^3}{160 \times 10^6} = 281 \times 10^{-6}(m^3)$$

$$= 281(cm^3)$$

查型钢表，选用 22a 工字钢，其 $W=309cm^3$。

(4) 按切应力强度条件校核

由型钢表查出腹板厚度 $d=0.7cm$，$\dfrac{I_z}{S_{z,max}^*}=$

图 5-16

18.9cm，代入切应力强度条件，于是得

$$\tau_{max} = \frac{F_{S\,max} S_{z\,max}^*}{bI_z} = \frac{210 \times 10^3}{0.75 \times 10^{-2} \times 18.9 \times 10^{-2}} = 148 \times 10^6(Pa) = 148(MPa) > [\tau]$$

τ_{max} 超过 $[\tau]$ 很多，应重新选择更大的截面，现以 25b 工字钢进行试算。由表查得 $d=1cm$，$\dfrac{I_z}{S_{z,max}^*}=21.3cm$，再次进行切应力强度校核：

$$\tau_{max} = \frac{210 \times 10^3}{1 \times 10^{-2} \times 21.3 \times 10^{-2}} = 98.6 \times 10^6(Pa) = 98.6(MPa) < [\tau]$$

因此，同时满足正应力与切应力强度条件，应选用型号为 25b 的工字钢。

该题说明，在梁的强度计算中，必须同时满足正应力和切应力两个条件。通常是先按正应力强度条件选择截面的尺寸和形状，必要时再按切应力强度条件进行校核。一般对以下几种情况须进行切应力强度条件校核。

(1) 若梁较短或载荷很靠近支座，这时梁的最大弯矩可能很小，而最大剪力却相对地较大，如果据此时的最大弯矩来选择截面尺寸，就不一定能满足切应力强度条件。

(2) 对于组合截面梁，如其腹板的宽度相对于截面高度很小时，横截面上可能产生较大的切应力。

(3) 对于木制梁，它的顺纹方向的抗剪能力较差，而由切应力互等定理，在中性层上也同时有最大的切应力作用，因而可能沿中性层发生破坏，所以需要校核其切应力强度

【例 5-5】 简支梁 AB 受力如图 5-17(a)所示。若梁的长度 l、抗弯截面系数 W 与材料的许用应力 $[\sigma]$ 均为已知。试问

（1）当 F 直接作用在 AB 梁上时,求许可载荷$[F_1]$;

（2）加上一个长为 a 的辅助梁CD,力 F 作用在 CD 梁上见图 5-17(b),考虑主梁AB 的强度,求许可载荷$[F_2]$。

（3）若辅助梁 CD 的抗弯截面系数 W、材料的许用应力$[\sigma]$与主梁AB 相同,求 a 的合理长度。

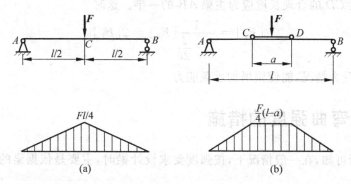

图 5-17

解:（1）如图 5-17(a)所示,简支梁 AB 内的最大弯矩和最大正应力分别为

$$M_{\max} = \frac{Fl}{4}, \quad \sigma_{\max} = \frac{Fl}{4W}$$

由强度条件 $\sigma_{\max} = \dfrac{Fl}{4W} \leqslant [\sigma]$,得

$$[F_1] = \frac{4W}{l}[\sigma]$$

（2）如图 5-17(b)所示,梁 AB 加上辅助梁 CD。梁 AB 内的最大弯矩和最大正应力分别为

$$M_{\max} = \frac{F}{4}(l-a), \sigma_{\max} = \frac{F(l-a)}{4W}$$

由强度条件 $\dfrac{F(l-a)}{4W} \leqslant [\sigma]$,得

$$[F_2] = \frac{4W}{l\left(1 - \dfrac{a}{l}\right)}[\sigma]$$

可见

$$[F_2] = \frac{1}{1 - \dfrac{a}{l}}[F_1] > [F_1]$$

（3）求 a 的合理长度。

欲使设计合理,则主梁 AB 和辅助梁 CD 内的最大正应力均达到许用应力,即要求

$$\sigma_{AB\max} = \sigma_{CD\max}$$

因为 $W_{AB} = W_{CD}$,所以

$$M_{AB\max} = M_{CD\max}$$

则

$$\frac{F(l-a)}{4} = \frac{Fa}{4}$$

得到

$$a = \frac{l}{2}$$

由此式得辅助梁 CD 的合理长度应为主梁 AB 的一半。这时

$$[F_2] = \frac{1}{1-\dfrac{l}{2l}}[F_1] = 2[F_1]$$

可见,改善梁的受力情况,能使梁增加承载能力。

5.4 提高弯曲强度的措施

由前面分析可知,在一般情况下,按强度要求设计梁时,主要是依据梁的弯曲正应力强度条件

$$\sigma_{\max} = \frac{M_{\max}}{W} \leqslant [\sigma]$$

由上式可以看出,降低最大弯矩、提高抗弯截面系数,或局部加强弯矩较大的梁段,都能降低梁的最大弯曲正应力,从而提高梁的承载能力,使梁的设计更为合理。现将工程中经常采用的几种措施分述如下:

5.4.1 合理配置载荷与支座

1. 合理配置载荷

合理地配置载荷,可降低梁的最大弯矩值。例如,简支梁在跨中承受集中力 F 时(图 5-18 (a)),梁的最大弯矩为 $M_{\max} = \dfrac{Fl}{4}$。当集中载荷作用位置不受限制时,可尽量靠近支座,如集中力 F 作用在距支座 A 为 $\dfrac{l}{6}$ 处(图 5-18(b)),则梁的最大弯矩就下降为 $M_{\max} = \dfrac{5Fl}{36}$。若条件允许,可将一个集中载荷通过辅梁再作用到梁上(图 5-19(a))或变成线分布载荷(图 5-19 (b)),这两种情况,最大的弯矩只有原来的一半。例如许多木结构建筑就是利用上述原理建造的(图 5-19(c))。

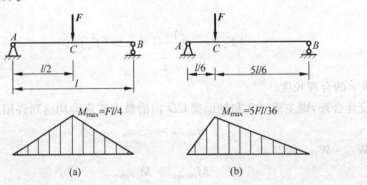

图 5-18

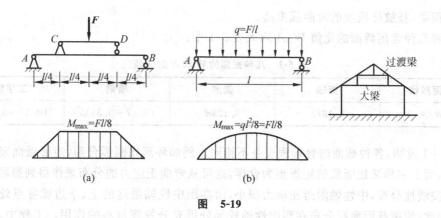

图　5-19

2. 合理配置支座

同理,合理地配置支座位置,也可降低梁内的最大弯矩值。例如图 5-20(a)所示的受均布载荷作用的简支梁,其最大的弯矩 $M_{max}=\dfrac{ql}{8}=0.125ql^2$,若将两支座分别向跨中移动 $0.2l$（图 5-20(b)）,则后者的最大弯矩 $M_{max}=0.025ql^2$ 仅为前者的 1/5。工程中常见锅炉筒体及吊装长构件时,其支承点不在两端(图 5-20(c))就是利用这个道理。

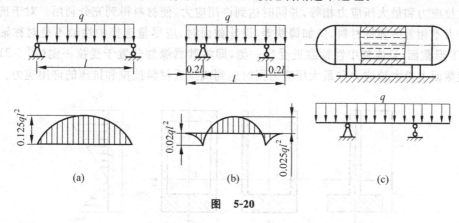

图　5-20

此外,给静定梁增加支座,即制成静不定梁,对于提高梁的强度也将起到显著作用。关于静不定梁的分析,将在第 6 章详细讨论。

5.4.2　合理设计截面形状

从弯曲强度考虑,比较合理的截面形状是使用较小的截面面积,却能获得较大抗弯截面系数的截面。

1. 增大单位面积的抗弯截面系数 W/A

当弯矩一定时,最大弯曲正应力与抗弯截面系数成反比。因此,应尽可能增大横截面的抗弯截面系数 W 与其面积 A 之比值。由于在一般截面中 W 与其高度的平方呈正比,所以,尽可能使横截面面积分布在距中性轴较远的地方,以满足上述要求。例如高宽比 $\dfrac{h}{b}>1$ 的矩形截面梁,竖放比横放的弯曲强度高。

现将几种常用截面的比值 W/A 列入表 5-1 中。

表 5-1　几种截面的 W 和 A 的比值

截面形状	矩形	圆形	槽钢	工字钢
W/A	$0.167h$	$0.125d$	$(0.27\sim0.31)h$	$(0.27\sim0.31)h$

表 5-1 说明,各种截面的合理程度并不相同。例如环形比圆形合理,矩形截面竖放比横放合理,而工字形又比竖放的矩形更为合理,这可从弯曲正应力的分布规律得到解释。由于正应力按线性分布,中性轴附近正应力很小,而在距中性轴最远的上、下边缘各点处正应力最大,因此,使横截面面积分布在距中性轴较远处可充分发挥材料的作用。工程中,大量采用的工字形和箱形截面梁就是运用了这一原理。而圆形实心截面梁上、下边缘处材料较少,中性轴附近材料较多,因而不能做到材尽其用,故对于需作成圆形截面的轴类构件,宜采用空心圆截面。

2. 根据材料的性质选择截面的形状

塑性材料(如钢材)因其抗拉和抗压能力相同,因此截面应以中性轴为其对称轴,这样可使最大拉应力和最大压应力相等,并同时达到许用应力,使材料得到充分利用。对于抗拉和抗压能力不相等的脆性材料,例如铸铁等,设计截面时,应尽量选择中性轴不是对称轴的截面,如 T 形截面,且应使中性轴靠近受拉一侧,即将其翼缘部分置于受拉一侧(图 5-21),尽可能使截面上最大拉应力和最大压应力同时达到或接近材料抗拉和抗压的许用应力。

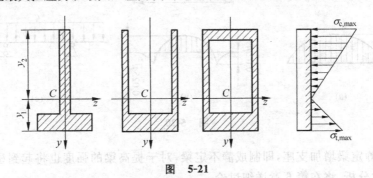

图　5-21

对于组合材料的梁,例如工程上大量使用的钢筋混凝土梁(图 5-22),在它受拉的一侧配置抗拉的钢筋,可大大提高梁的抗弯能力。

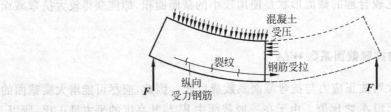

图　5-22

5.4.3 采用等强度梁

横力弯曲时,梁内不同横截面的弯矩不同。因此,在按最大弯矩所设计的等截面梁中,除最大弯矩所在截面外,其余截面的材料强度均未得到充分利用。因此,在工程实际中,常根据弯矩沿梁轴的变化规律,将梁也相应设计成变截面的。横截面沿梁轴线变化的梁称为变截面梁。当变截面梁上所有截面的最大正应力都相等,且等于许用应力时,这种梁称为**等强度梁**。从弯曲强度方面考虑,等强度梁是理想变截面梁。它满足

$$\sigma_{max} = \frac{M(x)}{W_z(x)} = [\sigma]$$

由此可得

$$W_z(x) = \frac{M(x)}{[\sigma]} \tag{5-22}$$

今以塑性材料制作的悬臂梁(图5-23(a))为例,说明确定等强度梁的一般方法。

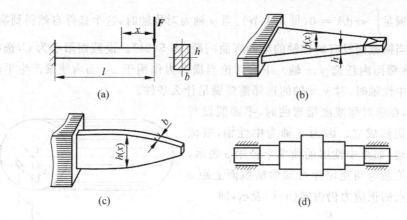

图   5-23

设梁的横截面为矩形,在自由端受集中力 F 作用。令截面的高度 h 不变,则由式(5-22)可得宽度 b 沿梁轴的变化规律为

$$\frac{b(x)h^2}{6} = \frac{Fx}{[\sigma]}$$

所以

$$b(x) = \frac{6F}{h^2[\sigma]}x \tag{a}$$

故 $b(x)$ 是 x 的线性函数,其形状如图5-23(b)所示。同理,若令截面宽度 b 不变,则高度 $h(x)$ 沿梁长的变化规律为

$$h(x) = \sqrt{\frac{6}{b}\frac{Fx}{[\sigma]}} \tag{b}$$

由式(b)可以看出,$h(x)$ 是二次抛物线,在固定端处 h 最大,其值为

$$h_{max} = \sqrt{\frac{6Fl}{b[\sigma]}}$$

当 $x=0$ 时,$h=0$,即自由端截面高度为零。但这显然不符合剪切强度要求。设剪切强度要

求所需之最小截面高度为 $h_{\min}$，则由弯曲切应力强度条件与式(5-12)可知

$$\tau_{\max} = \frac{3}{2}\frac{F_S}{A} = \frac{3}{2}\frac{F}{bh} \leqslant [\tau]$$

$$h_{\min} = \frac{3F}{2b[\tau]} \tag{c}$$

按式(b)和式(c)确定的梁的外形如图 5-23(c)所示，也就是俗称的**鱼腹梁**。

对于圆形截面的简支梁，同理可按式(5-22)确定其直径沿梁轴的变化规律，将其设计成等强度梁，但为了方便加工，通常做成阶梯形状的变截面梁，如图 5-23(d)所示。

5.5　弯曲中心

讨论平面弯曲时，曾规定梁的截面具有一条对称轴，各截面的对称轴组成一个纵向对称面，梁上的载荷都作用在对称面内。为什么要有这种限制？这是因为在推导正应力公式时，有静力关系必须满足 $\int_A yz\,dA = 0$(见 5.1 节)。当 y 轴为对称轴时，这个条件自然得到满足。

现在讨论当横截面没有对称轴的梁的弯曲问题(图 5-24)。设截面形心为 C，选杆轴线作为 x 轴，再在截面内任选 y、z 轴。下面讨论当横向力作用于 xy 面内使梁产生平面弯曲而 z 轴恰好是中性轴时，对 y、z 轴的选择需要满足什么条件。

实验表明，在非对称截面梁弯曲时，平面假设与单向受力假设仍然成立。因为 z 轴为中性轴，横截面将绕 z 轴转动，如果中性层的曲率半径用 ρ 表示，则由变形几何关系与胡克定律可知梁横截面上距 z 轴为 y 处的一点的正应力仍由式(5-1)表示，即

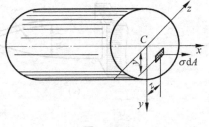

图　5-24

$$\sigma = \frac{E}{\rho}y \tag{a}$$

任一微面积 dA 上的微内力 σdA 构成空间平行力系，因此可组成三个内力分量：

$$F_N = \int_A \sigma\,dA$$

$$M_y = \int_A z\sigma\,dA$$

$$M_z = \int_A y\sigma\,dA$$

将式(a)代入以上三式，并注意到当外力作用在 xy 平面内且与 y 轴平行时，轴力 F_N 为零，对 y 轴之矩 M_y 亦为零，而对 z 轴之矩 M_z 即是截面的弯矩 M，于是得

$$\frac{E}{\rho}\int_A y\,dA = \frac{E}{\rho}S_z = 0 \tag{b}$$

$$\frac{E}{\rho}\int_A yz\,dA = \frac{E}{\rho}I_{yz} = 0 \tag{c}$$

$$\frac{E}{\rho}\int_A y^2\,dA = \frac{E}{\rho}I_z = M \tag{d}$$

如果选取 y、z 轴是过形心 C 的主轴即形心主轴，则必有 $S_z = 0$，$I_{yz} = 0$，于是上面的式

（b）、式（c）均得到满足，而由式（d）得

$$\frac{1}{\rho} = \frac{M}{EI_z} \tag{e}$$

将此式代入式（a）得

$$\sigma = \frac{M}{I_z} y \tag{f}$$

这与 5.1 节中得到的公式（5-3）完全相同。以上分析表明，实现梁的平面弯曲的必要条件仅仅是 $I_{yz}=0$，而不是要求梁必须具有对称面。因此对于不对称非薄壁截面梁，只要使横向力作用在形心主惯性平面（即由截面形心主惯性轴与轴线构成的平面）内，则该梁将发生平面弯曲，另一形心主惯性轴即为中性轴，例如图 5-25 所示。并且梁的曲率公式（e）和正应力计算式（f）与对称截面梁完全相同。前面讨论的对称截面梁且载荷作用于纵向对称面内所发生的平面弯曲，只是这里所讨论的一种特例。

　　值得注意的是，在横力弯曲时，梁的横截面上不仅有正应力，还有切应力。理论和实验证明，对于非对称截面梁，在一般情况下，切应力的合力并不通过截面形心。这样就使梁不仅产生弯曲，而且同时还将产生扭转。不过对于实心或封闭薄壁截面，因梁的抗扭刚度大，可不考虑扭转产生的影响。但对于非对称开口薄壁截面，比如图 5-26（a）所示的槽钢截面梁，当横向载荷作用于形心主惯

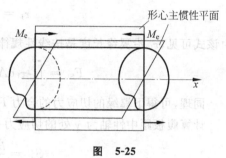

图　5-25

性平面内时，该梁不仅产生弯曲，而且因其抗扭刚度小还要产生明显的扭转变形。只有当横向载荷通过截面上某一特定点 A 时，该梁才只产生弯曲而无扭转（图 5-26（b））。横截面内的这一特定点 A 称为**弯曲中心**或**剪切中心**，简称**弯心**。

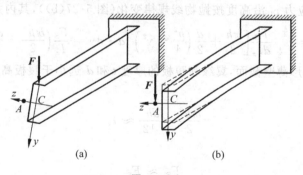

图　5-26

　　显然，在非对称薄壁截面中，扭转变形往往会给梁带来严重影响。为了避免扭转变形的产生，确定薄壁截面的弯曲中心具有重要的实际意义。下面以槽钢为例具体说明。

　　设槽钢截面尺寸如图 5-27（a）所示，且外力平行于 y 轴，截面剪力为 F_S。现计算腹板、翼缘上切应力形成的内力系的合力。由 5.2 的节分析知，其横截面上的切应力可用公式

$$\tau = \frac{F_S S_z^*}{bI_z}$$

计算。上翼缘距右端为 ξ 处的切应力为

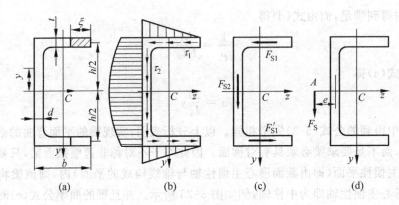

图 5-27

$$\tau_1 = \frac{F_S}{tI_z} \cdot \frac{th\xi}{2} = \frac{F_s h\xi}{2I_z}$$

由该式可见，τ_1 沿翼缘长度是按线性规律变化的（图 5-27(b)）。其切应力的合力为

$$F_{S1} = \int_{A_1} \tau_1 \mathrm{d}A = \int_0^b \frac{F_s h\xi}{2I_z} t \mathrm{d}\xi = \frac{F_s b^2 ht}{4I_z}$$

同理，可得下翼缘的切应力的合力 F'_{S1}。F'_{S1} 与 F_{S1} 大小相等，但方向相反。

计算腹板距中性轴为 y 处的切应力 τ_2 时，

$$S_z^* = \frac{bth}{2} + \frac{d}{2}\left(\frac{h^2}{4} - y^2\right)$$

则

$$\tau_2 = \frac{F_S}{dI_z}\left[\frac{bth}{2} + \frac{d}{2}\left(\frac{h^2}{4} - y^2\right)\right]$$

该式表明腹板上切应力 τ_2 沿高度按抛物线规律变化（图 5-27(b)），其内力系的合力为

$$F_{S2} = \int_{-\frac{h}{2}}^{\frac{h}{2}} \frac{F_S}{dI_z}\left[\frac{bth}{2} + \frac{d}{2}\left(\frac{h^2}{4} - y^2\right)\right] d \cdot \mathrm{d}y = \frac{F_S}{I_z}\left(\frac{bth^2}{2} + \frac{dh^3}{12}\right)$$

注意到，对于槽形薄壁截面，翼缘和腹板的厚度 t 和 d 远小于腹板高度 h 和翼缘宽度 b，故

$$\frac{bth^2}{2} + \frac{dh^3}{12} \approx I_z$$

所以代入上式得

$$F_{S2} \approx F_S$$

在上面求得的三个内力 F_{S1}、F'_{S1} 和 F_{S2} 中，上、下翼缘的两个剪力 F_{S1}、F'_{S1} 等值反向，组成一力偶，其力偶矩为 $F_{S1}h$。把这一力偶与腹板上的剪力（$F_{S2} \approx F_S$）合并得内力系的最终合力仍等于 F_{S2}，只是作用线向左平移一个距离 e，并且 $F_{S2}e = F_{S1}h$。于是可得

$$e = \frac{F_{S1}h}{F_{S2}} \approx \frac{h}{F_S} \cdot \frac{F_s b^2 ht}{4I_z} = \frac{b^2 h^2 t}{4I_z}$$

e 为剪力 F_S 作用线距腹板中线的距离。F_S 作用线与 z 轴之交点 A 即为槽形截面的弯曲中心（图 5-27(d)）。若该横向外力 F 与剪力 F_S 位于同一纵向平面内，则梁只发生平面弯曲。如果 F 力的作用线位于形心主惯性平面（xy 平面）内，则可将其简化为与剪力 F_S 在同一纵

向平面内的力 F 和一个力偶 Fe_1（图 5-28）。力 F 仅使梁发生平面弯曲，而力偶 Fe_1 则使梁发生扭转，这就是图 5-26(a)所示的情形。为把载荷加在弯心，使梁不发生扭转，可在载荷外侧附加一角钢，使载荷加在此角钢上，如图 5-29 所示。

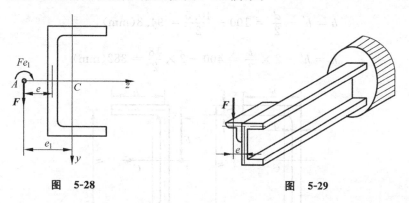

图 5-28   图 5-29

如果外力使梁在 xz 平面（另一形心主惯性平面）内弯曲时，由于 z 轴为横截面的对称轴，横截面上的剪力 F_S 的作用线必定与对称轴重合，梁只发生平面弯曲。在上述两种平面弯曲中，横截面上相应两个剪力作用线的交点 A 就是弯曲中心，故弯心又称为剪切中心。

对于具有一根对称轴的截面，例如 T 字形、开口薄壁环形截面等，其弯曲中心都在截面的对称轴上。因此，仅需确定其垂直于对称轴的剪力作用线，剪力作用线与对称轴的交点即为截面的弯曲中心。若截面具有两根对称轴，则两对称轴的交点（即截面形心）就是弯曲中心。而 Z 字形等反对称截面，其弯曲中心与截面形心重合。

对于由两个狭长矩形组成的截面，例如 T 字形、等边或不等边角钢截面等，由于狭长矩形上切应力方向平行于长边，且其数值沿厚度不变，故剪力作用线必与狭长矩形的中线重合，因此，其弯曲中心应位于两狭长矩形中线的交点。

表 5-2 中给出了一些常用截面的弯曲中心位置。由表中结果可见，弯曲中心的位置与外力的大小和材料的性质无关，仅取决于截面的几何形状、尺寸，这是截面图形的几何性质之一。

表 5-2 几种截面的弯曲中心位置

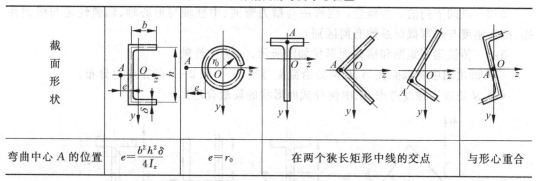

截面形状					
弯曲中心 A 的位置	$e=\dfrac{b^2h^2\delta}{4I_z}$	$e=r_0$	在两个狭长矩形中线的交点		与形心重合

【例 5-6】 一根由 40a 号槽钢制成的梁，受一个平行于其腹板平面的横向力 F 作用，其截面简化后的尺寸如图 5-30(a)所示。若要梁仅发生平面弯曲而无扭转，试求力 F 的位置。

解：为了使梁不发生扭转，力 F 的作用线应通过截面的弯曲中心（图 5-30(b)）。由表 5-2 可见，为了确定 A 点到横截面腹板中线的距离 e，由型钢规格表查得图 5-30(a) 中 $b'=100\text{mm}, h'=400\text{mm}, t=18\text{mm}, d=10\text{mm}$，求得图 5-30(b) 中的

$$b = b' - \frac{d}{2} = 100 - \frac{10.5}{2} = 94.8(\text{mm})$$

$$h = h' - 2 \times \frac{t}{2} = 400 - 2 \times \frac{18}{2} = 382(\text{mm})$$

图 5-30

又由型钢规格表查得 $I_z = 17\,578\text{cm}^4$，即可求得 e 值为

$$e = \frac{b^2 h^2 t}{4I_z} = \frac{(94.8 \times 10^{-3})^2 \times (382 \times 10^{-3})^2 \times 18 \times 10^{-3}}{4 \times 17\,578 \times 10^{-8}}$$

$$= 33.6 \times 10^{-3}(\text{m}) = 33.6(\text{mm})$$

由此可知力 F 应作用在腹板外侧，并距横截面腹板中线为 $e=33.6\text{mm}$ 处。

思考题

5-1　试问，在推导平面弯曲正应力公式时做了哪些假设？在什么条件下这些假设才是正确的？

5-2　试问下列的一些概念：纯弯曲与横力弯曲、中性轴与形心轴、轴惯性矩与极惯性矩、抗弯刚度与抗弯截面系数有何区别？

5-3　铸铁梁弯矩图和横截面形状如图所示。z 为中性轴。

(1) 画出图中各截面在 A、B 两处沿截面竖线 1—1 和 2—2 的正应力分布。

(2) 从正应力强度考虑，图中何种截面形状的梁最合理？

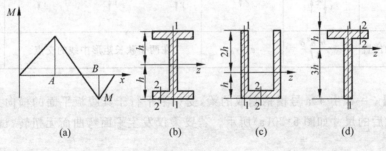

思考题 5-3 图

5-4 思考题 5-4 图(a)和(b)所示的钢梁和三脚架材料相同,三脚架两杆的横截面面积之和与钢梁的横截面面积相等。已知 $l=10h, h=1.5b, D=1.22b, d=0.6D$。试问哪个承载能力大?为什么?

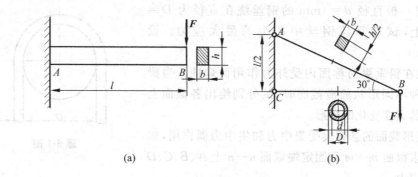

(a)　　　　　　　　(b)

思考题 5-4 图

5-5 为什么等直梁的最大切应力一般都是在最大剪力所在横截面的中性轴上各点处,而横截面的上、下边缘各点处的切应力为零?对于图示的两个截面而言,其最大切应力是否也位于中性轴上各点处?为什么?

5-6 将圆木加工成矩形截面梁时(见图),为了提高木梁的承载能力,我国宋代杰出的建筑师李诫在其所著的《营造法式》中曾提出:合理的高宽比应为 3∶2。试根据弯曲理论分析这个理论的合理性。

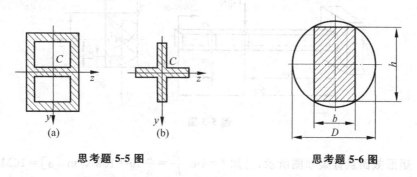

思考题 5-5 图　　　　　　　　**思考题 5-6 图**

5-7 一钢筋混凝土梁,受力后弯矩图如图所示。为了发挥钢筋(图中虚线所示)的抗拉性能,最合理的配筋方案是图( )。

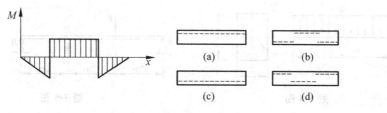

思考题 5-7 图

习题

5-1 把一根直径 $d=1\text{mm}$ 的钢丝绕在直径为 $D=2\text{m}$ 的卷筒上,试计算该钢丝中产生的最大应力。设 $E=200\text{GPa}$。

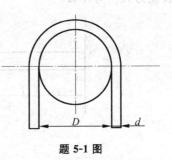

题 5-1 图

5-2 梁在铅垂纵对称面内受外力作用而弯曲。当梁具有图示各种不同形状的横截面时,试分别绘出各截面上的正应力沿其高度变化的图形。

5-3 矩形截面的悬臂梁受集中力和集中力偶作用,如图所示。试求截面 $m—m$ 和固定端截面 $n—n$ 上 A、B、C、D 四点处的正应力。

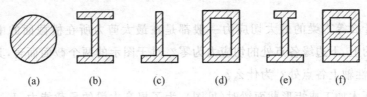

(a)   (b)   (c)   (d)   (e)   (f)

题 5-2 图

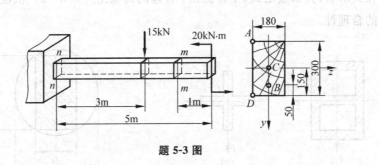

题 5-3 图

5-4 矩形截面悬臂梁如图所示,已知 $l=4\text{m}$,$\dfrac{b}{h}=\dfrac{2}{3}$,$q=10\text{kN/m}$,$[\sigma]=10\text{MPa}$。试确定此梁横截面的尺寸。

5-5 20a 工字钢梁的支承和受力情况如图所示。若 $[\sigma]=160\text{MPa}$,试求许可载荷 F。

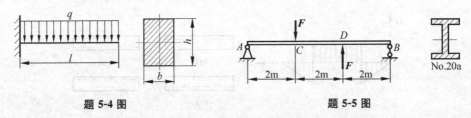

题 5-4 图   **题 5-5 图**

5-6 图示轧辊轴直径 $D=280\text{mm}$,跨度 $L=1\,000\text{mm}$,$l=450\text{mm}$,$b=100\text{mm}$。轧辊材料的弯曲许用应力 $[\sigma]=100\text{MPa}$。求轧辊能承受的最大轧制力。

5-7 图示为一承受纯弯曲的铸铁梁,其截面为 $\llcorner$ 形,材料的拉伸和压缩许用应力的比

$\dfrac{[\sigma_t]}{[\sigma_c]} = \dfrac{1}{4}$。试求水平翼板的合理宽度 b。

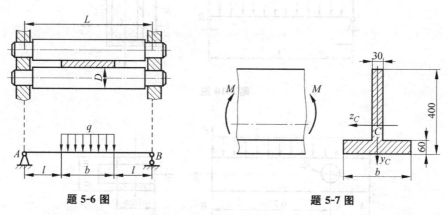

题 5-6 图　　　　　　　　　　　题 5-7 图

5-8　⊥形截面铸铁截面梁，尺寸及载荷如图所示，若材料的拉伸许用应力 $[\sigma_t] = 40\text{MPa}$，压缩许用应力 $[\sigma_c] = 160\text{MPa}$，截面对形心轴 z_C 的惯性矩 $I_{z_C} = 10180\text{cm}^4$，$h_1 = 9.64\text{cm}$，试计算该梁的许可载荷 F。

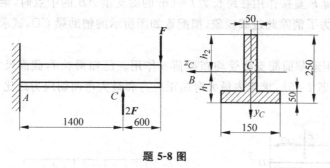

题 5-8 图

5-9　当 20 号槽钢受纯弯曲变形时，测出 A、B 两点间长度的改变为 $\Delta l = 27 \times 10^{-3}\text{mm}$，材料的弹性模量 $E = 200\text{GPa}$。试求梁截面上的弯矩 M。

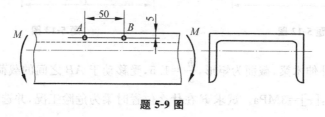

题 5-9 图

5-10　铸铁制成的槽形截面梁，C 为截面的形心，$I_z = 40 \times 10^6\text{mm}^4$，$y_1 = 140\text{mm}$，$y_2 = 60\text{mm}$，$l = 4\text{m}$，$q = 20\text{kN/m}$，$M_e = 20\text{kN} \cdot \text{m}$，$[\sigma_t] = 40\text{MPa}$，$[\sigma_c] = 150\text{MPa}$。

（1）作出最大正弯矩和最大负弯矩所在截面的应力分布图，并标明应力数值；

（2）校核梁的强度。

5-11　一正方形截面木梁，受力如图所示，$q = 2\text{kN/m}$，$F = 5\text{kN}$，木料的许用应力 $[\sigma] = 10\text{MPa}$。若在 C 截面的高度中间沿 z 方向钻一直径为 d 的横孔，在保证该梁的正应力强度条件下，试求圆孔的最大直径 d。

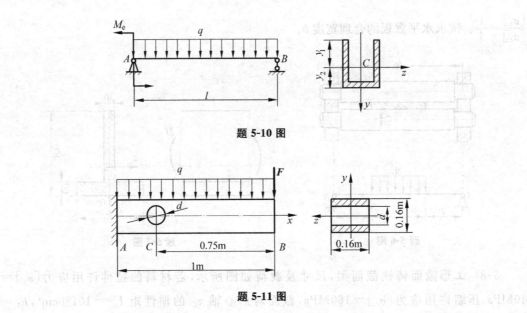

题 5-10 图

题 5-11 图

5-12　当载荷 F 直接作用在跨长为 $l=6\text{m}$ 的简支梁 AB 的中点时，梁内最大正应力超过允许值 30%。为了消除此过载现象，拟配置如图所示的辅助梁 CD，试求此辅助梁的最小跨长 a。

5-13　图示矩形截面简支梁受均布载荷 q 作用。已知梁长 l，截面尺寸 b 和 h，材料的弹性模量 E。(1)若 $l=5h$，求梁内最大弯曲正应力和最大弯曲切应力之比；(2)求梁下边缘的总伸长。

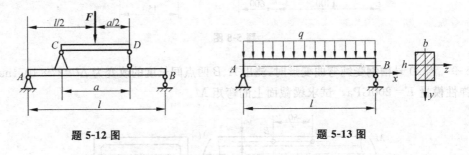

题 5-12 图　　　　　　　　　　题 5-13 图

5-14　图示外伸木梁，截面为矩形，$\dfrac{h}{b}=1.5$，受移动于 AB 之间的载荷 $F=40\text{kN}$ 作用。已知 $[\sigma]=10\text{MPa}$，$[\tau]=3\text{MPa}$。试求 F 在什么位置时梁为危险工况，并选择 b 和 h。

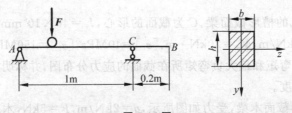

题 5-14 图

5-15 简支梁受力如图所示,截面为工字钢。已知 $F=40\text{kN}$,$q=1\text{kN/m}$,$[\sigma]=100\text{MPa}$,$[\tau]=80\text{MPa}$。试选用工字钢型号。

5-16 圆截面锥形悬臂梁,在自由端受集中力 F 作用,A、B 两端截面直径分别为 d 和 $2d$,梁的长度为 l。求梁中最大的弯曲正应力。

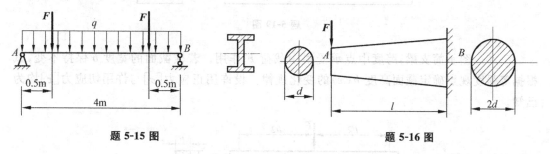

题 5-15 图　　　　　　　　题 5-16 图

5-17 图示四轮吊车起重机的道轨为两根工字形截面梁,设吊车自重 $W=50\text{kN}$,最大起重量 $F=10\text{kN}$,许用正应力 $[\sigma]=160\text{MPa}$,许用切应力 $[\tau]=80\text{MPa}$。试选择工字钢型号。由于梁较长,需考虑梁自重的影响。

提示:按载荷 W 与 F 选择工字钢型号,然后根据载荷 W 与 F 以及工字钢的自重校核梁的强度,并根据需要进一步修改设计。

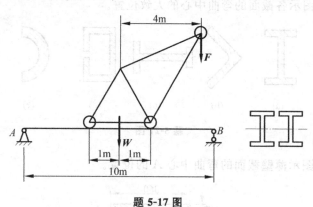

题 5-17 图

5-18 由三根木条胶合而成的悬臂梁截面尺寸如图所示,跨长 $l=1\text{m}$。若胶合面上的许用切应力 $[\tau_{\text{胶}}]=0.34\text{MPa}$,木材的许用弯曲正应力为 $[\sigma]=10\text{MPa}$,许用切应力为 $[\tau]=1\text{MPa}$,试求许可载荷 F。

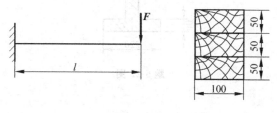

题 5-18 图

5-19 图示梁由两根 36a 工字钢铆接而成。铆钉的间距为 $s=150\text{mm}$,直径 $d=20\text{mm}$,许用切应力 $[\tau]=90\text{MPa}$。梁横截面上的剪力 $F_{\text{s}}=40\text{kN}$。试校核铆钉的剪切强度。

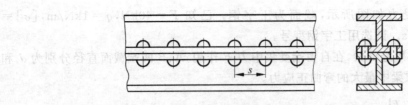

题 5-19 图

5-20　图示简支梁,跨度中点承受集中载荷 F 作用。若横截面的宽度 b 保持不变,试根据等强度观点确定截面高度 $h(x)$ 的变化规律。设许用正应力 $[\sigma]$ 与许用切应力 $[\tau]$ 均为已知。

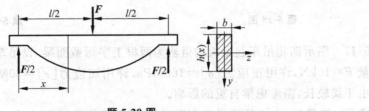

题 5-20 图

5-21　试判断图示各截面的弯曲中心的大致位置。

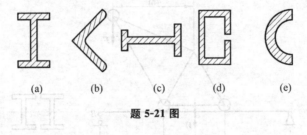

(a)　　　(b)　　　(c)　　　(d)　　　(e)

题 5-21 图

5-22　试确定图示薄壁截面的弯曲中心 A 的位置。

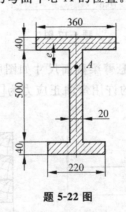

题 5-22 图

第6章

弯曲变形

6.1 工程中弯曲变形的实例

在载荷作用下,梁内产生应力的同时也发生变形。因此,对于某些弯曲构件不仅要求其具有足够的强度,而且要求其具有足够的刚度。例如当机床主轴(图 6-1)变形过大时,会影响齿轮间的正常啮合、轴与轴承之间的配合,从而加速齿轮和轴承的磨损,使机床产生噪音,并影响工件的加工精度。又如,吊车梁的变形过大,会引起梁上小车行走困难,出现"爬坡"现象及车体振动。所以,为保证构件正常工作,往往根据实际工作的需要对构件的变形给予必要的限制。

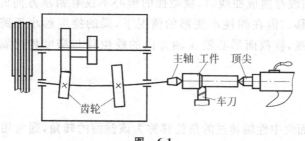

图 6-1

与上述情况相反,工程上有时又需要使构件产生较大的变形来满足工作的需要。例如车辆上用的叠板弹簧(图 6-2),正是利用其变形较大的特点,以减小车身的颠簸,达到缓冲减振的目的。又如,车床上的弹簧杆切刀(图 6-3),也是利用刀杆产生较大的弹性变形,使其在加工中有较好的自动让刀作用,用来防止断刀和提高切削速度。

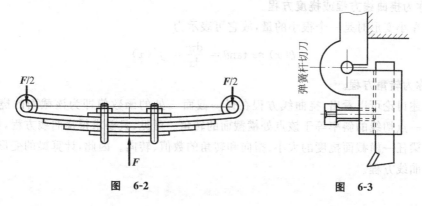

图 6-2   图 6-3

总之,为了限制或利用构件的弯曲变形,就需要掌握弯曲变形的计算方法。此外,在研究弯曲超静定、冲击、压杆稳定等问题时,也需要考虑梁的变形。

本章主要研究梁在平面弯曲时的变形计算。

梁在平面弯曲时,其轴线在纵向对称平面内变成一条光滑而连续的曲线,该平面曲线称为梁的**挠曲线**。

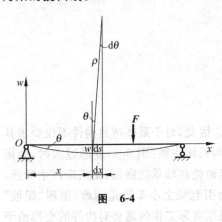

图 6-4

下面以图 6-4 所示简支梁为例,说明表示梁弯曲变形的方法。建立坐标系 xOw,取梁的左端为原点,梁在变形前的轴线为 x 轴,向右为正,铅垂轴 w 轴向上为正。如果梁各横截面变形后的位置确定了,那么梁的变形随之确定,故梁的变形可用以下度量横截面位移的两个基本量来表示。

1. 挠度

梁上任一横截面的形心 C 在 w 轴方向的线位移,称为该截面的**挠度**,通常用 w 表示。在图 6-4 所示的坐标系中,挠度向上为正,向下为负。

应当指出,梁轴线弯曲成曲线后,横截面的形心不仅有铅垂方向的线位移,同时还将产生水平方向线位移。但在弹性小变形的情况下,梁的挠度远小于跨长,梁变形后的轴线是一条平坦的曲线,横截面形心沿 x 轴方向的线位移与挠度相比属于高阶微量,可略去不计。

2. 转角

梁的任一横截面绕中性轴转过的角位移称为该截面的**转角**,通常用 θ 表示。由于弯曲变形后横截面仍与弯曲后的轴线(挠曲线)正交,所以转角 θ 也就是挠曲线在该点的切线与 x 轴的夹角(见图 6-4)。根据所设坐标,转角以逆时针转向为正,顺时针转向为负。

在一般情况下,梁的挠度和转角随截面位置不同而改变,是坐标 x 的函数。于是,挠度可表示为

$$w = f(x) \tag{6-1}$$

式(6-1)称为**挠曲线方程**或**挠度方程**。

转角在小变形时是一个很小的量,故它可表示为

$$\theta(x) \approx \tan\theta = \frac{\mathrm{d}w}{\mathrm{d}x} = f'(x) \tag{6-2}$$

式(6-2)称为**转角方程**。

由上述讨论可以看出,挠曲线方程在任一截面 x 处的函数值即为该截面的挠度,而挠曲线上任一点切线的斜率等于该点处横截面的转角。可见,只要求得挠曲线方程,就能很容易地确定梁任一横截面挠度的大小、指向和转角的数值、转向。因此,计算梁的变形,关键在于确定挠曲线方程。

6.2 挠曲线近似微分方程

在推导纯弯曲梁的正应力公式时(见 5.1 节),曾得到用中性层曲率表示的弯曲变形公式:

$$\frac{1}{\rho(x)} = \frac{M}{EI}$$

如果当梁的跨度远大于横截面时,忽略剪力 F_S 对变形的影响,则上式也可用于横力弯曲。只是在此情况下,曲率半径和弯矩均为 x 的函数,即

$$\frac{1}{\rho(x)} = \frac{M(x)}{EI} \tag{6-3}$$

由高等数学知识可知,平面曲线 $w = f(x)$ 上,任意一点的曲率为

$$\frac{1}{\rho(x)} = \pm \frac{\dfrac{\mathrm{d}^2 w}{\mathrm{d}x^2}}{\left[1 + \left(\dfrac{\mathrm{d}w}{\mathrm{d}x}\right)^2\right]^{\frac{3}{2}}}$$

将上式代入式(6-3)得

$$\pm \frac{\dfrac{\mathrm{d}^2 w}{\mathrm{d}x^2}}{\left[1 + \left(\dfrac{\mathrm{d}w}{\mathrm{d}x}\right)^2\right]^{\frac{3}{2}}} = \frac{M(x)}{EI} \tag{6-4}$$

式(6-4)即为挠曲线的二阶非线性常微分方程。

显然,求解此方程是相当困难的。考虑到工程实际中梁的弯曲多属小变形问题,梁的挠曲线只是一条微弯的曲线,斜率 $\dfrac{\mathrm{d}w}{\mathrm{d}x}$ 是一阶微量。故 $\left(\dfrac{\mathrm{d}w}{\mathrm{d}x}\right)^2$ 与 1 相比,可忽略不计,于是式(6-4)可简化为

$$\pm \frac{\mathrm{d}^2 w}{\mathrm{d}x^2} = \frac{M(x)}{EI} \tag{6-5}$$

至于上式中正、负号则应由坐标系的选取和弯矩的符号来决定。

在图 6-5 所示坐标系中,当弯矩 $M(x)$ 为正时,挠曲线为凹曲线(图 6-5(a)),凹曲线的二阶导数 $\dfrac{\mathrm{d}^2 w}{\mathrm{d}x^2}$ 必大于零,即弯矩 $M(x)$ 与 $\dfrac{\mathrm{d}^2 w}{\mathrm{d}x^2}$ 同号。反之,当弯矩 $M(x)$ 为负时,挠曲线为凸曲线(图 6-5(b)),二阶导数 $\dfrac{\mathrm{d}^2 w}{\mathrm{d}x^2}$ 必小于零。在此情况下,弯矩 $M(x)$ 与 $\dfrac{\mathrm{d}^2 w}{\mathrm{d}x^2}$ 仍然同号。

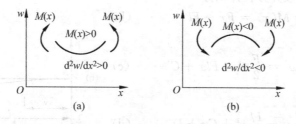

图 6-5

由上述分析可知,在式(6-5)中等号左边应取"+"号,即

$$\frac{\mathrm{d}^2 w}{\mathrm{d}x^2} = \frac{M(x)}{EI} \qquad (6-6)$$

由于式(6-6)是略去了剪力的影响,并在$(1+w'^2)^{\frac{3}{2}}$中略去了w'^2项后得到的,故称为梁的**挠曲线近似微分方程**。该方程是在弹性小变形情况下研究梁弯曲变形的基本方程。通过求解该方程,即可得到梁的挠曲线方程,并进一步求得梁任意横截面处的转角和挠度。

6.3 用积分法求弯曲变形

对于等截面直梁,抗弯刚度EI为一常量,故方程(6-6)可改写为如下形式:

$$EIw'' = M(x)$$

积分一次可得转角方程

$$EI\theta = EIw' = \int M(x)\mathrm{d}x + C \qquad (6-7)$$

再积分一次可得挠曲线方程

$$EIw = \int\left[\int M(x)\mathrm{d}x\right]\mathrm{d}x + Cx + D \qquad (6-8)$$

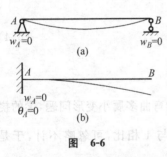

图 6-6

式(6-7)、式(6-8)中的积分常数C、D可由具体梁的约束所提供的已知位移来确定。此类已知的位移条件称为边界条件。如在简支梁的两个铰支座处,边界条件是其挠度$w_A = 0$,$w_B = 0$(图6-6(a));在悬臂梁的固定端支座处,边界条件是挠度$w_A = 0$,转角$\theta_A = 0$(图6-6(b))。将确定的积分常数C、D代入式(6-7)和式(6-8),即可得该梁的转角方程和挠曲线方程,并可求得任意横截面的转角和挠度。

下面举例说明积分法求弯曲变形的步骤和过程。

【**例 6-1**】 图6-7(a)为镗刀在工件上镗孔的示意图。为保证镗孔精度,镗刀杆的弯曲变形不能过大。设径向力$F=200\mathrm{N}$,镗刀杆直径$d=10\mathrm{mm}$,外伸长度$l=50\mathrm{mm}$。材料的弹性模量$E=210\mathrm{GPa}$。试求镗刀杆上安装镗刀头的截面B的转角和挠度。

解:镗刀杆可简化为悬臂梁(图6-7(b))。

(1)列出弯矩方程

$$M(x) = -F(l-x) \qquad (a)$$

(2)建立挠曲线微分方程并积分

$$EIw'' = M(x) = Fx - Fl \qquad (b)$$

积分一次得

$$EI\theta = EIw' = \frac{F}{2}x^2 - Flx + C \qquad (c)$$

再积分一次得

$$EIw = \frac{F}{6}x^3 - \frac{Fl}{2}x^2 + Cx + D \qquad (d)$$

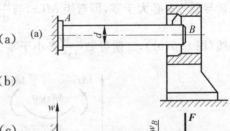

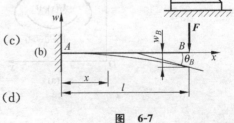

图 6-7

(3) 确定积分常数

在悬臂梁中,边界条件是固定端处的转角为零,挠度也为零,即:

当 $x=0$ 时,

$$w'_A = \theta_A = 0 \tag{e}$$

当 $x=0$ 时,

$$w_A = 0 \tag{f}$$

将式(e)代入式(c),得 $C=0$,将式(f)代入式(d),得 $D=0$。

(4) 列出转角方程和挠度方程

将定出的两个积分常数代入式(c)和(d),即得梁的转角方程和挠曲线方程分别为

$$EI\theta = \frac{F}{2}x^2 - Flx$$

$$EIw = \frac{F}{6}x^3 - \frac{Fl}{2}x^2$$

(5) 求最大转角 θ_{max} 和最大挠度 w_{max}

可以看出,θ_{max} 和 w_{max} 均发生在自由端 B 截面处,有

$$\theta_{max} = \theta_B = \theta(x)\mid_{x=l} = -\frac{Fl^2}{2EI}(顺时针)$$

$$w_{max} = w_B = w(x)\mid_{x=l} = -\frac{Fl^3}{3EI}(\downarrow)$$

θ_B 为负,表示截面 B 的转角是顺时针的。w_B 也为负,表示 B 点挠度向下。

将 $F=200N, E=210GPa, l=50mm, I=\dfrac{\pi d^4}{64}=491mm^4$ 代入,得

$$\theta_B = -0.002\ 42rad$$

$$w_B = -0.080\ 5mm$$

【例 6-2】 桥式起重机的大梁和建筑中的一些梁都可简化成简支梁,自重为作用在梁上的均布载荷,单位长度上的重量即视为载荷集度 q,如图 6-8 所示。已知梁的跨长为 l,抗弯刚度为 EI,求该梁的最大转角和最大挠度。

解:(1) 求支反力,列弯矩方程

由对称关系可知梁的两个支反力为

$$F_A = F_B = \frac{1}{2}ql$$

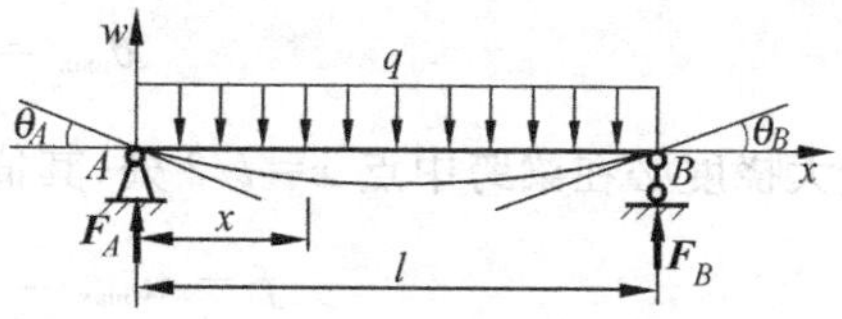

图 6-8

梁的弯矩方程为

$$M(x) = F_A x - \frac{1}{2}qx^2 = \frac{1}{2}qlx - \frac{1}{2}qx^2 \tag{a}$$

(2) 列挠曲线近似微分方程并积分

$$EIw'' = M(x) = \frac{1}{2}qlx - \frac{1}{2}qx^2 \tag{b}$$

积分得转角方程为

$$EI\theta = \frac{1}{4}qlx^2 - \frac{1}{6}qx^3 + C \tag{c}$$

再积分得挠曲线方程为

$$EIw = \frac{1}{12}qlx^3 - \frac{1}{24}qx^4 + Cx + D \qquad \text{(d)}$$

(3) 确定积分常数

在简支梁中边界条件是左、右两铰支座处的挠度均等于零,即:

在 $x=0$ 处,$w_A=0$,代入式(d),得

$$D = 0$$

在 $x=l$ 处,$w_B=0$,代入式(d),即得

$$EIw \mid_{x=l} = \frac{1}{12}ql^4 - \frac{1}{24}ql^4 + Cl = 0$$

从而解出

$$C = -\frac{ql^3}{24}$$

(4) 列出转角方程和挠曲线方程

将积分常数 C 和 D 的值再代回到式(c)、(d),即求得 AB 梁的转角方程为

$$EI\theta = \frac{1}{4}qlx^2 - \frac{1}{6}qx^3 - \frac{ql^3}{24} \qquad \text{(e)}$$

AB 梁的挠曲线方程为

$$EIw = \frac{1}{12}qlx^3 - \frac{1}{24}qx^4 - \frac{ql^3}{24}x \qquad \text{(f)}$$

(5) 求 AB 梁的最大转角 $\theta_{\max}$ 和最大挠度 $w_{\max}$

由于梁上载荷及边界条件对于梁跨中点都是对称的,因此梁的挠曲线也应是对称的,并可知两端铰支座处的转角,其绝对值也必然相等,即

$$\theta_A = \theta(x) \mid_{x=0} = -\frac{ql^3}{24EI} \text{(顺时针)}$$

$$\theta_B = \theta(x) \mid_{x=l} = \frac{ql^3}{24EI} \text{(逆时针)}$$

且由挠曲线形状可知,两端截面转角即为梁的最大转角:

$$\theta_{\max} = -\theta_A = \theta_B = \frac{ql^3}{24EI}$$

最大挠度必在梁跨中点 $x=l/2$ 处,其值为

$$f = w_{\max} = w \mid_{x=\frac{l}{2}} = -\frac{5ql^4}{384EI} \quad (\downarrow)$$

在上面的结果中,θ_A 值为负,说明横截面 A 绕其中性轴顺时针转动;θ_B 值为正,则说明 B 截面转角的转向是逆时针的。跨度中点挠度为负,说明挠度向下。

【例 6-3】 一齿轮轴如图 6-9(a)所示,在安装齿轮的截面 C 处作用有齿轮的铅垂径向力 F,试求其转角方程和挠曲线方程,并求最大转角 $\theta_{\max}$ 和最大挠度 $w_{\max}$。

解:该齿轮轴可简化为一个简支梁,如图 6-9(b)所示。

(1) 求支反力、列弯矩方程

由平衡条件,得

$$F_A = \frac{Fb}{l} \quad (\uparrow)$$

$$F_B = \frac{Fa}{l} \quad (\uparrow)$$

分段列弯矩方程：

AC 段 $\quad M(x_1) = F_A x_1 = \frac{Fb}{l} x_1, 0 \leqslant x_1 \leqslant a$

CB 段 $\quad M(x_2) = F_A x_2 - F(x_2 - a)$

$$= \frac{Fb}{l} x_2 - F(x_2 - a), a \leqslant x_2 \leqslant l$$

（2）列挠曲线近似微分方程并积分

由于 AC 段和 CB 段的弯矩方程不同，所以挠曲线近似微分方程需分段列出，然后再分别积分，即在 AC 段（$0 \leqslant x_1 \leqslant a$）

$$EIw_1''(x_1) = \frac{Fb}{l} x_1$$

$$EI\theta_1(x_1) = \frac{Fb}{2l} x_1^2 + C_1 \tag{a}$$

$$EIw_1(x_1) = \frac{Fb}{6l} x_1^3 + C_1 x_1 + D_1 \tag{b}$$

在 CB 段（$a \leqslant x_2 \leqslant l$），

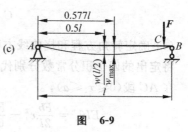

图 6-9

$$EIw_2''(x_2) = \frac{Fb}{l} x_2 - F(x_2 - a)$$

$$EI\theta_2(x_2) = \frac{Fb}{2l} x_2^2 - \frac{F}{2} (x_2 - a)^2 + C_2 \tag{c}$$

$$EIw_2(x_2) = \frac{Fb}{6l} x_2^3 - \frac{F}{6} (x_2 - a)^3 + C_2 x_2 + D_2 \tag{d}$$

注意在对 CB 段梁进行积分运算时，对含有 $(x-a)$ 的弯矩项不要展开，而以 $(x-a)$ 作为积分变量进行积分，这样可使下面确定积分常数的工作得到简化。

（3）确定积分常数

在上述积分过程中，出现四个积分常数 C_1、D_1 和 C_2、D_2，需用如下条件来确定。

在左、右两铰支座处的挠度均等于零，即

$$在 \ x_1 = 0 \ 处, w_1 = 0 \tag{1}$$

$$在 \ x_2 = l \ 处, w_2 = 0 \tag{2}$$

又知在两段挠曲线相连接的 C 截面，必须保持连续条件（两段在 C 截面处有相同的挠度）和光滑条件（两段挠曲线在 C 截面处有相同的转角），即

$$在 \ x_1 = x_2 = a \ 处, \quad w_1 = w_2 \tag{3}$$

$$在 \ x_1 = x_2 = a \ 处, \quad \theta_1 = \theta_2 \tag{4}$$

利用条件（4），将 $x_1 = a$ 代入式（a），将 $x_2 = a$ 代入式（c），并令其相等，即

$$\frac{Fb}{2l} a^2 + C_1 = \frac{Fb}{2l} a^2 + C_2$$

于是得

$$C_1 = C_2$$

利用条件(3),将 $x_1 = a$ 代入式(b),将 $x_2 = a$ 代入式(d),并令其相等,即

$$\frac{Fb}{6l}a^3 + C_1 a + D_1 = \frac{Fb}{6l}a^3 + C_2 a + D_2$$

考虑到 $C_1 = C_2$,故得

$$D_1 = D_2$$

将条件式(1)代入式(b),即在 $x_1 = 0$ 处,

$$EIw_1(x_1)\,|_{x_1=0} = D_1 = 0$$

于是求得　$D_1 = D_2 = 0$

将条件式(2)代入式(d),即在 $x_2 = l$ 处,

$$EIw_2(x_2)\,|_{x_2=l} = \frac{Fb}{6l}l^3 - \frac{F}{6}(l-a)^3 + C_2 l = 0$$

于是求得

$$C_1 = C_2 = -\frac{Fb}{6l}(l^2 - b^2)$$

(4) 确定转角方程和挠曲线方程

将定出的四个积分常数分别代入式(a)、(b)、(c)、(d),即可得出:

在 AC 段($0 \leqslant x_1 \leqslant a$),

$$EI\theta_1 = \frac{Fb}{2l}x_1^2 - \frac{Fb}{6l}(l^2 - b^2) = -\frac{Fb}{6l}(l^2 - 3x_1^2 - b^2) \tag{a'}$$

$$EIw_1 = \frac{Fb}{6l}x_1^3 - \frac{Fb}{6l}(l^2 - b^2)x_1 = -\frac{Fbx_1}{6l}(l^2 - x_1^2 - b^2) \tag{b'}$$

在 CB 段($a \leqslant x_2 \leqslant l$),

$$EI\theta_2 = \frac{Fb}{2l}x_2^2 - \frac{F}{2}(x_2 - a)^2 - \frac{Fb}{6l}(l^2 - b^2)$$

$$= -\frac{Fb}{6l}\left[(l^2 - b^2 - 3x_2^2) + \frac{3l}{b}(x_2 - a)^2\right] \tag{c'}$$

$$EIw_2 = \frac{Fb}{6l}x_2^3 - \frac{F}{6}(x_2 - a)^3 - \frac{Fb}{6l}(l^2 - b^2)x_2$$

$$= -\frac{Fb}{6l}\left[(l^2 - b^2 - x_2^2)x_2 + \frac{l}{b}(x_2 - a)^3\right] \tag{d'}$$

(5) 求 θ_{max} 和 w_{max}

由图 6-9 可以看出,θ_{max} 只可能发生在梁的 A 端或 B 端。

在 A 端,即 $x_1 = 0$ 处,

$$\theta_A = -\frac{Fb}{6lEI}(l^2 - b^2) = -\frac{Fab}{6lEI}(l+b)\text{(顺时针)} \tag{e}$$

在 B 端,即 $x_2 = l$ 处,

$$\theta_B = -\frac{Fb}{6lEI}\left[(l^2 - b^2 - 3l^2) + \frac{3l}{b}(l-a)^2\right] = \frac{Fab}{6lEI}(l+a)\text{(逆时针)} \tag{f}$$

在 $a > b$ 的情况下,最大转角可以判断为 θ_B,即

$$\theta_{max} = \theta_B = \frac{Fab}{6lEI}(l+a)$$

下面求梁的最大挠度 $w_{\max}$。

当 $\theta=\dfrac{\mathrm{d}w}{\mathrm{d}x}=0$ 时，w 为极值。所以应首先确定转角 θ 为零的截面位置。由式(e)知，θ_A 为负值；由式(f)知，θ_B 为正值。而在 $a>b$ 的情况下，若令 $x_1=a$，代入式(a')求得

$$\theta_C=\frac{Fab}{3EIl}(a-b)>0$$

可见从截面 A 到截面 C，转角由负变正，改变了符号。考虑到挠曲线为光滑连续曲线，可以断定 $\theta=0$ 的截面必在 AC 段内，于是令

$$\theta_1=0$$

求得极值点的坐标为

$$x_0=\sqrt{\frac{l^2-b^2}{3}}$$

即当 $x_1=x_0$ 时，该截面上有最大挠度 $w_{\max}$，将 x_0 代入式(b')，即可求得

$$w_{\max}=-\frac{Fb}{9\sqrt{3}\,EIl}\sqrt{(l^2-b^2)^3}\quad(\downarrow)\tag{g}$$

(6) 讨论

当集中力 F 的作用点 C 越靠近支座 B(图 6-9(c))，即 b 值越小时，极值点 x_0 就越趋近于 B 点，在极限情况下，即 $b\to0$ 时，

$$x_0=\frac{l}{\sqrt{3}}\approx0.577l$$

也就是说，在此情况下，最大挠度所在截面仍然在跨度中点附近。由式(b')可求得梁的中点挠度

$$w\mid_{x=\frac{l}{2}}=-\frac{Fb}{48EI}(3l^2-4b^2)\tag{h}$$

比较式(g)和(h)，并令 $b\to0$，则

$$\frac{w_{\max}}{w_{x=\frac{l}{2}}}\Big|_{b\to0}=\frac{16\sqrt{3}\sqrt{(l^2-b^2)^3}}{9l(3l^2-4b^2)}\Big|_{b\to0}\approx1.03$$

由此可见，在集中力无限靠近支座时，梁的中点挠度仍与最大挠度非常接近，相差不到 3%。因此，在工程上，当简支梁的挠曲线没有拐点时，常用其跨度中点的挠度代替最大挠度，既可简化计算，又能保证结果足够精确。

当集中力 F 作用于梁跨中点时，即 $a=b=\dfrac{l}{2}$，梁的最大转角和最大挠度分别为

$$\theta_{\max}=\pm\frac{Fl^2}{16EI}$$

$$w_{\max}=-\frac{Fl^3}{48EI}$$

注意到在上例计算中，遵循了两个规则：①对各段梁，都是对从同一坐标原点到截面之间的梁段上的外力列出弯矩方程，所以后一段梁的弯矩方程中包括前一梁段的弯矩方程和新增的 $(x-a)$ 项；②对 $(x-a)$ 项进行积分时，以 $(x-a)$ 作为积分变量。于是，由挠曲线在 $(x-a)$ 处的光滑、连续条件，就能容易得到两段梁上相应的积分常数分别相等的结果。对

于弯矩方程需分为任意几段的情形,只要遵循上述规则,同样可以得到各段梁上相应的积分常数分别相等的结论,从而简化确定积分常数的工作。

6.4 用叠加法求弯曲变形

积分法是求梁弯曲变形的基本方法,其优点是能求得转角和挠度的普遍方程。但是当梁上载荷复杂而且只需求某些特定截面的挠度和转角时,积分法就显得过于繁琐。在此情况下,用叠加原理求梁的变形要方便得多。

在4.5节中,我们已对叠加原理(力的独立作用原理)作过介绍。由于梁的变形很小,且梁的材料在线弹性范围内工作,因而梁的挠度和转角均与作用在梁上的载荷成线性关系。所以可以用叠加原理计算梁的变形,即当梁上同时作用有几个载荷时,在梁上任一截面处所引起的位移(转角和挠度)等于各载荷单独作用时在该截面引起的位移(转角和挠度)的代数和。

在工程实际中,往往需要计算梁在几项载荷同时作用下的最大挠度和最大转角。若已知梁在每个载荷单独作用下的挠度和转角(参见表6-1),则按叠加原理来计算梁的最大挠度和最大转角是非常方便的。

【例 6-4】 简支梁承受载荷如图 6-10(a)所示,试用叠加法求梁跨中点的挠度 w_C 和支座处截面的转角 θ_A 和 θ_B。

解:梁上载荷可以分为三项简单的载荷,如图 6-10(b)、(c)、(d)所示。由表 6-1 中查出三个载荷单独作用时梁的相应位移值,然后根据叠加原理,C 点的挠度应等于集中力 F、均布载荷 q 和集中力偶 M_e 分别单独作用时在 C 点引起的挠度的代数和。同理,A、B 截面的转角亦应为 F、q 和 M_e 分别作用时在 A、B 截面引起转角的代数和。于是得 C 点的总挠度为

$$w_C = w_{CF} + w_{Cq} + w_{CM_e}$$

$$= \frac{Fl^3}{48EI} - \frac{5ql^4}{384EI} - \frac{M_el^2}{16EI}$$

A、B 截面的总转角分别为

$$\theta_A = \theta_{AF} + \theta_{Aq} + \theta_{AM_e}$$

$$= \frac{Fl^2}{16EI} - \frac{ql^3}{24EI} - \frac{M_el}{3EI}$$

$$\theta_B = \theta_{BF} + \theta_{Bq} + \theta_{BM_e}$$

$$= -\frac{Fl^2}{16EI} + \frac{ql^3}{24EI} + \frac{M_el}{6EI}$$

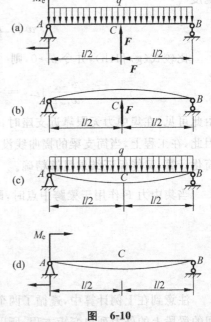

图 6-10

注意:查表 6-1 时,要根据外力的实际方向来确定位移的正负,切忌盲目照抄书上公式及结果。

表 6-1 梁在简单载荷作用下的变形

序号	梁的简图	挠曲线方程	端截面转角	最大挠度
1		$w=-\dfrac{M_e x^2}{2EI}$	$\theta_B=-\dfrac{M_e l}{EI}$	$w_B=-\dfrac{M_e l^2}{2EI}$
2		$w=-\dfrac{Fx^2}{6EI}(3l-x)$	$\theta_B=-\dfrac{Fl^2}{2EI}$	$w_B=-\dfrac{Fl^3}{3EI}$
3		$w=-\dfrac{Fx^2}{6EI}(3a-x),$ $(0\leqslant x\leqslant a)$ $w=-\dfrac{Fa^2}{6EI}(3x-a),$ $(a\leqslant x\leqslant l)$	$\theta_B=-\dfrac{Fa^2}{2EI}$	$w_B=-\dfrac{Fa^2}{6EI}(3l-a)$
4		$w=-\dfrac{qx^2}{24EI}(x^2-4lx+6l^2)$	$\theta_B=-\dfrac{ql^3}{6EI}$	$w_B=-\dfrac{ql^4}{8EI}$
5		$w=-\dfrac{M_e x}{6EIl}(l-x)(2l-x)$	$\theta_A=-\dfrac{M_e l}{3EI}$ $\theta_B=\dfrac{M_e l}{6EI}$	$x=\left(1-\dfrac{1}{\sqrt{3}}\right)l,$ $w_{\max}=-\dfrac{M_e l^2}{9\sqrt{3}EI}$ $x=\dfrac{l}{2},w_{\frac{l}{2}}=-\dfrac{M_e l^2}{16EI}$
6		$w=-\dfrac{M_e x}{6EIl}(l^2-x^2)$	$\theta_A=-\dfrac{M_e l}{6EI}$ $\theta_B=\dfrac{M_e l}{3EI}$	$x=\dfrac{l}{\sqrt{3}}$ $w_{\max}=-\dfrac{M_e l^2}{9\sqrt{3}EI}$ $x=\dfrac{l}{2},w_{\frac{l}{2}}=-\dfrac{M_e l^2}{16EI}$
7		$w=\dfrac{M_e x}{6EIl}(l^2-3b^2-x^2),$ $(0\leqslant x\leqslant a)$ $w=\dfrac{M_e}{6EIl}[-x^3+3l(x-a)^2+(l^2-3b^2)x],$ $(a\leqslant x\leqslant l)$	$\theta_A=\dfrac{M_e}{6EIl}(l^2-3b^2)$ $\theta_B=\dfrac{M_e}{6EIl}(l^2-3a^2)$	
8		$w=-\dfrac{Fx}{48EI}(3l^2-4x^2),$ $\left(0\leqslant x\leqslant\dfrac{l}{2}\right)$	$\theta_A=-\theta_B=-\dfrac{Fl^2}{16EI}$	$w_{\max}=-\dfrac{Fl^3}{48EI}$

续表

序号	梁的简图	挠曲线方程	端截面转角	最大挠度
9	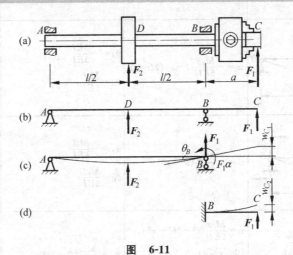 A F θ B θ_A θ_B a b l	$w=-\dfrac{Fbx}{6EIl}(l^2-x^2-b^2),$ $(0\leqslant x\leqslant a)$ $w=-\dfrac{Fb}{6EIl}\left[\dfrac{l}{b}(x-a)^3+\right.$ $\left.(l^2-b^2)x-x^3\right],$ $(a\leqslant x\leqslant l)$	$\theta_A=-\dfrac{Fab(l+b)}{6EIl}$ $\theta_B=\dfrac{Fab(l+a)}{6EIl}$	设 $a>b$，在 $x=$ $\sqrt{\dfrac{l^2-b^2}{3}}$ 处， $w_{max}=-\dfrac{Fb(l^2-b^2)^{3/2}}{9\sqrt{3}EIl}$ 在 $x=\dfrac{l}{2}$ 处， $w_{\frac{l}{2}}=-\dfrac{Fb(3l^2-4b^2)}{48EI}$
10	A q w_{max} B θ_A θ_B $l/2$ $l/2$	$w=-\dfrac{qx}{24EI}(l^3-2lx^2+$ $x^3)$	$\theta_A=-\theta_B=-\dfrac{ql^3}{24EI}$	$w_{max}=-\dfrac{5ql^4}{384EI}$

【例 6-5】 车床主轴的计算简图可简化为外伸梁，如图 6-11(a)和(b)所示。其中，F_1 为切削力，F_2 为齿轮传动力。若近似地把外伸梁看成等截面梁，试求截面 B 的转角和端点 C 的挠度。

图　6-11

解：表 6-1 中给出的是简支梁或悬臂梁的挠度和转角，为此，将这外伸梁沿截面 B 截开，看成是一简支梁和一悬臂梁。显然，在两段梁的截面 B 上应加上互相作用的力 F_1 和力偶矩 $M=F_1a$。简支梁 AB 上的三个载荷中，集中力 F_1 直接作用在支座处，不会使梁产生弯曲变形；由表 6-1 可分别查出由 F_2 和 M 所引起的截面 B 的转角为

$$(\theta_B)_M=\frac{Ml}{3EI}=\frac{F_1al}{3EI}（逆时针）$$

$$(\theta_B)_{F_2}=-\frac{F_2l^2}{16EI}（顺时针）$$

右边的负号表示截面 B 因 F_2 引起的转角是顺时针的。

利用叠加原理,得 M 和 F_2 共同作用下截面 B 的转角为

$$\theta_B = \frac{F_1 a l}{3EI} - \frac{F_2 l^2}{16EI}$$

这也就是图 6-11(b)中外伸梁在截面 B 的转角。单独由这一转角引起 C 点的挠度为

$$w_{C_1} = a\theta_B = \frac{F_1 a^2 l}{3EI} - \frac{F_2 a l^2}{16EI}$$

BC 段作为悬臂梁在 F_1 作用下引起 C 点的挠度为

$$w_{C_2} = \frac{F_1 a^3}{3EI} \quad (\uparrow)$$

原外伸梁 AC 的 C 端挠度可看成是由于截面 B 的转动,带动 BC 段作刚体转动,从而使 C 端产生挠度 w_{C_1}(图 6-11(c))和由 BC 段本身弯曲变形引起的挠度即为悬臂梁的挠度 w_{C_2}(图 6-11(d))两部分叠加而成的。因此,C 端的总挠度为

$$w_C = w_{C_1} + w_{C_2} = \frac{F_1 a^2}{3EI}(a + l) - \frac{F_2 a l^2}{16EI}$$

本题所采用的分析方法其要点是:首先分别计算各梁段的变形在需求位移处所引起的位移,然后进行叠加,即得需求之位移。在分析各梁段的变形在需求位移处引起的位移时,除所研究的梁段外,其余各梁段均视为刚体。这种计算梁位移的方法称为**逐段刚化法**或**变形叠加法**。在外伸梁及变截面梁的变形计算中经常采用。而例 6-4 采用的方法就称为**载荷叠加法**。

载荷叠加法与变形叠加法有其共同点,即都是综合应用已有的计算结果进行叠加求得位移。不同的是,前者是分解载荷,后者是分解梁;前者的理论基础是力作用的独立性原理,而后者的根据则是梁段局部变形与梁总体位移间的几何关系。但是,由于在实际求解时常常将两种方法联合应用,所以习惯上又将二者统称为叠加法。

【例 6-6】 变截面悬臂梁如图 6-12(a)所示。在自由端 C 处作用有集中力 F,已知 $I_1 = 2I_2 = 2I$,$l_1 = l_2 = l$。试求 C 截面的转角 θ_C、挠度 w_C。

解:由于悬臂梁 ABC 中 AB 段和 BC 段的惯性矩不同,故采用逐段刚化法,分段计算变形,以求出 C 截面的转角和挠度。

(1)令 AB 刚化,只考虑 BC 段的变形。这样,BC 段相当于一个 B 截面固定的悬臂梁(图 6-12(b))。由表 6-1 中查得,C 截面的转角和挠度分别为

$$\theta_{C_1} = -\frac{F l_2^2}{2EI_2} \text{(顺时针)}, \quad w_{C_1} = -\frac{F l_2^3}{3EI_2}(\downarrow)$$

将 $l_2 = l$,$I_2 = I$ 代入上式,即得

$$\theta_{C_1} = -\frac{F l^2}{2EI} \text{(顺时针)}, \quad w_{C_1} = -\frac{F l^3}{3EI} \quad (\downarrow)$$

(2)令 BC 刚化,只考虑 AB 段的变形。此时,杆件相当于 A 端固定的悬臂梁

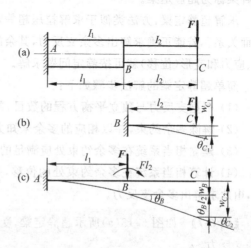

图 6-12

AB,在 B 点作用有集中力 F 及力偶 $M_e = Fl_2$,同时 B 端右侧空挑着一段刚性杆 BC。AB 段的变形在 C 点引起的位移如图 6-12(c) 所示。于是由表 6-1 中分别查得由 F 和 M_e 引起的 B 截面的转角和挠度,进行叠加后分别为

$$\theta_B = -\frac{(Fl_2)l_1}{EI_1} - \frac{Fl_1^2}{2EI_1} \text{(顺时针)}$$

$$w_B = -\frac{(Fl_2)l_1^2}{2EI_1} - \frac{Fl_1^3}{3EI_1} \quad (\downarrow)$$

由于梁的 AB 段和 BC 段的挠曲线在 B 点光滑连续,当 AB 变形时,BC 即随之倾斜,但仍保持为一直线,因此,AB 段变形在 C 截面所引起的转角为

$$\theta_{C_2} = \theta_B = -\frac{(Fl_2)l_1}{EI_1} - \frac{Fl_1^2}{2EI_1} \text{(顺时针)}$$

在 C 点引起的挠度为

$$w_{C_2} = w_B + \theta_B l_2 = -\frac{(Fl_2)l_1^2}{2EI_1} - \frac{Fl_1^3}{3EI_1} + \left[-\frac{(Fl_2)l_1}{EI_1} - \frac{Fl_1^2}{2EI_1} \right]l_2 \quad (\downarrow)$$

将 $I_1 = 2I$,$l_1 = l_2 = l$ 代入上式,化简即得

$$\theta_{C_2} = -\frac{3Fl^2}{4EI} \text{(顺时针)}, \quad w_{C_2} = -\frac{7Fl^3}{6EI} \quad (\downarrow)$$

(3) 求 θ_C 和 f_C

$$\theta_C = \theta_{C_1} + \theta_{C_2} = -\frac{Fl^2}{2EI} - \frac{3Fl^2}{4EI} = -\frac{5Fl^2}{4EI} \quad \text{(顺时针)}$$

$$w_C = w_{C_1} + w_{C_2} = -\frac{Fl^3}{3EI} - \frac{7Fl^3}{6EI} = -\frac{3Fl^3}{2EI} \quad (\downarrow)$$

6.5　简单超静定梁

梁的支反力个数超过独立平衡方程的个数时,仅靠平衡方程不能求解出全部的支反力,这种梁称为超静定梁。

求解超静定梁,方法类似于求解拉压超静定问题,同样是综合运用静力、几何、物理三个方面关系。若能正确求解出多余支反力,其余的支反力就可以由平衡方程得到,那么梁的内力、应力和变形(位移)就可按静定问题求解。

简单超静定梁的解法步骤如下:

(1) 根据支反力与独立平衡方程的数目,判断超静定梁的次数;

(2) 解除多余约束,并以相应的多余未知力代替其作用,得到原超静定梁的相当系统;

(3) 建立相当系统在多余约束处应满足的变形条件,即建立变形协调条件;

(4) 计算相当系统在多余约束处的位移,并根据相应的变形协调条件建立变形补充方程,由此求解出多余支反力。

【例 6-7】　如图 6-13(a) 所示超静定梁,受到力 F 作用,已知梁的抗弯刚度为 EI,求梁的支反力。

解：这是一个一次超静定问题。

　　首先将梁的 B 支座视为"多余"约束,并将该支座去掉,代之以相应的约束反力 F_B(称为多余未知力),于是得到一个形式上为承受外载荷 F 与多余未知力 F_B 作用的静定悬臂梁(图 6-13(b)),此结构称为原超静定梁的相当系统。

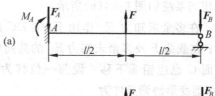

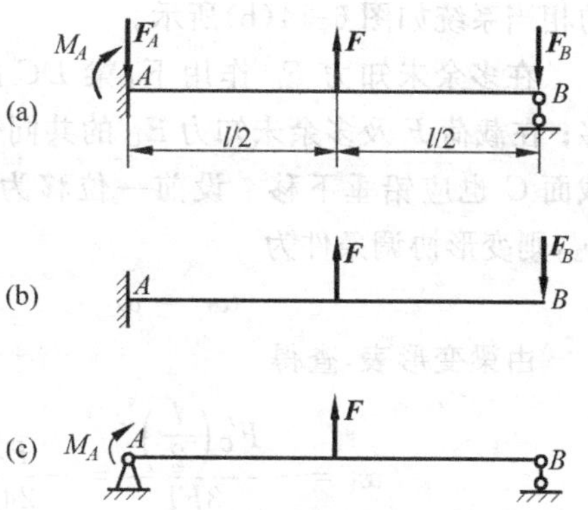

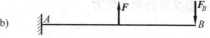

　　相当系统在载荷 F 与多余未知力 F_B 的共同作用下发生变形,其变形应完全等同于原超静定梁,即多余约束处的位移必须满足原超静定梁在该处的约束条件,这就是变形协调条件,即

$$w_B = 0 \qquad\qquad (a)$$

　　利用叠加法,可求得相当系统 B 截面处的挠度

图 6-13

$$w_B = w_{BF} + w_{BF_B} = \frac{5Fl^3}{48EI} - \frac{F_B l^3}{3EI} \qquad (b)$$

将上述物理关系式(b)代入式(a),得补充方程为

$$\frac{5Fl^3}{48EI} - \frac{F_B l^3}{3EI} = 0 \qquad (c)$$

由式(c)得

$$F_B = \frac{5}{16}F$$

所得结果为正,说明所设支反力 F_B 的方向正确。

　　多余支反力确定后,由平衡方程 $\sum M_A = 0$ 与 $\sum F_y = 0$,即可得固定端处的支反力与支反力偶矩分别为

$$F_A = \frac{11}{16}F, \quad M_A = \frac{3}{16}Fl$$

　　这种利用相当系统的变形满足原超静定梁的约束条件求解多余未知力的方法称为**变形比较法**。

　　应该指出,只要不是限制梁刚体位移所必需的约束,均可视为多余约束。因此,对于图 6-13(a)所示超静定梁,也可将其固定端处限制截面 A 转动的约束当作多余约束。于是,如果将该约束解除,并以支反力偶矩 M_A 代替其作用,则原超静定梁的相当系统如图 6-13(c)所示,而相应的变形协调条件为

$$\theta_A = 0$$

由此求得的支反力与支反力偶矩与上述解答完全相同,建议读者自行验证。

　　【例 6-8】　一悬臂梁 AB,承受集中载荷 F 作用,因其刚度不够,用一短梁加固如图 6-14(a)所示。试计算梁 AB 的最大挠度的减少量。设二梁的抗弯刚度均为 EI。

　　解:(1)求解超静定梁

　　梁 DC 为静定梁,而梁 AB 由于在截面 C 处用铰链相连即增加一约束,因而属于一次超静定梁,需要建立一个补充方程才能求解。

　　选择铰链 C 作为多余约束予以解除,并以相应的多余未知力 F_C 代替其作用,则原结构

的相当系统如图 6-14(b)所示。

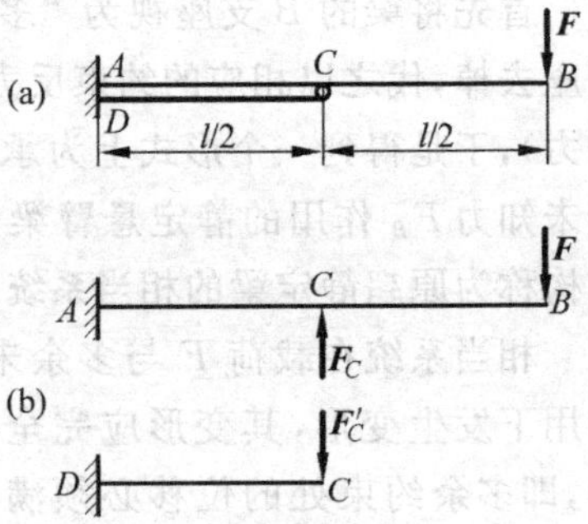

在多余未知力 F_C 作用下,梁 DC 的截面 C 铅垂下移;在载荷 F 及多余未知力 F_C 的共同作用下,梁 AB 的截面 C 也应铅垂下移。设前一位移为 w_1,后一位移为 w_2,则变形协调条件为

$$w_1 = w_2 \tag{a}$$

由梁变形表,查得

$$w_1 = -\frac{F'_C\left(\frac{l}{2}\right)^3}{3EI} = -\frac{F_C l^3}{24EI} \tag{b}$$

根据梁变形表并利用叠加法,得

$$w_2 = \frac{(2F_C - 5F)l^3}{48EI} \tag{c}$$

图 6-14

将式(b)、(c)代入式(a)得补充方程为

$$-\frac{F_C l^3}{24EI} = \frac{(2F_C - 5F)l^3}{48EI}$$

由此得

$$F_C = \frac{5}{4}F$$

(2) 刚度比较

在梁 AB 未加固前,其最大挠度即端点 B 截面的挠度为

$$\Delta = -\frac{Fl^3}{3EI}$$

加固后,该截面的挠度变为

$$\Delta' = \frac{5F_C l^3}{48EI} - \frac{Fl^3}{3EI} = -\frac{39Fl^3}{192EI}$$

由此可见,梁 AB 的最大挠度显著减小,后者的挠度约为前者挠度的 61%。

结论:用一短梁加固后的悬臂梁的刚度可有较大幅度的增加。

6.6 梁的刚度校核 提高弯曲刚度的措施

6.6.1 梁的刚度校核

工程上,对于弯曲构件,不仅要满足强度条件,还经常需要满足刚度要求,对其弯曲变形加以限制。所以在用强度要求设计梁的截面尺寸后,还需对其进行刚度校核,其刚度条件为

$$w_{max} \leqslant [w] \tag{6-9}$$

$$\theta_{max} \leqslant [\theta] \tag{6-10}$$

即要求梁的最大挠度与最大转角分别不超过各自的许可值。式中,$[w]$ 为许可挠度,$[\theta]$ 为许可转角。它们的数值与梁的工作条件有关,可从有关设计规范或手册中查得。例如:

普通车床主轴 $[w] = (0.0001 \sim 0.0005)l, [\theta] = (0.001 \sim 0.005)\text{rad}$

起重机大梁　$[w] = (0.001 \sim 0.005)l$

发动机凸轮轴　$[w] = (0.05 \sim 0.06)\text{mm}$

【例 6-9】　一台起重量为 50kN 的桥式起重机(图 6-15(a)),由 45a 工字钢制成。已知电动葫芦重 5kN,吊车梁跨度 $l = 9.2\text{m}$,许可挠度 $[w] = \dfrac{l}{500}$,材料的许用应力 $[\sigma] = 140\text{MPa}$,弹性模量 $E = 210\text{GPa}$,试校核此吊车梁的强度、刚度。

解:将吊车梁简化为如图 6-15(b)所示的简支梁。梁的自重视为一均布载荷,其集度为 q;电动葫芦的轮压近似地视为一集中力 F。由于载荷是移动的,须考虑危险工作情况,当电动葫芦行至梁跨中点 C 处时,梁内的正应力最大,产生的挠度也最大。

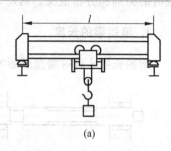

(a)

(1) 校核正应力强度

首先,由型钢表查得 45a 工字钢的自重 q、惯性矩 I、抗弯截面系数 W 分别为

$$q = 80.4 \times 9.8 = 787.92(\text{N/m})$$

$$I = 32\,240\text{cm}^4$$

$$W = 1430\text{cm}^3$$

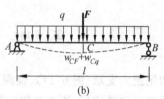

(b)

其次,绘 M 图(见图 6-15(c)),最大弯矩值为

$$M_{\max} = \frac{Fl}{4} + \frac{ql^2}{8} = \frac{55 \times 10^3 \times 9.2}{4} + \frac{787.92 \times 9.2^2}{8}$$

$$= 134.84 \times 10^3(\text{N} \cdot \text{m}) = 134.84(\text{kN} \cdot \text{m})$$

其中

$$F = 50 + 5 = 55(\text{kN})$$

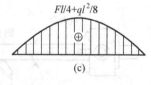

(c)

图 6-15

最后,按正应力强度校核:

$$\sigma_{\max} = \frac{M_{\max}}{W} = \frac{134.84 \times 10^3}{1430 \times 10^{-6}} = 94.29 \times 10^6(\text{Pa}) = 94.29(\text{MPa}) < [\sigma]$$

可知满足强度要求。

(2) 校核刚度

首先,由叠加法求得由集中力 F 和均布力 q 而引起的最大挠度(图 6-15(b))为

$$|w|_{\max} = |w_{CF} + w_{Cq}| = \frac{Fl^3}{48EI} + \frac{5ql^4}{384EI}$$

$$= \frac{55 \times 10^3 \times 9.2^3}{48 \times 210 \times 10^9 \times 322\,40 \times 10^{-8}} + \frac{5 \times 787.92 \times 9.2^4}{384 \times 210 \times 10^9 \times 322\,40 \times 10^{-8}}$$

$$= 0.013\,16 + 0.0011 = 0.014\,26(\text{m}) = 1.426(\text{cm})$$

其次,计算吊车梁的许可挠度为

$$[w] = \frac{l}{500} = \frac{9.2 \times 10^2}{500} = 1.84(\text{cm})$$

由刚度条件

$$|w|_{\max} = 1.426\text{cm} < [w]$$

可知,梁满足刚度条件。

6.6.2 提高梁弯曲刚度的措施

综合以上讨论弯曲变形的结果,可知挠度和转角可统一地表示为如下形式:

$$位移 = \frac{载荷}{系数} \cdot \frac{l^n}{EI}$$

该式说明,影响位移(挠度、转角)的主要因素有三个:梁的长度 l、抗弯刚度 EI 和梁上作用载荷的类别和分布情况。因此,为提高梁的弯曲刚度,相应地从以下三个方面采取措施。

1. 缩短梁的长度

梁的长度 l 对弯曲变形影响最大。因为转角和挠度与跨度的二次方、三次方甚至四次

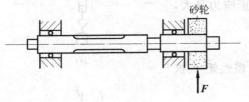

图 6-16

方成正比,所以梁跨度的微小改变将引起弯曲变形的显著变化。因此缩短梁的长度是提高梁的弯曲刚度的重要措施。例如车床上的皮带轮、磨床上的砂轮(图 6-16)应尽量靠近支座,以缩短外伸臂的长度。

当梁的长度不能减小时,可以增加支承(约束)来提高梁的刚度。例如车细长零件时加尾顶尖支承(图 6-17)、镗深孔时在镗刀杆上装木垫块(图 6-18)都是增加梁的支承点。但采取这种措施后,原来的静定梁就变成为超静定梁。

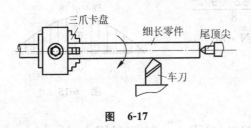

图 6-17　　　　　　　　图 6-18

2. 增大抗弯刚度

抗弯刚度 EI 与梁的变形成反比。因此,增加抗弯刚度可以减小梁的变形。但注意到各种钢材(包括各种普遍碳素钢、优质合金钢)的弹性模量 E 的数值相差很小,故通过调换优质钢材来提高梁的抗弯刚度意义不大。因此,主要是增大截面的惯性矩来提高梁的抗弯刚度。即选用合理截面,尽可能以较小的截面面积取得较大的惯性矩。例如,自行车架由圆管焊接而成,不仅增加了车架的强度,也提高了车架的弯曲刚度;又如各种机床的床身、立柱(图 6-19)多采用空心薄壁截面等。

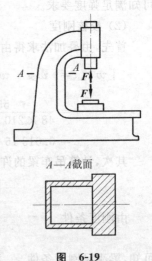

A—A截面

图 6-19

3. 调整加载方式

通过调整加载方式,改善结构设计,来降低梁弯矩值的同时也可提高梁的弯曲刚度。例如图 6-20(a)所示的跨中受集中力作

用的简支梁,将集中力改为分散在两处或均布在全梁施加可提高梁的强度,并可减小变形(图
6-20(b)、(c))。移动支座位置也将对梁的强度和刚度产生影响。将简支梁的支座互相靠近至
适当位置(图 6-20(d))可使梁的变形明显减小。例如工程上常见的高压容器或龙门吊车大
梁的支承(图 6-21)就采用类似措施,以提高其抗弯刚度。

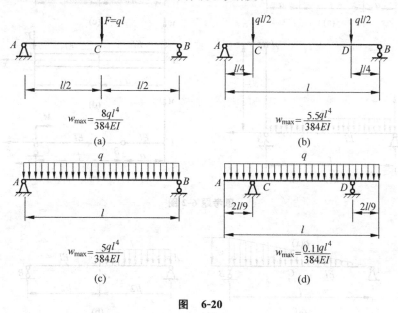

图　6-20

此外,在设计制造时,针对具体情况还会采取一些其他措施来满足弯曲构件的刚度要
求。例如对容易产生向下挠度的受弯构件采用预加反挠度的方法,如图 6-22 所示的天车
梁,一般在制造时要求有上拱度 $w = \dfrac{l}{700} \sim \dfrac{l}{500}$。

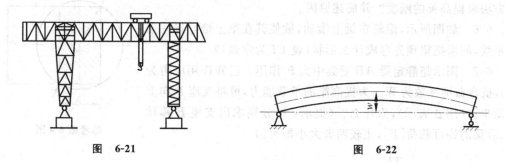

图　6-21

图　6-22

思考题

6-1　如何画出挠曲线的大致形状? 根据是什么? 如何判断挠曲线的凹、凸性与拐点
的位置?

6-2　写出下列各梁的边界条件及连续条件。

6-3　试用叠加法迅速算出图示梁中点的挠度。

6-4　欲在直径为 d 的圆木中(见图)锯出弯曲刚度为最大的矩形截面梁,试求截面高

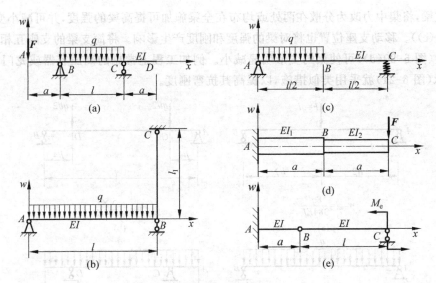

思考题 6-2 图

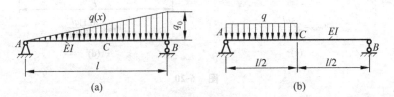

思考题 6-3 图

度 h 与宽度 b 的合理比值。

6-5　钢梁受载后挠度超过了许用值，可否用更换优质钢材的方法来提高梁的刚度？并简述原因。

6-6　如图所示，滚轮在梁上滚动，欲使其在梁上恰好走一条水平线，问需把梁预先弯成什么形状（设 EI 为常量）？

6-7　图示超静定梁 AB 受集中力 F 作用。已知许用应力为 $[\sigma]$，抗弯截面系数为 W。为提高梁的承载能力，可将支座 B 向上移动少许（用 Δ 表示），为什么？（提示：可分别求出支座 B 移动前、后梁的许可载荷 $[F]$，比较两者大小即可。）

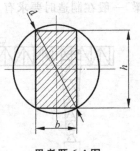

思考题 6-4 图

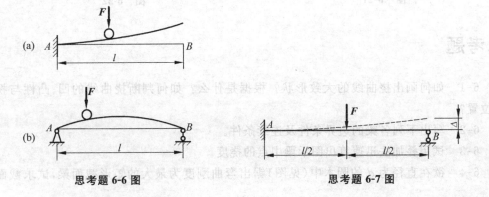

思考题 6-6 图　　　　　　　　　　思考题 6-7 图

习题

6-1　写出下列各梁的边界条件,并根据弯矩图和支座情况画出挠度曲线的大致形状。

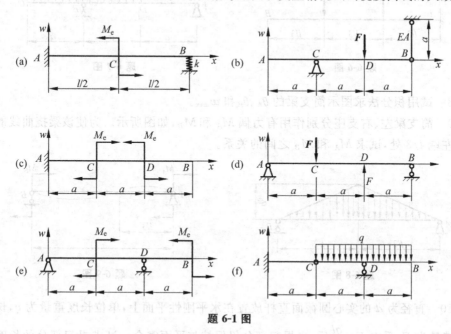

题 6-1 图

6-2　用积分法求下列各梁的挠曲线方程和最大挠度。设梁的抗弯刚度 EI 为已知。

6-3　外伸梁承受均布载荷如图所示,试用积分法求 θ_A、θ_B,并求 w_D、w_C。

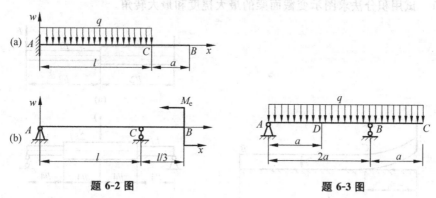

题 6-2 图　　　　　　　　　　题 6-3 图

6-4　试用积分法求图示外伸梁的 θ_A、θ_B 及 w_A、w_D。

6-5　外伸梁如图所示,试用积分法求 w_A、w_C 和 w_E。

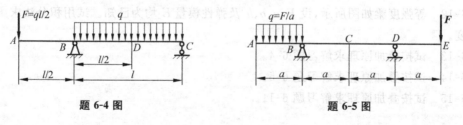

题 6-4 图　　　　　　　　　　题 6-5 图

6-6　试用积分法求图示悬臂梁 B 端的挠度 w_B。

6-7　试用积分法求图示外伸梁的 θ_A 和 w_C。

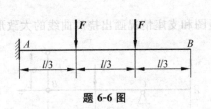

题 6-6 图

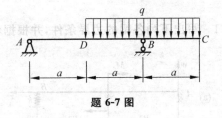

题 6-7 图

6-8　试用积分法求图示简支梁的 θ_A、θ_B 和 $w_{\max}$。

6-9　简支梁左、右支座分别作用有力偶 M_A 和 M_B，如图所示。为使该梁挠曲线的拐点位于距左端 $l/3$ 处，试求 M_A 和 M_B 之间的关系。

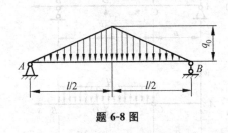

题 6-8 图

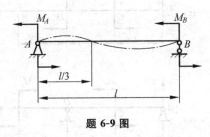

题 6-9 图

6-10　直径为 d 的实心圆截面直杆放置在水平刚性平面上，单位长度重量为 q，长度为 l，弹性模量为 E，受力 $F=\dfrac{ql}{4}$ 后，未提起部分仍保持与平面密合。试求提起部分的长度 a 和提起的高度 w_A。

6-11　试用积分法求图示变截面梁的最大挠度和最大转角。

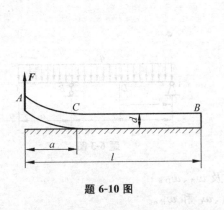

题 6-10 图

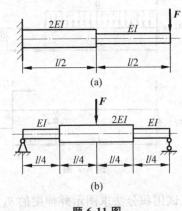

题 6-11 图

6-12　等强度梁如图所示，设 F、a、b、h 及弹性模量 E 均为已知。试用积分法求梁的最大挠度。

6-13　试按叠加原理求解习题 6-4。

6-14　试按叠加原理求解习题 6-5。

6-15　试按叠加原理求解习题 6-11。

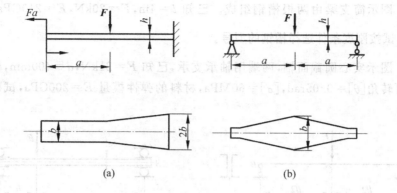

题 6-12 图

6-16　用叠加法求图示各梁截面 A 的挠度和截面 B 的转角。已知 EI 为常量。

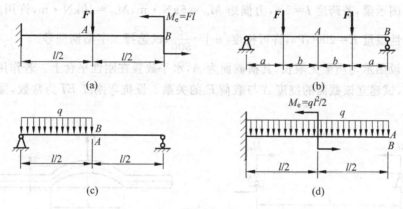

题 6-16 图

6-17　直角拐 AB 与 AC 刚性连接，A 处为一轴承，允许 AC 轴的端截面在轴承内自由转动，但 A 处不能上、下移动。已知 $F=60\text{N}$，$E=210\text{GPa}$，$G=0.4E$。试求截面 B 的垂直位移。

6-18　图示木梁的右端由钢拉杆支承。已知梁的横截面为边长等于 0.20m 的正方形，$q=40\text{kN/m}$，$E_1=10\text{GPa}$；钢拉杆的横截面面积 $A_2=250\text{mm}^2$，$E_2=210\text{GPa}$。试求拉杆的伸长量 Δl 及梁中点沿铅垂方向的位移 Δ。

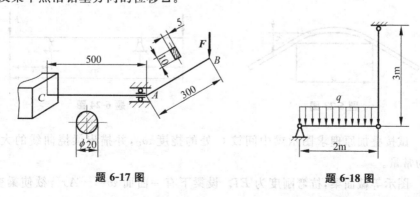

题 6-17 图　　　　　　　　　　　题 6-18 图

6-19　图示简支梁由两根槽钢组成。已知 $l=4\text{m}$，$F=20\text{kN}$，$E=210\text{GPa}$，许可挠度 $[w]=\dfrac{l}{400}$，试按刚度条件选择槽钢的型号。

6-20　图示实心圆截面轴，两端用轴承支承，已知 $F=21\text{kN}$，$a=400\text{mm}$，$b=200\text{mm}$。轴承的许可转角 $[\theta]=0.05\text{rad}$，$[\sigma]=60\text{MPa}$，材料的弹性模量 $E=200\text{GPa}$，试确定轴的直径 d。

题 6-19 图　　　　　　　　　　题 6-20 图

6-21　图示梁，若跨度 $l=5\text{m}$，力偶矩 $M_{e1}=5\text{kN}\cdot\text{m}$，$M_{e2}=10\text{kN}\cdot\text{m}$，许用应力 $[\sigma]=160\text{MPa}$，弹性模量 $E=200\text{GPa}$，许可挠度 $[w]=\dfrac{l}{500}$，试选择工字型钢型号。

6-22　设图示匀质梁无限长，其横截面为 A，水平放置在刚性平台上。若作用一铅垂向上的载荷 F，试建立该截面的挠度 Δ 与载荷 F 的关系。设抗弯刚度 EI 为常数，梁单位长度的重量为 q。

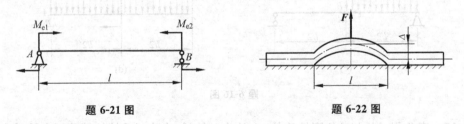

题 6-21 图　　　　　　　　　　题 6-22 图

6-23　总重量为 W、长度为 $3a$ 的钢筋，对称地放置于宽为 a 的刚性平台上，如图所示。试求钢筋与平台间的最大间隙 δ。设 $EI=$ 常量。

6-24　图示外伸梁，两端承受载荷 F 作用，抗弯刚度 EI 为常数。试问：

（1）当 x/l 为何值时，梁跨度中点的挠度与自由端的挠度数值相等？

（2）当 x/l 为何值时，梁跨度中点的挠度最大？

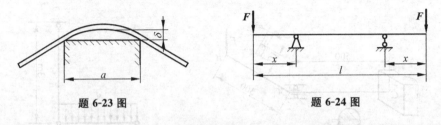

题 6-23 图　　　　　　　　　　题 6-24 图

6-25　试按叠加原理求图示梁中间铰 C 处的挠度 w_C，并描出梁挠曲线的大致形状。已知 EI 为常量。

6-26　图示等截面梁，抗弯刚度为 EI。设梁下有一曲面 $w=-Ax^3$，欲使梁变形后恰好与该曲面密合，且曲面不受压力，试问梁上应加什么载荷？并确定载荷的大小和方向。

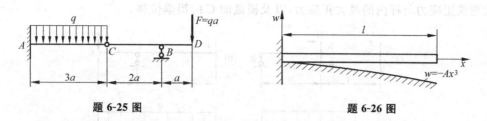

题 6-25 图   题 6-26 图

6-27 求图示简单刚架自由端 C 的水平位移和垂直位移。设 EI 为常数。

解：设想把刚架沿截面 B 分成两部分。在水平杆 AB 的截面 B 上(图 b)有轴力 $F_N = F$ 和弯矩 $M = Fa$。省略轴力对截面 B 位移的影响，首先由表 6-1 查得在 M 作用下，截面 B 的挠度(垂直位移)和转角分别为

$$w_B = -\frac{Fal^2}{2EI}, \quad \theta_B = -\frac{Fal}{EI}$$

其次把 BC 杆作为上端固定的悬臂梁(图 c)，截面 C 的水平位移为

$$(w_C)_{H1} = -\frac{Fa^3}{3EI}$$

最后，把原刚架的 BC 杆看作是整体向下移动了 w_B 且转动了 θ_B 的悬臂梁。这就求得 C 的垂直和水平位移分别为

$$(w_C)_v = w_B = -\frac{Fal^2}{2EI}$$

$$(w_C)_H = (w_C)_{H1} + a\theta_B = -\frac{Fa^3}{3EI} - \frac{Fa^2l}{EI}$$

6-28 如图所示等截面刚架，自由端承受集中载荷 F 作用，试求自由端的铅垂位移。设抗弯刚度 EI 与抗扭刚度 GI_p 均为已知常数。

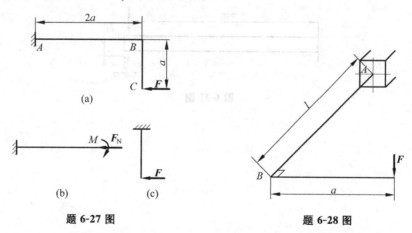

题 6-27 图   题 6-28 图

6-29 试求图示各超静定梁的支反力。

6-30 载荷 F 作用在图示梁 AB 及 CD 的连接处，试求每根梁在连接处所受的力。已知其跨长比和刚度比分别为 $\dfrac{l_1}{l_2} = \dfrac{3}{2}$ 和 $\dfrac{EI_1}{EI_2} = \dfrac{4}{5}$。

6-31 图示结构，悬臂梁 AB 与简支梁 DG 均用 No.18 工字钢制成，BC 为圆截面钢杆，直径 $d = 20\text{mm}$，梁与杆的弹性模量均为 $E = 200\text{GPa}$。若载荷 $F = 30\text{kN}$，试计算梁内的

最大弯曲正应力与杆内的最大正应力，以及横截面 C 的铅垂位移。

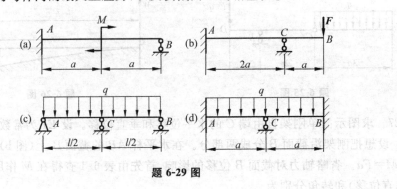

题 6-29 图

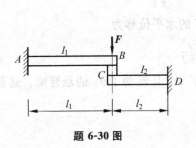

题 6-30 图

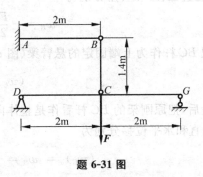

题 6-31 图

6-32　图示悬臂梁的抗弯刚度为 $EI = 30 \times 10^3 \text{N} \cdot \text{m}^2$。弹簧劲度系数为 $k = 185 \times 10^3 \text{N/m}$。若梁与弹簧间的空隙为 1.25mm，当集中力 $F = 450\text{N}$ 作用于梁的自由端时，试问弹簧将分担多大的力？

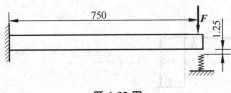

题 6-32 图

第 7 章

应力状态和强度理论

7.1　应力状态的基本概念

7.1.1　一点处的应力状态

　　前几章中,讨论杆件拉伸(压缩)、弯曲和扭转的横截面上应力计算和分布时指出,直杆轴向拉伸或压缩时,在杆件的同一截面上各点处的应力虽然相同,但是应力随所取截面方位的不同而不同;直梁弯曲时,在杆件的同一横截面上,应力是逐点变化的;圆轴扭转也是如此。可见,在受力构件的同一截面上,各点处的应力一般是不同的,而通过受力构件内的同一点处,不同方位截面上的应力一般也是不同的。在前面各章中,分别研究了杆件在基本变形时横截面上的应力分布规律及其计算,并根据相应的实验结果,建立了正应力和切应力的强度条件,这样就使横截面上的强度得到了保证,即杆件不会沿横截面发生破坏。例如铸铁杆件的拉伸、低碳钢圆轴的扭转都是沿横截面发生破坏,根据横截面上的应力来建立强度条件是合理的。但是,对横截面的强度进行计算只是强度校核的一部分,而不是全部内容。这是因为,在工程实际中,构件的破坏并不一定都是沿着横截面发生的,如铸铁试件受压时,沿与轴线大致成45°的斜截面破坏(图 7-1(a));铸铁圆轴扭转时,沿 45°螺旋面破坏(图 7-1(b))。又如,钢筋混凝土梁受横向力作用后,除跨中底部产生竖向裂缝外,在支座附近还出现斜向裂缝(图 7-1(c))。所以,为了使受力构件不沿任何截面发生破坏,必须进一步研究受力构件内的所有点所有截面上的应力情况,以便建立更普遍的强度条件,使构件的强度得到全面保证。

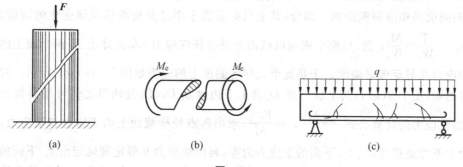

图　7-1

　　通过受力构件内某一点处不同方位截面上应力的集合(也即通过一点所有不同方位截面上应力的全部情况),称为**一点处的应力状态**。研究应力状态的目的,就是要了解构件受力后在哪一点沿哪个方位截面上的应力最大,为进一步建立强度条件提供依据。

7.1.2　应力状态的研究方法

为了研究一点处的应力状态,通常是从受力构件中围绕该点用三对平行平面截取出一个边长无穷小的正六面体——**单元体**(图 7-2)。这一无穷小的单元体就代表这个点。由于单元体的边长为无穷小量,故可以认为:单元体各个面上的应力均匀分布,且作用在单元体中相互平行平面上的应力大小、性质完全相同。下面举例说明如何从受力构件的指定点截取单元体,以及如何表示此单元体各面上的应力情况。

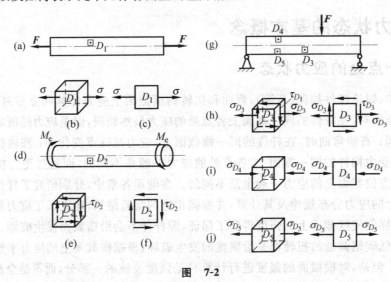

图　7-2

图 7-2(a)所示的是轴向拉伸的杆件,D_1 点为拉杆内的一点,围绕该点以一对横截面和两对互相垂直的纵截面截取代表它的单元体(图 7-2(b))。由于拉杆横截面上只有正应力 $\sigma = \dfrac{F_N}{A} = \dfrac{F}{A}$,而所有纵截面上无任何应力,故此单元体各面上的应力如图 7-2(b)所示,其平面图表示为图 7-2(c)。D_2 点为受扭圆轴表面上的一点(图 7-2(d)),围绕该点分别以一对横截面、一对径向纵截面和一对周向纵截面截取代表它的单元体(图 7-2(e))。单元体的左、右两侧面是相应横截面的一部分,其上只有垂直于半径并按线性规律变化的切应力,且 $\tau_{D_2} = \tau_{\max} = \dfrac{T}{W_t} = \dfrac{M_e}{W_t}$;前、后两个周向纵截面上没有任何应力;单元体上、下两个面上的切应力由切应力互等定理来确定。于是此单元体各侧面上的应力如图 7-2(e)、(f)所示。对于横力弯曲的梁(图 7-2(g)),其上任一点 D_3 及上下边缘点 D_4、D_5 处的单元体可用类似的方法取出,由梁应力的计算公式 $\sigma = \dfrac{My}{I_z}$,$\tau = \dfrac{F_S S_z^*}{b I_z}$ 求出各点处横截面上的正应力和切应力,因为纵截面上不考虑挤压,故上、下面的正应力为零,再由切应力互等定理确定出上、下面的切应力,于是得各点的单元体分别如图 7-2(h)、(i)、(j)所示。从以上各例看出,截取单元体的原则是:三对平行平面上的应力应该是给定的或经过计算后可以求得的。由于构件在各种基本变形时横截面上的应力分布及计算公式是已掌握内容,故单元体的三对平行平面中通常总有一对平行平面是构件的横截面。

由于单元体相互平行平面上的应力大小、性质完全相同,故单元体六个面上的应力实际上代表过该点处三个相互垂直平面上的应力。若单元体三对平面上的应力均为已知时,则通过该点的任一斜截面上的应力就可通过截面法求出来。于是,该点处的应力状态就完全确定了。

7.1.3　主平面、主应力和应力状态的分类

一般情况下,表示一点处应力状态的单元体在其各个面上同时存在有正应力和切应力。但在上面讨论过的图 7-2 中,代表 D_1、D_4、D_5 三点的单元体,其各个面上的切应力都等于零;D_2 和 D_3 两单元体的前、后两个面上切应力也等于零。这种切应力等于零的平面称为**主平面**,主平面上的正应力称为**主应力**。可以证明,通过受力构件内任一点总可以找到由三对相互垂直的主平面构成的单元体,称为**主单元体**。由此可知,通过受力构件内的任意点皆可找到三个相互垂直的主平面,因而每一点都有三个主应力。一般以 σ_1、σ_2、σ_3 表示一点的三个主应力,其大小按它们代数值的大小顺序排列,即 $\sigma_1 \geqslant \sigma_2 \geqslant \sigma_3$。

一点处的应力状态可按照该点处三个主应力中有几个不等于零而分为三类:只有一个主应力不等于零的称为**单向应力状态**;两个主应力不等于零的称为**二向应力状态**;三个主应力都不等于零的则称为**三向应力状态**。拉(压)杆内任一点(图 7-2(c))及横力弯曲时梁横截面内的上、下边缘点(图 7-2(i)、(j))都属于单向应力状态。以后将会看到,在横力弯曲的梁内除上述各点外的所有点(例如图 7-2(h)),以及在扭转圆轴内除轴线上各点以外的其他所有点(例如图 7-2(f))都属于二向应力状态。钢轨的头部与车轮接触点(图 7-3(a))处的应力状态则属于三向应力状态。

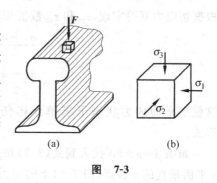

图　7-3

单向应力状态和二向应力状态为**平面应力状态**,三向应力状态属**空间应力状态**。单向应力状态也称**简单应力状态**,而二向应力状态和三向应力状态又称为**复杂应力状态**。应该指出,从受力构件内一点处取出的单元体往往并非主单元体,而是在其表面上既有正应力又有切应力的一般情况,要判定它属于哪一类应力状态,就必须求出其主应力后再下结论。

本章主要研究一点处的二向应力状态,对三向应力状态只作简单介绍。

7.2　二向应力状态分析的解析法

7.2.1　斜截面上的应力

图 7-4(a)是从受力构件内某点处取出的单元体,已知法线与 x 轴平行的面(x 面)上的正应力和切应力分别为 σ_x、τ_{xy};法线与 y 轴平行的面(y 面)上的正应力和切应力分别为 σ_y、τ_{yx},法线与 z 轴平行的面(z 面)上没有应力。该单元体用平面图表示为图 7-4(b)。切应力 τ_{xy}(或 τ_{yx})有两个角标,第一个角标 x(或 y)表示切应力作用平面的法线方向;第二个角标 y(或 x)则表示切应力的方向与 y 轴(或 x 轴)平行。关于应力的符号规定为:正应力仍以

拉应力为正而压应力为负；切应力则以对单元体内任意点的矩为顺时针转向时，规定为正，反之为负。按照上述符号规定，在图 7-4(a)中，σ_x、σ_y 和 τ_{xy} 皆为正，而 τ_{yx} 为负。

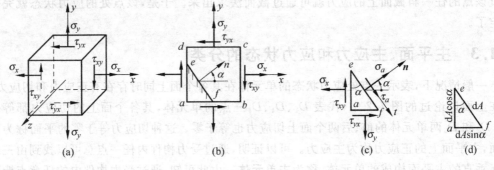

图 7-4

现欲求垂直于 xy 平面(与 z 轴平行)的任意斜截面 ef 上的应力(图 7-4(b))，该截面的外法线 n 与 x 轴的夹角为 α。规定：α 角从 x 轴逆时针转向外法线 n 时为正，反之为负。用截面法沿截面 ef 把单元体截分为两部分，并取 eaf 为研究对象(图 7-4(c))。斜截面 ef 上的应力由正应力 σ_α 和切应力 τ_α 表示。设 ef 的面积为 dA，则 ae 和 af 的面积分别为 $dA\cos\alpha$ 和 $dA\sin\alpha$(图 7-4(d))。将作用于 eaf 上的力分别投影于 ef 面的外法线 n 和切线 t 的方向上，可分别写出其平衡方程

$$\sigma_\alpha dA + (\tau_{xy} dA\cos\alpha)\sin\alpha - (\sigma_x dA\cos\alpha)\cos\alpha + (\tau_{yx} dA\sin\alpha)\cos\alpha - (\sigma_y dA\sin\alpha)\sin\alpha = 0$$

$$\tau_\alpha dA - (\tau_{xy} dA\cos\alpha)\cos\alpha - (\sigma_x dA\cos\alpha)\sin\alpha + (\sigma_y dA\sin\alpha)\cos\alpha + (\tau_{yx} dA\sin\alpha)\sin\alpha = 0$$

根据切应力互等定理，τ_{yx} 和 τ_{xy} 数值相等，以 τ_{xy} 代换 τ_{yx}，并简化上述两个方程，得

$$\sigma_\alpha = \frac{\sigma_x + \sigma_y}{2} + \frac{\sigma_x - \sigma_y}{2}\cos 2\alpha - \tau_{xy}\sin 2\alpha \tag{7-1}$$

$$\tau_\alpha = \frac{\sigma_x - \sigma_y}{2}\sin 2\alpha + \tau_{xy}\cos 2\alpha \tag{7-2}$$

这就是平面应力状态下求单元体任意斜截面上应力的计算式。

如用 $\beta = \alpha + 90°$ 代入到式(7-1)和式(7-2)中，就能得到与 α 平面垂直的 β 截面(图 7-5)上的应力计算式：

$$\sigma_\beta = \frac{\sigma_x + \sigma_y}{2} - \frac{\sigma_x - \sigma_y}{2}\cos 2\alpha + \tau_{xy}\sin 2\alpha \tag{a}$$

$$\tau_\beta = -\frac{\sigma_x - \sigma_y}{2}\sin 2\alpha - \tau_{xy}\cos 2\alpha \tag{b}$$

图 7-5

如将 σ_α 和 σ_β 相加，则有

$$\sigma_\alpha + \sigma_\beta = \sigma_x + \sigma_y = 常数 \tag{c}$$

说明单元体两个相互垂直平面上的正应力之和为一常数。

比较式(7-2)和式(b)可知，$\tau_\alpha = -\tau_\beta$。即在单元体相互垂直的两个面上，切应力数值相等，符号相反。这里又一次证明了切应力互等定理。

7.2.2　主应力　主平面

由式(7-1)和式(7-2)可知,斜截面上的正应力 σ_α 和切应力 τ_α 随截面方位角 α 的变化而改变,是 α 角的函数。利用上述两式便可确定正应力和切应力的极值,并确定它们所在平面的方位。

由式(7-1),令 $\dfrac{\mathrm{d}\sigma_\alpha}{\mathrm{d}\alpha}=0$,得

$$\frac{\mathrm{d}\sigma_\alpha}{\mathrm{d}\alpha}=-2\left(\frac{\sigma_x-\sigma_y}{2}\sin2\alpha+\tau_{xy}\cos2\alpha\right)=0$$

若用 α_0 表示正应力取得极值的平面方位,则有

$$\frac{\sigma_x-\sigma_y}{2}\sin2\alpha_0+\tau_{xy}\cos2\alpha_0=0 \tag{d}$$

由此可得

$$\tan2\alpha_0=-\frac{2\tau_{xy}}{\sigma_x-\sigma_y} \tag{7-3}$$

由式(7-3)可以得到两个解: α_0 和 $\alpha_0+90°$,在它们所确定的两个相互垂直的平面上,正应力取得极值,其中一个是最大正应力 $\sigma_{\max}$ 所在平面,另一个是最小正应力 $\sigma_{\min}$ 所在平面。比较式(7-2)和式(d),可见,满足式(d)的 α_0 角恰好使 τ_{α_0} 等于零。也就是说,在切应力等于零的平面上,正应力取得极值。所以,极值正应力就是主应力,由式(7-3)确定出的就是主平面的方位角。从式(7-3)求出 $\sin2\alpha_0$ 和 $\cos2\alpha_0$,代入式(7-1),求得最大和最小正应力分别为

$$\left.\begin{array}{c}\sigma_{\max}\\\sigma_{\min}\end{array}\right\}=\frac{\sigma_x+\sigma_y}{2}\pm\sqrt{\left(\frac{\sigma_x-\sigma_y}{2}\right)^2+\tau_{xy}^2} \tag{7-4}$$

这两个主应力分别与 α_0 和 $\alpha_0+90°$ 所确定的主平面相对应。至于两个主平面中哪个面上作用 $\sigma_{\max}$,哪个面上作用 $\sigma_{\min}$,这种对应关系可由下述规则来确定:由 α_0 和 $\alpha_0+90°$ 确定了两个主平面之后, τ_{xy} 所指向的那一侧即为 $\sigma_{\max}$ 的位置。图 7-6(a)就是按此规则画出的。

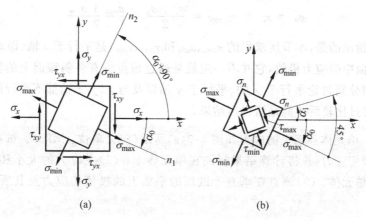

(a)　　　　　　　(b)

图　7-6

7.2.3　极值切应力及其方位

由式(7-2)，令 $\dfrac{\mathrm{d}\tau_\alpha}{\mathrm{d}\alpha}=0$，得

$$\frac{\mathrm{d}\tau_\alpha}{\mathrm{d}\alpha}=(\sigma_x-\sigma_y)\cos2\alpha-2\tau_{xy}\sin2\alpha=0$$

由此可得到切应力的极值所在平面的方位 α_1，即

$$\tan2\alpha_1=\frac{\sigma_x-\sigma_y}{2\tau_{xy}} \tag{7-5}$$

由式(7-5)求得两个解：α_1 和 $\alpha_1+90°$，从而可以确定两个相互垂直的平面，其上分别作用着最大和最小切应力。由式(7-5)求出 $\sin2\alpha_1$ 和 $\cos2\alpha_1$，代入式(7-2)，求得切应力的最大和最小值分别是

$$\left.\begin{array}{l}\tau_{\max}\\[2mm]\tau_{\min}\end{array}\right\}=\pm\sqrt{\left(\frac{\sigma_x-\sigma_y}{2}\right)^2+\tau_{xy}^2} \tag{7-6}$$

比较式(7-4)与式(7-6)，可以看出

$$\left.\begin{array}{l}\tau_{\max}\\[2mm]\tau_{\min}\end{array}\right\}=\pm\frac{1}{2}(\sigma_{\max}-\sigma_{\min}) \tag{7-7}$$

比较式(7-3)与式(7-5)可见

$$\tan2\alpha_0=-\frac{1}{\tan2\alpha_1}$$

所以有

$$2\alpha_1=2\alpha_0+\frac{\pi}{2},\quad \alpha_1=\alpha_0+\frac{\pi}{4} \tag{e}$$

上式说明，极值切应力所在平面与主平面的夹角为 45°(图 7-6(b))。

极值切应力所在平面上的正应力一般情况下都不等于零，通常用 σ_n 表示(图 7-6(b))。若将 α_1 和 $\alpha_1+90°$ 分别代入式(7-1)，经整理后，即得这两个面上的正应力均恒为

$$\sigma_n=\sigma_{\alpha_1}=\sigma_{\alpha_1+90°}=\frac{\sigma_x+\sigma_y}{2}=\frac{\sigma_{\max}+\sigma_{\min}}{2} \tag{f}$$

最后需要指出的是，本节所求得的 $\sigma_{\max}$、$\sigma_{\min}$ 和 $\tau_{\max}$、$\tau_{\min}$，是平行于 z 轴(即垂直于 xy 面)的那类平行平面中的应力极值，它并不一定就是通过该点所有各斜截面上的极值应力。如欲求之，还必须分别讨论平行于 x 轴、平行于 y 轴以及与 x、y、z 轴都不平行的各类平面中的应力情况，通过比较后才能最后得出结果。

【例 7-1】　单元体各面上的应力如图 7-7(a)所示(应力单位：MPa)。试求：(1)ab 面上的正应力和切应力，并将计算结果标注在单元体上；(2)主应力的大小和主平面的方位，并画出主单元体；(3)该点在垂直于纸面的平面上的极值切应力及其所在平面的单元体。

解：(1)求 ab 面上的正应力和切应力

将 $\sigma_x=-20\mathrm{MPa}$，$\sigma_y=30\mathrm{MPa}$，$\tau_{xy}=-20\mathrm{MPa}$，$\alpha=30°$ 代入式(7-1)和式(7-2)可得

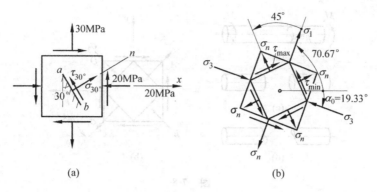

图　7-7

$$\sigma_{30°} = \frac{-20+30}{2} + \frac{-20-30}{2}\cos 60° - (-20)\sin 60° = 9.82(\text{MPa})$$

$$\tau_{30°} = \frac{-20-30}{2}\sin 60° + (-20)\cos 60° = -31.65(\text{MPa})$$

所得的 $\sigma_{30°}$、$\tau_{30°}$ 均表示于图 7-7(a)中。

（2）求主应力和主平面

将 σ_x、σ_y 和 τ_{xy} 代入式(7-4)得两个主应力分别为

$$\left.\begin{array}{c}\sigma_{\max}\\\sigma_{\min}\end{array}\right\} = \frac{-20+30}{2} \pm \sqrt{\left(\frac{-20-30}{2}\right)^2 + (-20)^2} = \begin{cases}37\\-27\end{cases}(\text{MPa})$$

另一个主应力为零。将这些结果按其代数值排列，即得三个主应力为

$$\sigma_1 = 37\text{MPa}, \quad \sigma_2 = 0, \quad \sigma_3 = -27\text{MPa}$$

由式(7-3)得

$$\tan 2\alpha_0 = -\frac{2\tau_{xy}}{\sigma_x - \sigma_y} = -\frac{2\times(-20)}{-20-30} = -0.8$$

$$2\alpha_0 = -38.66°, \quad \alpha_0 = -19.33°$$

在单元体上由 x 轴顺时针转19.33°确定了一个主平面后，与之垂直的平面则为另一个主平面。根据前述主应力与主平面的对应关系，可知 σ_3 应在 α_0 面上，而 σ_1 应在 $\alpha_0 + 90° = 70.67°$ 所对应的面上。绘主单元体如图 7-7(b)所示。

（3）求极值切应力及其作用面

由式(7-6)得

$$\left.\begin{array}{c}\tau_{\max}\\\tau_{\min}\end{array}\right\} = \pm\sqrt{\left(\frac{\sigma_x - \sigma_y}{2}\right)^2 + \tau_{xy}^2} = \pm\sqrt{\left(\frac{-20-30}{2}\right)^2 + (-20)^2}$$

$$= \pm 32(\text{MPa})$$

表示极值切应力所在平面位置的 α_1 可由式(7-5)求得，也可直接由 σ_1 所在主平面逆时针旋转 45° 来确定 $\tau_{\max}$ 所在平面的位置，而 $\tau_{\min}$ 所在平面与之垂直。这些结果均表示在图 7-7(b)中。图中 $\sigma_n = \frac{\sigma_x + \sigma_y}{2} = \frac{-20+30}{2} = 5(\text{MPa})$，故画为拉应力，不过一般不要求计算 σ_n。

【例 7-2】　试讨论圆轴扭转时表面上一点处的应力状态，并分析低碳钢和铸铁圆试件受扭时的破坏现象。

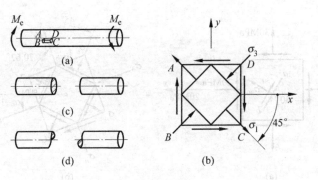

图 7-8

解：(1) 研究试件表面任一点处的应力状态

在试件表面任一点截取单元体 $ABCD$，如图 7-8(a)所示，单元体各面上的应力如图 7-8(b)所示。由于圆轴扭转时，在横截面的边缘点处切应力最大，其数值为 $\tau = \dfrac{T}{W_t} = \dfrac{M_e}{W_t}$，故单元体各面上的应力为

$$\sigma_x = \sigma_y = 0, \quad \tau_{xy} = \tau$$

此单元体处于纯剪切应力状态。把 σ_x、σ_y、τ_{xy} 代入式(7-4)，得

$$\left.\begin{array}{c}\sigma_{\max} \\ \\ \sigma_{\min}\end{array}\right\} = \frac{\sigma_x + \sigma_y}{2} \pm \sqrt{\left(\frac{\sigma_x - \sigma_y}{2}\right)^2 + \tau_{xy}^2} = \pm\tau$$

按照主应力的记号规则知

$$\sigma_1 = \sigma_{\max} = \tau, \quad \sigma_2 = 0, \quad \sigma_3 = \sigma_{\min} = -\tau$$

故纯剪切应力状态是二向应力状态，其两个主应力的绝对值相等，都等于切应力 τ，但一为拉应力，一为压应力。

由式(7-3)得

$$\tan 2\alpha_0 = -\frac{2\tau_{xy}}{\sigma_x - \sigma_y} = -\infty$$

所以

$$2\alpha_0 = -90° \text{ 或 } -270°$$

$$\alpha_0 = -45° \text{ 或 } -135°$$

上述结果表明，从 x 轴顺时针转 45°所确定的主平面上的主应力为 $\sigma_{\max}$，而由 $\alpha_0 = -135°$所确定的主平面上的主应力为 $\sigma_{\min}$。

由式(7-6)和式(7-5)可分别求得极值切应力及其作用面的位置如下：

$$\left.\begin{array}{c}\tau_{\max} \\ \\ \tau_{\min}\end{array}\right\} = \pm\tau$$

$$\alpha_1 = 0° \text{ 或 } 90°$$

此结果表明在试件的横截面上作用着最大切应力 $\tau_{\max}$，其数值为 τ。以上结果均表示在图 7-8(b)中。

（2）圆轴扭转时的破坏现象分析

实验表明，低碳钢试件扭转时沿横截面断开（图 7-8(c)），这正是 $\tau_{\max}$ 所在平面，说明低碳钢试件扭转破坏是横截面上最大切应力作用的结果，由于 $\tau_{\max}=\sigma_{\max}=\tau$，故低碳钢的抗剪能力低于其抗拉能力。铸铁试件扭转时沿着与轴线约成 45°的螺旋面断开（图 7-8(d)），这正是 $\sigma_{\max}$ 所在平面，说明铸铁试件扭转破坏是最大拉应力作用的结果，由于 $\sigma_{\max}=\tau_{\max}=\tau$，故铸铁的抗拉能力低于其抗剪能力。

【例 7-3】 如图 7-9(a)所示简支梁，试分析任一横截面 m—m 上各点处的主应力，并进一步分析全梁的情况。

解：（1）截面 m—m 上各点处的主应力

在截面 m—m 上各点处的弯曲正应力和弯曲切应力可分别由 $\sigma=\dfrac{My}{I_z}$ 和 $\tau=\dfrac{F_S S_z^*}{b I_z}$ 计算。在截面上、下边缘点 1、5 点处（图 7-9(b)），处于单向应力状态；中性轴上的 3 点处，处于纯剪切应力状态；而在其间的 2、4 点处，则同时承受弯曲正应力 σ 和弯曲切应力 τ。

根据式（7-3）与式（7-4）可知，梁内任一点处的主平面方位及主应力大小可由下式确定：

$$\tan 2\alpha_0 = -\frac{2\tau}{\sigma}$$

$$\sigma_1 = \frac{1}{2}(\sigma + \sqrt{\sigma^2 + 4\tau^2}) > 0$$

$$\sigma_2 = 0$$

$$\sigma_3 = \frac{1}{2}(\sigma - \sqrt{\sigma^2 + 4\tau^2}) < 0$$

上式表明，在梁内任一点处的两个非零主应力中，其一必为拉应力，而另一个则必为压应力。

截面 m—m 内各点的单元体及主单元体如图 7-9

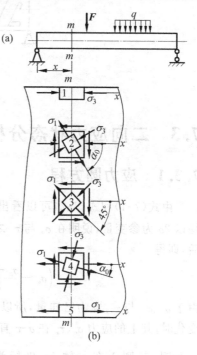

图 7-9

(b)所示。可见，1 点处的 σ_3 方向和 5 点处的 σ_1 方向都与梁轴线平行，沿截面高度自下而上，各点的主应力 σ_1 方向由水平位置按顺时针逐渐变动到竖直位置，主应力 σ_3 的方向则由竖直位置也按顺时针渐变到水平位置。

（2）主应力迹线

求出梁截面上一点的主应力方向后，把其中一个主应力方向延长与相邻横截面交于一点，交点的主应力方向求出后再将其延长与下一个相邻横截面交于一点。依次类推，将得到一条折线，它的极限是一条曲线。这条曲线上任一点的切线方向即为该点的主应力方向，这种曲线称为梁的**主应力迹线**。经过梁内任一点有两条相互垂直的主应力迹线。

承受均布载荷作用的简支梁的主应力迹线如图 7-10(a)所示，图中，实线为主拉应力迹线，虚线为主压应力迹线。

在钢筋混凝土梁中，主要承力钢筋均大致沿主拉应力迹线配置（图 7-10(b)），以使钢筋承担拉应力，从而提高混凝土梁的承载能力。

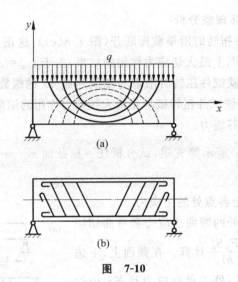

图　7-10

7.3　二向应力状态分析的图解法

7.3.1　应力圆方程

由式(7-1)和式(7-2)可以看出,平面应力状态下一点处在任一斜截面上的应力 σ_α、τ_α 均以 2α 为参变量,说明在 σ_α 与 τ_α 之间必存在确定的函数关系。从上两式中消去参变量 2α 后,即得

$$\left(\sigma_\alpha - \frac{\sigma_x + \sigma_y}{2}\right)^2 + \tau_\alpha^2 = \left(\frac{\sigma_x - \sigma_y}{2}\right)^2 + \tau_{xy}^2 \tag{a}$$

由于 σ_x、σ_y 与 τ_{xy} 皆为已知量,所以,当斜截面随方位角 α 变化时,其上的应力 σ_α、τ_α 在 σ-τ 直角坐标系中的轨迹是一个圆,其圆心在 σ 轴上,坐标为 $\left(\dfrac{\sigma_x + \sigma_y}{2}, 0\right)$,半径为

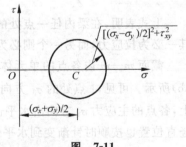

图　7-11

$\sqrt{\left(\dfrac{\sigma_x - \sigma_y}{2}\right)^2 + \tau_{xy}^2}$,如图 7-11 所示,此圆称为**应力圆**或莫尔(O. Mohr)圆。由上述可知,圆周上任一点的纵、横坐标,分别代表单元体相应截面上的切应力和正应力,因此,**应力圆圆周上的点与单元体的斜截面有着一一对应的关系。**

7.3.2　应力圆的作法

现以如图 7-12(a)所示平面应力状态为例,说明应力圆的作法(图中设 $\sigma_x > \sigma_y$)。

(1) 在 σ-τ 坐标系内,按选定的比例尺量取横坐标 $\overline{OB_1} = \sigma_x$,纵坐标 $\overline{B_1 D_x} = \tau_{xy}$,得 D_x 点(图 7-12(b))。D_x 点的坐标代表单元体 x 面上的应力。

(2) 以相同的比例尺,在 σ-τ 坐标系中量取横坐标 $\overline{OB_2} = \sigma_y$,纵坐标 $\overline{B_2 D_y} = \tau_{yx}$(注意

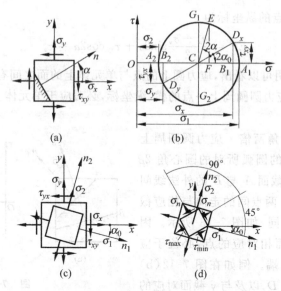

图　7-12

$\tau_{yx} = -\tau_{xy}$），得 D_y 点（图 7-12(b)）。D_y 点的坐标代表单元体 y 面上的应力。

（3）连接 D_x、D_y 两点的直线与 σ 轴交于 C 点。以 C 点为圆心，$\overline{CD_x}$ 或 $\overline{CD_y}$ 为半径作圆，即得式(a)所表示的应力圆。下面说明该作法的正确性。

由图 7-12(b)知，此圆的圆心 C 在 σ 轴上，且 $\overline{OC} = \dfrac{\overline{OB_1} + \overline{OB_2}}{2} = \dfrac{\sigma_x + \sigma_y}{2}$，所以此圆心的坐标为 $\left(\dfrac{\sigma_x + \sigma_y}{2}, 0\right)$，与式(a)所述应力圆的圆心坐标相符合；又由图 7-12(b)知，圆的半径为

$$\overline{CD_x} = \sqrt{\overline{CB_1}^2 + \overline{B_1 D_x}^2} = \sqrt{\left(\dfrac{\overline{OB_1} - \overline{OB_2}}{2}\right)^2 + \overline{B_1 D_x}^2} = \sqrt{\left(\dfrac{\sigma_x - \sigma_y}{2}\right)^2 + \tau_{xy}^2}$$，这也与式(a)所述

应力圆的半径相符合。所以按此法作出的圆就是应力圆。

7.3.3　应力圆的应用

1. 利用应力圆求二向应力状态下单元体斜截面上的应力

若要求单元体 α 面上的应力 σ_α、τ_α 时（图 7-12(a)），可从应力圆上的半径 $\overline{CD_x}$ 按方位角 α 的转向转动 2α 角，得到半径 $\overline{CE}$，则圆周上 E 点的坐标就是要求的 σ_α、τ_α。现证明如下：

图 7-12(b)中，设 $\overline{CD_x}$ 与横轴的夹角为 $2\alpha_0$，则 E 的横坐标为

$$\begin{aligned}
\overline{OF} &= \overline{OC} + \overline{CF} = \overline{OC} + \overline{CE}\cos(2\alpha_0 + 2\alpha) \\
&= \overline{OC} + \overline{CE}\cos 2\alpha_0 \cos 2\alpha - \overline{CE}\sin 2\alpha_0 \sin 2\alpha \\
&= \overline{OC} + (\overline{CD_x}\cos 2\alpha_0)\cos 2\alpha - (\overline{CD_x}\sin 2\alpha_0)\sin 2\alpha \\
&= \overline{OC} + \overline{CB_1}\cos 2\alpha - \overline{B_1 D_x}\sin 2\alpha \\
&= \frac{\sigma_x + \sigma_y}{2} + \frac{\sigma_x - \sigma_y}{2}\cos 2\alpha - \tau_{xy}\sin 2\alpha \\
&= \sigma_\alpha
\end{aligned}$$

按类似方法可证明 E 点的纵坐标为

$$\overline{EF} = \frac{\sigma_x - \sigma_y}{2}\sin 2\alpha + \tau_{xy}\cos 2\alpha = \tau_\alpha$$

从以上作图及证明可以看出,应力圆上的点与单元体上的面之间有以下对应关系:

(1) **点面对应**　应力圆圆周上一点的横、纵坐标,必对应于单元体上某一截面的正应力和切应力。

(2) **转向一致,转角两倍**　应力圆圆周上任意两点 A_1、B_1 之间的圆弧所对的圆心角 2β 是单元体上两个相应截面 A 与 B 的外法线间所夹角度 β 的 2 倍,且两点间的走向与相应截面外法线间的转向相同,如图 7-13 所示。因此,与两相互垂直截面相对应的点,必位于应力圆上同一直径的两端。例如在图 7-12(b) 中,与 x 截面对应的点 D_x 以及与 y 截面对应的点 D_y,即位于同一直径的两端。

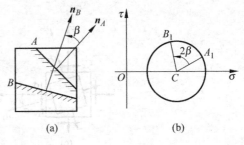

图　7-13

2. 利用应力圆确定平面应力状态下的主应力大小和主平面方位

由图 7-12(b)可见,平面应力状态的应力圆与横轴有两个交点 A_1、A_2。此两点的纵坐标为零,而横坐标则分别为应力圆圆周上各点横坐标中的最大值和最小值。因此,这两点的横坐标即代表主平面上的主应力。按照主应力的顺序规定有

$$\sigma_1 = \sigma_{\max} = \overline{OA_1} = \overline{OC} + \overline{CA_1} = \frac{\sigma_x + \sigma_y}{2} + \sqrt{\left(\frac{\sigma_x - \sigma_y}{2}\right)^2 + \tau_{xy}^2}$$

$$\sigma_2 = \sigma_{\min} = \overline{OA_2} = \overline{OC} - \overline{CA_2} = \frac{\sigma_x + \sigma_y}{2} - \sqrt{\left(\frac{\sigma_x - \sigma_y}{2}\right)^2 + \tau_{xy}^2}$$

单元体的 z 面上没有任何应力,也是一个主平面,故 $\sigma_3 = 0$。

主平面的方位也可从应力圆上确定。在应力圆上,由 D_x 点(与单元体上的 x 面对应)到 A_1 点所对圆心角为顺时针的 $2\alpha_0$,在单元体上,从 x 轴也顺时针转 α_0,这就确定了 σ_1 所在主平面的法线方向 n_1(图 7-12(c))。在应力圆上,由 A_1 到 A_2 所对圆心角为 180°,则在单元体上,σ_1 和 σ_2 所在主平面的法线 n_1 和 n_2 之间的夹角为 90°,说明两个主平面是互相垂直的。在图 7-12(c)中画出了主单元体。

由图 7-12(b)可以看出

$$\tan 2\alpha_0 = -\frac{\overline{B_1 D_x}}{\overline{CB_1}} = -\frac{2\tau_{xy}}{\sigma_x - \sigma_y}$$

再次得到了式(7-3)。式中的负号是根据 α 角的正负规定,由 x 面到 σ_1 所在面为顺时针方向转动了 α_0,此角为负值,故应加负号。

3. 利用应力圆确定平面应力状态下的极值切应力及其所在平面的方位

在图 7-12(b)中,应力圆上 G_1 和 G_2 两点的纵坐标分别是最大和最小值,分别代表最大和最小切应力。因为 $\overline{CG_1}$ 和 $\overline{CG_2}$ 都是应力圆的半径,故有

$$\tau_{max} = \overline{CG_1} = \overline{CD_x} = \sqrt{\left(\frac{\sigma_x - \sigma_y}{2}\right)^2 + \tau_{xy}^2}$$

$$\tau_{min} = \overline{CG_2} = -\overline{CD_x} = -\sqrt{\left(\frac{\sigma_x - \sigma_y}{2}\right)^2 + \tau_{xy}^2}$$

这就是公式(7-6)。又因为应力圆的半径也等于$\dfrac{\sigma_{max} - \sigma_{min}}{2}$，故又可写为

$$\left.\begin{array}{r}\tau_{max}\\[6pt]\tau_{min}\end{array}\right\} = \pm\frac{\overline{OA_1} - \overline{OA_2}}{2} = \pm\frac{\sigma_{max} - \sigma_{min}}{2}$$

G_1、G_2两点的横坐标相同，均为

$$\sigma_n = \overline{OC} = \frac{\sigma_x + \sigma_y}{2}$$

显然，与G_1、G_2两点相对应的单元体上的两个面相互垂直，而且与主平面成 45°角(图 7-12(d))。在应力圆上，由A_1到G_1所对圆心角为逆时针的 90°，在单元体上，由σ_1所在主平面的法线到τ_{max}所在平面的法线应为逆时针的 45°。

由以上分析可见，解析法的公式(7-1)~(7-7)都可通过应力圆得到，但是应力圆对单元体上各种应力特征的形象描述比解析法更为深刻，也便于记忆公式。在实际应用中，并不一定把应力圆视为纯粹的图解法，可以利用应力圆来理解有关一点处应力状态的一些特征，或从图上的几何关系来分析一点处的应力状态，它是进行应力状态分析的有力工具。

【例 7-4】 对于图 7-14(a)所示的单元体，若要求垂直于纸面的平面内最大切应力 τ_{max} <85MPa，试求 τ_{xy} 的取值范围。(图中应力单位：MPa)

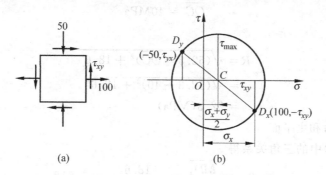

图 7-14

解： 因为σ_y为负值，故图 7-14(a)所示的单元体对应的应力圆如图 7-14(b)所示。根据图中的几何关系，不难得到

$$\left(\sigma_x - \frac{\sigma_x + \sigma_y}{2}\right)^2 + \tau_{xy}^2 = \tau_{max}^2$$

将 $\sigma_x = 100\text{MPa}$，$\sigma_y = -50\text{MPa}$，$\tau_{max} < 85\text{MPa}$ 代入上式后，根据题意得到

$$\tau_{xy}^2 < \left[85^2 - \left(100 - \frac{100 - 50}{2}\right)^2\right]$$

由此解得

$$\tau_{xy} < 40\text{MPa}$$

【例 7-5】 过一点两个截面的应力如图 7-15(a) 所示。已知 $\sigma_x = 52.3\text{MPa}$, $\tau_{xy} = -18.6\text{MPa}$, $\sigma_a = 20\text{MPa}$, $\tau_a = -10\text{MPa}$。试求：(1) 该点的主应力和主平面；(2) 两截面的夹角 α。

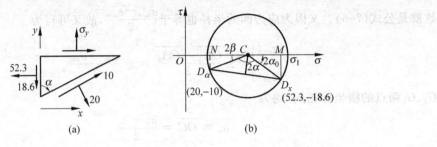

图 7-15

解：(1) 作应力圆，求圆心和半径

确定一个圆需要三个点，但应力圆的圆心在横轴上，所以已知单元体两个面上的应力一般即可画出应力圆。在 σ-τ 坐标平面内，按选定的比例尺由坐标 ($\sigma_x = 52.3\text{MPa}$, $\tau_{xy} = -18.6\text{MPa}$) 和 ($\sigma_a = 20$, $\tau_a = -10\text{MPa}$) 分别确定 D_x 和 D_a 点。D_x 与 D_a 连线的中垂线，交 σ 轴于 C 点。以 C 点为圆心，$\overline{CD_x}$（或 $\overline{CD_a}$）为半径画应力圆如图 7-15(b) 所示。由图中几何关系

$$R^2 = (\overline{OC} - 20)^2 + 10^2 = (52.3 - \overline{OC})^2 + 18.6^2$$

解得圆心坐标

$$\overline{OC} = 40\text{MPa}$$

半径

$$R = \sqrt{(52.3 - \overline{OC})^2 + 18.6^2}$$
$$= \sqrt{(52.3 - 40)^2 + 18.6^2}$$
$$= 22.3(\text{MPa})$$

(2) 求主应力和主平面

由图 7-15(b) 中的三角关系得

$$\tan 2\alpha_0 = \frac{\overline{MD_x}}{\overline{CM}} = \frac{18.6}{52.3 - 40} = 1.512$$

解得

$$\alpha_0 = 28.3°$$

由图 7-15(b) 可得主应力为

$$\sigma_1 = \overline{OC} + R = 40 + 22.3 = 62.3(\text{MPa})$$
$$\sigma_2 = \overline{OC} - R = 40 - 22.3 = 17.7(\text{MPa}), \quad \sigma_3 = 0$$

(3) 求两截面的夹角

由图 7-15(b) 中的三角关系得

$$\sin 2\beta = \frac{\overline{ND_a}}{R} = \frac{10}{22.3} = 0.4484$$

解得

$$\beta = 13.3°$$

又因为

$$2\alpha + 2\beta + 2\alpha_0 = 180°$$

所以

$$\alpha = 48.4°$$

【例 7-6】 讨论几种二向应力状态的特例。

（1）单向应力状态

以轴向拉伸（图 7-16(a)）为例，从受拉直杆中任一点 A 处截取单元体如图 7-16(b)所示。单向应力状态可以看作是二向应力状态的特殊情况。$\sigma_x = \sigma$，$\sigma_y = 0$，$\tau_{xy} = 0$，由式(7-1)和式(7-2)得任意斜截面上的应力

$$\sigma_\alpha = \frac{\sigma}{2}(1 + \cos 2\alpha) = \sigma \cos^2 \alpha$$

$$\tau_\alpha = \frac{\sigma}{2}\sin 2\alpha$$

以上两式与第 2 章式(2-2)、式(2-3)相同。

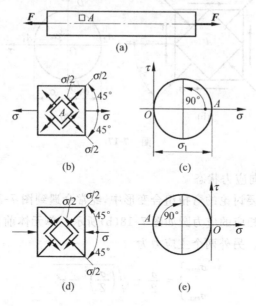

图　7-16

若用应力圆求解，在 σ-τ 坐标平面内，取 $\overline{OA} = \sigma_x = \sigma$，以 $\overline{OA}$ 为直径作圆，得应力圆如图 7-16(c)所示。

无论从解析式，还是从应力圆都可得到

$$\sigma_1 = \sigma, \quad \sigma_2 = 0, \quad \sigma_3 = 0$$

而 $\tau_{\max} = \dfrac{\sigma}{2}$，$\tau_{\min} = -\dfrac{\sigma}{2}$，分别发生在与横截面夹角为 $+45°$、$-45°$ 的斜截面上，此两截面上的

正应力相同,即 $\sigma_{\pm45°} = \dfrac{\sigma}{2}$。

对于单向压缩应力状态(图 7-16(d))可进行类似分析,其应力圆如图 7-16(e)所示。

由上可见,对于单向应力状态,应力圆总与 τ 轴相切。单向拉伸时,应力圆在 τ 轴右侧与 τ 轴相切;单向压缩时,应力圆在 τ 轴左侧并与 τ 轴相切。

(2)纯剪切应力状态

圆轴受扭时(图 7-17(a)),轴内各点均处于纯剪切应力状态。从表面上任一点 A 取出的单元体如图 7-17(b)所示,其对应的应力圆如图 7-17(c)所示。由 D_x 点顺时针转90°到 A_1 点,所以单元体上由 x 轴顺时针转45°得 σ_1 所在主平面的法线方向。于是得三个主应力为

$$\sigma_1 = \tau, \quad \sigma_2 = 0, \quad \sigma_3 = -\tau$$

主平面方位 $\alpha_0 = -45°$,主单元体如图 7-17(b)所示。

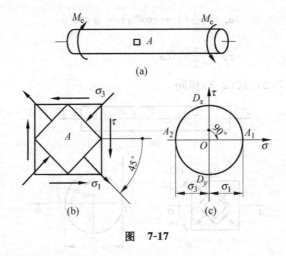

图　7-17

(3)一种常见的二向应力状态

在横力弯曲及后面要讨论的弯扭组合变形中,经常会遇到图 7-18(a)所示的应力状态,其 $\sigma_x = \sigma$,$\tau_{xy} = \tau$,$\sigma_y = 0$,相应的应力圆如图 7-18(b)所示。单元体前、后面上没有任何应力,故有一个主应力等于零。另外两个主应力为

$$\left.\begin{array}{c}\sigma_{\max}\\[4pt]\sigma_{\min}\end{array}\right\} = \frac{\sigma}{2} \pm \sqrt{\left(\frac{\sigma}{2}\right)^2 + \tau^2}$$

上式中,由于 $\sqrt{\left(\dfrac{\sigma}{2}\right)^2 + \tau^2}$ 总是大于 $\dfrac{\sigma}{2}$,故 $\sigma_{\min} < 0$,于是三个主应力为

$$\sigma_1 = \frac{\sigma}{2} + \sqrt{\left(\frac{\sigma}{2}\right)^2 + \tau^2}, \quad \sigma_2 = 0, \quad \sigma_3 = \frac{\sigma}{2} - \sqrt{\left(\frac{\sigma}{2}\right)^2 + \tau^2}$$

主平面方位由下式确定:

$$\tan 2\alpha_0 = -\frac{2\tau}{\sigma}$$

由此可确定主平面位置,绘出主单元体如图 7-18(a)所示。

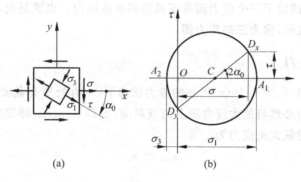

图 7-18

7.4 三向应力状态的最大应力

前面讨论了二向应力状态下的应力分析,这一节对三向应力状态作一简单介绍,目的在于求一点的最大正应力和最大切应力,为复杂应力状态下的强度计算问题提供理论依据。

7.4.1 三向应力圆

从受力构件内某点处取出一个主单元体,其主应力 σ_1、σ_2、σ_3 均为已知(图 7-19(a))。

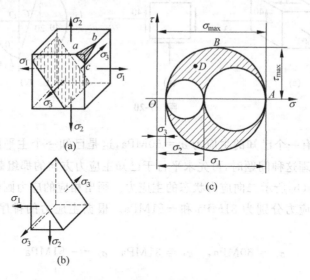

图 7-19

首先分析与主应力 σ_3 平行的斜截面上的应力。不难看出(图 7-19(b)),该截面上的应力与 σ_3 无关,而仅与 σ_1 和 σ_2 有关。于是这类斜截面上的应力可由 σ_1 和 σ_2 作出的应力圆上相应点的坐标来表示(图 7-19(c))。同理,在与主应力 σ_2(或 σ_1)平行的各斜截面上的应力,则可由 σ_1 和 σ_3(或 σ_2 和 σ_3)作出的应力圆上相应点的坐标来表示。

进一步的研究表明,表示与三个主应力都不平行的任意斜截面(图 7-19(a)中的 abc 面)上的应力 σ 和 τ 的 D 点,必位于上述三个应力圆所围成的阴影范围以内(图 7-19(c))。

由此可见,在 $\sigma\tau$ 坐标平面内,对应于受力构件内一点所有截面上的应力情况的点,或位于应力圆圆周上,或位于三个应力圆所围成的阴影范围内。也就是说,一点处的应力状态可以用三个应力圆表示,称为**三向应力圆**。

7.4.2 最大应力

由以上分析可知,在图 7-19(a)所示的应力状态下,一点处所有截面上的最大正应力和最大切应力所在截面必然与最大应力圆上的点对应,也即 σ_{max}、τ_{max} 都发生在与 σ_2 平行的这组截面内。该点处的最大正应力为

$$\sigma_{max} = \sigma_1 \tag{7-8}$$

而最大切应力为

$$\tau_{max} = \frac{\sigma_1 - \sigma_3}{2} \tag{7-9}$$

最大切应力所在截面与 σ_2 平行,与 σ_1 和 σ_3 所在的主平面各成45°角。

【例 7-7】 受力构件中某点的单元体如图 7-20(a)所示,试求该点的主应力及最大切应力(应力单位为 MPa)。

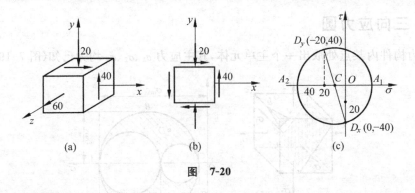

图 7-20

解:该单元体有一个已知的主应力 $\sigma_z = 60\text{MPa}$,这是已知一个主平面和主应力的三向应力状态问题。处理这种问题时,可先求平行于已知主应力方向的那组截面中的主应力,也即相当于求图 7-20(b)所示二向应力状态的主应力。画出相应的应力圆(图 7-20(c)),从应力圆上量得两个主应力分别为 31MPa 和 -51MPa。根据主应力的排序规则,得三个主应力为

$$\sigma_1 = 60\text{MPa}, \quad \sigma_2 = 31\text{MPa} \quad \sigma_3 = -51\text{MPa}$$

最大切应力为

$$\tau_{max} = \frac{\sigma_1 - \sigma_3}{2} = \frac{60 - (-51)}{2} = 55.5(\text{MPa})$$

7.5 平面应变状态分析

用理论分析的方法计算应力并不是对所有问题都能奏效,工程中常采用实验方法,即先用应变仪测量出构件表面某点处的应变,然后利用应力与应变间的关系来求应力。为此,首先要研究一点处的应变状态,即一点处在各个不同方向的应变情况。若构件内某点处的应

变都发生在同一平面内时,则称该点处于**平面应变状态**。本节只研究平面应变状态。

一点处平面应变状态的研究方法和平面应力状态相仿,也要通过单元体来进行。设构件内任一点 O 沿 x 和 y 方向的线应变分别用 ε_x、ε_y 表示,直角 $\angle xOy$ 的改变(切应变)用 γ_{xy} 表示。规定:线应变以拉伸为正,压缩为负;切应变以使直角增大者为正;方位角 α 以逆时针转向者为正。于是,图 7-21 所示的线应变和切应变均为正。

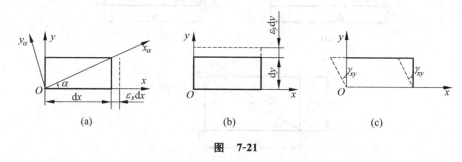

图　7-21

7.5.1　任意方向的应变

如图 7-22 所示,在 xOy 坐标系内任取一单元体。设线段 OA 与 OC 的线应变分别为 ε_x 与 ε_y,直角 $\angle AOC$ 的切应变为 γ_{xy},现在研究与 x 轴成 α 角的线段 OB 的线应变 ε_α 以及处于该方位的直角 $\angle BOD$ 的切应变 γ_α。

首先研究线应变 ε_α。

图 7-23 中分别画出了 ε_x、ε_y 和 γ_{xy} 对线段 OB 的长度变化和方位变化的影响。

由于变形,矩形 $OABC$ 沿 x 和 y 方向分别伸长 $\varepsilon_x dx$ 和 $\varepsilon_y dy$(图 7-23(a)、(b)),使直角 $\angle AOC$ 增大 γ_{xy}(图 7-23(c))。这三种变形均使线段 OB 的长度发生改变。在小变形的条件下,其值分别为 $\varepsilon_x dx\cos\alpha$、$\varepsilon_y dy\sin\alpha$ 及 $-\gamma_{xy} dy\cos\alpha$。

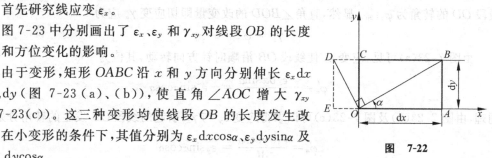

图　7-22

设线段 OB 的原长为 dl,由上述分析,并根据叠加原理知,该线段的伸长应为

$$\Delta(dl) = \varepsilon_x dx\cos\alpha + \varepsilon_y dy\sin\alpha - \gamma_{xy} dy\cos\alpha$$

所以其线应变为

$$\varepsilon_\alpha = \frac{\Delta(dl)}{dl} = \varepsilon_x \cos\alpha \frac{dx}{dl} + \varepsilon_y \sin\alpha \frac{dy}{dl} - \gamma_{xy} \cos\alpha \frac{dy}{dl}$$

考虑到

$$dx = dl\cos\alpha, \quad dy = dl\sin\alpha$$

于是有

$$\varepsilon_\alpha = \varepsilon_x \cos^2\alpha + \varepsilon_y \sin^2\alpha - \gamma_{xy} \sin\alpha\cos\alpha$$

或

$$\varepsilon_\alpha = \frac{\varepsilon_x + \varepsilon_y}{2} + \frac{\varepsilon_x - \varepsilon_y}{2}\cos2\alpha - \frac{\gamma_{xy}}{2}\sin2\alpha \qquad (7\text{-}10)$$

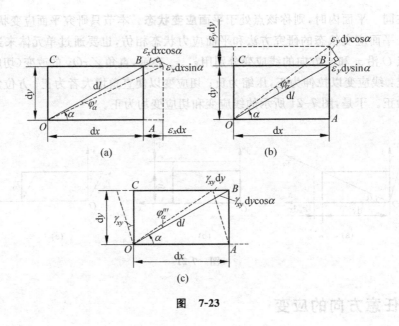

图 7-23

式(7-10)即为计算任意方向线应变的解析式。

下面研究切应变 γ_α。

如前所述，γ_α 代表直角 $\angle BOD$ 的改变量(图 7-22)。变形时，若线段 OB 的转角为 φ_α，线段 OD 的转角为 $\varphi_{\alpha+90°}$，显然，直角 $\angle BOD$ 的改变量即切应变 γ_α 应为

$$\gamma_\alpha = \varphi_{\alpha+90°} - \varphi_\alpha \tag{a}$$

由图 7-23(a)可见，应变 ε_x 使线段 OB 沿顺时针方向转动，其值为

$$\varphi'_\alpha = -\frac{\varepsilon_x \mathrm{d}x \sin\alpha}{\mathrm{d}l} = -\varepsilon_x \sin\alpha\cos\alpha$$

同理，由图 7-23(b)及图 7-23(c)可以求得应变 ε_y 与 γ_{xy} 引起的线段 OB 发生的转角分别为

$$\varphi''_\alpha = \frac{\varepsilon_y \mathrm{d}y \cos\alpha}{\mathrm{d}l} = \varepsilon_y \sin\alpha\cos\alpha$$

$$\varphi'''_\alpha = \frac{\gamma_{xy} \mathrm{d}y \sin\alpha}{\mathrm{d}l} = \gamma_{xy} \sin^2\alpha$$

将上述结果进行叠加，得线段 OB 的总转角为

$$\varphi_\alpha = \varphi'_\alpha + \varphi''_\alpha + \varphi'''_\alpha = (\varepsilon_y - \varepsilon_x)\sin\alpha\cos\alpha + \gamma_{xy} \sin^2\alpha \tag{b}$$

将上式中的 α 用 $\alpha+90°$ 代替，便得到线段 OD 的转角为

$$\varphi_{\alpha+90°} = (\varepsilon_x - \varepsilon_y)\cos\alpha\sin\alpha + \gamma_{xy} \cos^2\alpha \tag{c}$$

将式(b)和式(c)代入式(a)，便可得直角 $\angle BOD$ 的改变量，即 γ_α 为

$$\gamma_\alpha = 2(\varepsilon_x - \varepsilon_y)\sin\alpha\cos\alpha + \gamma_{xy}(\cos^2\alpha - \sin^2\alpha)$$

或

$$\frac{\gamma_\alpha}{2} = \frac{\varepsilon_x - \varepsilon_y}{2}\sin 2\alpha + \frac{\gamma_{xy}}{2}\cos 2\alpha \tag{7-11}$$

所以，当 ε_x、ε_y 和 γ_{xy} 已知时，利用式(7-10)和式(7-11)，即可求得该平面内任意方向的线应变和切应变。

7.5.2　应变圆

比较平面应变状态分析结果（式（7-10）和式（7-11））和平面应力状态分析结果（式（7-1）和式（7-2））可以看出，二者具有完全相同的形式。在这两组公式中，ε_x、ε_y 和 $\dfrac{\gamma_{xy}}{2}$ 分别与 σ_x、σ_y 和 τ_{xy} 相对应，而 ε_a 及 $\dfrac{\gamma_a}{2}$ 则分别与 σ_a 及 τ_a 相对应。所以，可仿照应力圆，在 $\varepsilon-\dfrac{\gamma}{2}$ 坐标平面内画出应变圆如图 7-24 所示，用以求得有关应变状态分析的许多结论。应变圆的作图方法及其分析和结论同应力圆的完全对应，不再赘述。

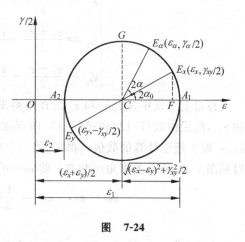

图　7-24

7.5.3　主应变及其方位

从应变圆（图 7-24）中可以看出，A_1 和 A_2 两点的横坐标分别为最大和最小值，而其纵坐标均为零，说明在最大和最小线应变的方位上相应的切应变为零。这种线应变称为主应变。由于 A_1 和 A_2 点位于同一直径的两端，因此主应变位于互相垂直的方位上。主应变的数值为

$$\begin{cases} \varepsilon_1 = \varepsilon_{\max} = \overline{OC} + \overline{CA_1} = \dfrac{\varepsilon_x + \varepsilon_y}{2} + \sqrt{\left(\dfrac{\varepsilon_x - \varepsilon_y}{2}\right)^2 + \left(\dfrac{\gamma_{xy}}{2}\right)^2} \\[4mm] \varepsilon_2 = \varepsilon_{\min} = \overline{OC} - \overline{CA_2} = \dfrac{\varepsilon_x + \varepsilon_y}{2} - \sqrt{\left(\dfrac{\varepsilon_x - \varepsilon_y}{2}\right)^2 + \left(\dfrac{\gamma_{xy}}{2}\right)^2} \end{cases} \tag{7-12}$$

主应变的方位由下式确定：

$$\tan 2\alpha_0 = -\frac{\overline{E_xF}}{\overline{CF}} = -\frac{\gamma_{xy}}{\varepsilon_x - \varepsilon_y} \tag{7-13}$$

对于各向同性材料，在线弹性、小变形情况下，一点的主应力方向与主应变方向是一致的。

应变圆上 G 点的纵坐标最大，由此推知，在与主应变成45°的方向上，产生最大切应变，其值为

$$\gamma_{\max} = \sqrt{(\varepsilon_x - \varepsilon_y)^2 + \gamma_{xy}^2} \tag{7-14}$$

应当指出，上述应变分析是建立在几何关系的基础上，因此，所得各结论适合于任何小变形问题，而与材料的力学性质无关。

7.5.4　由一点处三个方向的线应变求主应变

由式（7-12）、式（7-13）可知，要求一点处的主应变及其方向，应首先求得该点处的三个应变分量 ε_x、ε_y 和 γ_{xy}。用电阻应变仪测线应变比较简单，而切应变则不容易测量。因此，在应变实测时，一般先测出一点处在三个选定方向 α_1、α_2、α_3 上的线应变 ε_{a_1}、ε_{a_2} 和 ε_{a_3}（图 7-25），

然后再由任意方向的线应变公式(7-10)得出以下三式:

$$\begin{cases} \varepsilon_{a_1} = \dfrac{\varepsilon_x + \varepsilon_y}{2} + \dfrac{\varepsilon_x - \varepsilon_y}{2}\cos2\alpha_1 - \dfrac{\gamma_{xy}}{2}\sin2\alpha_1 \\[2mm] \varepsilon_{a_2} = \dfrac{\varepsilon_x + \varepsilon_y}{2} + \dfrac{\varepsilon_x - \varepsilon_y}{2}\cos2\alpha_2 - \dfrac{\gamma_{xy}}{2}\sin2\alpha_2 \\[2mm] \varepsilon_{a_3} = \dfrac{\varepsilon_x + \varepsilon_y}{2} + \dfrac{\varepsilon_x - \varepsilon_y}{2}\cos2\alpha_3 - \dfrac{\gamma_{xy}}{2}\sin2\alpha_3 \end{cases} \tag{7-15}$$

在以上三式中,ε_{a_1}、ε_{a_2} 和 ε_{a_3} 已直接测出,为已知量,解此方程组,可求得该点处的 ε_x、ε_y 和 γ_{xy},然后由式(7-12)和式(7-13)即可求出主应变的大小和方向。实际测量时,可把 α_1、α_2、α_3 取为便于计算的数值。例如,将三个应变片的方向分别选为 $\alpha_1 = 0°$,$\alpha_2 = 45°$,$\alpha_3 = 90°$,得到图 7-26 所示的直角应变花。将 $\alpha_1 = 0°$,$\alpha_2 = 45°$,$\alpha_3 = 90°$代入式(7-15),有

$$\varepsilon_{0°} = \varepsilon_x, \quad \varepsilon_{45°} = \frac{1}{2}(\varepsilon_x + \varepsilon_y - \gamma_{xy}), \quad \varepsilon_{90°} = \varepsilon_y$$

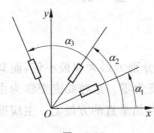
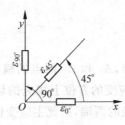
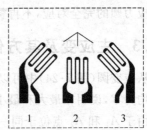

图 7-25   图 7-26

于是可解得

$$\gamma_{xy} = \varepsilon_{0°} + \varepsilon_{90°} - 2\varepsilon_{45°}$$

将求得的 ε_x、ε_y 和 γ_{xy} 代入式(7-12)和式(7-13),即可求得一点处的主应变及其方向:

$$\left.\begin{array}{c}\varepsilon_{\max} \\ \varepsilon_{\min}\end{array}\right\} = \frac{\varepsilon_{0°} + \varepsilon_{90°}}{2} \pm \frac{\sqrt{2}}{2}\sqrt{(\varepsilon_{0°} - \varepsilon_{45°})^2 + (\varepsilon_{45°} - \varepsilon_{90°})^2} \tag{7-16}$$

$$\tan2\alpha_0 = \frac{2\varepsilon_{45°} - \varepsilon_{0°} - \varepsilon_{90°}}{\varepsilon_{0°} - \varepsilon_{90°}} \tag{7-17}$$

求出主应变后,即可根据应力和应变之间的关系求得主应力。

7.6 广义胡克定律

在讨论单向拉伸或单向压缩时,根据实验结果,曾得到线弹性范围内应力与应变的关系为

$$\sigma = E\varepsilon \quad \text{或} \quad \varepsilon = \frac{\sigma}{E} \tag{a}$$

这就是胡克定律。此外,轴向的变形还将引起横向尺寸的变化,横向应变 ε' 可表示为

$$\varepsilon' = -\mu\frac{\sigma}{E} \tag{b}$$

在纯剪切的情况下,实验结果表明,当切应力不超过剪切比例极限时,切应力和切应变之间

的关系服从剪切胡克定律。即

$$\tau = G\gamma, \quad \text{或} \quad \gamma = \frac{\tau}{G} \tag{c}$$

下面进一步研究复杂应力状态下的应力和应变的关系——广义胡克定律。

7.6.1　广义胡克定律

从受力构件中取出的主单元体如图 7-27 所示,其三对主平面上的主应力分别为 σ_1、σ_2、σ_3。在线弹性、小变性条件下,可以将这个三向应力状态看成是由三个单向应力状态叠加而成。只要分别求出这三个单向应力状态沿主应力方向的线应变,然后叠加起来,就可以得到三向应力状态下沿三个主应力方向的线应变——主应变 ε_1、ε_2、ε_3。

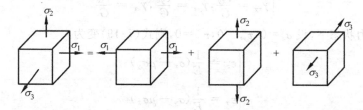

图　7-27

当单元体只受 σ_1 作用时,沿三个主应力方向的线应变分别为

$$\varepsilon_1' = \frac{\sigma_1}{E}, \quad \varepsilon_2' = -\mu\frac{\sigma_1}{E}, \quad \varepsilon_3' = -\mu\frac{\sigma_1}{E}$$

同理,当单元体分别只受 σ_2 和 σ_3 作用时,沿三个主应力方向的线应变分别为

$$\varepsilon_1'' = -\mu\frac{\sigma_2}{E}, \quad \varepsilon_2'' = \frac{\sigma_2}{E}, \quad \varepsilon_3'' = -\mu\frac{\sigma_2}{E}$$

$$\varepsilon_1''' = -\mu\frac{\sigma_3}{E}, \quad \varepsilon_2''' = -\mu\frac{\sigma_3}{E}, \quad \varepsilon_3''' = \frac{\sigma_3}{E}$$

三个主应力共同作用时,沿三个方向的主应变可运用叠加原理求得,即

$$\begin{cases} \varepsilon_1 = \dfrac{1}{E}[\sigma_1 - \mu(\sigma_2 + \sigma_3)] \\[2mm] \varepsilon_2 = \dfrac{1}{E}[\sigma_2 - \mu(\sigma_3 + \sigma_1)] \\[2mm] \varepsilon_3 = \dfrac{1}{E}[\sigma_3 - \mu(\sigma_1 + \sigma_2)] \end{cases} \tag{7-18}$$

上式称为**广义胡克定律**。式中的主应力 σ_1、σ_2、σ_3 取代数值,求得的主应变也为代数值。结果为正,表示伸长,为拉应变;反之表示缩短,为压应变。

与主应力情况类似,各主应变之间的关系为 $\varepsilon_1 \geqslant \varepsilon_2 \geqslant \varepsilon_3$,表明单元体沿所有方向的线应变中,最大值为沿 σ_1 方向的线应变 ε_1,即

$$\varepsilon_{\max} = \varepsilon_1$$

当单元体各面上既有正应力,又有切应力作用(见图 7-28)

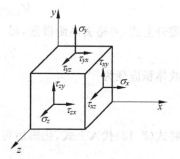

图　7-28

时,可以看作是三组单向应力和三组纯剪切的组合,单元体将同时产生线应变和切应变。由弹性理论可以证明:对于各向同性材料,当变形很小且在线弹性范围时,线应变只与正应力有关,与切应力无关;切应变只与切应力有关,而与正应力无关。于是,分别研究这两类关系,并利用(a)、(b)、(c)三式,得到广义胡克定律的一般表达式为

$$
\begin{cases}
\varepsilon_x = \dfrac{1}{E}\left[\sigma_x - \mu(\sigma_y + \sigma_z)\right] \\[2mm]
\varepsilon_y = \dfrac{1}{E}\left[\sigma_y - \mu(\sigma_z + \sigma_x)\right] \\[2mm]
\varepsilon_z = \dfrac{1}{E}\left[\sigma_z - \mu(\sigma_x + \sigma_y)\right] \\[2mm]
\gamma_{xy} = \dfrac{\tau_{xy}}{G},\ \gamma_{yz} = \dfrac{\tau_{yz}}{G},\ \gamma_{zx} = \dfrac{\tau_{zx}}{G}
\end{cases}
\tag{7-19}
$$

在平面应力状态下,设 $\sigma_z = 0, \tau_{yz} = 0, \tau_{zx} = 0$,则式(7-19)变为

$$
\begin{cases}
\varepsilon_x = \dfrac{1}{E}(\sigma_x - \mu\sigma_y) \\[2mm]
\varepsilon_y = \dfrac{1}{E}(\sigma_y - \mu\sigma_x) \\[2mm]
\varepsilon_z = -\dfrac{\mu}{E}(\sigma_x + \sigma_y) \\[2mm]
\gamma_{xy} = \dfrac{\tau_{xy}}{G}
\end{cases}
\tag{7-20}
$$

7.6.2　体积应变

构件受力变形后,其体积通常会发生变化。单位体积的体积变化称为**体积应变**。设图 7-29 中单元体各棱边的长度分别为 dx、dy 和 dz。变形前单元体的体积为

$$V_0 = dx\,dy\,dz$$

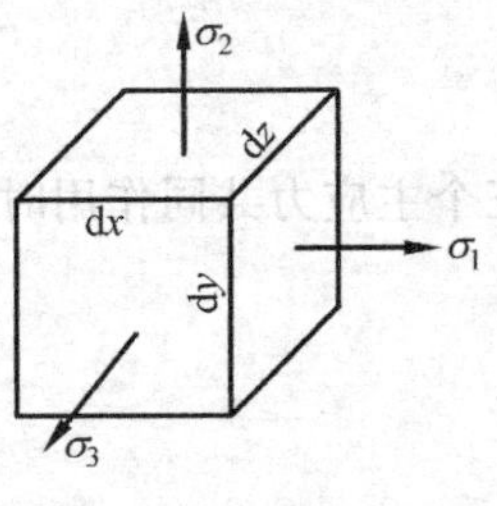

变形后各棱边分别变为

$$dx + \varepsilon_1 dx = (1 + \varepsilon_1)dx$$
$$dy + \varepsilon_2 dy = (1 + \varepsilon_2)dy$$
$$dz + \varepsilon_3 dz = (1 + \varepsilon_3)dz$$

于是变形后的体积为

$$V_1 = dx\,dy\,dz(1 + \varepsilon_1)(1 + \varepsilon_2)(1 + \varepsilon_3)$$

展开上式,并略去高阶微量,得

$$V_1 = dx\,dy\,dz(1 + \varepsilon_1 + \varepsilon_2 + \varepsilon_3)$$

故体积应变为

$$\theta = \frac{V_1 - V_0}{V_0} = \varepsilon_1 + \varepsilon_2 + \varepsilon_3 \tag{7-21}$$

将式(7-18)代入上式,化简后可得

$$\theta = \frac{1 - 2\mu}{E}(\sigma_1 + \sigma_2 + \sigma_3) \tag{7-22}$$

图　7-29

引入记号

$$K = \frac{E}{3(1-2\mu)}, \quad \sigma_{m} = \frac{1}{3}(\sigma_1 + \sigma_2 + \sigma_3)$$

则式(7-22)变为

$$\theta = \frac{3(1-2\mu)}{E} \frac{\sigma_1 + \sigma_2 + \sigma_3}{3} = \frac{\sigma_m}{K} \tag{7-23}$$

式中，K 称为**体积弹性模量**；σ_m 是三个主应力的平均值，称为**平均应力**。由式(7-23)可以看出，单元体的体积应变 θ 只与三个主应力之和有关，而与三个主应力之间的比例无关。

对于平面纯剪切应力状态，$\sigma_1 = \tau$，$\sigma_2 = 0$，$\sigma_3 = -\tau$，主应力之和为零，故体积应变 θ 等于零，没有体积改变，即在小变形条件下，切应力不引起各向同性材料的体积改变。因此，在图 7-28 所示的一般空间应力状态下，体积应变只与三个线应变 ε_x、ε_y、ε_z 有关。于是，可类似可推出

$$\theta = \frac{1-2\mu}{E}(\sigma_x + \sigma_y + \sigma_z) \tag{7-24}$$

即，在任意形式的应力状态下，各向同性材料内一点处的体积应变与切应力无关，与通过该点的任意三个相互垂直平面上的正应力之和成正比。

【例 7-8】 边长为 $a = 10\text{mm}$ 的钢质立方体无间隙地放入宽、深均为 10mm 的槽形刚体内，如图 7-30(a)所示。若立方体顶面承受压力 $F = 15\text{kN}$，试求钢质立方体的主应力和主应变。已知钢的弹性模量 $E = 200\text{GPa}$，泊松比 $\mu = 0.3$。

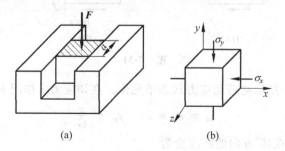

(a)　　　　　(b)

图 7-30

解： 钢质立方体在压力 F 作用下，y 面上受到的压应力为

$$\sigma_y = -\frac{F}{A} = -\frac{F}{a^2} = -\frac{15 \times 10^3}{10 \times 10 \times 10^{-6}} = -150 \times 10^6 (\text{Pa}) = -150 (\text{MPa})$$

因为钢质立方体在 z 方向无任何约束，所以沿 z 方向可以自由伸长，故 $\sigma_z = 0$。另外，沿 x 方向变形受阻，同时引起侧向压应力 σ_x（图 7-30(b)）。因此有变形条件：

$$\varepsilon_x = \frac{1}{E}[\sigma_x - \mu(\sigma_y + \sigma_z)] = 0$$

所以

$$\sigma_x = \mu\sigma_y = 0.3 \times (-150) = -45 (\text{MPa})$$

故钢质立方体的三个主应力为

$$\sigma_1 = 0, \quad \sigma_2 = -45\text{MPa}, \quad \sigma_3 = -150\text{MPa}$$

沿主应力方向的主应变为

$$\varepsilon_1 = \varepsilon_z = \frac{1}{E}[\sigma_1 - \mu(\sigma_2 + \sigma_3)]$$

$$= \frac{1}{200 \times 10^9}[0 - 0.3(-45 \times 10^6 - 150 \times 10^6)]$$

$$= 292.5 \times 10^{-6}$$

$$\varepsilon_2 = \varepsilon_x = \frac{1}{E}[\sigma_2 - \mu(\sigma_3 + \sigma_1)] = 0$$

$$\varepsilon_3 = \varepsilon_y = \frac{1}{E}[\sigma_3 - \mu(\sigma_1 + \sigma_2)]$$

$$= \frac{1}{200 \times 10^9}[(-150 \times 10^6) - 0.3(0 - 45 \times 10^6)]$$

$$= -682.5 \times 10^{-6}$$

【例 7-9】 试证明各向同性材料的三个弹性常数之间有下列关系:

$$G = \frac{E}{2(1 + \mu)}$$

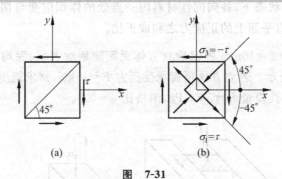

图 7-31

解: 取图 7-31(a)所示纯剪切应力状态单元体。在切应力 τ 作用下,其应变为

$$\varepsilon_x = \varepsilon_y = 0, \quad \gamma_{xy} = \frac{\tau}{G}$$

由式(7-10)得单元体在45°方向的线应变为

$$\varepsilon_{45°} = -\frac{\gamma_{xy}}{2} = -\frac{\tau}{2G} \tag{a}$$

根据应力状态分析知,在 $-45°$ 和45°方向分别产生主应力 $\sigma_1 = \tau$ 和 $\sigma_3 = -\tau$,而 $\sigma_2 = 0$。所以由广义胡克定律可知

$$\varepsilon_{45°} = \varepsilon_3 = \frac{1}{E}(\sigma_3 - \mu\sigma_1) = -\frac{(1 + \mu)}{E}\tau \tag{b}$$

比较式(a)与式(b),得

$$G = \frac{E}{2(1 + \mu)}$$

7.7 复杂应力状态下的应变能密度

单向应力状态下,当应力 σ 和应变 ε 成线性关系时,弹性体的应变能密度为

$$v_\varepsilon = \frac{1}{2}\sigma\varepsilon = \frac{\sigma^2}{2E} = \frac{E\varepsilon^2}{2} \tag{a}$$

在复杂应力状态下,弹性体的应变能在数值上仍等于外力所做的功,且应变能的大小只取决于外力的最终数值,而与加力顺序无关。为便于分析,假设三个主应力按相同的比例由零开始增加到最终值,在线弹性情况下,每一个主应力与相应的主应变之间仍保持线性关系,因而与每一主应力相应的应变能密度仍可按式(a)计算。于是三向应力状态下的应变能密度为

$$v_\varepsilon = \frac{1}{2}\sigma_1\varepsilon_1 + \frac{1}{2}\sigma_2\varepsilon_2 + \frac{1}{2}\sigma_3\varepsilon_3 \tag{b}$$

将广义胡克定律式(7-18)代入上式,整理后得

$$v_\varepsilon = \frac{1}{2E}\left[\sigma_1^2 + \sigma_2^2 + \sigma_3^2 - 2\mu(\sigma_1\sigma_2 + \sigma_2\sigma_3 + \sigma_3\sigma_1)\right] \tag{7-25}$$

在一般情况下,单元体的变形一方面表现为体积的改变,另一方面表现为形状的改变,即由正方体变为长方体。因此,应变能密度 v_ε 也被认为是由两部分组成:①因体积改变而储存的应变能密度 v_V。体积变化是指单元体的棱边变形相等,变形后仍为正方体,只是体积发生变化的情况。v_V 称为**体积改变能密度**。②体积不变,但由正方体改变为长方体而储存的应变能密度 v_d。v_d 称为**畸变能密度**。由此

$$v_\varepsilon = v_V + v_d \tag{c}$$

下面计算 v_V 和 v_d。

将图 7-32(a)所示的主单元体分解为图 7-32(b)、(c)所示两种单元体的叠加。

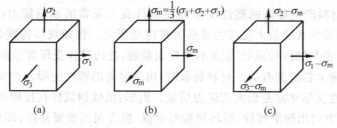

图　7-32

在图 7-32(b)中,单元体各面上的应力均为平均应力,故单元体的形状不变,仅发生体积改变,且其三个主应力之和与图 7-32(a)所示单元体的三个主应力之和相等,故其应变能密度就是图 7-32(a)所示单元体的体积改变能密度。将 $\sigma_m = \frac{1}{3}(\sigma_1 + \sigma_2 + \sigma_3)$ 代入式(7-25)后,得

$$v_V = \frac{1}{2E}\left[\sigma_m^2 + \sigma_m^2 + \sigma_m^2 - 2\mu(\sigma_m^2 + \sigma_m^2 + \sigma_m^2)\right]$$

$$= \frac{3(1-2\mu)}{2E}\sigma_m^2 = \frac{1-2\mu}{6E}(\sigma_1 + \sigma_2 + \sigma_3)^2 \tag{7-26}$$

图 7-32(c)所示单元体的三个主应力之和为零,故其体积不变,仅发生形状改变。其应变能密度就是图 7-32(a)所示单元体的畸变能密度。将式(7-25)中的 σ_1、σ_2、σ_3 分别用 $(\sigma_1 - \sigma_m)$、$(\sigma_2 - \sigma_m)$、$(\sigma_3 - \sigma_m)$ 代替,经整理简化后得

$$v_d = \frac{1+\mu}{6E}\left[(\sigma_1 - \sigma_2)^2 + (\sigma_2 - \sigma_3)^2 + (\sigma_3 - \sigma_1)^2\right] \tag{7-27}$$

7.8　强度理论

7.8.1　强度理论的概念

构件在轴向拉伸和压缩时,危险点处于单向应力状态,其强度条件为

$$\sigma \leqslant [\sigma], \quad [\sigma] = \frac{\sigma_{u}}{n}$$

式中的 σ_{u} 为材料破坏时的极限应力。对于塑性材料,通常以屈服极限 σ_{s}(或 $\sigma_{0.2}$)作为极限应力;对于脆性材料,则以强度极限 σ_{b} 作为极限应力。这些极限应力都是直接由轴向拉伸(压缩)实验测定的,因而在单向应力状态下的强度条件不仅容易建立,而且切实可行。

然而,工程中许多构件的危险点处于复杂应力状态。对任一种复杂应力状态,通过实验固然可以测出材料在主应力 σ_1、σ_2、σ_3 保持某种比值时的极限应力,但复杂应力状态中应力的组合方式及每种方式中三个主应力之间的比值有无穷多种,如果像单向应力状态一样,靠实验来确定极限应力,建立强度条件,就必须对各式各样的应力状态——进行实验,确定极限应力,然后建立强度条件,这显然是难以做到的。所以需要寻找新的途径,利用简单应力状态的实验结果来建立复杂应力状态下的强度条件。

通过长期的实践、观察和分析,人们发现,尽管材料的破坏现象各不相同,但材料破坏的基本形式却只有两种类型:一类是在没有明显的塑性变形情况下发生突然断裂,称为脆性断裂;另一类是材料产生显著的塑性变形而使构件丧失正常的承载能力,称为塑性屈服。许多试验表明,断裂常常是最大拉应力或最大拉应变所致。例如灰口铸铁试样拉伸时沿横截面断裂,扭转时沿与轴线约成45°倾角的螺旋面断裂,柱砖试样受压时沿纵截面断裂,即均与最大拉应力或最大拉应变有关。材料屈服时,出现显著的塑性变形。许多试验表明,屈服或出现显著的塑性变形常常是最大切应力所致。例如,低碳钢试样在拉伸屈服时,在其表面与轴线约成45°的方向出现滑移线,扭转屈服时沿纵、横方向出现滑移线,即均与最大切应力有关。

根据上述两类形式的破坏现象,人们在长期的生产实践中综合分析了材料的破坏现象和资料,进一步探讨了引起这些破坏的原因,经过分析、推理,对导致材料破坏的主要原因提出了各种不同的观点和假说,认为材料之所以按某种方式破坏,是危险点处的拉应力、拉应变、最大切应力或畸变能密度等因素中的某一因素引起的。按照这类假说,不论是简单应力状态还是复杂应力状态,引起破坏的因素是相同的,从而可以利用简单应力状态下的试验结果,建立复杂应力状态下危险点的强度条件。这类关于材料破坏的主要原因的观点和假说,称为**强度理论**。

强度理论是根据一定的试验资料提出的推测材料破坏原因的一些假说,它正确与否,适用于什么情况,必须由生产实践来检验。事实上,也正是在反复实践的基础上,强度理论才得以日趋完善和发展。

目前常用的强度理论都是针对均匀、连续、各向同性材料在常温、静载条件下工作时提出的。由于材料的多样性和应力状态的复杂性,一种强度理论经常是适合这类材料却不适合另一类材料,适合一般应力状态却不适合特殊应力状态,所以现有的强度理论还不能说已经圆满地解决了所有的强度问题。随着材料科学和工程技术的不断进步,强度理论的研究

也在进一步的深入和发展。

这里只介绍工程中常用的四种强度理论和莫尔强度理论。

7.8.2　常用的四种强度理论

材料的破坏形式主要有两种,即屈服和断裂。强度理论也相应地分为两大类:一类是解释材料脆性断裂破坏的,包括最大拉应力理论和最大拉应变理论;另一类是解释材料塑性屈服破坏的,包括最大切应力理论和畸变能密度理论。

1. 最大拉应力理论(第一强度理论)

这一理论认为,引起材料断裂破坏的主要因素是最大拉应力。即不论材料处于何种应力状态,只要最大拉应力 σ_1 达到材料单向拉伸时最大拉应力的极限值 σ_b,材料就发生脆性断裂破坏。于是,材料发生断裂破坏的条件是

$$\sigma_1 = \sigma_b \tag{a}$$

引入安全因数 n 以后,得第一强度理论的强度条件

$$\sigma_1 \leqslant [\sigma] \tag{7-28}$$

式中,$[\sigma] = \dfrac{\sigma_b}{n}$,为单向拉伸时材料的许用应力。

试验表明,该理论能较好地解释砖石、玻璃、铸铁等脆性材料的破坏现象。但它没有考虑另外两个主应力的影响,对不存在拉应力的情况则不能应用。

2. 最大拉应变理论(第二强度理论)

这一理论认为,引起材料断裂破坏的主要因素是最大拉应变。即不论材料处于何种应力状态,只要最大拉应变 ε_1 达到材料单向拉伸时最大拉应变的极限值 ε_u,材料就发生脆性断裂破坏。于是,材料发生断裂破坏的条件是

$$\varepsilon_1 = \varepsilon_u \tag{b}$$

在单向拉伸时,假设材料断裂时应力和应变仍服从胡克定律,则拉断时拉应变的极限值为 $\varepsilon_u = \dfrac{\sigma_b}{E}$。在复杂应力状态下,根据广义胡克定律,$\varepsilon_1 = \dfrac{1}{E}[\sigma_1 - \mu(\sigma_2 + \sigma_3)]$,所以式(b)改写为

$$\sigma_1 - \mu(\sigma_2 + \sigma_3) = \sigma_b \tag{c}$$

将 σ_b 除以安全因数 n 得许用应力 $[\sigma]$,于是得第二强度理论的强度条件为

$$\sigma_1 - \mu(\sigma_2 + \sigma_3) \leqslant [\sigma] \tag{7-29}$$

该理论能较好地解释石料、混凝土等脆性材料受轴向压缩时沿纵向截面开裂的现象,铸铁受拉-压二向应力且压应力较大时,实验结果也与这一理论大致符合。从形式上看,它既考虑了 σ_1 又考虑到 σ_2 和 σ_3 对脆性断裂的影响,但由于只与少数脆性材料在某些特殊受力形式下的实验结果相吻合,所以目前已较少采用。

3. 最大切应力理论(第三强度理论)

这一理论认为,引起材料屈服破坏的主要因素是最大切应力。即不论材料处于何种应力状态,只要最大切应力 τ_{max} 达到材料单向拉伸屈服时最大切应力的极限值 τ_u,材料就发生

塑性屈服破坏。于是，材料发生屈服破坏的条件是

$$\tau_{max} = \tau_u \tag{d}$$

在单向拉伸时，当横截面上的正应力达到屈服极限 σ_s 时，45°斜截面上的最大切应力达到极限值 $\tau_u = \dfrac{\sigma_s}{2}$。而复杂应力状态下最大切应力为 $\tau_{max} = \dfrac{\sigma_1 - \sigma_3}{2}$。故式(d)改写为

$$\sigma_1 - \sigma_3 = \sigma_s \tag{e}$$

将 σ_s 除以安全因数 n，就得到第三强度理论的强度条件

$$\sigma_1 - \sigma_3 \leqslant [\sigma] \tag{7-30}$$

该理论比较圆满地解释了塑性材料的屈服现象，与许多塑性材料在大多数受力情况下发生屈服的实验结果相当符合，在工程中得到了广泛应用。但它没有考虑主应力 σ_2 的影响，而实验表明，σ_2 对材料的破坏确实存在一定影响。

4. 畸变能密度理论（第四强度理论）

这一理论认为，引起材料屈服破坏的主要因素是畸变能密度。即不论材料处于何种应力状态，只要畸变能密度 v_d 达到材料单向拉伸屈服时畸变能密度的极限值 v_{du}，材料就发生塑性屈服破坏。于是，材料发生屈服破坏的条件是

$$v_d = v_{du} \tag{f}$$

在单向拉伸时，屈服应力为 σ_s，即 $\sigma_1 = \sigma_s$，$\sigma_2 = 0$，$\sigma_3 = 0$，由式(7-27)得畸变能密度的极限值为

$$v_{du} = \frac{1+\mu}{3E}\sigma_s^2$$

再利用式(7-27)可将上述屈服条件改写为

$$\sqrt{\frac{1}{2}\left[(\sigma_1 - \sigma_2)^2 + (\sigma_2 - \sigma_3)^2 + (\sigma_3 - \sigma_1)^2\right]} = \sigma_s \tag{g}$$

引入安全因数 n 以后，便得第四强度理论的强度条件

$$\sqrt{\frac{1}{2}\left[(\sigma_1 - \sigma_2)^2 + (\sigma_2 - \sigma_3)^2 + (\sigma_3 - \sigma_1)^2\right]} \leqslant [\sigma] \tag{7-31}$$

试验表明，对于塑性材料，第四强度理论比第三强度理论更符合试验结果。但由于第三强度理论的数学表达形式比较简单，因此，第三与第四强度理论在工程中均得到广泛应用。

由上述四个强度理论的强度条件可以看出，当根据强度理论建立构件的强度条件时，形式上都是将主应力的某一综合值与材料单向拉伸许用应力进行比较，即将复杂应力状态强度问题表示为单向应力状态强度问题。主应力的上述综合值称为**相当应力**，即在促使材料破坏或失效方面，与复杂应力状态应力等效的单向应力，用 σ_r 表示相当应力。于是上述四个强度理论的强度条件表达式可统一写成

$$\sigma_r \leqslant [\sigma] \tag{7-32}$$

四个强度理论的相当应力分别为

$$\begin{cases} \sigma_{r1} = \sigma_1 \\ \sigma_{r2} = \sigma_1 - \mu(\sigma_2 + \sigma_3) \\ \sigma_{r3} = \sigma_1 - \sigma_3 \\ \sigma_{r4} = \sqrt{\dfrac{1}{2}\left[(\sigma_1 - \sigma_2)^2 + (\sigma_2 - \sigma_3)^2 + (\sigma_3 - \sigma_1)^2\right]} \end{cases} \tag{7-33}$$

需要注意的是,相当应力 σ_r 只是按不同的强度理论得出的主应力综合值,并不是真正存在的应力。

以上介绍的四个强度理论,都是随着生产的发展和科学技术的进步在实践中总结出来的,因此它们都有各自的适用范围。一般情况下,脆性材料通常发生脆性断裂破坏,宜采用第一或第二强度理论;塑性材料通常发生塑性屈服破坏,宜采用第三或第四强度理论。

但是也应注意到,材料的破坏形式固然与材料的性质有关,但同时还与其工作条件(所处的应力状态形式、温度以及加载速度等)有关。例如,在三向压缩的情况下,铸铁等脆性材料也可能产生显著的塑性变形;而在三向近乎等拉的应力作用下,钢等塑性材料也只可能发生脆性断裂破坏。因此,把塑性材料和脆性材料理解为材料处于塑性状态或脆性状态更为确切。为此,无论是塑性材料或脆性材料,在接近三向等拉的情况下,都将发生脆性断裂破坏,宜采用第一强度理论;在接近三向等压的情况下,都将发生塑性屈服破坏,宜采用第三或第四强度理论。

【例 7-10】 如图 7-33 所示单元体是一种工程中常见的单元体。试用第三和第四强度理论建立相应的强度条件。

解: 由式(7-4)得最大和最小正应力分别为

图 7-33

$$\left.\begin{array}{c}\sigma_{\max}\\\sigma_{\min}\end{array}\right\} = \frac{\sigma}{2} \pm \sqrt{\left(\frac{\sigma}{2}\right)^2 + \tau^2}$$

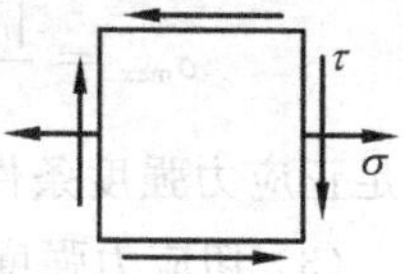

可见,三个主应力为

$$\sigma_1 = \frac{\sigma}{2} + \sqrt{\left(\frac{\sigma}{2}\right)^2 + \tau^2}, \quad \sigma_2 = 0, \quad \sigma_3 = \frac{\sigma}{2} - \sqrt{\left(\frac{\sigma}{2}\right)^2 + \tau^2}$$

根据第三强度理论,由式(7-30)得

$$\sigma_{r3} = \sqrt{\sigma^2 + 4\tau^2} \leqslant [\sigma] \tag{7-34}$$

根据第四强度理论,由式(7-31)得

$$\sigma_{r4} = \sqrt{\sigma^2 + 3\tau^2} \leqslant [\sigma] \tag{7-35}$$

在这种应力状态下,无论 σ 和 τ 数值如何,始终有 $\sigma_1 > 0$,$\sigma_3 < 0$,且相当应力的值不因 σ 和 τ 的符号改变而变化。

【例 7-11】 如图 7-34(a)所示钢梁为 20a 工字钢。已知其材料的许用应力 $[\sigma] = 150\text{MPa}$,$[\tau] = 95\text{MPa}$,试校核此梁的强度。

解:(1) 确定危险截面

绘梁的剪力图和弯矩图如图 7-34(b)、(c)所示。易知

$$|F_S|_{\max} = 100\text{kN}, \quad |M|_{\max} = 32\text{kN} \cdot \text{m}$$

所以,C、D 两截面为梁的危险截面。任选 C 截面进行校核。

(2) 正应力强度校核

由型钢表查得 20a 工字钢的截面尺寸如图 7-34(d)所示。$I_z = 2370\text{cm}^4$,$W_z = 237\text{cm}^3$,$\dfrac{I_z}{S_{z\max}^*} = 17.2\text{cm}$。

在梁 C 截面的上、下边缘点处有

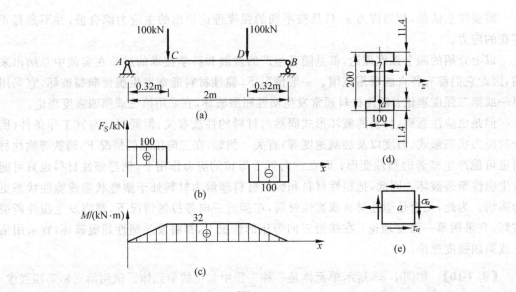

图　7-34

$$\sigma_{\max} = \frac{|M|_{\max}}{W_z} = \frac{32 \times 10^3}{237 \times 10^{-6}} = 135 \times 10^6 (\text{Pa}) = 135 (\text{MPa}) < [\sigma]$$

满足正应力强度条件。

（3）切应力强度校核

在梁 C 截面的中性轴上各点处有

$$\tau_{\max} = \frac{|F_S|_{\max} S^*_{z\max}}{bI_z} = \frac{|F_S|_{\max}}{bI_z/S^*_{z\max}} = \frac{100 \times 10^3}{7 \times 10^{-3} \times 17.2 \times 10^{-2}}$$
$$= 83.1 \times 10^6 (\text{Pa}) = 83.1 (\text{MPa}) < [\tau]$$

满足切应力强度条件。

（4）校核翼缘和腹板交界点处的主应力

由于 C 截面翼缘和腹板交界点处的正应力和切应力都比较大，其主应力数值可能较大，应进行**主应力校核**。围绕 a 点取单元体如图 7-34(e) 所示。根据 20a 号工字钢截面简化后的尺寸（图 7-34(d)）和上面查得的 I_z，求得 C 截面上 a 点的正应力 σ_a 和切应力 τ_a 分别为

$$\sigma_a = \frac{|M|_{\max} y_a}{I_z} = \frac{32 \times 10^3 \times (100 - 11.4) \times 10^{-3}}{2370 \times 10^{-8}}$$
$$= 119.6 \times 10^6 (\text{Pa}) = 119.6 (\text{MPa})$$

$$\tau_a = \frac{|F_S|_{\max} S^*_{z(a)}}{bI_z} = \frac{100 \times 10^3 \times \left[100 \times 11.4 \times \left(100 - \frac{11.4}{2}\right)\right] \times 10^{-9}}{7 \times 10^{-3} \times 2370 \times 10^{-8}}$$
$$= 64.8 \times 10^6 (\text{Pa}) = 64.8 (\text{MPa})$$

由第四强度理论，将 σ_a、τ_a 之值代入式 (7-35) 得

$$\sigma_{r4} = \sqrt{\sigma_a^2 + 3\tau_a^2} = \sqrt{119.6^2 + 3 \times 64.8^2} = 164 (\text{MPa}) > [\sigma]$$

并且 $\dfrac{\sigma_{r4} - [\sigma]}{[\sigma]} \times 100\% = 9.3\% > 5\%$，说明梁原有截面不能满足要求，需改用较大截面。

若改用 20b 工字钢，再按上述方法算得 a 点处的 $\sigma_{r4} = 141\text{MPa} < [\sigma]$，因此 20b 工字钢才能满足工作要求。

【例 7-12】　圆筒式封闭薄容器如图 7-35(a)所示。已知其所受内压强为 p，容器内径为 D，壁厚为 $t(t \ll D)$，材料的许用应力为 $[\sigma]$。试按第四强度理论建立容器的强度条件。

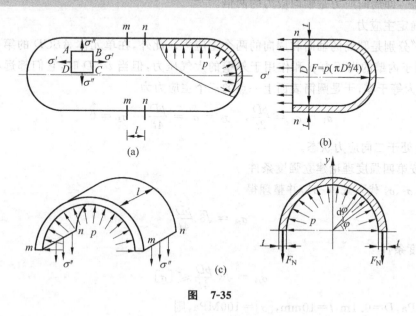

图　7-35

解：(1) 正应力分析

由于圆筒本身的形状和所受内压都对称于轴线，故圆筒只发生沿轴向的伸长和以轴线对称的径向扩张。因此圆筒的横截面和纵向截面上只有拉应力而无切应力。

围绕圆筒表面上任一点取单元体 $ABCD$ 如图 7-35(a)所示。

先求轴向应力 σ'。由截面法在 n—n 处将筒切开(图 7-35(b))，由轴向平衡条件 $\sum F_x = 0$，得

$$\sigma' \cdot \pi D t = F = p \cdot \frac{\pi D^2}{4}$$

故得轴向应力

$$\sigma' = \frac{pD}{4t} \tag{7-36}$$

再求纵截面上的正应力 σ''。用相距为 l 的两个横截面和包含直径的纵截面从圆筒中截取一部分(图 7-35(c))。筒壁纵截面上有均匀分布的正应力 σ''，则内力为

$$F_N = \sigma'' t l$$

在这部分圆筒内壁的微面积 $l \cdot \dfrac{D}{2}\mathrm{d}\varphi$ 上，压力为 $pl \cdot \dfrac{D}{2}\mathrm{d}\varphi$，它在 y 方向的投影为 $pl \cdot \dfrac{D}{2}\mathrm{d}\varphi \cdot \sin\varphi$。积分后得该投影总和为

$$\int_0^\pi pl \cdot \frac{D}{2}\mathrm{d}\varphi \cdot \sin\varphi = plD$$

由平衡方程 $\sum F_y = 0$，得

$$2\sigma''tl - plD = 0$$

所以

$$\sigma'' = \frac{pD}{2t} \tag{7-37}$$

可见 $\sigma'' = 2\sigma'$，即周向应力是轴向应力的两倍。

（2）确定主应力

σ' 和 σ'' 分别是圆筒的轴向和周向的两个主应力。此外，在单元体 $ABCD$ 的第三个方向上，有作用于内壁的内压力 p 和作用于外壁的大气压力，但当 $t \ll D$ 时，它们都远小于 σ' 和 σ''，可以认为等于零，于是圆筒表面上一点的三个主应力为

$$\sigma_1 = \sigma'' = \frac{pD}{2t}, \quad \sigma_2 = \sigma' = \frac{pD}{4t}, \quad \sigma_3 = 0$$

可见，该点处于二向应力状态。

（3）按第四强度理论建立强度条件

将 σ_1、σ_2、σ_3 代入式（7-31）并整理得

$$\sigma_{r4} = \sqrt{3}\,\frac{pD}{4t}$$

于是有强度条件

$$\sigma_{r4} = \sqrt{3}\,\frac{pD}{4t} \leqslant [\sigma]$$

若 $p = 3\text{MPa}$，$D = 0.1\text{m}$，$t = 10\text{mm}$，$[\sigma] = 100\text{MPa}$，则

$$\sigma_{r4} = \sqrt{3}\,\frac{pD}{4t} = \sqrt{3} \times \frac{3 \times 10^6 \times 0.1}{4 \times 10 \times 10^{-3}}$$
$$= 13.0 \times 10^6 (\text{Pa}) = 13.0 (\text{MPa}) < [\sigma]$$

可见圆筒满足强度条件。

【例 7-13】 试按强度理论建立纯剪切应力状态的强度条件，并寻求剪切许用应力 $[\tau]$ 与拉伸许用应力 $[\sigma]$ 之间的关系。

解： 我们知道，纯剪切应力状态的三个主应力分别是

$$\sigma_1 = \tau, \quad \sigma_2 = 0, \quad \sigma_3 = -\tau$$

剪切的强度条件为

$$\tau \leqslant [\tau] \tag{a}$$

对脆性材料，按第一强度理论

$$\sigma_{r1} = \sigma_1 = \tau \leqslant [\sigma]$$

与式（a）比较得

$$[\tau] = [\sigma] \tag{b}$$

按第二强度理论

$$\sigma_{r2} = \sigma_1 - \mu(\sigma_2 + \sigma_3) = (1 + \mu)\tau \leqslant [\sigma]$$

一般脆性材料，泊松比 $\mu = 0.2 \sim 0.25$，上式与式（a）比较后得

$$[\tau] = (0.8 \sim 0.83)[\sigma] \tag{c}$$

对塑性材料，按第三强度理论

$$\sigma_{r3} = \sigma_1 - \sigma_3 = 2\tau \leqslant [\sigma]$$

与式(a)比较得

$$[\tau] = 0.5[\sigma] \tag{d}$$

按第四强度理论

$$\sigma_{r4} = \sqrt{\frac{1}{2}\left[(\sigma_1-\sigma_2)^2 + (\sigma_2-\sigma_3)^2 + (\sigma_3-\sigma_1)^2\right]}$$
$$= \sqrt{\frac{1}{2}(\tau^2 + \tau^2 + 4\tau^2)}$$
$$= \sqrt{3}\,\tau \leqslant [\sigma]$$

与式(a)比较得

$$[\tau] = 0.577[\sigma] \approx 0.6[\sigma] \tag{e}$$

综上所述,工程上一般采用的剪切许用应力为

脆性材料 $[\tau] = (0.8 \sim 1)[\sigma]$

塑性材料 $[\tau] = (0.5 \sim 0.6)[\sigma]$

7.8.3 莫尔强度理论

莫尔强度理论并不简单地假设材料的破坏是由某个因素(如应力、应变或应变能密度)达到其极限值而引起的,它是以各种应力状态下材料的破坏试验结果为依据,并采用某种简化后建立起来的。

在 7.4 节中曾指出,代表一点处应力状态中最大正应力和最大切应力的点均在由 σ_1、σ_3 所确定的最大应力圆上。因此莫尔强度理论认为材料是否破坏取决于三向应力圆中的最大应力圆,而不必考虑中间主应力 σ_2 对材料强度的影响。

如图 7-36 所示,根据同一材料在各种应力状态下破坏时的主应力 σ_1 和 σ_3 所作的一系列应力圆,就代表在极限应力状态下的应力圆,这种破坏时的最大应力圆称为**极限应力圆**。于是可以作出这些极限应力圆的包络线 ABC,根据此包络线即可判断材料是否发生破坏。包络线与材料的性质有关,不同的材料包络线不一样;但对同一种材料它是唯一的。

对于某一给定的应力状态 σ_1、σ_2、σ_3,如果由 σ_1 和 σ_3 所确定的应力圆在上述包络线内,则材料不会发生破坏;如与包络线相切或相交,则材料发生破坏。所以,上述包络线 ABC 即失效边界线。

在实际应用中,为了利用有限的试验数据便可近似地确定包络线,常以单向拉伸和单向压缩的两个极限应力圆的公切线代替包络线,如图 7-37 所示。

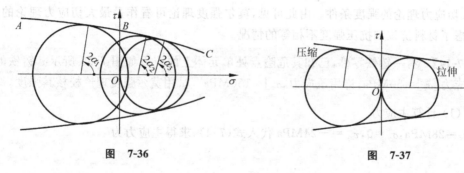

图 7-36   图 7-37

为了进行强度计算,还应该引进适当的安全因数。于是可用材料在单向拉伸和单向压缩时的许用拉应力$[\sigma_t]$和许用压应力$[\sigma_c]$分别作出单向拉伸和单向压缩时的许用应力圆,并作两圆的公切线 ML,如图 7-38 所示。于是,如果由主应力 σ_1、σ_3 所作的应力圆在该公切线之内,则这样的应力状态是安全的。当应力圆与公切线相切时,即得相应的许用应力圆。

在图 7-38 中,由主应力 σ_1、σ_3 所作的许用应力圆与公切线 ML 相切于 K 点。σ_1 和 σ_3 的值与材料的$[\sigma_t]$和$[\sigma_c]$间的关系就可通过图中的几何关系确定。由图 7-38 可以看出

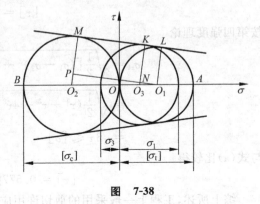

图　7-38

$$\frac{\overline{O_3N}}{\overline{O_2P}} = \frac{\overline{O_3O_1}}{\overline{O_2O_1}} \qquad (a)$$

其中

$$\begin{cases} \overline{O_3N} = \overline{O_3K} - \overline{O_1L} = \dfrac{\sigma_1 - \sigma_3}{2} - \dfrac{[\sigma_t]}{2} \\[2mm] \overline{O_2P} = \overline{O_2M} - \overline{O_1L} = \dfrac{[\sigma_c]}{2} - \dfrac{[\sigma_t]}{2} \\[2mm] \overline{O_3O_1} = \overline{O_1O} - \overline{O_3O} = \dfrac{[\sigma_t]}{2} - \dfrac{\sigma_1 + \sigma_3}{2} \\[2mm] \overline{O_2O_1} = \overline{O_1O} + \overline{O_2O} = \dfrac{[\sigma_t]}{2} + \dfrac{[\sigma_c]}{2} \end{cases} \qquad (b)$$

将式(b)代入式(a),经化简后得出

$$\sigma_1 - \frac{[\sigma_t]}{[\sigma_c]}\sigma_3 = [\sigma_t] \qquad (c)$$

此即 σ_1 和 σ_3 的许用值应满足的条件。若将其改为实际构件中危险点处的工作应力值,则相应的强度条件为

$$\sigma_1 - \frac{[\sigma_t]}{[\sigma_c]}\sigma_3 \leqslant [\sigma_t] \qquad (7\text{-}38)$$

由上式知,莫尔强度理论的相当应力为

$$\sigma_{rM} = \sigma_1 - \frac{[\sigma_t]}{[\sigma_c]}\sigma_3 \qquad (7\text{-}39)$$

对抗拉和抗压强度相等的材料,$[\sigma_t]=[\sigma_c]$,式(7-38)化为

$$\sigma_1 - \sigma_3 \leqslant [\sigma]$$

此即最大切应力理论的强度条件。由此可见,莫尔强度理论可看作是最大切应力理论的发展,它考虑了材料抗拉和抗压强度不相等的情况。

【例 7-14】 有一铸铁零件,已知其危险点处单元体上的应力如图 7-39 所示。铸铁的许用拉应力$[\sigma_t]=50$MPa,许用压应力$[\sigma_c]=150$MPa。试用莫尔强度理论校核其强度。

解:(1) 计算主应力

将 $\sigma_x=28$MPa,$\sigma_y=0$,$\tau_{xy}=-24$MPa 代入式(7-4),求得主应力为

$$\left.\begin{array}{c}\sigma_1\\\sigma_3\end{array}\right\}=\frac{\sigma_x}{2}\pm\sqrt{\left(\frac{\sigma_x}{2}\right)^2+\tau_{xy}^2}=\frac{28}{2}\pm\sqrt{\left(\frac{28}{2}\right)^2+(-24)^2}$$

$$=\left\{\begin{array}{r}41.8\\-13.8\end{array}\right.(\text{MPa})$$

$$\sigma_2=0$$

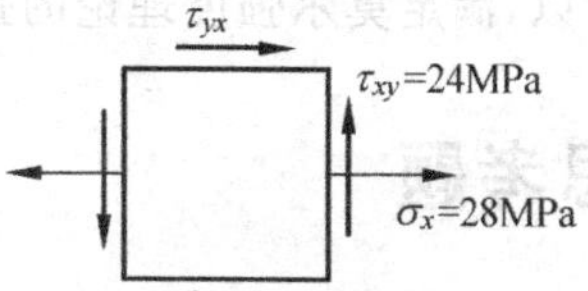

图　7-39

（2）强度校核

由式（7-38）得

$$\sigma_{rM}=\sigma_1-\frac{[\sigma_t]}{[\sigma_c]}\sigma_3=41.8-\frac{50}{150}\times(-13.8)=46.4(\text{MPa})<[\sigma_t]$$

所以此零件是安全的。

【例 7-15】　T 形截面铸铁梁的载荷和截面如图 7-40 所示。梁截面 B 上，弯矩为 $M=-4\text{kN}\cdot\text{m}$，剪力为 $F_S=-6.5\text{kN}$。铸铁的抗拉许用应力为 $[\sigma_t]=30\text{MPa}$，抗压许用应力为 $[\sigma_c]=160\text{MPa}$。试用莫尔强度理论校核该截面翼缘与腹板交界点 b 处的强度。已知截面对形心轴 z 的惯性矩为 $I_z=763\times10^4\text{mm}^4$。

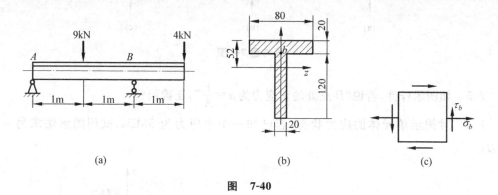

图　7-40

解：（1）计算 b 点的正应力和切应力

$$\sigma_b=\frac{My_b}{I_z}=\frac{4\times10^3\times(52-20)\times10^{-3}}{763\times10^4\times10^{-12}}=16.8\times10^6(\text{Pa})=16.8(\text{MPa})$$

$$\tau_b=\frac{F_S S_{z(b)}^*}{bI_z}=\frac{6.5\times10^3\times80\times20\times(52-10)\times10^{-9}}{20\times10^{-3}\times763\times10^4\times10^{-12}}$$

$$=2.86\times10^6(\text{Pa})=2.86(\text{MPa})$$

（2）计算 b 点的主应力

截面 B 上，b 点的单元体如图 7-40(c)所示。其主应力为

$$\left.\begin{array}{c}\sigma_1\\\sigma_3\end{array}\right\}=\frac{\sigma_x}{2}\pm\sqrt{\left(\frac{\sigma_x}{2}\right)^2+\tau_{xy}^2}=\frac{16.8}{2}\pm\sqrt{\left(\frac{16.8}{2}\right)^2+(-2.86)^2}=\left\{\begin{array}{r}17.3\\-0.47\end{array}\right.(\text{MPa})$$

（3）强度校核

由式（7-38）得

$$\sigma_{rM}=\sigma_1-\frac{[\sigma_t]}{[\sigma_c]}\sigma_3=17.3-\frac{30}{160}(-0.47)=17.4(\text{MPa})<[\sigma_t]$$

所以,满足莫尔强度理论的强度条件。

思考题

7-1 何谓一点处的应力状态?为什么要研究一点处的应力状态?如何研究一点处的应力状态?

7-2 "单向应力状态有一个主平面,二向应力状态有两个主平面",正确吗?

7-3 何谓单向应力状态和二向应力状态?圆轴受扭时,轴表面各点处于何种应力状态?梁受横力弯曲时,梁顶、梁底及其他各点处于何种应力状态?

7-4 三个单元体各面上的应力分量如图所示。它们是否均处于二向应力状态?

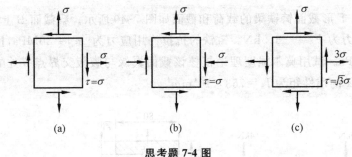

(a)　　　　　　(b)　　　　　　(c)

思考题 7-4 图

7-5 如图示杆件,若说"B 点处的正应力为 $\sigma = \dfrac{F}{A}$",正确吗?

7-6 对图示单元体的应力状态,若已知一个主应力为 5MPa,试用图解法求另一主应力。

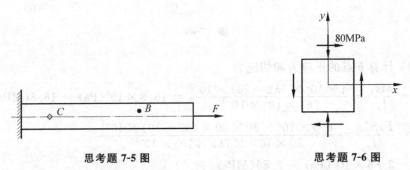

思考题 7-5 图　　　　　　思考题 7-6 图

7-7 在何种情况下,平面应力状态下的应力圆符合以下特征?

(1) 一个点圆;(2) 圆心在圆点;(3) 与 τ 轴相切。

7-8 下列关于应力状态的论述中,(　　)是正确的,(　　)是错误的。

(A) 正应力为零的截面上,切应力为极大或极小值;

(B) 切应力为零的截面上,正应力为极大或极小值;

(C) 切应力为极大和极小值的截面上,正应力总是大小相等、符号相反;

(D) 若一点在任何截面上的正应力都相等,则任何截面上的切应力都为零;

(E) 若一点在任何截面上的切应力都为零,则任何截面上的正应力都相等;

（F）若一点在任何截面上的正应力都为零,则任何截面上的切应力都相等;

（G）若两个截面上的切应力大小相等,符号相反,则这两个截面必定互相垂直;

（H）切应力为极大和极小值的截面总是互相垂直的;

（I）正应力为极大和极小值的截面总是互相垂直的。

7-9　在图示二向应力状态单元体中,若已知其主应变为 ε_1 和 ε_2,弹性模量为 E,泊松比为 μ。

（1）证明其主应力为

$$\sigma_1 = \frac{E}{1-\mu^2}(\varepsilon_1 + \mu\varepsilon_2)$$

$$\sigma_2 = \frac{E}{1-\mu^2}(\varepsilon_2 + \mu\varepsilon_1)$$

（2）其第三个方向的主应变 ε_3,能否按下式计算?

$$\varepsilon_3 = -\mu(\varepsilon_1 + \varepsilon_2)$$

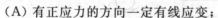

思考题 **7-9** 图

7-10　在复杂应力状态下,下列判断中错误的是（　　　）。

（A）有正应力的方向一定有线应变;

（B）有线应变的方向一定有正应力;

（C）没有正应力的方向一定没有线应变;

（D）没有线应变的方向一定没有正应力。

7-11　材料为 A3 钢,屈服极限为 $\sigma_s = 235\text{MPa}$ 的构件内有图示 5 种应力状态(应力单位为 MPa)。试根据第三强度理论分别求出它们的安全因数。

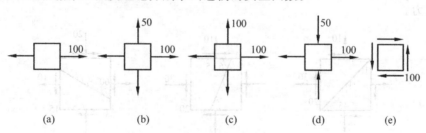

思考题 **7-11** 图

7-12　塑性材料制成的构件中,有图(a)和图(b)所示的两种应力状态。若两者的 σ 和 τ 数值分别相等,试按第四强度理论分析比较两者的危险程度。

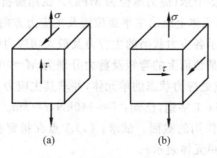

思考题 **7-12** 图

7-13 在一般应力状态下的单元体,既有体积改变,又有形状改变,什么应力状态只产生体积改变? 什么应力状态只产生形状改变?

习题

7-1 构件受力如图所示。(1)确定危险点的位置;(2)用单元体表示危险点的应力状态。

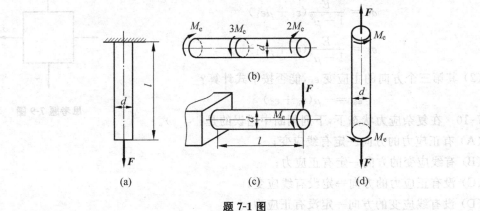

题 7-1 图

7-2 已知应力状态如图所示(应力单位为 MPa),试用解析法及图解法计算指定斜截面上的应力。

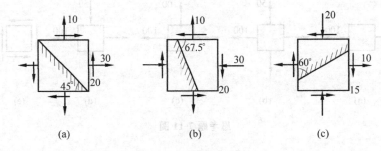

题 7-2 图

7-3 已知应力状态如图所示(应力单位为 MPa)。试用解析法及图解法求:(1)主应力大小,主平面位置;(2)在单元体上绘出主平面位置及主应力方向;(3)最大切应力。

7-4 试用解析法求图示各应力状态的主应力及最大切应力(应力单位为 MPa)。

7-5 已知矩形截面梁某截面上的弯矩及剪力分别为 $M=10\text{kN}\cdot\text{m}$,$F_s=120\text{kN}$,试绘出表示截面上 1、2、3、4 各点处应力状态的单元体,并求其主应力。

7-6 图示简支梁为 36a 工字钢,已知:$F=140\text{kN}$,$l=4\text{m}$。A 点所在截面位于集中力 F 的左侧,且无限接近 F 力作用的截面。试求:(1)A 点在指定斜截面上的应力;(2)A 点的主应力及主平面位置(用单元体表示)。

7-7 图示五个平面应力状态的应力圆,试在主单元体上画出相应的主应力,并注明数值。

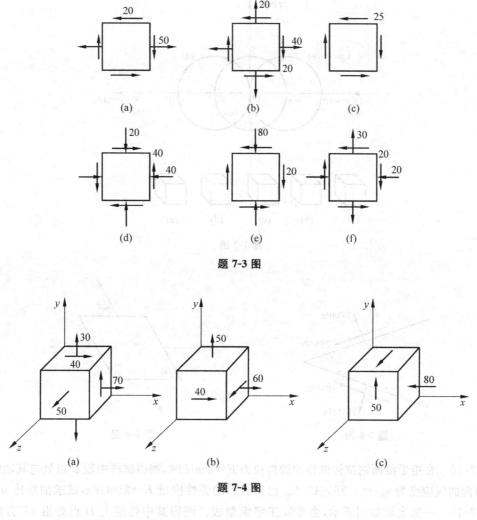

题 7-3 图

题 7-4 图

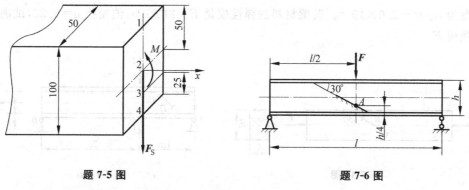

题 7-5 图   题 7-6 图

7-8 已知平面应力状态下某点处的两个截面上的应力如图所示。试求该点处的主应力数值及主平面位置,并求出此两截面间的夹角 α。

7-9 图示一菱形单元体,作用在各截面上的应力为 p,试问 p 是不是主应力?为什么?若不是,求主应力的大小和主平面的位置。

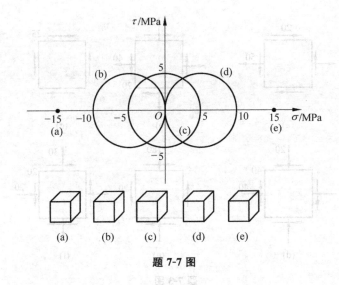

题 7-7 图

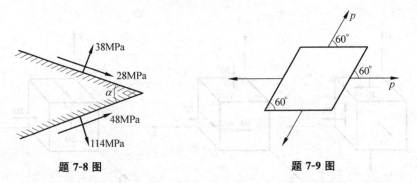

题 7-8 图　　　　　　　　题 7-9 图

7-10　在矩形截面钢拉伸试样的轴向拉力 $F=20$kN 时,测得试样中段 B 点处与其轴线成 30°方向的线应变为 $\varepsilon_{30°}=3.25\times10^{-4}$。已知材料的弹性模量 $E=210$GPa,试求泊松比 μ。

7-11　一简支梁如图所示,由 28a 工字钢制成。测得其中性层上 D 点处沿 45°方向的线应变为 $\varepsilon_{45°}=-2.6\times10^{-5}$。若梁材料的弹性模量 $E=210$GPa,泊松比 $\mu=0.28$,试确定梁上的载荷 F。

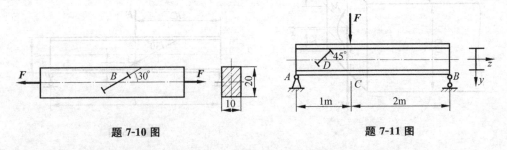

题 7-10 图　　　　　　　　题 7-11 图

7-12　图示板件,处于纯剪切应力状态。试计算沿对角线 AC 与 BD 方位的线应变 $\varepsilon_{45°}$ 与 $\varepsilon_{-45°}$ 以及沿板厚方向的线应变 ε_z。材料的弹性常数 E 与 μ 均为已知。

7-13　如图示受扭圆轴,今测得圆轴表面 K 点处与轴线成 30°方向的线应变 $\varepsilon_{30°}$,试求外力偶矩 M_e。已知圆轴直径 d、弹性模量 E 和泊松比 μ。

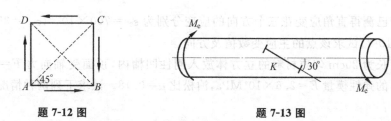

| 题 7-12 图 | 题 7-13 图 |

7-14　某轴承受轴向拉力和扭转力偶的联合作用,在表面 C 点处,沿与轴线成 $45°$ 方向测得线应变为 $\varepsilon_{45°}=-2.24\times10^{-4}$。若已知轴的直径 $d=200\text{mm}$,材料的 $E=200\text{GPa}$,$\mu=0.28$,拉力 $F=251\text{kN}$,试求轴所受的力偶矩 M_e。

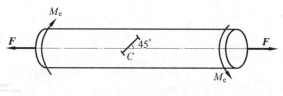

题 7-14 图

7-15　图示矩形截面杆,承受轴向载荷 F 作用,试求与轴线成 $45°$ 方向的线段 $\overline{AB}$ 的长度改变量 Δl_{AB}。设截面尺寸 b、h 及材料的弹性常数 E、μ 均为已知。

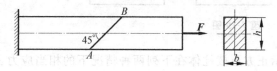

题 7-15 图

7-16　在构件表面某点 O 处,沿 $0°$、$45°$和 $90°$方位粘贴三个应变片,测得该三方位的线应变分别为 $\varepsilon_{0°}=450\times10^{-6}$,$\varepsilon_{45°}=350\times10^{-6}$,$\varepsilon_{90°}=100\times10^{-6}$,该点处于平面应力状态。试求该点处的应力 σ_x、σ_y 和 τ_{xy}。已知材料的弹性模量 $E=200\text{GPa}$,泊松比 $\mu=0.3$。

7-17　等角应变花如图所示,三个应变片的角度分别为 $\alpha_1=0°$,$\alpha_2=60°$,$\alpha_3=120°$。试证明主应变的数值及方向由以下公式计算:

$$\begin{cases} \varepsilon_{\max} \\ \varepsilon_{\min} \end{cases} = \frac{\varepsilon_{0°}+\varepsilon_{60°}+\varepsilon_{120°}}{3} \pm \frac{\sqrt{2}}{3}\sqrt{(\varepsilon_{0°}-\varepsilon_{60°})^2+(\varepsilon_{60°}-\varepsilon_{120°})^2+(\varepsilon_{120°}-\varepsilon_{0°})^2}$$

$$\tan2\alpha_0=\frac{\sqrt{3}(\varepsilon_{60°}-\varepsilon_{120°})}{2\varepsilon_{0°}-\varepsilon_{60°}-\varepsilon_{120°}}$$

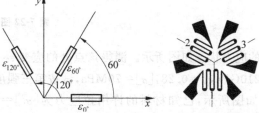

题 7-17 图

7-18　若已测得直角应变花三个方向的应变分别为 $\varepsilon_{0^\circ}=700\times10^{-6}$，$\varepsilon_{45^\circ}=350\times10^{-6}$，$\varepsilon_{90^\circ}=-500\times10^{-6}$，试求该点的主应变数值及方向。

7-19　边长为 20cm 匀质材料的立方体放入刚性凹槽内，顶面受轴向力 $F=400$kN 作用。已知材料的弹性模量 $E=2.6\times10^4$MPa，泊松比 $\mu=0.18$。试求下列两种情况下立方体中产生的应力：

(1) 凹座的宽度正好是 20cm；

(2) 凹座的宽度均为 20.001cm。

7-20　图示单元体处于平面应力状态，已知 $\sigma_x=100$MPa，$\sigma_y=80$MPa，$\tau_{xy}=50$MPa。材料的弹性模量 $E=200$GPa，泊松比 $\mu=0.3$。试求线应变 ε_x、ε_y 与切应变 γ_{xy}，并计算 $\alpha=30^\circ$ 方位的线应变 ε_{30°。

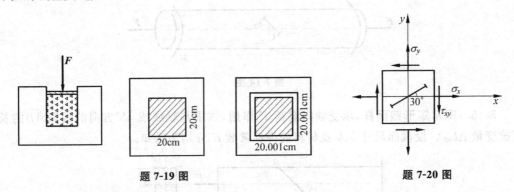

题 7-19 图　　　　　　　　　　　　题 7-20 图

7-21　试比较图示正方形棱柱体在下列两种情况下的相当应力 σ_{r_3}。弹性常数 E 与 μ 均为已知。

(1) 棱柱体自由受压；

(2) 棱柱体在刚性方模中受压。

7-22　应力单元体分别如题图 7-22(a)、(b)所示，试按最大切应力理论和畸变能密度理论分别计算其相当应力。

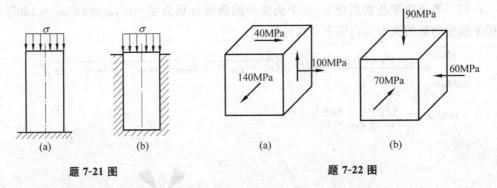

题 7-21 图　　　　　　　　　　　　题 7-22 图

7-23　已知危险点的应力状态如图所示。测得该点处的应变 $\varepsilon_{0^\circ}=\varepsilon_x=25\times10^{-6}$，$\varepsilon_{-45^\circ}=140\times10^{-6}$，材料的 $E=210$GPa，$\mu=0.28$，$[\sigma]=70$MPa，试按第三强度理论校核其强度。

7-24　设有单元体如图所示，已知材料的许用拉应力为 $[\sigma_t]=60$MPa，许用压应力为 $[\sigma_c]=180$MPa。试按莫尔强度理论校核其强度。

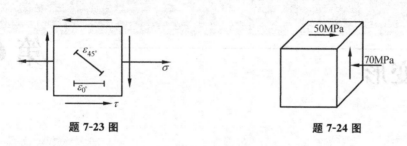

<table>
<tr><td>题 7-23 图</td><td>题 7-24 图</td></tr>
</table>

7-25　受内压力作用的一容器,其圆筒部分任意一点 A(图(a))处的应力状态如图(b)所示。当容器承受最大的内压力时,测得 A 点处的应变 $\varepsilon_x=1.88\times10^{-4}$,$\varepsilon_y=7.37\times10^{-4}$。已知容器材料的 $E=210\text{GPa}$,$\mu=0.3$,许用应力 $[\sigma]=170\text{MPa}$。试按第三强度理论校核 A 点的强度。

7-26　用低碳钢制成的实心圆截面杆,受轴向拉力 F 及扭转力偶矩 M_e 共同作用,且 $M_e=\frac{1}{10}Fd$。今测得圆杆表面 k 点处沿图示方向的线应变 $\varepsilon_{30°}=14.33\times10^{-5}$。已知杆直径 $d=10\text{mm}$,材料的 $E=200\text{GPa}$,$\mu=0.3$。试求载荷 F 和 M_e。若其许用应力 $[\sigma]=160\text{MPa}$,试按第四强度理论校核该杆的强度。

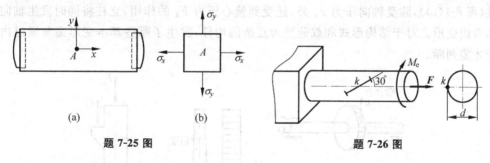

<table>
<tr><td>题 7-25 图</td><td>题 7-26 图</td></tr>
</table>

7-27　简支梁如图所示。已知 $F=200\text{kN}$,$q=10\text{kN/m}$,梁为 22a 号工字钢,许用应力 $[\sigma]=160\text{MPa}$。试按第三强度理论对梁作主应力校核。

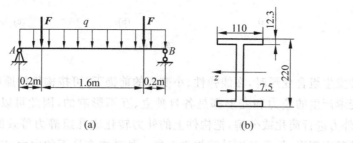

题 7-27 图

第8章

组合变形

8.1 组合变形的概念和实例

前面各章分别讨论了构件在轴向拉伸(压缩)、剪切、扭转及弯曲等基本变形时的强度和刚度计算。但在工程实际中,构件的受力情况很复杂,有很多构件在载荷作用下所发生的变形往往是两种或两种以上基本变形形式的组合,这种情况称为**组合变形**。例如,机械中的齿轮传动轴(图 8-1(a)),由于传递扭转力偶而发生扭转,同时还因横向外力的作用而发生弯曲;烟囱(图 8-1(b))除自重引起的轴向压缩外,还有水平风力引起的弯曲;厂房中的吊车立柱(图 8-1(c)),除受轴向压力 F_1 外,还受到偏心压力 F_2 的作用,立柱将同时发生轴向压缩和弯曲变形。对于结构形式和载荷更为复杂的构件,发生了哪些基本变形需要通过内力分析才能判断。

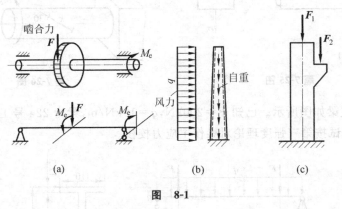

图 8-1

当构件发生组合变形时,在线弹性、小变形的前提下,可按构件的原始尺寸和形状计算,各种基本变形产生的应力和变形都是各自独立、互不影响的,因此可以运用叠加原理。于是,首先将外力进行简化或分解,把构件上的外力转化成几组静力等效的载荷,使每一组载荷对应一种基本变形,然后分别计算构件在每一种基本变形下的内力、应力或变形。最后利用叠加原理,综合考虑各基本变形的组合情况,以确定构件的危险截面、危险点的位置及危险点的应力状态,并据此进行强度计算。

若构件的组合变形超出了线弹性范围,或虽在线弹性范围内但变形较大,则不能按其原始尺寸和形状进行计算,必须考虑各基本变形之间的相互影响,而不能应用叠加原理。例如图 8-2 所示结构,当杆件的抗弯刚度 EI 较大时,弯曲变形很小(图 8-2(a)),此时杆件横截面上的弯矩按变形前的位置计算。于是轴向力 F 和横向力 q 互不影响,各自独立,叠加原理可以使用。反之,若杆件的抗弯刚度 EI 较小,弯矩应按变形后的位置计算(图 8-2(b)),则轴向力 F 除了引起杆件的轴向压缩变形外,还将产生弯矩 Fw,挠度 w 受 F 和 q 的共同影响,也即横向力 q 和轴向力 F 的作用不再是各自独立的。在这种情况下,即使杆件仍然是线弹性的,叠加原理也不能使用。

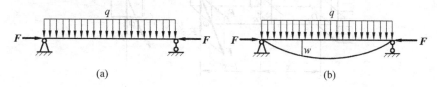

$$\text{图} \quad 8\text{-}2$$

8.2 斜弯曲

由弯曲理论已知,若杆件有一纵向对称面,且横向力都作用在此对称面内,则弯曲变形后中性轴与这一纵向对称面垂直,挠曲线是这个平面内的平面曲线,这就是平面弯曲。在实际工程结构中,作用于杆件上的横向力有时并不在其纵向对称面内。例如,屋面檩条倾斜地安置于屋顶桁架上(图 8-3),而所受铅垂向下的载荷就不在纵向对称面内。这种情况下,杆件将在相互垂直的两个纵向对称面内同时发生弯曲变形,变形后杆件轴线与外力不在同一纵向平面内,这种弯曲变形称为**斜弯曲**。

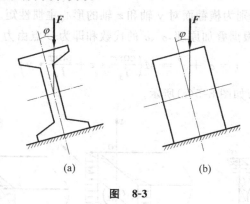

$$\text{图} \quad 8\text{-}3$$

8.2.1 应力计算

如图 8-4 所示矩形截面悬臂梁,当自由端的横向力 F 通过截面形心,且与铅垂对称轴成一倾斜角 φ 时,就会发生斜弯曲。

将力 F 沿 y、z 轴(即形心主惯性轴)分解,得

$$F_y = F\sin\varphi, \quad F_z = F\cos\varphi$$

F_y 使梁在水平对称面 xy 面内发生平面弯曲;F_z 使梁在铅垂对称面 xz 面内发生平面弯曲。所以梁在力 F 作用下发生的是两个相互垂直平面内的平面弯曲的组合变形——斜弯曲。

在梁的任意横截面 m—n 上,由 F_y 和 F_z 单独作用时所产生的弯矩分别为

$$M_z = F_y(l-x) = F\sin\varphi(l-x) = M\sin\varphi$$

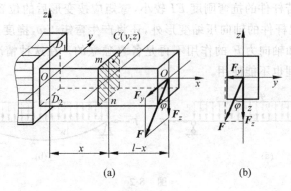

图   8-4

$$M_y = F_z(l-x) = F\cos\varphi(l-x) = M\cos\varphi$$

式中，$M=F(l-x)$，是横向力 F 在横截面 m—n 上所引起的弯矩。

在横截面 m—n 的任意点 $C(y,z)$ 处，由于在 xz 面内的平面弯曲引起的正应力为

$$\sigma' = \frac{M_y z}{I_y} = \frac{M\cos\varphi}{I_y} \cdot z \tag{a}$$

由于在 xy 面内的平面弯曲引起的正应力为

$$\sigma'' = \frac{M_z y}{I_z} = \frac{M\sin\varphi}{I_z} \cdot y \tag{b}$$

以上两式中的 I_y 和 I_z 分别为横截面对 y 轴和 z 轴的形心主惯性矩。横截面上 σ'、σ'' 的分布如图 8-5(a)、(b)所示。根据叠加原理，σ'、σ'' 的代数和即为 C 点由力 F 引起的总应力 σ：即

$$\sigma = \sigma' + \sigma'' = M\left(\frac{\cos\varphi}{I_y} \cdot z + \frac{\sin\varphi}{I_z} \cdot y\right) \tag{8-1}$$

横截面上总应力 σ 的分布如图 8-5(c)所示。

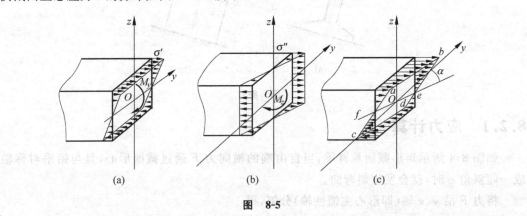

图   8-5

由于 C 点的 σ' 和 σ'' 均为拉应力，故取正号。在具体问题中，σ' 和 σ'' 的正负号可根据弯曲变形来直接判断。

式(8-1)表示一个平面方程，它反映了横截面上总应力的分布规律，即总应力在横截面上按平面分布(图 8-5(c))，平面 $abcd$ 称为应力平面。应力平面与原横截面的交线 ef 为一直线，其上各点的总应力为零，故 ef 为斜弯曲的中性轴(或称为零线)。显然，横截面上离中

性轴最远的点处应力最大。所以若要求得最大正应力,就要首先确定中性轴的位置。

8.2.2　中性轴的位置

因为中性轴上各点处的正应力等于零,所以若用 y_0、z_0 代表中性轴上任一点的坐标,则将 y_0 和 z_0 代入式(8-1)后,应有

$$\sigma = M\left(\frac{\cos\varphi}{I_y} \cdot z_0 + \frac{\sin\varphi}{I_z} \cdot y_0\right) = 0$$

故得中性轴方程为

$$\frac{\cos\varphi}{I_y} \cdot z_0 + \frac{\sin\varphi}{I_z} \cdot y_0 = 0 \tag{8-2}$$

可见,中性轴是通过截面形心的一条斜直线,如图 8-6 所示。它将截面分为受拉和受压两个区域。中性轴与 y 轴的夹角是

$$\tan\alpha = \frac{z_0}{y_0} = -\frac{I_y}{I_z}\tan\varphi \tag{c}$$

定出中性轴后,即可找出截面上应力最大的点。

在一般情况下,$I_y \neq I_z$,所以 $\alpha \neq \varphi$,即中性轴与外力作用平面不垂直。这与平面弯曲的情况完全不同。只有当 $\varphi = 0°$,$\varphi = 90°$ 或 $I_y = I_z$ 时,才有 $\alpha = \varphi$。显见,$\varphi = 0°$ 或 $\varphi = 90°$ 的情况就是平面弯曲,相应的中性轴就是 y 轴或 z 轴。若截面为正方形或圆形,则过形心的任一轴都是形心主惯性轴,且 $I_y = I_z$。此时,无论载荷作用在哪个形心主惯性平面内,均有 $\alpha = \varphi$,亦即中性轴与外力作用面垂直。此即表明,对于圆形、正方形等正多边形截面,只要外力通过截面形心,就只能在外力作用平面内发生平面弯曲,而不会发生斜弯曲。

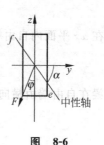

图　8-6

8.2.3　强度条件

进行强度计算时,需首先确定危险截面和危险截面上危险点的位置。对图 8-4 所示悬臂梁来说,固定端截面为危险截面,该截面的应力分布与图 8-5 相同。至于危险点,对于矩形这样的有棱角的截面来说,应是 M_y 及 M_z 引起的正应力都达到最大值的点。显然 D_1 和 D_2 就是这样的危险点,且 D_1 点有最大拉应力,D_2 点有最大压应力。此时不需要确定中性轴就可确定危险点的位置。因为 D_1、D_2 点均处于单向应力状态,所以若设 D_1、D_2 点的坐标分别为(y_1, z_1)和(y_2, z_2),且设材料的许用拉应力和许用压应力相等,则由式(8-1)得强度条件为

$$\sigma_{\max} = M_{\max}\left(\frac{\cos\varphi}{I_y} \cdot z_{1,2} + \frac{\sin\varphi}{I_z} \cdot y_{1,2}\right) = M_{\max}\left(\frac{\cos\varphi}{W_y} + \frac{\sin\varphi}{W_z}\right) \leqslant [\sigma] \tag{d}$$

式中,$M_{\max} = Fl$。

对于工程中常见的矩形、工字形等截面都有两个对称轴且具有突出棱角,此时的危险点为 D_1 和 D_2(图 8-7),且最大拉应力和最大压应力相等,可直接利用式(d)进行强度计算而无须确定中性轴的位置。对于图 8-8 所示的没有突出棱角的截面,必须首先由式(c)定出中性轴位置,再在截面周边上作平行于中性轴的切线,切点 D_1 和 D_2 就是危险点。

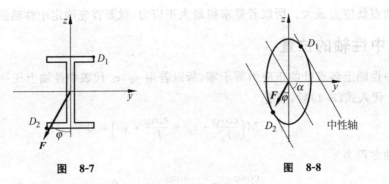

图 8-7　　　　　　　　　　图 8-8

8.2.4　变形计算

梁在斜弯曲时的变形也可用叠加原理计算。仍以上述悬臂梁为例。在 xy 平面内自由端因 F_y 而引起的挠度为

$$w_y = \frac{F_y l^3}{3EI_z} = \frac{F\sin\varphi \cdot l^3}{3EI_z}$$

在 xz 平面内自由端因 F_z 而引起的挠度为

$$w_z = \frac{F_z l^3}{3EI_y} = \frac{F\cos\varphi \cdot l^3}{3EI_y}$$

梁在自由端由横向力 F 引起的总挠度 w 就是 w_y 和 w_z 的矢量和（图 8-9），即

$$w = \sqrt{w_y^2 + w_z^2} \tag{e}$$

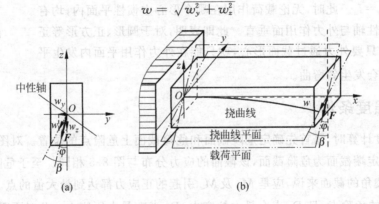

图 8-9

设总挠度 w 与 z 轴的夹角为 β，则

$$\tan\beta = \frac{w_y}{w_z} = \frac{I_y}{I_z}\tan\varphi \tag{f}$$

可见，对于 $I_y \neq I_z$ 的截面，$\beta \neq \varphi$。这就表明变形后梁的挠曲线与横向力 F 不在同一纵向平面内，这是斜弯曲与平面弯曲的本质区别。

对于圆形或正方形等正多边形截面，其 $I_y = I_z$，于是有 $\tan\beta = \tan\varphi$，$\beta = \varphi$。表明变形后梁的挠曲线与横向力 F 仍在同一纵向平面内，仍然是平面弯曲。这再次说明，若梁截面的 $I_y = I_z$，则横向力作用在通过截面形心的任何一个纵向平面内时，它总是发生平面弯曲，而不会发生斜弯曲。

比较式(c)和式(f)可见,中性轴与 y 轴的夹角 α 等于挠度与 z 轴的夹角 β。故梁在斜弯曲时,中性轴仍然垂直于挠度 w 所在平面。

若截面的 $I_y > I_z$,则 xOz 面是最大刚度平面,xOy 面是最小刚度平面。由式(f)可以看出,$\beta > \varphi$,即弯曲平面离开最大刚度平面的倾斜角大于外力平面所倾斜的角度。对于狭长截面来说,I_y/I_z 的值相当大,若用此种截面的梁来承受斜弯曲,即使载荷的作用线稍微偏离 z 轴(φ 值很小)时,也将在最小刚度平面 xOy 面内引起很大的挠度而使总挠度对 z 轴发生很大的偏离,这是非常不利的。因此,在那些很难估计载荷作用面与主轴平面是否重合的情况下,设计时应尽量避免采用这种 I_y 和 I_z 相差很大的截面,否则就应该采取一些结构上的辅助措施,以防止梁在斜弯曲时发生过大的侧向变形。

> **【例 8-1】**　桥式起重机大梁为 32a 工字钢,如图 8-10(a)所示,材料的许用应力$[\sigma]=$160MPa,梁长 $l=4$m。起重机小车行进时,由于惯性或其他原因,使载荷 F 的方向偏离铅垂纵向对称面一个角度 φ,若 $\varphi=15°$,$F=30$kN,试校核梁的强度。

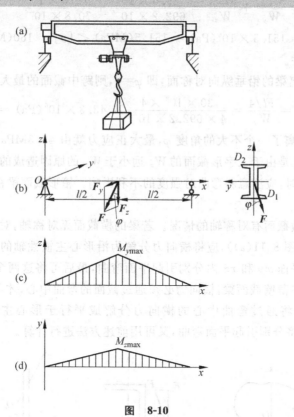

图　8-10

解：(1) 外力分析

当小车走到梁跨度中点时,吊车梁处于最不利的受力状态。将 F 沿主轴 y、z 分解,如图 8-10(b)所示,可得

$$F_y = F\sin\varphi = 30 \times \sin15° = 7.76\text{(kN)}$$

$$F_z = F\cos\varphi = 30 \times \cos15° = 29.0\text{(kN)}$$

F_y 和 F_z 将分别使梁在 xy 和 xz 平面内发生平面弯曲。

(2) 内力分析

任一横截面上，由 F_z 和 F_y 产生的弯矩分别为 M_y 和 M_z，弯矩图如图 8-10(c)、(d) 所示。显然，跨中截面为危险截面，其上的弯矩值分别为

$$M_{ymax} = \frac{F_z l}{4} = \frac{29.0 \times 4}{4} = 29.0 (\text{kN} \cdot \text{m})$$

$$M_{zmax} = \frac{F_y l}{4} = \frac{7.76 \times 4}{4} = 7.76 (\text{kN} \cdot \text{m})$$

(3) 强度计算

由型钢表查得 32a 工字钢的两个抗弯截面系数分别为

$$W_y = 692.2 \text{cm}^3, \quad W_z = 70.8 \text{cm}^3$$

显然，危险点为跨中截面上的尖角点 D_1 和 D_2 两点，D_1 有最大拉应力，D_2 有最大压应力，且两者数值相等，其数值为

$$\sigma_{max} = \frac{M_{ymax}}{W_y} + \frac{M_{zmax}}{W_z} = \frac{29.0 \times 10^3}{692.2 \times 10^{-6}} + \frac{7.76 \times 10^3}{70.8 \times 10^{-6}}$$

$$= 151.5 \times 10^6 (\text{Pa}) = 151.5 (\text{MPa}) < [\sigma] = 160 (\text{MPa})$$

故此梁满足强度条件。

若载荷 F 不偏离梁的铅垂纵向对称面，即 $\varphi = 0$，则跨中截面的最大正应力为

$$\sigma'_{max} = \frac{M_{max}}{W_y} = \frac{Fl/4}{W_y} = \frac{30 \times 10^3 \times 4}{4 \times 692.2 \times 10^{-6}} = 43.3 \times 10^6 (\text{Pa}) = 43.3 (\text{MPa})$$

可见，载荷方向仅偏离了一个不大的角度 φ，最大正应力就由 43.3MPa 变为 151.5MPa，竟增长了 2.5 倍。这正是由于工字形截面的 W_z 远小于 W_y 的原因造成的。因此，若梁截面的 W_z 和 W_y 相差较大时，应注意斜弯曲对强度的不利影响。箱形截面梁在这一点上就比单一工字钢优越。

以上讨论了梁横截面有对称轴的情况。若梁的横截面无对称轴，对实心截面梁，当横向力通过截面形心时（图 8-11(a)），应将横向力分解为沿形心主惯性轴的两个分量 F_y 和 F_z，它们在形心主惯性平面 xy 和 xz 内分别引起平面弯曲，最后可将这两个平面弯曲的应力和变形叠加。对于开口薄壁截面梁，横向力必须通过截面的弯曲中心，才不致引起扭转。因而对这类杆件来说，应将通过弯曲中心的横向力分解成平行于形心主惯性轴的两个分量（图 8-11(b)），它们将分别引起平面弯曲，又可用前述方法进行计算。

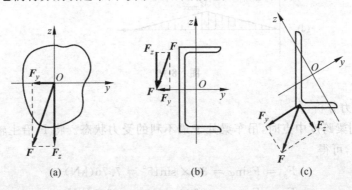

(a)　　　　　　　　(b)　　　　　　　　(c)

图 8-11

8.3 拉伸(压缩)与弯曲的组合

如果作用在杆件上的外力除了横向力外还有轴向拉(压)力,则杆件将发生弯曲与拉伸(压缩)的组合变形。对于抗弯刚度 EI 较大的杆,由于横向力引起的挠度很小,因此,轴向拉(压)力所引起的弯矩可以忽略不计,即认为轴向力和横向力对杆件的作用是互相独立的,叠加原理仍然可以应用。

现以承受横向均布载荷 q 与轴向载荷 F 作用的直杆为例(图 8-12(a)),说明弯曲与拉伸(压缩)组合时杆件的强度计算方法。

由图可知,轴向载荷 F 使杆发生轴向拉伸变形,各横截面的轴力均为 $F_N = F$;横向载荷 q 使杆发生弯曲变形,跨度中点横截面的弯矩最大,且 $M_{max} = \dfrac{1}{8}ql^2$。所以杆件发生弯曲与拉伸的组合变形,跨度中点横截面为危险截面,该截面上同时作用有轴力与最大弯矩(图 8-12(b))。

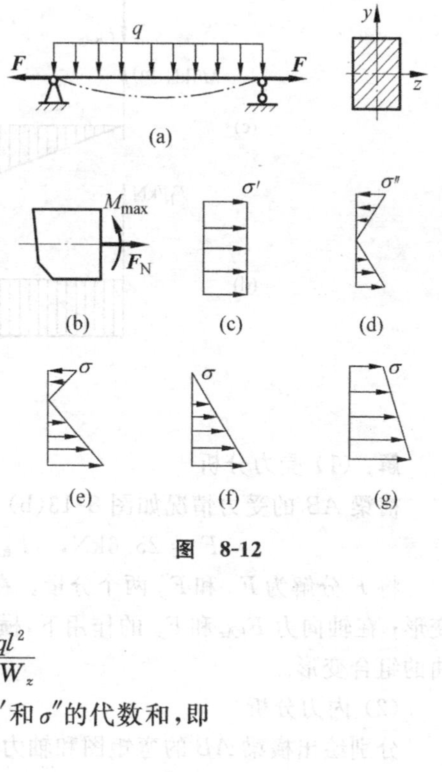

在危险截面上,与轴力 F_N 对应的正应力 σ' 在横截面上均匀分布(图 8-12(c)),其值为

$$\sigma' = \frac{F_N}{A} = \frac{F}{A}$$

与弯矩 M_{max} 对应的正应力 σ'' 沿截面高度线性分布(图 8-12(d)),纵坐标为 y 处的弯曲正应力为

$$\sigma'' = \frac{M_{max}y}{I_z}$$

图 8-12

在截面的上、下边缘点取得 σ'' 的最大值为

$$\sigma_M = \frac{M_{max}}{W_z} = \frac{ql^2}{8W_z}$$

根据叠加原理,危险截面上任一点的总应力 σ 应为 σ' 和 σ'' 的代数和,即

$$\sigma = \sigma' + \sigma''$$

叠加后正应力 σ 沿截面高度的分布情况分别如图 8-12(e)、(f)或(g)所示,取决于 σ' 和 σ_M 值的相对大小。显然,杆件的最大正应力是危险截面下边缘各点处的拉应力,且危险点处于单向应力状态。故杆件的强度条件为

$$\sigma_{max} = \frac{F_N}{A} + \frac{M_{max}}{W_z} \leqslant [\sigma] \tag{8-3}$$

当材料的许用拉应力和许用压应力不相等,而且横截面上总应力分布为图 8-12(e)时,则必须对危险截面上的最大拉应力和最大压应力分别进行强度计算。具体计算时,不要照搬式(8-3),应根据具体 M_{max} 的方向、F_N 的正负以及与它们对应的应力分布,采用叠加法直接计算最大拉应力和最大压应力。

【例 8-2】 简易摇臂吊车如图 8-13(a)所示,已知最大吊重 $W = 8$kN,$\alpha = 30°$,横梁 AB 由两根槽钢组成,许用应力 $[\sigma] = 120$MPa,试按正应力强度条件选择槽钢型号。

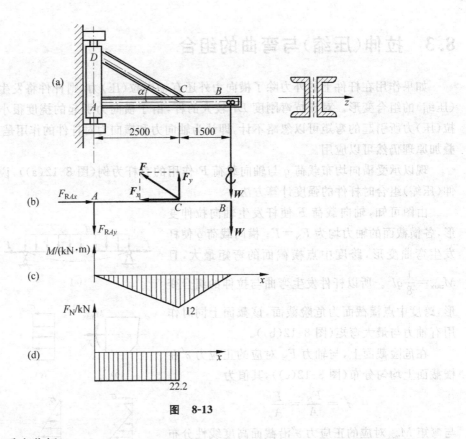

图 8-13

解：（1）受力分析

横梁 AB 的受力情况如图 8-13(b) 所示。由平衡方程求得

$$F = 25.6\text{kN}, \quad F_{RAx} = 22.2\text{kN}, \quad F_{RAy} = 4.8\text{kN}$$

将 F 分解为 F_x 和 F_y 两个分量。在横向力 F_y、F_{RAy} 和 W 的作用下，横梁 AB 发生弯曲变形；在轴向力 F_{RAx} 和 F_x 的作用下，横梁 AC 发生压缩变形。所以横梁发生的是压缩与弯曲的组合变形。

（2）内力分析

分别绘出横梁 AB 的弯矩图和轴力图如图 8-13(c)、(d) 所示。可知 $C_{左}$ 截面为危险截面，且有

$$F_{Nmax} = 22.2\text{kN}, \quad M_{max} = 12\text{kN} \cdot \text{m}$$

（3）应力计算

危险截面上与 F_{Nmax} 和 M_{max} 对应的压应力和最大弯曲正应力分别为

$$\sigma' = \frac{F_{Nmax}}{2A}, \quad \sigma'' = \frac{M_{max}}{2W_z}$$

危险截面下边缘点有最大应力，且为压应力。其强度条件为

$$\sigma_{max} = \sigma' + \sigma'' = \frac{F_{Nmax}}{2A} + \frac{M_{max}}{2W_z} \leqslant [\sigma]$$

（4）选择型钢并校核强度

上式中，A、W_z 为单根槽钢的横截面面积和抗弯截面系数。一般情况下，弯曲正应力远大于压应力，开始试算时，可以先不考虑轴力 F_{Nmax} 的影响，只根据弯曲强度条件选取槽钢。

于是由

$$\sigma'' = \frac{M_{\max}}{2W_z} \leqslant [\sigma]$$

得

$$W_z \geqslant \frac{M_{\max}}{2[\sigma]} = \frac{12 \times 10^3}{2 \times 120 \times 10^6} = 50 \times 10^{-6}(\text{m}^3) = 50(\text{cm}^3)$$

查型钢表,选取 12.6 号槽钢,$W_z = 62.1\text{cm}^3$,$A = 15.69\text{cm}^2$。选定槽钢后,再按压缩和弯曲组合变形进行强度校核。

$$\sigma_{\max} = \sigma' + \sigma'' = \frac{F_{\text{Nmax}}}{2A} + \frac{M_{\max}}{2W_z} = \frac{22.2 \times 10^3}{2 \times 15.69 \times 10^{-4}} + \frac{12 \times 10^3}{2 \times 62.1 \times 10^{-6}}$$

$$= 103.7 \times 10^6(\text{Pa}) = 103.7(\text{MPa}) < [\sigma] = 120(\text{MPa})$$

强度足够,故选定 12.6 号槽钢。如果强度不够,应再选型号大一些的槽钢,并进行强度校核后确定型号。

8.4 偏心拉伸(压缩)和截面核心

8.4.1 偏心拉伸(压缩)

作用在直杆上的外力,当其作用线与杆的轴线平行但不重合时,将引起偏心拉伸或偏心压缩。例如厂房的立柱(图 8-14(a))受到行车大梁传来的载荷 F,使立柱受到偏心压缩;又如钻床的立柱(图 8-14(b)),因钻头受到压力 F 而产生偏心拉伸。图中的载荷 F 称为**偏心载荷**;载荷 F 偏离杆件轴线的距离 e 称为**偏心距**。

图 8-15(a)所示为一等直杆,横截面为矩形,y、z 轴为其形心主惯性轴,在自由端截面上的点 $A(y_F, z_F)$ 处作用着偏心拉力 F。为了分析杆件的应力,把偏心拉力 F 向杆端截面的形心 O 点简化,得轴向拉力 F 以及力矩分别为 $M_{ey} = Fz_F$ 与 $M_{ez} = Fy_F$ 的两个力偶矩(图 8-15(b))。轴向拉力 F 及力偶矩 M_{ey}、M_{ez} 为偏心拉力的等效力系,将分别使杆发生轴向拉伸和两个相互垂直的纵向对称面内的纯弯曲。可见,偏心拉伸是拉伸与弯曲的组合,且任意两个横截面上的内力和应力都相同。当杆的抗弯刚度较大时,同样可按叠加原理求解。

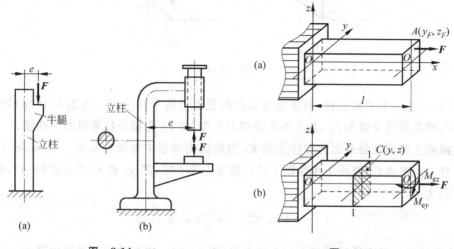

图 8-14　　　　　　　　　　　　　　　　　　**图 8-15**

杆件在上述力系作用下,任一横截面 1—1 上的任一点 $C(y,z)$ 处(图 8-15(b)),对应于轴力 $F_N = F$ 和两个弯矩 $M_y = M_{ey} = Fz_F$, $M_z = M_{ez} = Fy_F$ 的正应力分别为

$$\sigma' = \frac{F_N}{A} = \frac{F}{A}$$

$$\sigma'' = \frac{M_y z}{I_y} = \frac{Fz_F \cdot z}{I_y}$$

$$\sigma''' = \frac{M_z y}{I_z} = \frac{Fy_F \cdot y}{I_z}$$

由于 A 点和 C 点都在第一象限内,根据杆件的变形知,σ'、σ'' 和 σ''' 均为拉应力。于是由叠加原理得 C 点的总应力为

$$\sigma = \frac{F}{A} + \frac{Fz_F \cdot z}{I_y} + \frac{Fy_F \cdot y}{I_z} = \frac{F}{A}\left(1 + \frac{z_F z}{i_y^2} + \frac{y_F y}{i_z^2}\right) \tag{8-4}$$

式中,A 为横截面面积;i_y 和 i_z 分别为横截面对 y 轴和 z 轴的惯性半径。各项应力在横截面上的分布如图 8-16(a)、(b)、(c)所示,图 8-16(d)为总应力分布图。每一点应力的符号应根据该点的位置及杆件的变形情况判定。

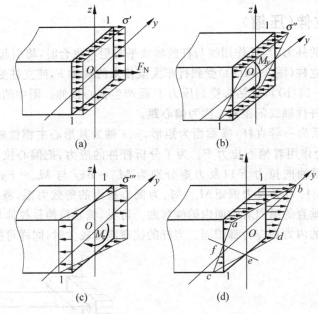

图　8-16

式(8-4)是一个平面方程,表明总应力在横截面上按平面分布。由图 8-16(d)可见,应力平面与横截面的交线为 ef,其上各点的应力为零,故 ef 为偏心拉伸时的中性轴。

横截面上离中性轴最远的点应力最大,为此应先确定中性轴的位置。令 y_0、z_0 代表中性轴上任一点的坐标,则由于中性轴上各点的应力等于零,把 y_0 和 z_0 代入式(8-4),即得中性轴方程为

$$1 + \frac{z_F z_0}{i_y^2} + \frac{y_F y_0}{i_z^2} = 0 \tag{8-5}$$

可见,中性轴是一条不通过横截面形心的直线(图 8-17)。中性轴的位置可由其在 y、z 两轴

上的截距 a_y 和 a_z 来确定。在式(8-5)中,分别令 $z_0=0$ 和 $y_0=0$,可以求得截距为

$$a_y=-\frac{i_z^2}{y_F}, \quad a_z=-\frac{i_y^2}{z_F} \tag{8-6}$$

上式表明,截距 a_y、a_z 分别与力作用点 A 的坐标值 y_F、z_F 成反比,且符号相反,所以中性轴与偏心拉力 F 的作用点 A 分别位于截面形心的相对两侧,如图 8-17 所示。中性轴将截面划分为拉伸及压缩两个区域,图 8-17 中画阴影线的部分为受压区域,另一部分为受拉区域。

对于周边无棱角的截面,可作两条与中性轴平行的直线与横截面的周边相切,切点 D_1 和 D_2 即为横截面上最大拉应力和最大压应力所在的危险点(图 8-18)。将危险点 D_1 和 D_2 的坐标代入式(8-4),即可求得最大拉应力和最大压应力的值。

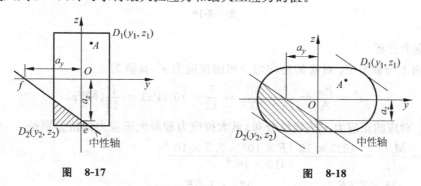

图 8-17   图 8-18

对于矩形、工字形等周边具有棱角的截面,其危险点必在截面的棱角处,并可根据杆件的变形来确定,如图 8-17 中的 D_1 点和 D_2 点。且 D_1 点有最大拉应力,D_2 点有最大压应力。若 D_1 点和 D_2 点的坐标分别为 (y_1,z_1) 和 (y_2,z_2),则有

$$\left.\begin{matrix}\sigma_{t,max}\\ \\ \sigma_{c,max}\end{matrix}\right\} = \frac{F}{A} \pm \frac{Fz_F}{W_y} \pm \frac{Fy_F}{W_z} = \frac{F}{A} \pm \frac{M_y}{W_y} \pm \frac{M_z}{W_z} \tag{8-7}$$

此时无须先确定中性轴的位置。由式(8-7)还可看出,当外力的偏心距(即 y_F、z_F 值)较小时,横截面上就可能不出现压应力,即中性轴可能不与横截面相交。

由于危险点处于单向应力状态,因此在求得最大正应力后,就可根据材料的许用应力 $[\sigma]$ 来建立强度条件。

【例 8-3】 小型压力机的铸铁框架如图 8-19(a)所示。已知材料的许用拉应力 $[\sigma_t]$=30MPa,许用压应力 $[\sigma_c]$=160MPa,试按立柱的强度条件确定压力机的许可压力。立柱的截面尺寸如图 8-19(b)所示。

解:(1) 截面几何性质计算

由截面的几何尺寸,可求得立柱横截面面积、截面形心位置及对形心主惯性轴 y 的惯性矩分别为

$$A=15\times10^{-3}m^2, \quad z_0=7.5cm, \quad I_y=5310cm^4$$

(2) 内力分析

立柱发生的是偏心拉伸。根据任意截面 $m-n$ 以上部分的平衡(图 8-19(c)),容易求得 $m-n$ 截面上的轴力 F_N 和弯矩 M_y 分别为

$$F_N=F, \quad M_y=F(35+7.5)\times10^{-2}=42.5\times10^{-2}F(kN\cdot m)$$

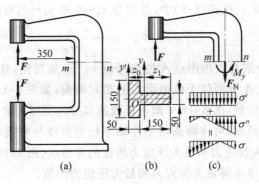

图 8-19

（3）应力分析

横截面上与轴力 F_N 对应的是均匀分布的拉应力 σ'，其值为

$$\sigma' = \frac{F_N}{A} = \frac{F \times 10^3}{15 \times 10^{-3}} = \frac{F}{15} \times 10^6 (\text{Pa}) = \frac{F}{15}(\text{MPa})$$

与弯矩 M_y 对应的正应力 σ''按线性分布，最大拉应力和最大压应力的值分别是

$$\sigma''_{t,max} = \frac{M_y z_0}{I_y} = \frac{42.5 \times 10^{-2} F \times 10^3 \times 7.5 \times 10^{-2}}{5310 \times 10^{-8}}$$

$$= \frac{425 \times 7.5 F}{5310} \times 10^6 (\text{Pa}) = \frac{425 \times 7.5 F}{5310}(\text{MPa})$$

$$\sigma''_{c,max} = \frac{M_y z_1}{I_y} = \frac{42.5 \times 10^{-2} F \times 10^3 \times (20 - 7.5) \times 10^{-2}}{5310 \times 10^{-8}} \frac{425 \times 12.5 F}{5310} \times 10^6 (\text{Pa})$$

$$= \frac{425 \times 12.5 F}{5310}(\text{MPa})$$

将上述两种应力叠加后看出（图 8-19(c)），在立柱截面的内侧边缘点产生最大拉应力 $\sigma_{t,max}$，在截面的外侧边缘点产生最大压应力 $\sigma_{c,max}$，它们分别为

$$\sigma_{t,max} = \sigma' + \sigma''_{t,max} = \frac{F}{15} + \frac{425 \times 7.5 F}{5310}(\text{MPa})$$

$$\sigma_{c,max} = |\sigma' - \sigma''_{c,max}| = \left| \frac{F}{15} - \frac{425 \times 12.5 F}{5310} \right|(\text{MPa})$$

（4）由强度条件确定 $[F]$

由抗拉强度条件 $\sigma_{t,max} \leqslant [\sigma_t]$ 得

$$\sigma_{t,max} = \frac{F}{15} + \frac{425 \times 7.5 F}{5310} \leqslant 30$$

解得

$$F \leqslant 45.0\text{kN}$$

由抗压强度条件 $\sigma_{c,max} \leqslant [\sigma_c]$ 得

$$\sigma_{c,max} = \left| \frac{F}{15} - \frac{425 \times 12.5 F}{5310} \right| \leqslant 160$$

解得

$$F \leqslant 171.3\text{kN}$$

要使立柱不发生破坏，需同时满足抗拉和抗压强度条件，故压力 F 的许可值为 $[F] =$

45.0kN。

【**例 8-4**】 矩形截面直杆如图 8-20（a）所示。设计载荷 $F=12$kN，截面尺寸 $H=40$mm，$b=5$mm，材料的许用应力$[\sigma]=100$MPa。加工后发现一侧出现裂纹，为避免裂纹尖端的应力集中，必须在这一侧切掉一部分材料，试求切口深度的最大许可值 h。

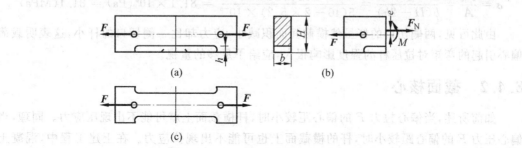

图 **8-20**

解：（1）受力分析

设切口深度为 h，则切口部分横截面的形心已不在外力 F 的作用线上，此时的偏心距为 $e=\dfrac{h}{2}$，故矩形截面杆将发生偏心拉伸。

（2）内力计算

杆件任一横截面的轴力和弯矩都相同，分别为

$$F_N=F,\quad M=F\cdot e=F\cdot \frac{h}{2}$$

（3）应力计算

在杆件的下边缘点产生的最大应力为

$$\sigma_{max}=\frac{F_N}{A}+\frac{M}{W_z}=\frac{F}{A}+\frac{F\cdot \dfrac{h}{2}}{W_z}$$

（4）由强度条件确定$[h]$

由杆件的强度条件

$$\sigma_{max}=\frac{F_N}{A}+\frac{M}{W_z}=\frac{F}{A}+\frac{F\cdot \dfrac{h}{2}}{W_z}\leqslant [\sigma]$$

式中，

$$A=b(H-h),\quad W_z=b(H-h)^2/6$$

代入数据得

$$\sigma_{max}=\frac{12\times 10^3}{5(40-h)\times 10^{-6}}+\frac{\dfrac{12\times 10^3\times h\times 10^{-3}}{2}}{\dfrac{5(40-h)^2\times 10^{-9}}{6}}\leqslant 100\times 10^6$$

整理后即为

$$h^2-128h+640\geqslant 0$$

解得

$$h_1 \geqslant 122.8\text{mm}, \quad h_2 \leqslant 5.2\text{mm}$$

显然，h_1 不合题意，应舍去。所以，切口的最大深度为 $h=5.2\text{mm}$。

本题中，若在杆件的另一侧切除同样的切口，如图 8-20(c)所示，则杆件切口部分又变为均匀拉伸，其应力为

$$\sigma = \frac{F_N}{A} = \frac{F}{b(H-2h)} = \frac{12 \times 10^3}{5(40 - 2 \times 5.2) \times 10^{-6}} = 81.1 \times 10^6 (\text{Pa}) = 81.1 (\text{MPa})$$

由此可见，两侧切口的杆虽然横截面面积减小，应力却比一侧切口的杆小，这表明载荷偏心引起的弯矩对拉压杆的强度影响很大，应给予足够的重视。

8.4.2 截面核心

如前所述，当偏心拉力 F 的偏心距较小时，杆横截面上就可能不出现压应力。同理，当偏心压力 F 的偏心距较小时，杆的横截面上也可能不出现拉应力。在土建工程中，混凝土构件及砖石建筑物具有抗压性能好而抗拉性能差的特点，当其受偏心压力作用时，希望在构件横截面上只有压应力而不出现拉应力。由于中性轴是横截面上拉应力与压应力的分界线，为使截面上只有一种应力，就必须使中性轴不穿过横截面而位于横截面之外，其临界情况是中性轴与横截面周边相切。由式(8-6)可见，对于给定的截面，i_y、i_z 均为定值，中性轴的位置完全由偏心力作用点的位置 y_F、z_F 所确定。y_F、z_F 值越小，a_y 和 a_z 值就越大，即外力作用点离形心越近，与其对应的中性轴就离形心越远，甚至移到横截面以外去。因此，当外力作用点位于横截面形心附近的一个区域内时，就可以保证中性轴不与横截面相交，这个区域称为截面核心。当外力作用在截面核心的边界上时，与其对应的中性轴就正好与截面的周边相切(图 8-21)。利用这一关系就可以确定截面核心的边界。

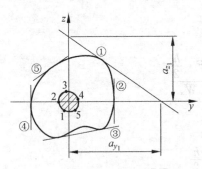

图 8-21

图 8-21 表示一任意形状的横截面。要确定其截面核心边界时，先选定截面形心为坐标原点，以形心主惯性轴 y、z 为两个坐标轴。将与截面周边相切的任一直线①看作是中性轴，它在 y、z 坐标轴上的截距分别为 a_{y_1} 和 a_{z_1}。据此由式(8-6)求得与该中性轴对应的外力作用点 1，也即截面核心边界上一个点的坐标：

$$y_{F_1} = -\frac{i_z^2}{a_{y_1}}, \quad z_{F_1} = -\frac{i_y^2}{a_{z_1}}$$

同样，分别将与截面周边相切或外接的直线②，③，…看作是中性轴，并依次按上述方法求得与它们对应的截面核心边界上的点 2，3，…的坐标。连接这些点得到的一条封闭曲线，就是截面核心的边界，该边界曲线所包围的阴影线部分即为截面核心(图 8-21)。下面以圆形和矩形截面为例，说明截面核心边界的具体求法。

对于图 8-22 所示的直径为 d 的圆截面，由于其截面对于圆心 O 是极对称的，因而截面核心的边界对于圆心 O 也应是极对称的，也是以 O 为圆心的一个圆。作一条与圆截面相切于 A 点的直线①，并将其视为中性轴，取 OA 为 y 轴，则中性轴①在 y、z 两个形心主惯性轴上的截距分别为

$$a_{y_1} = \frac{d}{2}, \quad a_{z_1} = \infty$$

而圆截面的 $i_y^2 = i_z^2 = \dfrac{d^2}{16}$，将以上各值代入式(8-6)得到与中性轴①对应的截面核心边界上点 1 的坐标为

$$y_{F_1} = -\frac{i_z^2}{a_{y_1}} = -\frac{d^2/16}{d/2} = -\frac{d}{8}, \qquad z_{F_1} = -\frac{i_y^2}{a_{z_1}} = 0$$

于是可知，截面核心边界是一个以 O 点为圆心、以 $\dfrac{d}{8}$ 为半径的圆。

对于边长为 b 和 h 的矩形截面(图 8-23)，对称轴 y、z 即为其形心主惯性轴，且

$$i_y^2 = \frac{b^2}{12}, \qquad i_z^2 = \frac{h^2}{12}$$

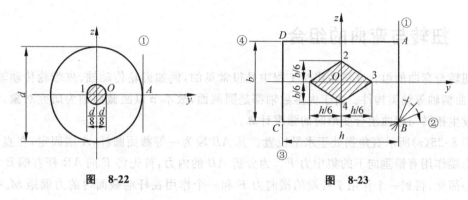

图　8-22　　　　　　　　图　8-23

当中性轴①与 AB 边相切时，其在坐标轴上的截距分别为

$$a_{y_1} = \frac{h}{2}, \qquad a_{z_1} = \infty$$

于是，由式(8-6)可求得与中性轴①对应的截面核心边界上点 1 的坐标为

$$y_{F_1} = -\frac{i_z^2}{a_{y_1}} = -\frac{h^2/12}{h/2} = -\frac{h}{6}, \qquad z_{F_1} = -\frac{i_y^2}{a_{z_1}} = 0$$

同理，当中性轴为分别与 BC、CD 和 DA 边相切的直线②、③和④时，求得相应的截面核心边界上点 2、3、4 的坐标依次为

$$\begin{cases} y_{F_2} = 0 \\ z_{F_2} = \dfrac{b}{6} \end{cases}, \qquad \begin{cases} y_{F_3} = \dfrac{h}{6} \\ z_{F_3} = 0 \end{cases}, \qquad \begin{cases} y_{F_4} = 0 \\ z_{F_4} = -\dfrac{b}{6} \end{cases}$$

这样就得到了截面核心边界上的 4 个点。当中性轴从截面的一个侧边绕截面的顶点旋转到其相邻边时，例如当中性轴绕顶点 B 从直线①旋转到直线②时，将得到一系列通过 B 点但斜率不同的中性轴，而 B 点的坐标 y_B、z_B 是这一系列中性轴上所共有的，将其代入中性轴方程(8-5)得

$$1 + \frac{z_B}{i_y^2}z_F + \frac{y_B}{i_z^2}y_F = 0$$

由于上式中的 y_B、z_B 为常数，因此该式就可看作是表示外力作用点坐标 y_F 与 z_F 间关系的直线方程。即当中性轴绕 B 点旋转时，相应的外力作用点移动的轨迹是一条连接 1、2 两点的直线。于是，将 1、2、3、4 四点中的相邻的两点以直线相连，即得矩形截面的截面核心边界。它是一个位于截面中央的菱形，其对角线长度分别为 $h/3$ 和 $b/3$，如图 8-23 所示。

对于具有棱角的截面,均可按上述方法确定截面核心。对于周边有凹入部分的截面(例如槽形、T形、工字形截面等),在确定截面核心的边界时,不能取与凹入部分的周边相切的

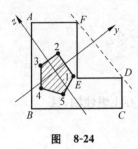

图 8-24

直线作为中性轴,因为这种直线显然是要穿过截面的,中性轴必须滑过周边的凹入部分。例如,图 8-24 所示截面,当中性轴分别与 AB、BC、CD、DF 连线及 FA 重合时,求得相应的截面核心边界上的点分别为 1、2、3、4、5 五点,用直线依次将这些点中的相邻两点连接起来,即得截面核心边界。若不采用滑过凹角的 DF 作为中性轴,而是采用通过凹角顶点的 DE 或 EF 作为中性轴,则是错误的。

8.5 扭转与弯曲的组合

扭转与弯曲的组合变形在机械工程中是很常见的,例如齿轮传动轴、皮带轮传动轴、电机轴、曲柄轴等轴类构件。由于大多数轴都是圆截面,故本节以圆截面轴为研究对象,讨论杆件发生扭转与弯曲组合变形时的强度计算。

图 8-25(a)所示直角拐处于水平位置。其 AB 段为一等截面圆杆,A 端固定,在直角拐的自由端作用有铅垂向下的集中力 F。为分析 AB 的内力,首先将 F 向 AB 杆右端 B 截面的形心简化,得到一个作用于杆端的横向力 F 和一个作用在杆端截面内的力偶矩 $M_e = Fa$（图 8-25(b)）。此横向力 F 使杆 AB 发生弯曲变形,此力偶 M_e 使杆发生扭转变形,因而 AB 杆发生弯曲与扭转的组合变形。

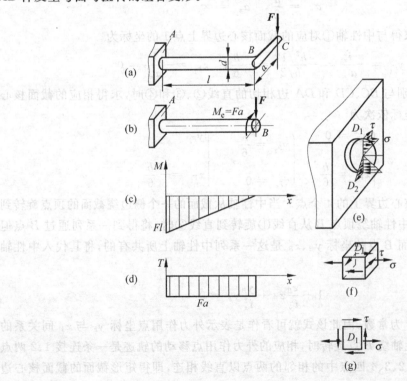

图 8-25

作出 AB 杆的弯矩图和扭矩图(图 8-25(c)、(d)),由图可见,固定端截面 A 为危险截面,该截面上的弯矩和扭矩值分别为

$$M_{max} = Fl, \quad T_{max} = M_e = Fa$$

现在分析 A 截面上的应力情况,以确定危险点的位置。由弯曲和扭转的应力分布规律知,危险截面上的最大弯曲正应力 σ 发生在铅垂直径的上、下两端点 D_1、D_2 处(图 8-25(e)),其值为 $\sigma = \dfrac{M_{max}}{W}$;而最大扭转切应力 τ 发生在截面周边各点处(图 8-25(e)),其值为 $\tau = \dfrac{T_{max}}{W_t}$。因此危险截面上的危险点为点 D_1 和点 D_2。对于许用拉应力和许用压应力相等的塑性材料制成的杆,这两点的危险程度是相同的。为此,可取其中任一点(如 D_1 点)来校核。

围绕 D_1 点分别用横截面、径向纵截面和周向纵截面截取单元体,得 D_1 点处的应力状态如图 8-25(f)所示,其平面单元体如图 8-25(g)所示。可见 D_1 点处于平面应力状态,应按强度理论对其进行强度校核。

D_1 点的三个主应力为

$$\left.\begin{array}{c}\sigma_1\\\sigma_3\end{array}\right\} = \frac{\sigma}{2} \pm \sqrt{\left(\frac{\sigma}{2}\right)^2 + \tau^2}, \quad \sigma_2 = 0$$

对于用塑性材料制成的杆件,选用第三或第四强度理论来建立强度条件。若用第三强度理论,则强度条件为

$$\sigma_{r3} = \sigma_1 - \sigma_3 = \sqrt{\sigma^2 + 4\tau^2} \leqslant [\sigma] \tag{8-8a}$$

若用第四强度理论,则强度条件为

$$\sigma_{r4} = \sqrt{\frac{1}{2}\left[(\sigma_1 - \sigma_2)^2 + (\sigma_2 - \sigma_3)^2 + (\sigma_3 - \sigma_1)^2\right]} = \sqrt{\sigma^2 + 3\tau^2} \leqslant [\sigma] \tag{8-8b}$$

将 $\sigma = \dfrac{M_{max}}{W}$,$\tau = \dfrac{T_{max}}{W_t}$ 及圆截面的 $W_t = 2W = \dfrac{\pi d^3}{16}$ 代入式(8-8),得到圆杆弯扭组合变形时以内力表示的强度条件为

$$\sigma_{r3} = \sqrt{\left(\frac{M}{W}\right)^2 + 4\left(\frac{T}{W_t}\right)^2} = \frac{\sqrt{M_{max}^2 + T_{max}^2}}{W} \leqslant [\sigma] \tag{8-9a}$$

$$\sigma_{r4} = \sqrt{\left(\frac{M}{W}\right)^2 + 3\left(\frac{T}{W_t}\right)^2} = \frac{\sqrt{M_{max}^2 + 0.75 T_{max}^2}}{W} \leqslant [\sigma] \tag{8-9b}$$

式中,$W = \dfrac{\pi d^3}{32}$,为圆轴的抗弯截面系数。

求得危险截面的弯矩 M_{max} 和扭矩 T_{max} 后,利用式(8-9a)或式(8-9b)进行强度计算比较简单。以上两式也适用于空心圆截面杆,但不适用于非圆截面杆,因为前者也有 $W_t = 2W$ 的特点,而后者则无此关系。

实际问题中,有很多情况下轴的变形是两个相互垂直平面内的弯曲和扭转的组合。分析时按各个平面内的弯曲及扭转分别计算后进行叠加即可。而对于圆截面轴,在两个相互垂直平面内弯曲时,由于圆截面杆不可能发生斜弯曲,故最大弯曲正应力可按危险截面上最大合成弯矩 $M = \sqrt{M_y^2 + M_z^2}$ 进行计算。

工程中除了弯扭组合的构件外,还有拉压与扭转的组合,或者拉压、弯曲与扭转的组合

变形,运用相同的分析方法,仍可用式(8-8)进行强度计算。

【例8-5】 图8-26(a)所示钢制实心圆轴上装有齿轮C和D。齿轮C上作用有铅垂切向力 5kN、水平径向力 1.82kN;齿轮D上作用有水平切向力 10kN、铅垂径向力 3.64kN。齿轮C、D的节圆直径分别为$d_C=400$mm,$d_D=200$mm。轴的许用应力$[\sigma]=100$MPa,试按第四强度理论设计轴的直径d。

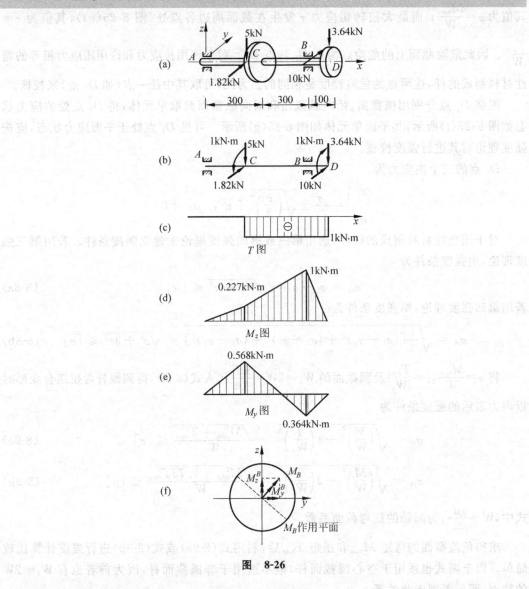

图 8-26

解:(1) 外力的平移、简化

将每个齿轮上的切向外力向轴的截面形心处简化,得到一个力和一个力偶(图 8-26(b))。于是可得使轴产生扭转和在 xy、xz 两个纵向对称面内发生弯曲的三组外力。

(2) 内力分析

分别作出轴的扭矩图及在 xy 和 xz 面内的两个弯矩图,如图 8-26(c)、(d)、(e)所示。

对于圆截面轴,由于通过轴线的任一平面都是纵向对称面,故当轴上的外力作用在相互垂直的两个纵向对称面内时,可将外力在同一横截面内产生的两个弯矩按矢量和求得总弯矩,并用总弯矩来计算该截面上的正应力。由轴的两个弯矩图可知,总弯矩最大的截面只可能是 C 或 B 截面,该两截面上的总弯矩分别为

$$M_C = \sqrt{(M_y^C)^2 + (M_z^C)^2} = \sqrt{0.568^2 + 0.227^2} = 0.612(\text{kN} \cdot \text{m})$$

$$M_B = \sqrt{(M_y^B)^2 + (M_z^B)^2} = \sqrt{0.364^2 + 1^2} = 1.06(\text{kN} \cdot \text{m})$$

由于 $M_B > M_C$,而 CD 段扭矩值为一常量,故截面 B 是危险截面,该截面的内力值为:

弯矩

$$M_B = 1.06\text{kN} \cdot \text{m}$$

扭矩

$$T_B = -1\text{kN} \cdot \text{m}$$

截面 B 的总弯矩 M_B 的作用面如图 8-26(f)所示。

(3) 由强度条件设计轴径

由式(8-9b)得强度条件

$$\sigma_{r4} = \frac{\sqrt{M_B^2 + 0.75T_B^2}}{W} = \frac{32}{\pi d^3}\sqrt{M_B^2 + 0.75T_B^2} \leqslant [\sigma]$$

于是

$$d \geqslant \sqrt[3]{\frac{32\sqrt{M_B^2 + 0.75T_B^2}}{\pi[\sigma]}} = \sqrt[3]{\frac{32\sqrt{1.06^2 + 0.75 \times 1^2} \times 10^3}{\pi \times 100 \times 10^6}}$$

$$= 0.0519(\text{m}) = 51.9(\text{mm})$$

所以,轴的直径为 $d \geqslant 51.9$mm。

8.6 组合变形的普遍情况

在最一般的情况下,杆件横截面上的内力分量共有 6 个,即沿杆件轴线和两个形心主轴的轴力 F_N,剪力 F_{Sy} 和 F_{Sz},弯矩 M_y、M_z 及扭矩 T,如图 8-27 所示。在这 6 个内力分量中,轴力 F_N 对应着拉压变形,相应的正应力可按轴向拉压计算;剪力 F_{Sy} 和 F_{Sz} 分别对应着 xy 和 xz 平面内的剪切变形,相应的切应力可按横力弯曲时切应力的计算公式计算;M_y 和 M_z 为弯矩,分别对应着 xz 和 xy 平面内的弯曲变形,相应的弯曲正应力可按弯曲理论计算;T 为扭矩,对应着扭转变形,相应的切应力可按扭转理论计算。这 6 个内力分量分别对应着四种基本变形,是组合变形的最普遍情况。

叠加上述各内力分量对应的应力,即为组合变形时的应力。其中,与 F_N、M_y 和 M_z 对应的是正应力,可按代数叠加。与 F_{Sy}、F_{Sz} 和 T 对应

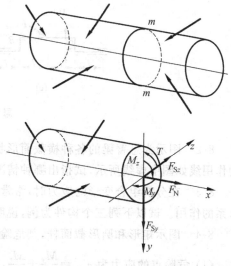

图 8-27

的是切应力,应按矢量相加。例如 $\tau = \sqrt{\tau_y^2 + \tau_z^2}$。可见,横截面上任意一点处的应力应为各内力分量引起的正应力、切应力的叠加结果。这与弯扭组合的应力叠加无本质区别。

与横力弯曲的强度计算相似,以上求得的各种应力中,与 F_{Sy} 和 F_{Sz} 对应的切应力数值很小,一般可略去不计。

在上述 6 个内力分量中,如有某些分量等于零,就可得到前面讨论的某一种组合变形。例如,当 $F_N = 0$ 时,就是扭转与弯曲的组合变形;当 $T = 0, F_{Sy} = F_{Sz} = 0$ 时,就是偏心拉伸(压缩);当 $T = 0, F_N = 0$ 时,杆件变为在两个形心主惯性平面 xy 和 xz 内的弯曲变形的组合,即斜弯曲。

综上所述,组合变形普遍情况下的强度计算与前一节类似。即由内力图判断出危险截面,根据应力分析判断危险点,分别求出各内力分量在最危险点处引起的正应力和切应力并分别叠加后,根据危险点的应力状态选择适当的强度理论进行强度计算。

思考题

8-1 试求图示各杆指定截面 A 及 B 上的内力分量,坐标系如图所示。

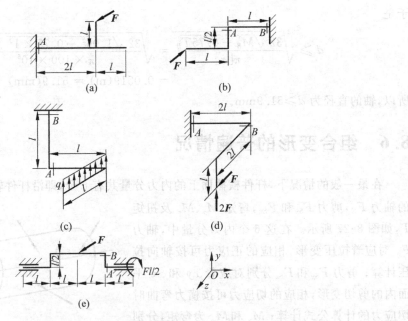

思考题 8-1 图

8-2 图示为悬臂梁的各种横截面形状,A 为弯曲中心。若作用于自由端的横向载荷 F 的作用线如图中虚线所示,试指出哪种情况是平面弯曲。如非平面弯曲,将为哪种变形?

8-3 在分析组合变形的应力时,常常需要进行力的分解和简化,即用等效力系代替原力系的作用。试以下列三个构件为例,说明哪些简化是合理的,等效替代的原则是什么。

8-4 图示矩形和圆形截面杆,其危险截面上的弯矩为 M_y 和 M_z,试问:

(1) 危险点的应力为 $\sigma_{max} = \dfrac{M_y}{W_y} + \dfrac{M_z}{W_z}$,正确吗?

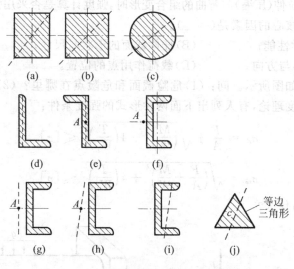

(a)　　　(b)　　　(c)

(d)　　　(e)　　　(f)

(g)　　　(h)　　　(i)　　　(j)

等边
三角形

思考题 8-2 图

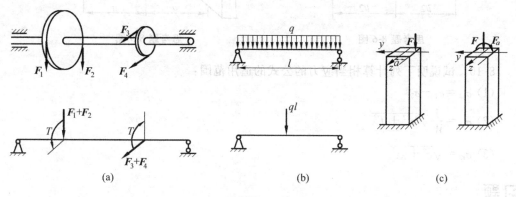

(a)　　　　　　　(b)　　　　　　　(c)

思考题 8-3 图

（2）指出危险点的位置。

8-5　关于偏心拉压的中性轴,下列结论
中正确的是（　　　）。

(A) 中性轴的位置与载荷的作用点有
　　关,与载荷的大小无关；

(B) 中性轴方程式（8-5）中,y、z 是一对
　　任意选定的正交坐标轴；

(C) 中性轴和外力作用点位于截面形心
　　的两侧；

(D) 中性轴可能在截面之外。

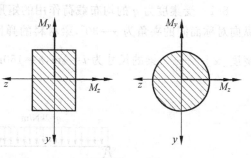

思考题 8-4 图

8-6　直径为 d 的圆截面悬臂梁承受外力 F_1 和 F_2 的作用如图所示。其危险点的应力
可否用下式计算？为什么？若不能,应怎样计算？

$$\sigma_{\max} = \frac{M_{\max}}{W} = \frac{32}{\pi d^3}\left(F_1 l + F_2 \frac{l}{2}\right)$$

8-7　斜弯曲及拉伸(压缩)与弯曲的组合变形时,强度计算是否采用强度理论? 为什么?

8-8　决定截面核心的因素是(　　)。

(A) 材料的力学性能;　　　　　　(B)杆件截面的形状与尺寸;

(C) 载荷的大小与方向;　　　　　(D)载荷作用点的位置。

8-9　圆杆受力如图所示。问:(1)危险截面和危险点在哪里? (2)危险点的应力状态如何? (3)按第三强度理论,有人列出下面两种形式的强度条件:

$$\sigma_{r3} = \frac{F}{A} + \sqrt{\left(\frac{M}{W}\right)^2 + 4\left(\frac{T}{W_t}\right)^2} \leqslant [\sigma]$$

$$\sigma_{r3} = \sqrt{\left(\frac{F}{A} + \frac{M}{W}\right)^2 + 4\left(\frac{T}{W_t}\right)^2} \leqslant [\sigma]$$

哪一种是正确的? 为什么?

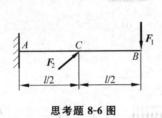

思考题 8-6 图

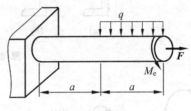

思考题 8-9 图

8-10　试说明下列计算相当应力的公式的适用范围:

(1) $\sigma_{r3} = \sigma_1 - \sigma_3$

(2) $\sigma_{r3} = \frac{1}{W}\sqrt{M^2 + T^2}$

(3) $\sigma_{r3} = \sqrt{\sigma^2 + 4\tau^2}$

习题

8-1　受集度为 q 的均布载荷作用的矩形截面简支梁如图所示。其载荷作用面与梁的纵向对称面间的夹角为 $\alpha = 30°$,梁材料的弹性模量 $E = 10\text{GPa}$,许用应力 $[\sigma] = 12\text{MPa}$,许可挠度 $[w] = \frac{l}{150}$。梁的尺寸为 $l = 4\text{m}, h = 160\text{mm}, b = 120\text{mm}$。试校核此梁的强度和刚度。

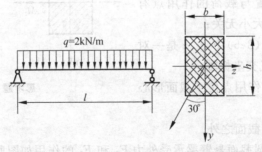

题 8-1 图

8-2　图示悬臂梁承受载荷 F_1 与 F_2 作用,已知 $F_1 = 0.8\text{kN}, F_2 = 1.6\text{kN}, l = 1\text{m}$,许用应力 $[\sigma] = 160\text{MPa}$。试分别按下列要求确定截面尺寸:

（1）截面为矩形，$\dfrac{h}{b}=2$；（2）截面为圆形。

8-3 图示一斜梁 AB，其横截面为正方形，边长为 100mm。若 $F=3$kN，试作梁的轴力图及弯矩图，并求横截面上的最大拉应力和最大压应力。

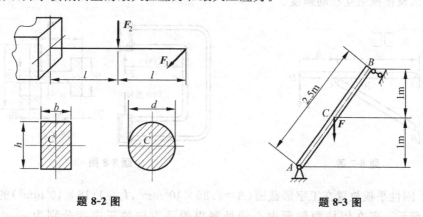

题 8-2 图   题 8-3 图

8-4 图示简支梁，若许用应力 $[\sigma]=160$MPa，$F=7$kN，试为其选择工字钢型号（提示：标准工字钢 $W_z/W_y=5\sim15$，计算时可先在此范围内选一比值，待选定型号后再进一步校核梁的强度）。

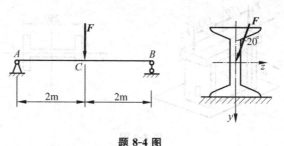

题 8-4 图

8-5 一端固定，中部开有切槽的杆如图所示。若 $F=1$kN，试指出杆中危险点的位置，并求杆内的最大正应力。

8-6 图示起重架的最大起重量（包括行走小车等）为 $F=40$kN，横梁 AC 由两根 No.18 槽钢组成，材料的许用应力 $[\sigma]=120$MPa，试校核横梁的强度。

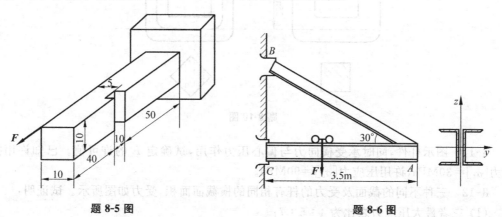

题 8-5 图   题 8-6 图

8-7 如图示简易起重机,已知 $a=3\mathrm{m}$, $b=1\mathrm{m}$, $F=36\mathrm{kN}$, $[\sigma]=140\mathrm{MPa}$。试为 AD 杆选择一对槽钢截面。

8-8 图示压力机框架由灰口铸铁制成。许用拉应力 $[\sigma_t]=30\mathrm{MPa}$,许用压应力 $[\sigma_c]=80\mathrm{MPa}$。试校核框架立柱的强度。

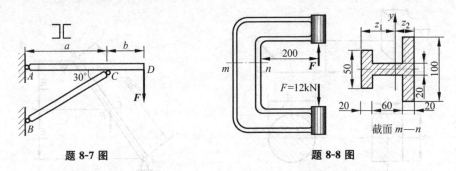

题 8-7 图　　　　　　　　　　　题 8-8 图

8-9 刚性平板放置在工字形截面($A=7.35\times10^3\mathrm{mm}^2$, $I_z=1.16\times10^8\mathrm{mm}^4$)的短柱上,受力如图所示。现在短柱两侧面中心线处测得铅垂方向的正应变分别为 $\varepsilon_A=-400\times10^{-6}$, $\varepsilon_B=-300\times10^{-6}$,已知 $E=210\mathrm{GPa}$,试求 F_1、F_2 的数值。

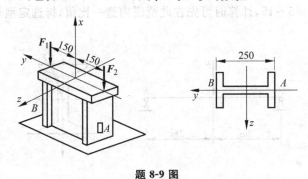

题 8-9 图

8-10 正方形截面钢杆,截面尺寸为 $12\mathrm{mm}\times12\mathrm{mm}$,以两种不同方向的弯曲制成图示之机械零件。若最大正应力不超过 $120\mathrm{MPa}$,试求两种情形下外加载荷 F 的许用值。

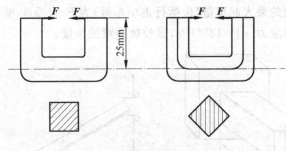

题 8-10 图

8-11 图示杆件,同时承受横向力与偏心压力作用,试确定 F 的许可值。已知许用拉应力 $[\sigma_t]=30\mathrm{MPa}$,许用压应力 $[\sigma_c]=90\mathrm{MPa}$。

8-12 三种不同的截面及受力的杆有相同的横截面面积,受力如图所示。试证明:

(1) 三者最大压应力之比为 $4:5:7$;

（2）三者最大拉应力之比为 2 : 3 : 5。

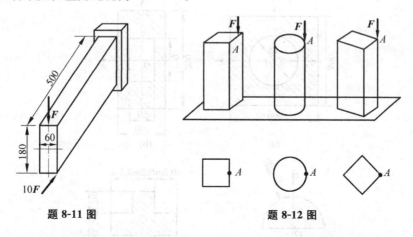

题 8-11 图　　　　　　　　　　题 8-12 图

8-13　图示矩形截面钢杆，$h=25\text{mm}$，$b=5\text{mm}$。用应变片测得上、下表面的纵向线应变分别为 $\varepsilon_a=1.0\times10^{-3}$ 与 $\varepsilon_b=0.4\times10^{-3}$，材料的 $E=210\text{GPa}$。

（1）绘出横截面上的正应力分布图；

（2）求偏心距 e 和拉力 F 的数值；

（3）证明在线弹性范围内，

$$e=\frac{\varepsilon_a-\varepsilon_b}{\varepsilon_a+\varepsilon_b}\frac{h}{6}$$

8-14　矩形截面的铝合金杆承受偏心压力如图所示。今测得杆侧面 A 点处的纵向线应变 $\varepsilon=500\times10^{-6}$，材料的 $E=70\text{GPa}$，许用应力 $[\sigma]=100\text{MPa}$。试求偏心压力 F 的数值，并校核此杆强度。

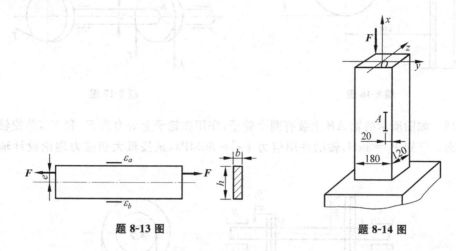

题 8-13 图　　　　　　　　　　题 8-14 图

8-15　试确定图示各截面的截面核心边界。

8-16　图示铁道路标圆信号板，装在外径 $D=60\text{mm}$ 的空心圆柱上。信号板所受的最大风载 $p=2\text{kN/m}^2$。若材料的 $[\sigma]=60\text{MPa}$，试按第三强度理论选择空心柱的厚度。

8-17　图示传动轴，传递功率为 10hp（$1\text{hp}=0.735\text{kN}\cdot\text{m/s}$），转速为 100r/min。$A$ 轮上的皮带拉力是水平的，B 轮上的皮带拉力是铅垂的，二轮直径均为 60cm，且 $T_1>T_2$，而

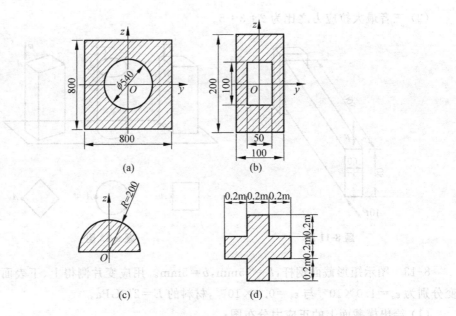

(a)　　　(b)

(c)　　　(d)

题 8-15 图

$T_2 = 1.5\text{kN}$。设轴的许用应力 $[\sigma] = 85\text{MPa}$，轴的直径 $d = 60\text{mm}$，试按最大切应力理论校核轴的强度。

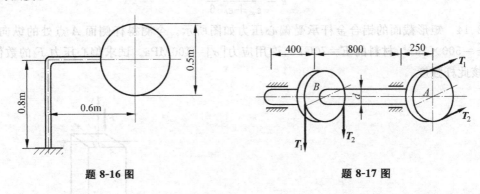

题 8-16 图　　　　　　**题 8-17 图**

8-18　如图所示的轴 AB 上装有两个轮子，作用在轮子上的力为 F_1 和 F_2，并使轴处于平衡状态。已知 $F_1 = 3\text{kN}$，轴的许用应力 $[\sigma] = 60\text{MPa}$，试按最大切应力理论设计轴的直径 d。

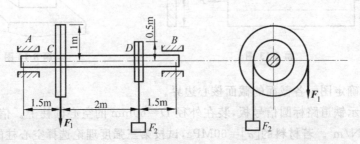

题 8-18 图

8-19　手摇绞车如图所示,轴的直径 $d=30\text{mm}$,材料的许用应力 $[\sigma]=80\text{MPa}$,试按第三强度理论,求绞车的最大起吊重量 F。

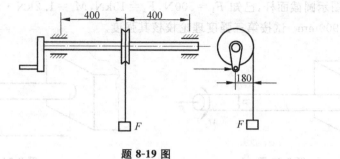

题 8-19 图

8-20　图示齿轮传动轴,已知 $[\sigma]=120\text{MPa}$,试按第四强度理论选择轴的直径 d。

8-21　某种型号的水轮机主轴的示意图如图所示。水轮机组的输出功率为 $P=37\,500\text{kW}$,转速为 $n=150\text{r/min}$,已知轴向推力 $F_z=4800\text{kN}$,转轮重 $G_1=390\text{kN}$,主轴内径 $d=340\text{mm}$,外径 $D=750\text{mm}$,自重 $G=285\text{kN}$,主轴材料的许用应力 $[\sigma]=80\text{MPa}$。试按第四强度理论校核主轴的强度。

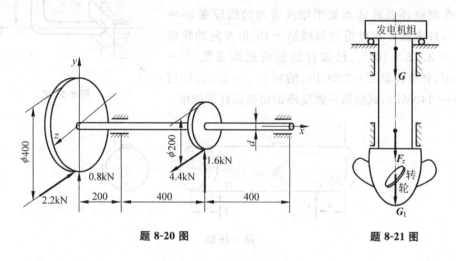

题 8-20 图　　　　题 8-21 图

8-22　图示皮带轮传动轴传递的功率 $P=7\text{kW}$,转速 $n=200\text{r/min}$,皮带轮重量 $G=1.8\text{kN}$。左端齿轮上啮合力 F_n 与齿轮节圆切线的夹角(即压力角)为 $20°$。轴材料的许用应力 $[\sigma]=80\text{MPa}$。试按第三强度理论设计轴的直径 d。

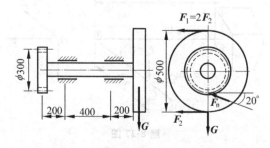

题 8-22 图

8-23 图示圆截面杆受 F、M_e 作用。已知 $F=15\text{kN}$，$M_e=1.2\text{kN}\cdot\text{m}$，$d=50\text{mm}$，$[\sigma]=100\text{MPa}$。试按第三强度理论校核其强度。

8-24 图示圆截面杆，已知 $F_1=500\text{N}$，$F_2=15\text{kN}$，$M_e=1.2\text{kN}\cdot\text{m}$，$d=50\text{mm}$，$[\sigma]=120\text{MPa}$，$l=900\text{mm}$。试按第三强度理论校核其强度。

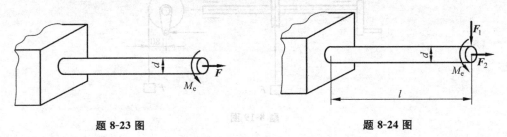

题 8-23 图 　　　　　　　　　题 8-24 图

8-25 图示直径为 20mm 的折杆，左端固定。外力 F 与 Q 作用在自由端，其方向分别与 x 轴和 z 轴平行。已知材料的许用应力 $[\sigma]=160\text{MPa}$，试校核该杆的强度。

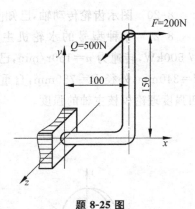

8-26 图示圆截面杆受横向力 F 和扭转外力偶矩 M_e 作用。今测得杆表面 A 点处沿轴线方向的线应变 $\varepsilon_{0°}=4\times10^{-4}$，杆表面 B 点处沿与母线呈 $-45°$ 角方向的线应变 $\varepsilon_{-45°}=3.75\times10^{-4}$。已知杆的抗弯截面系数 $W=6000\text{mm}^3$，弹性模量 $E=200\text{GPa}$，泊松比 $\mu=0.25$，许用应力 $[\sigma]=140\text{MPa}$，试按第三强度理论校核该杆的强度。

题 8-25 图

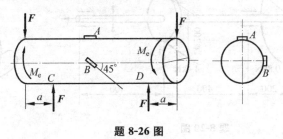

题 8-26 图

8-27 一折杆 ABC 如图所示。材料的许用应力 $[\sigma]=120\text{MPa}$。试按第四强度理论校核 AB 杆的强度。

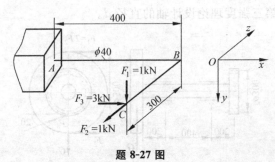

题 8-27 图

第9章

能量法

9.1　概述

前面在讨论拉伸(压缩)与扭转变形时,都曾引出了外力功等于应变能的概念。其实,这一概念可以推广到任意变形的弹性体。即,弹性体在外力作用下变形,引起载荷作用点沿其作用方向的位移,外力因此而做功;另一方面,弹性体因变形而积蓄了能量——应变能。若作用在弹性体上的外力是从零开始缓慢增加到最终值,则弹性体在变形过程中的每一瞬间都处于平衡状态,即除应变能外,动能及其他能量的变化均可忽略不计。根据能量守恒定律,外力所做的功 W 在数值上等于弹性体的应变能 V_ε,即

$$W = V_\varepsilon \tag{9-1}$$

由式(9-1)表达的原理称为**功能原理**。

在弹性范围内,应变能是可逆的,即当外力逐渐解除时,应变能将全部释放而转换为其他形式的能。一旦超过弹性范围,应变能就不能全部释放而转变为功,因为塑性变形要消耗一部分能量。

利用功和能的概念求解弹性体的位移、变形和内力等问题的方法,称为能量法。

能量法的应用很广,不仅可以用来分析构件或结构的位移与应力,同时还可用于分析与变形有关的其他问题。它不仅适用于线弹性体,也可用于非线性弹性体。

本章首先介绍应变能的概念及其重要特点,在此基础上讨论如何用能量法计算杆件的位移及如何求解超静定问题。

9.2　外力功与应变能

9.2.1　外力功

载荷 F 作用于弹性体上,与其相应的位移 Δ 称为该载荷的**相应位移**。

对于线弹性体,载荷 F 与相应的位移 Δ 成正比,如图 9-1 所示。在加载过程中,如载荷增加微量 dF_1,其位移的增量为 $d\Delta_1$,那么,F_1 在位移 $d\Delta_1$ 上所做的功 $dW = F_1 d\Delta_1$,数值上就是图 9-1 中阴影部分的面积,而当载荷由零增至 F 时,所做的总功即等于三角形 OAB 的面积,即

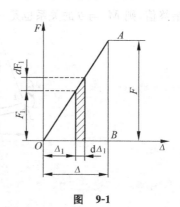

图 9-1

$$W = \frac{1}{2}F\Delta \tag{9-2}$$

上式表明,当载荷与其相应位移成正比且由零缓慢增加时,载荷所做的功等于载荷与相应位移乘积的一半。式(9-2)为计算线弹性体外力功的基本公式。但要注意的是,式中的 F 为广义力,即或为力或为力偶,或为一对大小相等、方向(转向)相反的力(力偶);式中的 Δ 则为相应于该广义力的广义位移。例如,与集中力相应的位移为线位移,与集中力偶相应的位移为角位移,而与一对大小相等、方向相反的力相应的位移为相对线位移,等等。总之,广义力在相应广义位移上做功,且在线弹性情况下,广义力与广义位移之间是线性关系。

9.2.2　杆件的应变能

杆件在外力作用下若只产生某一种基本变形,其相应的应变能即可通过式(9-2)导出。本书第 2 章及第 3 章已介绍了杆件在轴向拉伸(压缩)及扭转时应变能的计算公式,即

$$V_\varepsilon = \frac{F_N^2 l}{2EA} \tag{9-3}$$

及

$$V_\varepsilon = \frac{T^2 l}{2GI_p} \tag{9-4}$$

应该注意的是,在利用上述公式计算杆件应变能时,需根据以下情况进行计算。

(1) 若杆件的内力与杆件的截面尺寸是分段变化的,则应首先分别计算出各段杆件的应变能 $V_{\varepsilon i}$,然后再求其总和:

$$V_\varepsilon = \sum_{i=1}^n V_{\varepsilon i}$$

(2) 若杆件的内力与截面尺寸是沿杆件轴线连续变化的,则应首先计算出微段 dx 杆的应变能 $dV_{\varepsilon i}$,然后再进行积分计算:

$$V_\varepsilon = \int_l dV_\varepsilon$$

总之,利用式(9-3)、式(9-4)计算杆件的应变能时,必须保证在计算长度 l 上,杆件的内力及横截面尺寸均为常数。

杆件弯曲变形时的应变能计算公式可以采取同样的方法推导。

首先看纯弯曲的情况(图 9-2(a)),在线弹性范围内,若外力偶矩 M_e 是从零逐渐增加到最终值,则 M_e 与 θ 的关系也是一条直线(图 9-2(b))。于是,由式(9-2)可知,外力偶矩所做

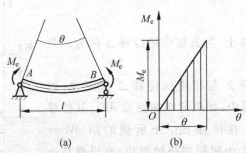

(a)　　　　(b)

图 9-2

的功为

$$W = \frac{1}{2} M_e \theta$$

由于此时各截面弯矩 M 为一常数，且都等于外力偶矩 M_e，故梁的挠曲线为一圆弧线，由 $\frac{1}{\rho} = \frac{M}{EI}$，可得梁的转角

$$\theta = \frac{l}{\rho} = \frac{Ml}{EI}$$

根据功能原理（式(9-1)），纯弯曲时梁的弯曲应变能为

$$V_\varepsilon = W = \frac{M^2 l}{2EI} \tag{9-5}$$

或

$$V_\varepsilon = \frac{EI}{2l} \theta^2 \tag{9-6}$$

横力弯曲时（图 9-3(a)），横截面上既有弯矩又有剪力，因此应分别计算与弯曲对应的弯曲应变能和与剪切对应的剪切应变能。但对细长梁，剪切变形很小，可忽略不计，因此只计算弯曲应变能。

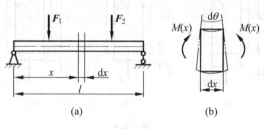

图 9-3

由于此时不同截面的弯矩不再是一常数，故应先取一微段 $\mathrm{d}x$ 来研究（图 9-3(b)）。设其左、右两截面的弯矩分别为 $M(x)$ 和 $M(x) + \mathrm{d}M(x)$，计算应变能时，省略增量 $\mathrm{d}M(x)$，这样，微段 $\mathrm{d}x$ 便可看作是纯弯曲的情况，由式(9-5)便可算出微段的应变能

$$\mathrm{d}V_\varepsilon = \frac{M^2(x) \mathrm{d}x}{2EI}$$

而全梁的弯曲应变能

$$V_\varepsilon = \int_l \mathrm{d}V_\varepsilon = \int_l \frac{M^2(x) \mathrm{d}x}{2EI} \tag{9-7}$$

式中，$M(x)$ 为梁的弯矩方程的表达式。因此，若全梁的弯矩方程 $M(x)$ 不能用同一表达式写出时，应变能应分段积分计算，然后求其总和。

根据杆件在各种基本变形形式下应变能的计算公式可以看出，应变能恒为正。

应变能的单位同功的单位，其国际单位为焦耳(J)。$1\mathrm{J} = 1\mathrm{N} \cdot \mathrm{m}$。

上面推导的各种变形下的应变能计算公式，都是针对线弹性体且在小变形条件下而言的。对非线性弹性体，应变能在数值上仍然等于外力功，但由于力与位移的关系以及应力与应变的关系不再是线性关系（图 9-4），所以，式(9-3)～式(9-5)中的系数将不再是 $\frac{1}{2}$。

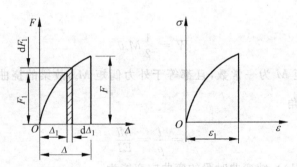

图　9-4

9.2.3　应变能的特点

（1）引起同一种基本变形的一组载荷在杆内所产生的应变能，不等于各载荷单独作用时所产生的应变能的叠加，如图 9-5 所示。

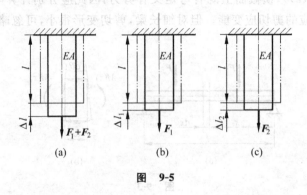

图　9-5

图 9-5（a）表示由零逐渐增加到最终值 F_1 和 F_2 的两力同时作用于杆的下端而使杆产生位移 Δl 的情况，而图 9-5（b）、（c）则表示 F_1 和 F_2 各自单独作用的情况。

由式（9-3）计算图 9-5（a）所示杆件的应变能为

$$V_\varepsilon = \frac{1}{2}(F_1 + F_2)\Delta l = \frac{1}{2}(F_1 + F_2)(\Delta l_1 + \Delta l_2)$$

将 $\Delta l_1 = \dfrac{F_1 l}{EA}$，$\Delta l_2 = \dfrac{F_2 l}{EA}$ 代入上式，得

$$V_\varepsilon = \frac{F_1^2 l}{2EA} + \frac{F_1 F_2 l}{EA} + \frac{F_2^2 l}{2EA}$$

至于图 9-5（b）和图 9-5（c）所示杆件的应变能，分别为

$$V_{\varepsilon 1} = \frac{1}{2}F_1 \Delta l_1 = \frac{F_1^2 l}{2EA}$$

$$V_{\varepsilon 2} = \frac{1}{2}F_2 \Delta l_2 = \frac{F_2^2 l}{2EA}$$

显然

$$V_\varepsilon \neq V_{\varepsilon 1} + V_{\varepsilon 2}$$

其实，由应变能的计算公式就可知道，应变能是广义力或广义位移的二次函数。因此，

对于那些不能相互独立做功的载荷,应变能的计算就不能用叠加法。

（2）应变能的大小与加载的先后次序无关,只决定于载荷及其相应位移的最终值。

图 9-6(a)所示杆件,设在杆端 a 点施加从零增加至 F_1 的载荷,同时杆件产生 Δl_1 的变形而储存应变能 $\dfrac{F_1^2 l}{2EA}$（用图 9-6(b)的面积 I 表示）。保持 F_1 大小不变,再在 b 点施加一从零增至 F_2 的载荷,杆进一步产生 Δl_2 的变形而储存应变能 $\dfrac{F_2^2 l}{2EA}$（用图 9-6(b)的面积 II 表示）。而此时 F_1 在 Δl_2 上做功 $F_1 \Delta l_2 = \dfrac{F_1 F_2 l}{EA}$（用图 9-6(b)的面积 III 表示）,也是杆件应变能的一部分。将此三部分应变能相加,即为杆件的总应变能,由此可知,它与 F_1、F_2 同时作用时的应变能相等（图 9-5(a)）。

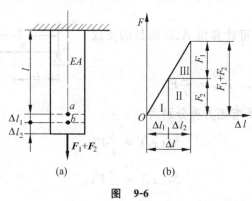

(a) 　　　　　　 (b)

图 9-6

【例 9-1】　试比较图 9-7 所示三根杆件中所储存的应变能。设材料的弹性模量 E 均相同。

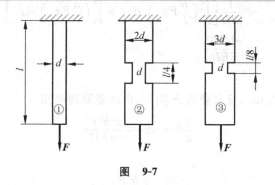

图 9-7

解：用 $V_{\varepsilon 1}$、$V_{\varepsilon 2}$、$V_{\varepsilon 3}$ 分别表示杆 1、杆 2 和杆 3 的应变能。各杆的轴力均等于外载荷 F,于是

$$V_{\varepsilon 1} = \frac{F_N^2 l}{2EA} = \frac{F^2 l}{2E \cdot \dfrac{\pi}{4} d^2} = \frac{2F^2 l}{\pi E d^2}$$

$$V_{\varepsilon 2} = \sum_{i=1}^{2} \frac{F_{Ni}^2 l_i}{2EA_i} = \frac{F^2 \cdot \dfrac{l}{4}}{2E \cdot \dfrac{\pi}{4} d^2} + \frac{F^2 \cdot \dfrac{3}{4} l}{2E \cdot \dfrac{\pi}{4} (2d)^2} = \frac{7F^2 l}{8\pi E d^2} = \frac{7}{16} V_{\varepsilon 1}$$

$$V_{\varepsilon 3} = \sum_{i=1}^{2} \frac{F_{\mathrm{N}i}^2 l_i}{2EA_i} = \frac{F^2 \cdot \dfrac{l}{8}}{2E \cdot \dfrac{\pi}{4}d^2} + \frac{F^2 \cdot \dfrac{7}{8}l}{2E \cdot \dfrac{\pi}{4}(3d)^2} = \frac{4F^2 l}{9\pi E d^2} = \frac{2}{9}V_{\varepsilon 1}$$

故有

$$V_{\varepsilon 1} : V_{\varepsilon 2} : V_{\varepsilon 3} = 1 : 0.438 : 0.222$$

即：承受相同载荷,长度、材料均一样的杆件随着体积的增大,储存在杆件中的应变能将减少。

【**例 9-2**】 如图 9-8 所示简支梁,在横截面 C 处承受载荷 F 作用,试计算梁的应变能及截面 C 的挠度。设抗弯刚度 EI 为常数。

解：(1) 应变能计算

根据静力平衡方程,可计算出 A、B 两处的支反力分别为(过程略)

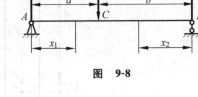

图　9-8

$$F_{RA} = \frac{b}{l}F, \quad F_{RB} = \frac{a}{l}F$$

由此,可写出 AC、CB 段的弯矩方程分别为：

AC 段

$$M(x_1) = \frac{b}{l}Fx_1$$

CB 段

$$M(x_2) = \frac{a}{l}Fx_2$$

于是,由式(9-7)得梁的应变能为

$$
\begin{aligned}
V_\varepsilon &= \frac{1}{2EI}\left[\int_0^a M^2(x_1)\,\mathrm{d}x_1 + \int_0^b M^2(x_2)\,\mathrm{d}x_2\right] \\
&= \frac{1}{2EI}\left[\int_0^a \left(\frac{b}{l}Fx_1\right)^2 \mathrm{d}x_1 + \int_0^b \left(\frac{a}{l}Fx_2\right)^2 \mathrm{d}x_2\right] \\
&= \frac{a^2 b^2 F^2}{6EIl}
\end{aligned}
$$

(2) 挠度计算

设截面 C 的挠度为 w_C,且与载荷 F 同向,由功能原理可知

$$\frac{1}{2}F \cdot w_C = \frac{a^2 b^2 F^2}{6EIl}$$

由此得

$$w_C = \frac{a^2 b^2 F}{3EIl}(\downarrow)$$

所得 w_C 为正,说明关于挠度 w_C 与载荷 F 同向的假设是正确的。实际上,由于应变能恒为正,因此,当弹性体上仅作用一个广义力时,该力所做的功恒为正,因而相应位移必与广义力同向。此外,由本例题还可知道,利用能量法计算变形是非常方便快捷的。

【**例 9-3**】 如图 9-9 所示一悬臂梁,试求其应变能。

解：悬臂梁在自由端受集中力 F 和集中力偶 M_e 作用引起的任一截面的弯矩用 $M(x)$ 表示。其中由 F 引起的弯矩为 M_F,由 M_e 引起的弯矩为 M_m,显然

$$M(x) = M_F + M_m = -Fx + M_e$$

由式(9-7)可得整个梁的应变能

$$
\begin{aligned}
V_\varepsilon &= \int_0^l \frac{M^2(x)\,\mathrm{d}x}{2EI} = \frac{1}{2EI}\int_0^l (-Fx + M_e)^2\,\mathrm{d}x \\
&= \frac{1}{2EI}\int_0^l (F^2x^2 - 2FM_e x + M_e^2)\,\mathrm{d}x \\
&= \frac{1}{EI}\left(\frac{F^2l^3}{6} - \frac{FM_e l^2}{2} + \frac{M_e^2 l}{2}\right)
\end{aligned}
$$

图 9-9

上式中,第一项是由 F 单独作用时引起的应变能,第三项是由 M_e 单独作用时引起的应变能。由此可知,尽管在计算任一截面之弯矩值时可用叠加原理,即 $M(x) = M_F + M_m$,但在求应变能时,由于 F 与 M_e 不能独立做功,故不能用叠加原理,即 $V_\varepsilon \neq V_{\varepsilon F} + V_{\varepsilon m}$。

9.3　应变能的普遍表达式

上一节讨论了构件在各种基本变形之下应变能的计算,现在推广到一般情况。

图 9-10 所示线弹性体在一组广义载荷 $F_1, F_2, F_3, \cdots$ 作用下,处于平衡状态。用 Δ_1,

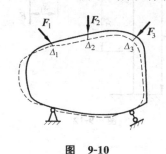

$\Delta_2, \Delta_3, \cdots$ 分别表示各广义载荷作用点沿各载荷方向的位移。设 $F_1, F_2, F_3, \cdots$ 按相同的比例从零开始缓慢增加到最终值,若变形很小,又是线弹性材料,于是,载荷和相应位移之间呈线性规律变化,这样,在变形过程中,每个载荷在其相应位移上所做的功为

$$W_i = \frac{1}{2}F_i \Delta_i$$

图 9-10

而所有外力做功的总和,即物体的应变能为

$$V_\varepsilon = \sum W_i = \frac{1}{2}F_1 \Delta_1 + \frac{1}{2}F_2 \Delta_2 + \frac{1}{2}F_3 \Delta_3 + \cdots \tag{9-8}$$

上式表明:线弹性体的应变能等于每一个载荷与其相应位移乘积二分之一的总和。至于在非比例加载时,无论是先加哪个载荷,根据应变能与加载次序无关的性质,外力所做的总功仍可写成式(9-8)的形式。

由此可见,不论按何种方式加载,作用在线弹性体上的广义载荷 $F_1, F_2, F_3, \cdots$ 在相应位移 $\Delta_1, \Delta_2, \Delta_3, \cdots$ 上所做的总功恒为

$$W = \sum_{i=1}^n \frac{1}{2}F_i \Delta_i \tag{9-9}$$

式(9-8)即是应变能的普遍表达式,这一结论称为**克拉贝-依隆定理**。

利用上述原理可得到杆件组合变形时的应变能计算公式。

从圆截面杆中取出 $\mathrm{d}x$ 微段,其受力如图 9-11 所示,两端截面上有弯矩 $M(x)$、扭矩 $T(x)$ 和轴力 $F_N(x)$。对所取微段来说,这些都是外力。设两个端截面的相对轴向位移为 $\mathrm{d}(\Delta l)$,相对扭转角为 $\mathrm{d}\varphi$,相

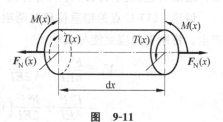

图 9-11

对转角为 $d\theta$,外力在相应的位移上做功,且彼此相互独立,互不影响。因此,由克拉贝-依隆定理与能量守恒定律得微段 dx 的应变能为

$$dV_\varepsilon = dW = \frac{1}{2}F_N(x)d(\Delta l) + \frac{1}{2}T(x)d\varphi + \frac{1}{2}M(x)d\theta$$

$$= \frac{F_N^2(x)dx}{2EA} + \frac{T^2(x)dx}{2GI_p} + \frac{M^2(x)dx}{2EI}$$

对上式积分,即得到整个杆件的应变能

$$V_\varepsilon = \int_l \frac{F_N^2(x)dx}{2EA} + \int_l \frac{T^2(x)dx}{2GI_p} + \int_l \frac{M^2(x)dx}{2EI} \tag{9-10}$$

【例 9-4】 如图 9-12 所示一等截面刚架,已知抗弯刚度 EI 和抗拉(压)刚度 EA,试求刚架的应变能及 C 点的铅垂位移。

解:(1) 应变能计算

刚架由 AB 和 BC 两段杆组成,整个刚架的应变能为两段杆应变能之和,即

$$V_\varepsilon = V_{\varepsilon AB} + V_{\varepsilon BC}$$

对两段杆分别取沿其轴向的坐标 x_1 和 x_2,列出内力方程:

BC 杆 $M(x_1) = Fx_1$

AB 杆 $M(x_2) = Fl$, $F_N(x_2) = F$

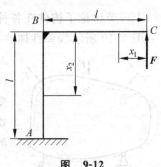

图 9-12

整个刚架的应变能

$$V_\varepsilon = \int_0^l \frac{M^2(x_1)dx_1}{2EI} + \int_0^l \frac{M^2(x_2)dx_2}{2EI} + \int_0^l \frac{F_N^2(x_2)dx_2}{2EA}$$

$$= \frac{F^2l^3}{6EI} + \frac{F^2l^3}{2EI} + \frac{F^2l}{2EA} = \frac{2F^2l^3}{3EI} + \frac{F^2l}{2EA}$$

注:忽略了剪切引起的应变能。

(2) C 点铅垂位移

设集中力 F 作用点 C 的铅垂位移为 Δ_C,力 F 所做的功为

$$W = \frac{1}{2}F\Delta_C$$

由功能原理得

$$\frac{1}{2}F\Delta_C = \frac{2F^2l^3}{3EI} + \frac{F^2l}{2EA}$$

所以 C 点的铅垂位移

$$\Delta_C = \frac{4Fl^3}{3EI} + \frac{Fl}{EA}(\uparrow)$$

所得结果为正,表示位移和力 F 同向。

讨论:(1) C 点的铅垂位移有两项组成,分别由刚架的弯曲变形和 AB 段的拉伸变形所产生。将刚架的应变能写成

$$V_\varepsilon = \frac{F^2l^3}{6EI} + \left(\frac{F^2l^3}{2EI} + \frac{F^2l}{2EA}\right) = \frac{F^2l^3}{6EI} + \frac{F^2l^3}{2EI}\left(1 + \frac{I}{Al^2}\right)$$

$$= \frac{F^2l^3}{6EI} + \frac{F^2l^3}{2EI}\left(1 + \frac{i^2}{l^2}\right)$$

式中 $i = \sqrt{\dfrac{I}{A}}$ 为截面的惯性半径,对于一般细长杆来说,其 $i \ll l$,设刚架截面直径 $d = \dfrac{l}{10}$,则比值 $\dfrac{i^2}{l^2} = \dfrac{1}{1600}$,即由拉伸(压缩)产生的应变能要远小于由弯曲产生的应变能。若略去拉伸应变能,则刚架的应变能为

$$V_\varepsilon = \frac{F^2 l^3}{6EI} + \frac{F^2 l^3}{2EI} = \frac{2F^2 l^3}{3EI}$$

C 点的铅垂位移为

$$\Delta_C = \frac{4Fl^3}{3EI}$$

(2) 应变能的表达式中内力是以平方值出现的,所以在列内力方程时,对于结构中各杆(或杆段),可以随意建立独立的坐标系,不必刻意注意内力的正负,但在各杆(或杆段)内,内力正负要一致。

9.4 互等定理

当弹性体上同时承受几个外力作用而变形时,由此而产生的应变能或外力所做的总功与外力的加载次序无关。据此,建立关于线弹性体的两个重要定理——**功互等定理**和**位移互等定理**。这是两个在材料力学中非常重要的定理,它们在结构分析中颇为重要。

现以梁弯曲为例阐述这两个定理。图 9-13(a)、(b)表示任一线弹性体(梁)的两种受力状态,广义力 F_1、F_2 分别作用在梁上的 1、2 两点处。在图 9-13(a)中,载荷 F_1 的相应位移为 Δ_{11},点 2 沿载荷 F_2 方向的位移为 Δ_{21};在图 9-13(b)中,载荷 F_2 的相应位移为 Δ_{22},点 1 沿载荷 F_1 方向的位移为 Δ_{12}。以上所述位移 Δ_{ij} 均为广义位移,下标 i 表示位移发生的位置(点或面),j 表示引起该位移的原因(力或力偶)。

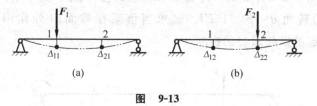

图 9-13

如图 9-14(a)所示,如果在该线弹性体上先加载荷 F_1,分别产生位移 Δ_{11} 和 Δ_{21} 后,再加载荷 F_2,又产生位移 Δ_{12} 和 Δ_{22},则在整个加载过程中,载荷所做的总功为

$$W_1 = \frac{F_1 \Delta_{11}}{2} + \frac{F_2 \Delta_{22}}{2} + F_1 \Delta_{12}$$

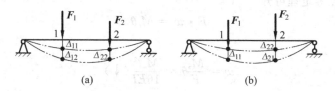

图 9-14

反之,如果先加载荷 F_2,产生位移 Δ_{12} 和 Δ_{22} 后,再加载荷 F_1,又产生位移 Δ_{11} 和 Δ_{21}(图 9-14 (b)),此时,载荷所做的总功为

$$W_2 = \frac{F_2\Delta_{22}}{2} + \frac{F_1\Delta_{11}}{2} + F_2\Delta_{21}$$

由于在所研究条件下,外力所做的总功与其加载次序无关,故有 $W_1 = W_2$,即

$$\frac{F_1\Delta_{11}}{2} + \frac{F_2\Delta_{22}}{2} + F_1\Delta_{12} = \frac{F_2\Delta_{22}}{2} + \frac{F_1\Delta_{11}}{2} + F_2\Delta_{21}$$

由此得

$$F_1\Delta_{12} = F_2\Delta_{21} \tag{9-11}$$

上式表明,对于线弹性体,F_1 在 F_2 所引起的位移 Δ_{12} 上所做的功,等于 F_2 在 F_1 所引起的位移 Δ_{21} 上所做的功。这就是功互等定理。

作为上述定理的一个重要推论,当广义力 F_1 和 F_2 在数值上相等时,由式(9-11)可得

$$\Delta_{12} = \Delta_{21} \tag{9-12}$$

这说明,点 1 由于作用在点 2 的载荷所引起的位移 Δ_{12},等于点 2 由于作用在点 1 的同一数值载荷所引起的位移 Δ_{21}。这就是**位移互等定理**。

在上述推导过程中,虽然是以梁作为研究对象,但并未涉及到有关弯曲变形的特点,所以,只要是满足力与位移呈线性关系条件的结构,这两个定理就都适用。此外,对于静定结构和超静定结构,这两个定理也同样适用。

必须指出,在功互等定理表达式中,等号两边的载荷可以是同类的,也可以是不同类的(如一边为集中力,另一边为力偶)。但是,等号同一边的广义力与广义位移必须是对应的(如载荷为集中力,则位移必为线位移)。

很多情况下,利用互等定理,可以使复杂的问题简单化。

【例 9-5】 如图 9-15(a)所示一简支梁 AB,当跨度中点 C 受一横向力 F 作用时,引起的横截面 B 的转角 $\theta = Fl^2/16EI$。试求当该梁在截面 B 处作用一力偶矩 M_e 时(图 9-15(b)),引起的横截面 C 的挠度 w。

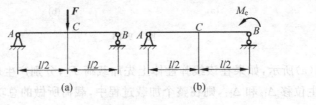

图 9-15

解:根据功互等定理可知

$$F \cdot w = M_e\theta$$

由此得

$$w = \frac{M_e}{F}\theta = \frac{M_e l^2}{16EI}(\downarrow)$$

【例 9-6】　试求图 9-16(a)所示悬臂梁上的载荷 F 移动时,自由端 A 截面的挠度变化规律。已知梁的抗弯刚度为 EI。

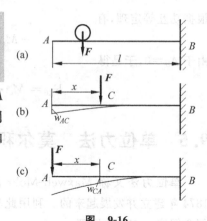

解：当载荷 F 移动到距 A 端为 x 的 C 点时,引起 A 点的挠度为 w_{AC},如图 9-16(b)所示。若在 A 点作用同样大小的载荷 F,由此而引起 C 点的挠度为 w_{CA},如图 9-16(c)所示,根据位移互等定理,有

$$w_{AC} = w_{CA}$$

由梁变形表可知

$$w_{CA} = \frac{1}{EI}\left(-\frac{F}{6}x^3 + \frac{F}{2}l^2 x - \frac{F}{3}l^3\right)$$

图　9-16

此即当载荷 F 移动时,自由端 A 截面的挠度变化规律。

【例 9-7】　长度为 l 的矩形截面杆如图 9-17(a)所示,在杆中央受到一对大小相等、方向相反的力 F,杆的弹性模量 E 和泊松比 μ 均为已知,试求杆的长度变化量 Δl。

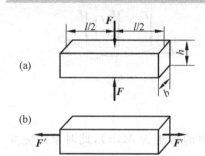

图　9-17

解：在杆的两端施加一对轴向拉力 F',如图 9-17(b)所示,此时杆产生横向变形为

$$\Delta h = -\mu\varepsilon h = -\mu\frac{\sigma}{E}h = -\mu\frac{F'}{bhE}h = -\mu\frac{F'}{Eb}$$

根据功互等定理,有

$$F'\Delta l = F\Delta h$$

于是

$$\Delta l = \frac{F\Delta h}{F'} = \frac{F\mu\dfrac{F'}{Eb}}{F'} = \frac{\mu}{Eb}F$$

注意：杆件在 F' 作用下(图 9-17(b))产生的 Δh 为负值,说明此时横向为压缩变形,故 F 在 Δh 上做正功。最后计算出 Δl 为正,表示杆件在 F 作用下产生的轴向变形为伸长变形。

【例 9-8】　如图 9-18(a)所示一超静定梁 AB,受一力偶矩 M_e 的作用。试用功互等定理确定 B 端的支反力。设抗弯刚度 EI 为常数。

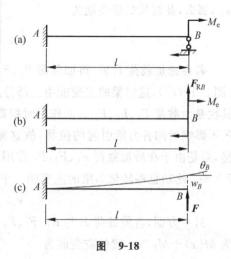

解：将支座 B 作为多余约束予以解除,并以相应支反力 F_{RB} 代替其作用,得相当系统如图 9-18(b)所示,变形协调条件为 $\Delta_B = 0$。

为计算支反力 F_{RB},在上述悬臂梁的截面 B 施加一横向载荷 F(图 9-18(c)),在该力作用下,截面 B 的转角与挠度分别为

$$\theta_B = \frac{Fl^2}{2EI}\text{(逆时针)}$$

$$w_B = \frac{Fl^3}{3EI}(\uparrow)$$

图　9-18

根据功互等定理,有

$$-M_e\theta_B + F_{RB}\cdot w_B = F\cdot\Delta_B$$

由于 $\Delta_B = 0$,于是得

$$F_{RB} = M_e\cdot\frac{\theta_B}{w_B} = M_e\cdot\frac{Fl^2}{2EI}\frac{3EI}{Fl^3} = \frac{3M_e}{2l}$$

9.5　单位力法　莫尔积分

单位力法又称 Maxwell-Mohr 法,是由 J. C. Maxwell 和 O. Mohr 分别于 1864 年和 1874 年建立并发展起来的。利用此法可直接用于计算构件或结构的指定位移。现以梁为例介绍这一方法的原理。

9.5.1　单位力法

图 9-19 所示梁 AB,在从零逐渐增大到最终值的外载荷 F_1、F_2、F_3 作用下产生弯曲变形。假定材料服从胡克定律,且梁处于小变形情况,现欲求梁上任一点 C 处的挠度 w_C。

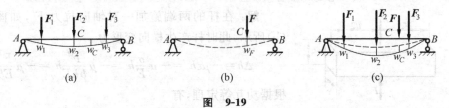

图　9-19

设梁在外载荷 F_1、F_2、F_3 的共同作用下,任一横截面的弯矩为 $M(x)$,此时梁的应变能为

$$V_\varepsilon = \int_l \frac{M^2(x)\mathrm{d}x}{2EI} \tag{a}$$

假设在外载荷 F_1、F_2、F_3 作用前,在所求挠度 C 点处沿所求位移 w_C 的方向先加一载荷 F(图 9-19(b)),由于 F 的单独作用而引起的任一横截面的弯矩为 $M_F(x)$,C 点的挠度为 w_F,那么,此时梁的应变能为

$$V_{\varepsilon F} = \int_l \frac{M_F^2(x)\mathrm{d}x}{2EI} \tag{b}$$

若在施加载荷 F 后,再加载荷 F_1、F_2、F_3 各力,则梁的变形即由虚线位置变到实线位置 (图 9-19(c)),这时梁的应变能由三部分组成:首先是由 F 单独作用时积蓄的应变能 $V_{\varepsilon F}$,其次是由载荷 F_1、F_2、F_3 共同作用时积蓄的应变能,由于讨论的是小变形情况,先加的载荷 F 不影响后加各力所引起的位移,故这部分的应变能仍可按式(a)计算。另外一部分应变能,则是由于在后加载荷 F_1、F_2、F_3 作用下,C 点又产生一挠度 w_C,故原有的载荷 F 将做功 $F\cdot w_C$,此功也将转化为梁的应变能。于是,梁的全部应变能为

$$V_{\varepsilon F} + V_\varepsilon + F\cdot w_C$$

另一方面,若使载荷 F 与 F_1、F_2、F_3 同时作用在梁上,那么,梁上任一横截面的弯矩即为 $M(x) + M_F(x)$,梁的应变能为

$$\int_l \frac{[M(x) + M_F(x)]^2 dx}{2EI}$$

由于应变能只取决于载荷的最终值,而与加载的先后次序无关,故有

$$V_{\varepsilon F} + V_\varepsilon + F \cdot w_C = \int_l \frac{[M(x) + M_F(x)]^2 dx}{2EI} \tag{c}$$

将式(a)、(b)代入上式,简化得

$$F \cdot w_C = \int_l \frac{M(x) M_F(x) dx}{EI} \tag{d}$$

若令 $F = F_0 = 1$,即单位力,此时 $M_F(x) = \overline{M}(x)$,表示在单位载荷单独作用下各截面的弯矩,于是利用式(d)可直接计算 C 点的挠度

$$w_C = \int_l \frac{M(x) \overline{M}(x) dx}{EI} \tag{9-13a}$$

上式即为单位力法的表达式,又称为**莫尔积分**。

同理,若要计算梁上某一截面的转角 θ,则可在该截面处施加一单位力偶 $M_0 = 1$,此时的莫尔积分表达式为

$$\theta = \int_l \frac{M(x) \overline{M}(x) dx}{EI} \tag{9-13b}$$

式中 $\overline{M}(x)$ 是在单位力偶 $M_0 = 1$ 单独作用下任一横截面上的弯矩。

将式(9-13a)、(9-13b)写成统一的形式,即

$$\Delta = \int_l \frac{M(x) \overline{M}(x) dx}{EI} \tag{9-14}$$

式中,Δ 表示广义位移,而 $\overline{M}(x)$ 表示在与广义位移 Δ 对应的单位力作用下任一截面的弯矩。且 $\overline{M}(x)$ 的坐标选取应与 $M(x)$ 的坐标完全一致。若 $M(x)$、$\overline{M}(x)$ 需分段写出,则上述积分也应分段进行。

由式(9-14)计算的结果若为正值,则表示所求位移 Δ 的指向与单位力的指向一致;若为负值,则 Δ 的指向与单位力的指向相反。公式右边积分号内的 $M(x)$、$\overline{M}(x)$,其正负规定同前。

以上推导出的莫尔积分式只适用于线弹性体。但要说明的是,单位力法本身并不仅限于讨论线弹性体,对于非线性弹性体同样适用,但要导出单位力法的普遍表达式,需要用到虚功原理的知识,在此不再介绍。

9.5.2 单位力法(莫尔积分)的应用

上述单位力法的莫尔积分式虽然是以弯曲变形为例推导出来的,但是,只要材料服从胡克定律且满足小变形条件,任何线弹性体有关位移的计算均可采用此方法。

1. 桁架结构

因各杆在横截面上的内力只有轴力,且为常数,因此,若要计算桁架某一节点在某一方向的位移 Δ,只要在该节点处沿该方向作用一单位力,即可求出这一节点位移

$$\Delta = \sum_{i=1}^n \frac{F_{Ni} \overline{F}_{Ni} l_i}{EA_i} \tag{9-15}$$

式中，F_{Ni}、$\overline{F}_{Ni}$分别表示在外载荷、单位载荷单独作用下，第 i 根杆的轴力，同样，拉力为正，压力为负；n 为桁架结构中的杆件数目。

2. 平面曲杆

若杆件轴线的曲率半径远远小于横截面高度，则可忽略其轴力和剪力对变形的影响，参照式(9-14)，可计算曲杆位移

$$\Delta = \int_s \frac{M(x)\overline{M}(x)\mathrm{d}s}{EI} \tag{9-16}$$

式中，$\mathrm{d}s$ 表示曲杆微段长度，沿曲杆全长 s 积分；$M(x)$ 和 $\overline{M}(x)$ 同样表示曲杆在外载荷、单位载荷分别单独作用时各截面的弯矩，且使曲率增大的弯矩为正，反之为负。

3. 组合变形杆件

若一杆件处于组合变形，设其任一横截面的内力有轴力 $F_N(x)$、弯矩 $M(x)$、扭矩 $T(x)$ (略去剪力的影响)，于是，该杆任一点在指定方向的位移为

$$\Delta = \int_l \frac{F_N(x)\overline{F}_N(x)\mathrm{d}x}{EA} + \int_l \frac{M(x)\overline{M}(x)\mathrm{d}x}{EI} + \int_l \frac{T(x)\overline{T}(x)\mathrm{d}x}{GI_p}$$

若结构由 n 个杆件组成，结构的总应变能应包括所有杆件的应变能。于是，相应的单位力法的表达式为

$$\Delta = \sum_{i=1}^n \int_{l_i} \frac{F_{Ni}(x)\overline{F}_{Ni}(x)\mathrm{d}x}{EA_i} + \sum_{i=1}^n \int_{l_i} \frac{M_i(x)\overline{M}_i(x)\mathrm{d}x}{EI_i}$$
$$+ \sum_{i=1}^n \int_{l_i} \frac{T_i(x)\overline{T}_i(x)\mathrm{d}x}{GI_{pi}} \tag{9-17}$$

单位力是一个与所求位移相对应的广义力，且是个有单位的量。若 Δ 为某截面的线位移，则单位力即为施加于该处并沿所求位移方向的力，例如 1N 或 1kN；若 Δ 为某截面的转角或扭转角，则单位力为施加于该截面处的弯曲力偶或扭转力偶，例如 1N·m 或 1kN·m。此外，若要计算结构上任意两点沿其连线方向的相对线位移，则可在该两点处沿该方向施加一对方向相反的单位力；若要计算结构上任意两截面的相对角位移，则可在这两个截面上施加一对转向相反的单位力偶。

【例 9-9】 如图 9-20(a)所示简支梁，试用单位力法计算梁中点 C 的挠度和支座截面 A 的转角。设梁的抗弯刚度 EI 为常数，不计剪力对弯曲变形的影响。

解：(1) 由 q 引起的弯矩方程
在如图所示的坐标系下，

$$M(x) = \frac{ql}{2}x - \frac{qx^2}{2}, \quad 0 \leqslant x \leqslant l$$

(2) 梁中点 C 的挠度
为求 C 截面的挠度，在该处施加一方向向下的单位力 1(图 9-20(b))，此时的弯矩方程为

$$\overline{M}(x) = \frac{1}{2}x, \quad 0 \leqslant x \leqslant \frac{l}{2}$$

将 $M(x)$、$\overline{M}(x)$ 的表达式代入式(9-13a)，并由对称性，可得梁中点 C 的挠度为

$$w_C = \frac{1}{EI}\int_l M(x)\overline{M}(x)\,\mathrm{d}x$$
$$= \frac{2}{EI}\int_0^{\frac{l}{2}}\left(\frac{ql}{2}x - \frac{qx^2}{2}\right)\frac{x}{2}\,\mathrm{d}x$$
$$= \frac{5ql^4}{384EI}$$

结果为正，表示 C 截面的挠度指向与单位力的指向一致，即向下。

（3）支座截面 A 的转角

为求 A 截面的转角，在该截面处施加一单位力偶 1（图 9-20(c)）。此时的弯矩方程为

$$\overline{M}(x) = \frac{1}{l}x - 1, \quad 0 \leqslant x \leqslant l$$

于是，A 截面的转角

$$\theta_A = \frac{1}{EI}\int_l M(x)\overline{M}(x)\,\mathrm{d}x = \frac{1}{EI}\int_0^l\left(\frac{ql}{2}x - \frac{qx^2}{2}\right)\left(\frac{1}{l}x - 1\right)\mathrm{d}x$$
$$= \frac{1}{EI}\left(\frac{ql^3}{6} - \frac{ql^3}{4} - \frac{ql^3}{8} + \frac{ql^3}{6}\right) = -\frac{ql^3}{24EI}$$

所得 θ_A 为负，说明其转向与所加单位力偶转向相反，即为顺时针转向。

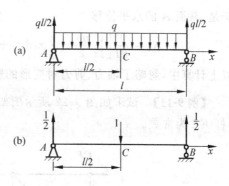

图　9-20

【例 9-10】　如图 9-21(a)所示刚架，试用单位力法计算横截面 A 的水平位移。设各杆 EI 为常数。

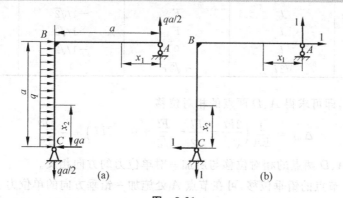

图　9-21

解：为计算横截面 A 的水平位移，在该截面沿水平方向加一单位力（图 9-21(b)）。在单位力与实际载荷单独作用时，求得刚架的支反力如图中所示，由此建立各梁段的弯矩方程：

AB 段　　$M(x_1) = \dfrac{qa}{2}x_1$，　$\overline{M}(x_1) = 1 \cdot x_1 = x_1$

BC 段　　$M(x_2) = qax_2 - \dfrac{q}{2}x_2^2$，　$\overline{M}(x_2) = 1 \cdot x_2 = x_2$

于是,截面 A 的水平位移

$$\Delta_A = \frac{1}{EI}\left[\int_0^a \frac{qa}{2}x_1 \cdot x_1 \mathrm{d}x_1 + \int_0^a \left(qax_2 - \frac{q}{2}x_2^2\right)x_2 \mathrm{d}x_2\right] = \frac{3qa^4}{8EI}(\rightarrow)$$

以上计算中,忽略了轴力、剪力对变形的影响。

【例 9-11】 试求如图 9-22 所示桁架中节点 A、D 两点沿 AD 连线的相对位移。设各杆 EA 为常数。

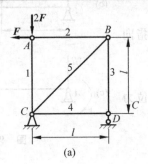
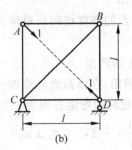

图 9-22

解:为求 A、D 两点的相对线位移,在 A、D 两点上沿 AD 连线方向施加一对单位力,如图 9-22(b)所示。由于桁架中杆件较多,将各杆分别在原有载荷、单位力单独作用下的内力列于表 9-1 中。

表 9-1

杆 号	l_i	F_{Ni}	$\overline{F}_{Ni}$	$F_{Ni}\overline{F}_{Ni}l_i$
1	l	$-2F$	$-1/\sqrt{2}$	$2Fl/\sqrt{2}$
2	l	F	$-1/\sqrt{2}$	$-Fl/\sqrt{2}$
3	l	F	$-1/\sqrt{2}$	$-Fl/\sqrt{2}$
4	l	0	$-1/\sqrt{2}$	0
5	$\sqrt{2}l$	$-\sqrt{2}F$	1	$-2Fl$

由式(9-15),即可求得 A、D 两点的相对位移

$$\Delta_{AD} = \frac{1}{EA}\left(\frac{2Fl}{\sqrt{2}} - \frac{Fl}{\sqrt{2}} - \frac{Fl}{\sqrt{2}} + 0 - 2Fl\right) = -\frac{2Fl}{EA}$$

结果为负,表示 A、D 两点的相对位移与所加一对单位力的方向相反。

若要计算 A 节点的铅垂位移,可在节点 A 处施加一铅垂方向的单位力。读者可试写出各杆在单位力作用下的轴力,并计算结果。

【例 9-12】 如图 9-23 所示刚架,试用单位力法计算截面 A 的铅垂位移 Δ_A。设抗弯刚度 EI 与抗扭刚度 GI_p 均为常数。

解:为了计算截面 A 的铅垂位移,在该截面处施加一铅垂向下的单位力(图 9-23(b))。在载荷 F 作用下,刚架 AB 段发生弯曲变形,BC 段处于弯扭组合变形,因此,由式(9-17)可计算 A 截面的铅垂位移为

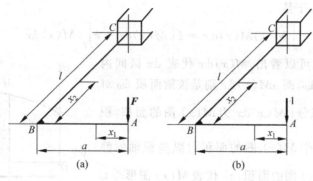

图 9-23

$$\Delta_A = \int_0^a \frac{M(x_1)\overline{M}(x_1)}{EI}\mathrm{d}x_1 + \int_0^l \frac{M(x_2)\overline{M}(x_2)}{EI}\mathrm{d}x_2 + \int_0^l \frac{T(x_2)\overline{T}(x_2)}{GI_\mathrm{p}}\mathrm{d}x_2$$

可以看出，载荷 F 引起的内力为

$$M(x_1) = -Fx_1$$
$$M(x_2) = -Fx_2$$
$$T(x_2) = -Fa$$

而单位力引起的内力为

$$\overline{M}(x_1) = -x_1$$
$$\overline{M}(x_2) = -x_2$$
$$\overline{T}(x_2) = -a$$

于是得 A 截面的铅垂位移为

$$\Delta_A = \int_0^a \frac{Fx_1 \cdot x_1}{EI}\mathrm{d}x_1 + \int_0^l \frac{Fx_2 \cdot x_2}{EI}\mathrm{d}x_2 + \int_0^l \frac{Fa \cdot a}{GI_\mathrm{p}}\mathrm{d}x_2$$
$$= \frac{Fa^3}{3EI} + \frac{Fl^3}{3EI} + \frac{Fa^2 l}{GI_\mathrm{p}}(\downarrow)$$

9.6 计算莫尔积分的图乘法

在应用莫尔积分计算杆件或结构的指定位移时，需要计算下列积分：

$$\int_l \frac{F_\mathrm{N}(x)\overline{F}_\mathrm{N}(x)}{EA}\mathrm{d}x, \int_l \frac{M(x)\overline{M}(x)}{EI}\mathrm{d}x, \quad \int_l \frac{T(x)\overline{T}(x)}{GI_\mathrm{p}}\mathrm{d}x$$

对于等截面直杆或由等截面直杆组成的杆系，上述积分运算可以得到简化。

现以积分 $\displaystyle\int_l \frac{M(x)\overline{M}(x)}{EI}\mathrm{d}x$ 为例说明简化的方法。由于是等截面杆，EI 为常数，故可将

其从积分号中提出来，只需计算积分 $\displaystyle\int_l M(x)\overline{M}(x)\mathrm{d}x$ 即可。

直杆在单位力或单位力偶作用下，其弯矩 $\overline{M}(x)$ 图形必是直线或折线。图 9-24(a)、(b)
分别表示长为 l 的等截面直杆在原载荷和单位载荷单独作用时的弯矩图，其中 $\overline{M}(x)$ 图为一
斜直线，设该直线的方程式为

$$\overline{M}(x) = b + kx \tag{a}$$

式中，b 和 k 为常数，于是

$$\int_l M(x)\overline{M}(x)\mathrm{d}x = b\int_l M(x)\mathrm{d}x + k\int_l xM(x)\mathrm{d}x$$

由图 9-24(a) 可以看出，$M(x)\mathrm{d}x$ 代表 $\mathrm{d}x$ 区间内 $M(x)$ 图的微面积 $\mathrm{d}\omega$，而 $xM(x)\mathrm{d}x$ 则是该微面积 $\mathrm{d}\omega$ 对纵坐标轴的静矩。积分 $\int_l M(x)\mathrm{d}x$ 为 $M(x)$ 图的面积，积分 $\int_l xM(x)\mathrm{d}x$ 是整个 $M(x)$ 图的面积对纵坐标轴的静矩。若以 ω 代表 $M(x)$ 图的面积，x_C 代表 $M(x)$ 图形心 C 的横坐标，则有

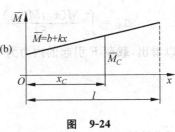

图 9-24

$$\int_l M(x)\overline{M}(x)\mathrm{d}x = b\omega + k\omega x_C = \omega(b + kx_C)$$

由式(a)可知，上式右端括号内的表达式 $b + kx_C$ 就是 $M(x)$ 图的形心 C 对应的 $\overline{M}(x)$ 图的纵坐标，即图 9-24(b)中的 $\overline{M}_C$，于是由上式可得

$$\int_l M(x)\overline{M}(x)\mathrm{d}x = \omega\overline{M}_C$$

而此时，莫尔积分的表达式可写为

$$\Delta = \frac{1}{EI}\int_l M(x)\overline{M}(x)\mathrm{d}x = \frac{\omega\overline{M}_C}{EI} \tag{9-18}$$

这种将函数互乘的积分运算转化为函数图形几何量相乘的计算方法称为**图乘法**。

上述公式对于各种内力分量都是适用的，只不过图形互乘的内容不同。

应用图乘法，需经常计算一些图形的面积及确定形心位置。为计算方便，本书将一些常见图形的面积及其形心位置的计算公式列于表 9-2 中，其中抛物线顶点的切线与基线平行或重合。

表 9-2 常见图形的面积及其形心位置

图 形	面积，ω	形心坐标 x_C
三角形	$\dfrac{bh}{2}$	$\dfrac{2b}{3}$
三角形	$\dfrac{lh}{2}$	$\dfrac{a+l}{3}$
二次抛物线	$\dfrac{2}{3}lh$	$\dfrac{5}{8}l$

续表

图　形	面积，ω	形心坐标 x_C
二次抛物线　顶点 	$\dfrac{2}{3}lh$	$\dfrac{1}{2}l$
二次抛物线 顶点 	$\dfrac{1}{3}bh$	$\dfrac{3}{4}b$
n 次抛物线 顶点 	$\dfrac{1}{n+1}bh$	$\dfrac{n+1}{n+2}b$

利用图乘法计算位移时，需注意以下几点：

(1) $M(x)$ 图的面积及 $\overline{M}_C$ 值均有正负之分，若 $M(x)$ 图与 $\overline{M}_C$ 位于 x 轴同侧，则乘积 $\omega\overline{M}_C$ 为正；若两者位于 x 轴异侧，则乘积 $\omega\overline{M}_C$ 为负。

(2) 利用式(9-18)计算位移时，必须满足图乘法条件，即杆件必须是一等截面直杆，且 $M(x)$ 图和 $\overline{M}(x)$ 图中必有一个是直线图形。若 $\overline{M}(x)$ 图是一折线，则应以折线的转折点为界将 $M(x)$ 图分段，保证每段中的 $\overline{M}(x)$ 图为一直线，并分别计算各段的 $\omega_i\overline{M}_{C_i}$，最后求其总和，此时式(9-18)改写为

$$\Delta = \sum_{i=1}^{n} \frac{\omega_i\overline{M}_{C_i}}{EI} \tag{9-19}$$

若为变截面直杆，在面积变化的地方也应分段，上式中的 I 改写为 I_i。

(3) 若杆件的受力情况复杂，可先求出各种载荷单独作用时的弯矩图，分别使用图乘法，然后再根据叠加原理求其总和，参见例 9-16。

【例 9-13】　如图 9-25(a)所示简支梁 AB，设其抗弯刚度 EI 为常数，试用图乘法计算梁跨度中点 D 截面的挠度

解：在均布载荷作用下，梁的 $M(x)$ 图为二次抛物线（图 9-25(b)），欲求 D 截面的挠度 w_D，在此处加一单位力（图 9-25(c)），此时梁的 $\overline{M}(x)$ 图为折线（图 9-25(d)）。所以，应以截面 D 为分界面，分段图乘，其中

$$\omega_1 = \omega_2 = \frac{2}{3}\,\frac{l}{2}\,\frac{ql^2}{8} = \frac{ql^3}{24}$$

$$\overline{M}_{C_1} = \overline{M}_{C_2} = \frac{5}{8}\,\frac{l}{4} = \frac{5l}{32}$$

于是，D 截面的挠度为

$$w_D = \frac{1}{EI}(\omega_1 \overline{M}_{C_1} + \omega_2 \overline{M}_{C_2}) = \frac{2}{EI} \frac{ql^3}{24} \frac{5l}{32} = \frac{5ql^4}{384EI}(\downarrow)$$

结果为正,说明位移方向与单位力同向。

【例 9-14】 如图 9-26(a)所示杆 AB,承受轴向均布载荷 q 作用,试用图乘法计算横截面 B 的轴向位移。设杆件的抗拉压刚度 EA 为常数。

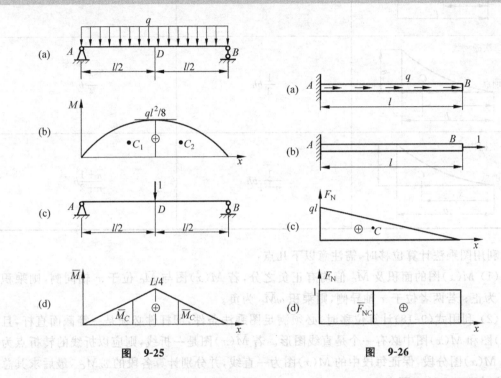

图 9-25 图 9-26

解: 在截面 B 加一轴向单位力(图 9-26(b))。杆件在轴向载荷 q 与单位力单独作用时的轴力图分别如图 9-26(c)、(d)所示。

利用图乘法,可得 B 截面的轴向位移

$$\Delta_B = \frac{\omega \overline{F}_{NC}}{EA} = \frac{1}{EA} \frac{l \cdot ql}{2} \cdot 1 = \frac{ql^2}{2EA}(\rightarrow)$$

结果为正,说明 B 截面的位移方向与单位力方向一致。

【例 9-15】 如图 9-27(a)所示为一刚架 ABC,忽略轴力和剪力的影响,试求 A 点的竖向位移 δ_{Ay} 和 C 截面的转角 θ_C。

解:(1)计算 A 点竖向位移 δ_{Ay}

在 A 点施加一竖直向下的单位力 $F_0 = 1$,分别作出刚架在原有外载荷和单位力单独作用下的弯矩图(图 9-27(b)、(c))。由图 9-27(b)可知

$$\omega_1 = \frac{1}{3} \times \frac{qa^2}{2} \times a = \frac{qa^3}{6}$$

$$\omega_2 = \frac{1}{2} \times \frac{qa^2}{2} \times a = \frac{qa^3}{4}$$

由图 9-27(c)可知

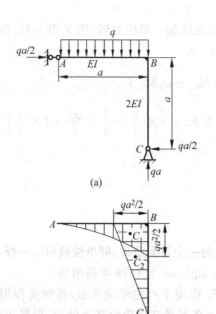

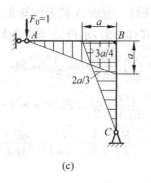

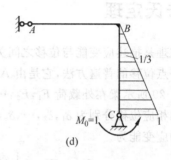

图 9-27

$$\overline{M}_{C_1} = \frac{3}{4}a$$

$$\overline{M}_{C_2} = \frac{2}{3}a$$

利用图乘法,由于各段的 $M(x)$ 图和 $\overline{M}(x)$ 图均在杆的同侧,有

$$\delta_{Ay} = \sum_{i=1}^{2} \frac{\omega_i \overline{M}_{C_i}}{EI_i} = \frac{\dfrac{qa^3}{6} \times \dfrac{3}{4}a}{EI} + \frac{\dfrac{qa^3}{4} \times \dfrac{2}{3}a}{2EI} = \frac{5qa^4}{24EI}(\downarrow)$$

结果为正,说明位移方向向下。

（2）计算 C 截面转角 θ_C

在 C 截面处加一单位力偶 $M_0 = 1$,作出此时刚架的
弯矩 $\overline{M}(x)$ 图（图 9-27(d)）,对图 9-27(b)、(d)作图乘。
由于 BC 杆的 $M(x)$ 图和 $\overline{M}(x)$ 图位于杆的异侧,故应加
负号,得

$$\theta_C = \sum_{i=1}^{2} \frac{\omega_i \overline{M}_{C_i}}{EI_i} = 0 - \frac{\dfrac{qa^3}{4} \times \dfrac{1}{3}}{2EI} = -\frac{qa^3}{24EI}(\text{顺时针})$$

结果为负,说明实际转向应为顺时针转向。

【例 9-16】 计算如图 9-28(a)所示外伸梁 A 端的
转角 θ_A。

解: 由于外伸梁同时受到集中力和均布载荷的作
用,为计算方便,分别作出两种外力单独作用时梁的弯

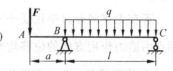

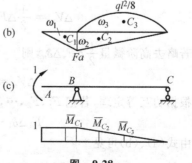

图 9-28

矩图(图 9-28(b))。为求 A 截面的转角,在该处施加一单位力偶(图 9-28(c)),作出相应的 $\overline{M}(x)$ 图,利用式(9-19),求得 A 截面的转角 θ_A 为

$$\theta_A = \sum_{i=1}^{3} \frac{\omega_i \overline{M}_{C_i}}{EI} = \frac{1}{EI}(\omega_1 \overline{M}_{C_1} + \omega_2 \overline{M}_{C_2} + \omega_3 \overline{M}_{C_3})$$

$$= \frac{1}{EI}\left(-\frac{1}{2} \times Fa \times a \times 1 - \frac{1}{2} \times Fa \times l \times \frac{2}{3} + \frac{2}{3} \times \frac{ql^2}{8} \times l \times \frac{1}{2}\right)$$

$$= -\frac{Fa^2}{EI}\left(\frac{1}{2} + \frac{l}{3a}\right) + \frac{ql^3}{24EI}$$

9.7 卡氏定理

卡氏定理是描述应变能与位移之间关系的一个重要定理,同单位载荷法一样,是计算弹性体内任一点位移的普遍方法,它是由 A. Castigliano 于 1879 年提出的。

设图 9-29 所示梁在外载荷 $F_1, F_2, \cdots, F_n$ 作用下产生弯曲变形,各载荷作用点沿载荷作用方向的相应位移分别为 $\delta_1, \delta_2, \cdots, \delta_n$,由于各载荷在相应位移上做功,根据功能原理,储存在梁内的应变能为

$$V_\varepsilon = W = \frac{1}{2}(F_1\delta_1 + F_2\delta_2 + \cdots + F_n\delta_n)$$

由于 $\delta_1, \delta_2, \cdots, \delta_n$ 是随外载荷的逐渐增大而变化的,因此,应变能是各载荷 $F_1, F_2, \cdots, F_n$ 的函数。

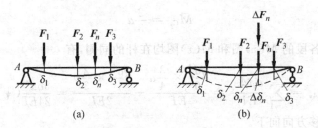

图 9-29

若在上述诸外力中让任一力 F_n 有一增量 ΔF_n,而其余各力保持不变,从而在诸外力作用点沿诸力作用方向的位移均有增量 $\Delta \delta_1, \Delta \delta_2, \cdots, \Delta \delta_n$,此时,$\Delta F_n$ 做功为 $\frac{1}{2}\Delta F_n \Delta \delta_n$,原诸力 F_i 在各位移增量 $\Delta \delta_i$ 上做功为 $F_i \Delta \delta_i$,因此,结构因 ΔF_n 的作用而增大的应变能为

$$\Delta V_\varepsilon = \frac{1}{2}\Delta F_n \Delta \delta_n + F_1 \Delta \delta_1 + F_2 \Delta \delta_2 + \cdots + F_n \Delta \delta_n$$

若略去高阶微量 $\frac{1}{2}\Delta F_n \Delta \delta_n$,则

$$\Delta V_\varepsilon = F_1 \Delta \delta_1 + F_2 \Delta \delta_2 + \cdots + F_n \Delta \delta_n \tag{a}$$

根据功互等定理,若把 $F_1, F_2, \cdots, F_n$ 作为第一组力,而将 ΔF_n 作为第二组力,则有

$$F_1 \Delta \delta_1 + F_2 \Delta \delta_2 + \cdots + F_n \Delta \delta_n = \Delta F_n \delta_n \tag{b}$$

由式(a)、(b)可见

$$\Delta V_\varepsilon = \Delta F_n \cdot \delta_n$$

或

$$\frac{\Delta V_\varepsilon}{\Delta F_n} = \delta_n$$

令 ΔF_n 无限趋于零,则有

$$\frac{\partial V_\varepsilon}{\partial F_n} = \delta_n \tag{9-20}$$

上式说明,若将结构的应变能表示为载荷 $F_1, F_2, \cdots, F_n$ 的函数,则应变能对任一载荷 F_n 的偏导数等于 F_n 作用点沿其作用方向的位移。此即为卡氏定理。

上述力与位移均为广义力和广义位移。此外,卡氏定理仅适用于线弹性结构。

对于各种受力情况,卡氏定理同样适用,相应的形式如下:

(1) 轴向拉伸(压缩)

$$\delta_i = \frac{\partial V_\varepsilon}{\partial F_i} = \frac{\partial}{\partial F_i}\left(\int_l \frac{F_N^2(x)\,dx}{2EA}\right)$$

式中积分是对 x 的,而求导数是对 F_i 的,所以可将积分号里的函数先对 F_i 求导,然后再积分,于是有

$$\delta_i = \int_l \frac{F_N(x)}{EA}\frac{\partial F_N(x)}{\partial F_i}\,dx \tag{9-21a}$$

对于桁架结构,每根杆只有轴力,且为常数。若桁架由 n 根杆组成,则有

$$\delta_i = \sum_{j=1}^n \frac{F_{Nj}l_j}{EA_j}\frac{\partial F_{Nj}}{\partial F_i}$$

(2) 扭转

$$\delta_i = \frac{\partial V_\varepsilon}{\partial F_i} = \frac{\partial}{\partial F_i}\left(\int_l \frac{T^2(x)\,dx}{2GI_p}\right) = \int_l \frac{T(x)}{GI_p}\frac{\partial T(x)}{\partial F_i}\,dx \tag{9-21b}$$

(3) 弯曲

$$\delta_i = \frac{\partial V_\varepsilon}{\partial F_i} = \frac{\partial}{\partial F_i}\left(\int_l \frac{M^2(x)\,dx}{2EI}\right) = \int_l \frac{M(x)}{EI}\frac{\partial M(x)}{\partial F_i}\,dx \tag{9-21c}$$

对于截面高度远小于轴线曲率半径的平面曲杆,受弯时仍按上式计算,只需将 dx 改为 ds。

若杆件发生的是组合变形,则有

$$\delta_i = \int_l \frac{F_N(x)}{EA}\frac{\partial F_N(x)}{\partial F_i}\,dx + \int_l \frac{T(x)}{GI_p}\frac{\partial T(x)}{\partial F_i}\,dx + \int_l \frac{M(x)}{EI}\frac{\partial M(x)}{\partial F_i}\,dx \tag{9-21d}$$

必须指出:利用卡氏定理计算线弹性体任一点的线位移或任一截面的角位移时,在该点或该截面上必须有相应的力或力偶。否则就必须在该处沿所求位移方向(转向)假想地附加一个力 F_a(广义力),求出包括 F_a 在内的所有外力作用下该线弹性体的应变能,并将其对 F_a 求偏导数然后令 F_a 等于零,便可求得所求位移。这种方法称为**附加力法**。

【例 9-17】 用卡氏定理计算如图 9-30 所示梁截面 C、D 的挠度。

解:第一种解法

(1) 求支反力

根据静力平衡条件求得

$$F_A = 0, \quad F_B = 2F$$

（2）分段写出弯矩方程 $M(x)$，并对 F 求偏导数

根据受力与约束情况，弯矩方程需分三段来写。

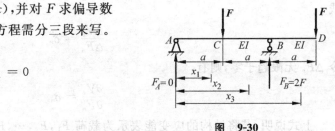

图 9-30

AC 段（$0 \leqslant x_1 \leqslant a$）：

$$M(x_1) = F_A x_1 = 0$$

$$\frac{\partial M(x_1)}{\partial F} = 0$$

CB 段（$a \leqslant x_2 \leqslant 2a$）：

$$M(x_2) = -F(x_2 - a)$$

$$\frac{\partial M(x_2)}{\partial F} = -(x_2 - a)$$

BD 段（$2a \leqslant x_3 \leqslant 3a$）：

$$M(x_3) = -F(x_3 - a) + 2F(x_3 - 2a) = F(x_3 - 3a)$$

$$\frac{\partial M(x)}{\partial F} = x_3 - 3a$$

（3）计算挠度

根据卡氏定理，得

$$
\begin{aligned}
w_C &= \frac{\partial V_\varepsilon}{\partial F} = \int_l \frac{M(x)}{EI} \frac{\partial M(x)}{\partial F} \mathrm{d}x \\
&= \int_0^a \frac{M(x_1)}{EI} \frac{\partial M(x_1)}{\partial F} \mathrm{d}x_1 + \int_a^{2a} \frac{M(x_2)}{EI} \frac{\partial M(x_2)}{\partial F} \mathrm{d}x_2 + \int_{2a}^{3a} \frac{M(x_3)}{EI} \frac{\partial M(x_3)}{\partial F} \mathrm{d}x_3 \\
&= 0 + \int_a^{2a} \frac{-F(x_2 - a)}{EI} [-(x_2 - a)] \mathrm{d}x_2 + \int_{2a}^{3a} \frac{F(x_3 - 3a)}{EI} (x_3 - 3a) \mathrm{d}x_3 \\
&= 0 + \frac{Fa^3}{3EI} + \frac{Fa^3}{3EI} = \frac{2Fa^3}{3EI}
\end{aligned}
$$

用同样的方法，求得 D 截面的挠度

$$w_D = \frac{\partial V_\varepsilon}{\partial F} = \int_l \frac{M(x)}{EI} \frac{\partial M(x)}{\partial F} \mathrm{d}x = \frac{2Fa^3}{3EI}$$

其结果为正，表明截面 C、D 的位移方向均与外载荷 F 的作用方向一致。但是，这是一个错误的结果，读者不妨用第 6 章弯曲变形的方法计算此题，正确的答案是

$$w_C = \frac{Fa^3}{12EI}(\uparrow), \quad w_D = -\frac{9Fa^3}{12EI}(\downarrow)$$

那么，上述计算的问题出在哪里呢？

第二种解法：

（1）求支反力

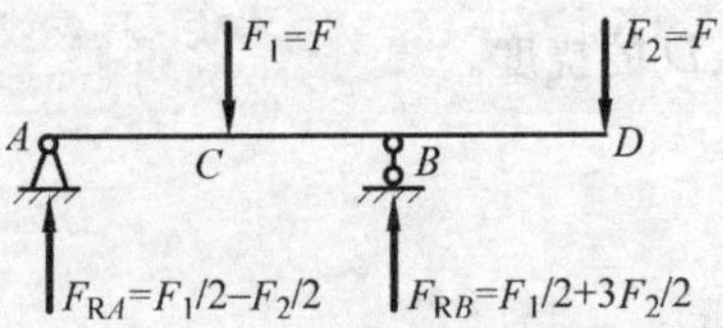

暂时用 F_1 表示 C 点处的集中载荷 F，用 F_2 表示 D 点处的集中载荷 F，如图 9-31 所示。此时，支反力为

$$F_{RA} = \frac{F_1}{2} - \frac{F_2}{2}, \quad F_{RB} = \frac{F_1}{2} + \frac{3F_2}{2}$$

（2）分段列出弯矩方程，并分别对 F_1、F_2 求偏导数

AC 段（$0 \leqslant x_1 \leqslant a$）：

图 9-31

$$M(x_1) = \left(\frac{F_1}{2} - \frac{F_2}{2}\right)x_1$$

$$\frac{\partial M(x_1)}{\partial F_1} = \frac{x_1}{2}$$

$$\frac{\partial M(x_1)}{\partial F_2} = -\frac{x_1}{2}$$

CB 段 $(a \leqslant x_2 \leqslant 2a)$：

$$M(x_2) = \left(\frac{F_1}{2} - \frac{F_2}{2}\right)x_2 - F_1(x_2 - a)$$

$$\frac{\partial M(x_2)}{\partial F_1} = \frac{x_2}{2} - (x_2 - a) = -\frac{1}{2}(x_2 - 2a)$$

$$\frac{\partial M(x_2)}{\partial F_2} = -\frac{x_2}{2}$$

BD 段 $(2a \leqslant x_3 \leqslant 3a)$：

$$M(x_3) = \left(\frac{F_1}{2} - \frac{F_2}{2}\right)x_3 - F_1(x_3 - a) + \left(\frac{F_1}{2} + \frac{3F_2}{2}\right)(x_3 - 2a)$$

$$\frac{\partial M(x_3)}{\partial F_1} = \frac{x_3}{2} - (x_3 - a) + \frac{1}{2}(x_3 - 2a) = 0$$

$$\frac{\partial M(x_3)}{\partial F_2} = -\frac{x_3}{2} + \frac{3}{2}(x_3 - 2a) = x_3 - 3a$$

(3) 计算挠度

$$\begin{aligned}
w_C &= \frac{\partial V_\varepsilon}{\partial F_1} = \int_l \frac{M(x)}{EI} \frac{\partial M(x)}{\partial F_1} \mathrm{d}x \\
&= \int_0^a \frac{M(x_1)}{EI} \frac{\partial M(x_1)}{\partial F_1} \mathrm{d}x_1 + \int_a^{2a} \frac{M(x_2)}{EI} \frac{\partial M(x_2)}{\partial F_1} \mathrm{d}x_2 + \int_{2a}^{3a} \frac{M(x_3)}{EI} \frac{\partial M(x_3)}{\partial F_1} \mathrm{d}x_3 \\
&= \int_0^a \frac{\left(\frac{F_1}{2} - \frac{F_2}{2}\right)x_1}{EI} \cdot \frac{x_1}{2} \mathrm{d}x_1 + \int_a^{2a} \frac{\left(\frac{F_1}{2} - \frac{F_2}{2}\right)x_2 - F_1(x_2 - a)}{EI} \\
&\quad \cdot \left[-\frac{1}{2}(x_2 - 2a)\right]\mathrm{d}x_2 + 0
\end{aligned}$$

将 $F_1 = F_2 = F$ 代入上式得

$$w_C = -\frac{Fa^3}{12EI}$$

负号表明此处位移方向与所受载荷 F_1 方向相反,即 C 点实际位移应向上。

同样,可求得 D 点挠度为

$$\begin{aligned}
w_D &= \frac{\partial V_\varepsilon}{\partial F_2} = \int_l \frac{M(x)}{EI} \frac{\partial M(x)}{\partial F_2} \mathrm{d}x \\
&= \int_0^a \frac{M(x_1)}{EI} \frac{\partial M(x_1)}{\partial F_2} \mathrm{d}x_1 + \int_a^{2a} \frac{M(x_2)}{EI} \frac{\partial M(x_2)}{\partial F_2} \mathrm{d}x_2 + \int_{2a}^{3a} \frac{M(x_3)}{EI} \frac{\partial M(x_3)}{\partial F_2} \mathrm{d}x_3 \\
&= \int_0^a \frac{\left(\frac{F_1}{2} - \frac{F_2}{2}\right)x_1}{EI} \cdot \left(-\frac{x_1}{2}\right)\mathrm{d}x_1 + \int_a^{2a} \frac{\left(\frac{F_1}{2} - \frac{F_2}{2}\right)x_2 - F_1(x_2 - a)}{EI} \cdot \left(-\frac{x_2}{2}\right)\mathrm{d}x_2 \\
&\quad + \int_{2a}^{3a} \frac{\left(\frac{F_1}{2} - \frac{F_2}{2}\right)x_3 - F_1(x_3 - a) + \left(\frac{F_1}{2} + \frac{3F_2}{2}\right)(x_3 - 3a)}{EI} \cdot (x_3 - 3a)\mathrm{d}x_3
\end{aligned}$$

将 $F_1 = F_2 = F$ 代入,得

$$w_D = \frac{9Fa^3}{12EI}$$

正号表明此处位移方向与所受载荷 F_2 方向一致,即 D 点实际位移应向下。

显然,第二种解法是正确的。

分析:

此题中,有两个符号完全相同的外载荷,如果按第一种解法直接应用于 $\delta_i = \dfrac{\partial V_\varepsilon}{\partial F_i}$,得到

的结果是这两个力分别在各自作用方向上产生的位移的代数和,即 $w = w_C + w_D = -\dfrac{Fa^3}{12EI}$

$+ \dfrac{9Fa^3}{12EI} = \dfrac{2Fa^3}{3EI}$。因此,对于这类在杆件上作用有若干个相同符号表示的外力的问题,读者

应格外注意。第二种解法提供了解决这类问题的处理方法。

【例 9-18】 试计算如图 9-32 所示刚架截面 C 的转角。设各截面的抗弯刚度均为 EI,并略去轴力及剪力对变形的影响。

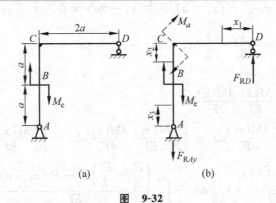

图 9-32

解:由于在截面 C 无力偶作用,故假想地在此处附加一个力偶 M_a(图 9-32(b)),求出在 M_e 和 M_a 共同作用下的支座反力

$$F_{RAy} = \frac{M_e + M_a}{2a}, \quad F_{RD} = \frac{M_e + M_a}{2a}$$

方向如图所示。

求出刚架各段的弯矩方程及其对 M_a 的偏导数。

CD 段:

$$M(x_1) = F_{RD}x_1 = \left(\frac{M_e + M_a}{2a}\right)x_1, \quad \frac{\partial M(x_1)}{\partial M_a} = \frac{x_1}{2a}$$

BC 段:

$$M(x_2) = F_{RD} \times 2a - M_a = M_e, \quad \frac{\partial M(x_2)}{\partial M_a} = 0$$

AB 段:

$$M(x_3) = 0, \quad \frac{\partial M(x_3)}{\partial M_a} = 0$$

根据卡氏定理,有

$$\theta_C = \int_0^a \frac{M(x)}{EI} \frac{\partial M(x)}{\partial M_a} \mathrm{d}x$$

$$= \frac{1}{EI}\int_0^{2a} M(x_1) \frac{\partial M(x_1)}{\partial M_a}\mathrm{d}x_1 + \frac{1}{EI}\int_0^a M(x_2) \frac{\partial M(x_2)}{\partial M_a}\mathrm{d}x_2 + \frac{1}{EI}\int_0^a M(x_3) \frac{\partial M(x_3)}{\partial M_a}\mathrm{d}x_3$$

$$= \frac{1}{EI}\int_0^{2a} \left(\frac{M_e + M_a}{2a} \right)x_1 \cdot \frac{x_1}{2a}\mathrm{d}x_1 = \frac{2a}{3EI}(M_e + M_a)$$

令 $M_a = 0$,就得到刚架只在 M_e 作用时,截面 C 的转角

$$\theta_C = \frac{2M_e a}{3EI}$$

结果为正,表明截面 C 的转角与附加力偶的转向相同。

【例 9-19】　抗弯刚度均为 EI 的静定组合梁 ABC,在 AB 段上受均布载荷 q 作用,如图 9-33(a)所示。已知梁为线弹性体,不计剪力对梁变形的影响,试求梁中间铰 B 两侧截面的相对转角。

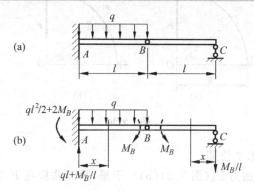

(a)

(b)

图 9-33

解:由于中间铰 B 处没有受到外力偶的作用,为求此处两侧截面的相对转角,需在中间铰两侧虚设一对外力偶 M_B(图 9-33(b))。组合梁在均布载荷和虚设外力偶的共同作用下,由平衡条件可得各约束处的支反力(图 9-33(b))。

两段梁的弯矩方程及对 M_B 的偏导数分别如下:

AB 梁:

$$M(x) = \left(ql + \frac{M_B}{l} \right)x - \left(\frac{ql^2}{2} + 2M_B \right) - \frac{qx^2}{2}, \quad 0 < x < l$$

$$\frac{\partial M(x)}{\partial M_B} = \frac{x}{l} - 2$$

BC 梁:

$$M(x) = -\frac{M_B}{l}x, \quad 0 \leqslant x < l$$

$$\frac{\partial M(x)}{\partial M_B} = -\frac{x}{l}$$

由卡氏定理得中间铰 B 两侧截面的相对转角为

$$\Delta\theta_B=\frac{\partial V_\varepsilon}{\partial M_B}=\int_0^l\frac{M(x)}{EI}\frac{\partial M(x)}{\partial M_B}\mathrm{d}x+\int_0^l\frac{M(x)}{EI}\frac{\partial M(x)}{\partial M_B}\mathrm{d}x$$

$$=\int_0^l\frac{\left(ql+\frac{M_B}{l}\right)x-\left(\frac{ql^2}{2}+2M_B\right)-\frac{qx^2}{2}}{EI}\cdot\left(\frac{x}{l}-2\right)\mathrm{d}x+\int_0^l\frac{-\frac{M_B}{l}x}{EI}\cdot\left(-\frac{x}{l}\right)\mathrm{d}x$$

令 $M_B=0$，上式为

$$\Delta\theta_B=\int_0^l\frac{qlx-\frac{ql^2}{2}-\frac{qx^2}{2}}{EI}\cdot\left(\frac{x}{l}-2\right)\mathrm{d}x+0$$

$$=\frac{1}{EI}\int_0^l\left(qlx-\frac{ql^2}{2}-\frac{qx^2}{2}\right)\left(\frac{x}{l}-2\right)\mathrm{d}x=\frac{7ql^3}{24EI}$$

结果为正，表明相对转角 $\Delta\theta_B$ 的转向与虚设外力偶 M_B 的转向一致。

【例 9-20】 计算如图 9-34 所示平面曲杆 B 点的水平及铅垂位移。设 EI 为常数。

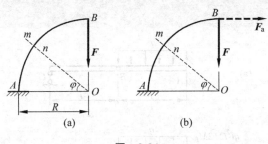

图 **9-34**

解：（1）求 B 点的水平位移

在 B 点加一水平附加力 F_a（图 9-34(b)），于是，平面曲杆在 F 及 F_a 共同作用下的弯矩方程为

$$M=FR\cos\varphi+F_aR(1-\sin\varphi)$$

故

$$\frac{\partial M}{\partial F_a}=R(1-\sin\varphi)$$

因此，B 点的水平位移为

$$\delta_{Bx}=\int_s\frac{M}{EI}\frac{\partial M}{\partial F_a}\mathrm{d}s\mid_{F_a=0}=\frac{1}{EI}\int_0^{\frac{\pi}{2}}FR\cos\varphi\cdot R(1-\sin\varphi)\cdot R\mathrm{d}\varphi=\frac{FR^3}{2EI}$$

（2）求 B 点的垂直位移

由于在 B 点受到竖直方向的集中载荷 F，故可直接求解。由图 9-34(a)可知，平面曲杆在集中载荷 F 作用下的弯矩方程为

$$M=FR\cos\varphi$$

故

$$\frac{\partial M}{\partial F}=R\cos\varphi$$

因此，B 点的垂直位移

$$\delta_{By}=\int_s\frac{M}{EI}\frac{\partial M}{\partial F}\mathrm{d}s=\frac{1}{EI}\int_0^{\frac{\pi}{2}}FR\cos\varphi\cdot R\cos\varphi\cdot R\mathrm{d}\varphi=\frac{FR^3\pi}{4EI}$$

9.8　用能量法解超静定系统

前面几章中,曾介绍了轴向拉压、扭转和弯曲变形下的简单超静定问题及其解法。但是,工程实际中还有很多复杂的超静定问题,如超静定刚架、超静定曲杆,用前述方法很难求解。本节将以能量法为基础,进一步研究分析超静定问题的原理及一般解法。

如前所述,求解超静定问题的基本方法,是综合考虑静力、几何和物理三方面的方法,即除静力平衡方程外,还需根据几何相容条件列出变形几何相容方程,再由力与位移间的物理关系进一步得到补充方程,从而解得相应的多余未知力。求出多余未知力后,超静定结构的相当系统就完全等效于原来的超静定结构。于是,就可按静定问题求解该超静定结构的内力、应力或变形。对于超静定杆系、刚架或曲杆,都可按类似的方法求解。下面举例说明应用能量法求解超静定系统的方法。

【例 9-21】　用能量法解如图 9-35 所示超静定梁,并画出梁的弯矩图。设梁抗弯刚度 EI 为常数。

解：该梁为一次超静定梁。选取支座 B 为多余约束,解除该约束并以多余未知力 F_{RB} 代替,得到相当系统如图 9-35(b)所示。和原梁相比较,变形相容条件是在 B 点处的挠度为零,即

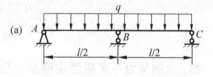

$$w_B = 0 \tag{a}$$

根据静力平衡方程,可求得支座 A、C 处的支反力如图 9-35(b)所示。

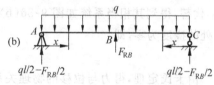

各段梁的弯矩方程及其对 F_{RB} 的偏导数分别为

AB 段：

$$
\begin{cases}
M(x) = \left(\dfrac{ql - F_{RB}}{2}\right)x - \dfrac{q}{2}x^2 \\[2mm]
\dfrac{\partial M(x)}{\partial F_{RB}} = -\dfrac{x}{2}
\end{cases}
, \quad 0 \leqslant x \leqslant \dfrac{l}{2}
$$

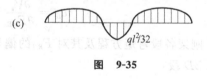

图　9-35

BC 段：

$$
\begin{cases}
M(x) = \left(\dfrac{ql - F_{RB}}{2}\right)x - \dfrac{q}{2}x^2 \\[2mm]
\dfrac{\partial M(x)}{\partial F_{RB}} = -\dfrac{x}{2}
\end{cases}
, \quad 0 \leqslant x \leqslant \dfrac{l}{2}
$$

根据卡氏定理,即可求得 B 点的挠度

$$
w_B = \frac{\partial V_\varepsilon}{\partial F_{RB}} = \int_l \frac{M(x)}{EI} \frac{\partial M(x)}{\partial F_{RB}} \mathrm{d}x = \frac{2}{EI} \int_0^{\frac{l}{2}} \left[\left(\frac{ql - F_{RB}}{2}\right)x - \frac{q}{2}x^2\right]\left(-\frac{x}{2}\right)\mathrm{d}x
$$

$$
= \frac{2}{EI}\left(-\frac{ql - F_{RB}}{4}\frac{l^3/8}{3} + \frac{q}{4}\frac{l^4/16}{4}\right) = \frac{1}{EI}\left(\frac{ql^4}{128} - \frac{ql^4}{48} + \frac{F_{RB}l^3}{48}\right)
$$

将上式代入变形相容条件(式(a))中,便可求得

$$F_{RB} = \frac{5}{8}ql\,(\uparrow)$$

多余未知力求出后，便可按静定问题画梁的弯矩图。

由此求得图 9-35(b)中 A、C 支座的支反力

$$F_{RA} = F_{RC} = \frac{3}{16}ql\,(\uparrow)$$

再由两段梁的弯矩方程，便可画出该超静定梁的弯矩图（图 9-35(c)）。

【例 9-22】　用卡氏定理求如图 9-36(a)所示刚架的支反力。已知两杆的抗弯刚度均为 EI，不计剪力和轴力对变形的影响。

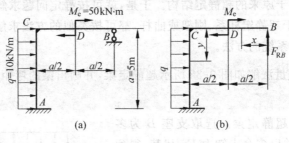

图　9-36

解：此刚架为一次超静定刚架。取支座 B 为多余约束，解除该约束并以多余未知力 F_{RB} 代替，得到其相当系统如图 9-36(b)所示。和原刚架相比，应满足的变形相容条件是 B 点处的挠度为零，即

$$w_B = 0$$

由卡氏定理，得力与位移的物理关系为

$$w_B = \frac{\partial V_\varepsilon}{\partial F_{RB}} = \frac{1}{EI}\int_l M(x)\,\frac{\partial M(x)}{\partial F_{RB}}\mathrm{d}x$$

刚架各段弯矩方程及其对 F_{RB} 的偏导数分别为

BD 段：

$$\begin{cases} M(x) = F_{RB}x \\[2mm] \dfrac{\partial M(x)}{\partial F_{RB}} = x \end{cases},\quad 0 \leqslant x < \frac{a}{2}$$

DC 段：

$$\begin{cases} M(x) = F_{RB}x - M_e \\[2mm] \dfrac{\partial M(x)}{\partial F_{RB}} = x \end{cases},\quad 0 < x < \frac{a}{2}$$

CA 段：

$$\begin{cases} M(y) = F_{RB}a - M_e - \dfrac{q}{2}y^2 \\[2mm] \dfrac{\partial M(y)}{\partial F_{RB}} = a \end{cases},\quad 0 < y < a$$

于是

$$w_B = \frac{1}{EI}\left[\int_0^{\frac{a}{2}} F_{RB}x \cdot x\mathrm{d}x + \int_{\frac{a}{2}}^a (F_{RB}x - M_e)x\mathrm{d}x + \int_0^a \left(F_{RB}a - M_e - \frac{qy^2}{2}\right)a\mathrm{d}y\right] = 0$$

将上式积分、整理并代入载荷 M_e 及 q 值后，得

$$F_{RB} = \frac{1}{32a}(33M_e + 4qa^2)$$

$$= \frac{1}{32 \times 5}(33 \times 50 \times 10^3 + 4 \times 10 \times 10^3 \times 5^2)$$

$$= 16.56 \times 10^3 (\text{N}) = 16.56 (\text{kN})$$

求得多余未知力 F_{RB} 后，便可按相当系统（图 9-36(b)），由静力平衡方程求得固定端 A 的支反力为

$$F_{RAx} = 50\text{kN}(\leftarrow)$$

$$F_{RAy} = 16.56kN(\downarrow)$$

$$M_A = 92.2\text{kN} \cdot \text{m}(\text{逆时针})$$

【例 9-23】　求解如图 9-37(a)所示超静定刚架。设两杆的 EI 相等。

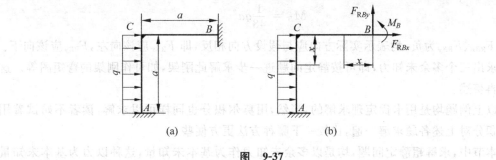

(a)　　　　　　　(b)

图　9-37

解：此刚架为一个三次超静定刚架。解除固定支座 B 的三个多余约束，并代入三个多余未知力，得图 9-37(b)所示相当系统。和原刚架相比，应满足的变形相容条件是 B 点处的水平、铅垂位移及 B 点处的转角均为零，即

$$\Delta_{Bx} = 0, \quad \Delta_{By} = 0, \quad \theta_B = 0$$

刚架各段的弯矩方程及其对 F_{RBx}、F_{RBy} 及 M_B 的偏导数分别为

BC 段：

$$M(x) = F_{RBy} \cdot x + M_B, \quad 0 < x < a$$

$$\frac{\partial M(x)}{\partial F_{RBx}} = 0, \quad \frac{\partial M(x)}{\partial F_{RBy}} = x, \quad \frac{\partial M(x)}{\partial M_B} = 1$$

AC 段：

$$M(x) = F_{RBy} \cdot a + M_B - F_{RBx} \cdot x - \frac{q}{2}x^2, \quad 0 < x < a$$

$$\frac{\partial M(x)}{\partial F_{RBx}} = -x, \quad \frac{\partial M(x)}{\partial F_{RBy}} = a, \quad \frac{\partial M(x)}{\partial M_B} = 1$$

根据卡氏定理，有

$$\Delta_{Bx} = \frac{1}{EI}\left[\int_0^a (F_{RBy} \cdot x + M_B) \cdot 0 \cdot \mathrm{d}x + \int_0^a (F_{RBy} \cdot a + M_B - F_{RBx} \cdot x - \frac{q}{2}x^2)(-x)\mathrm{d}x\right]$$

$$= \frac{1}{EI}\left(-\frac{a^3}{2}F_{RBy} - \frac{a^2}{2}M_B + \frac{a^3}{3}F_{RBx} + \frac{qa^4}{8}\right) = 0 \tag{a}$$

$$\Delta_{By} = \frac{1}{EI}\left[\int_0^a (F_{RBy} \cdot x + M_B)x\mathrm{d}x + \int_0^a (F_{RBy} \cdot a + M_B - F_{RBx} \cdot x - \frac{q}{2}x^2) \cdot a \cdot \mathrm{d}x\right]$$

$$= \frac{1}{EI}\left(\frac{a^3}{3}F_{RBy} + \frac{a^2}{2}M_B + a^3 F_{RBy} + a^2 M_B - \frac{a^3}{2}F_{RBx} - \frac{q}{6}a^4\right) = 0 \tag{b}$$

$$\theta_B = \frac{1}{EI}\left[\int_0^a (F_{RBy} \cdot x + M_B) \cdot 1 \cdot \mathrm{d}x + \int_0^a (F_{RBy} \cdot a + M_B - F_{RBx} \cdot x - \frac{q}{2}x^2) \cdot 1 \cdot \mathrm{d}x\right]$$

$$= \frac{1}{EI}\left(\frac{a^2}{2}F_{RBy} + aM_B + a^2 F_{RBy} + aM_B - \frac{a^2}{2}F_{RBx} - \frac{q}{6}a^3\right) = 0 \tag{c}$$

联立方程(a)、(b)、(c),便可求得

$$F_{RBx} = -\frac{7}{16}qa$$

$$F_{RBy} = -\frac{1}{16}qa$$

$$M_B = \frac{1}{48}qa^2$$

式中 F_{RBx}、F_{RBy} 为负,均表示实际方向应与假设方向相反,即 F_{RBx} 应该向左,F_{RBy} 应该向下。

求出三个多余未知力,即可按静定问题进一步求解此刚架,如可作刚架的弯矩图等。这里不再赘述。

以上例题均是用卡氏定理求解的,当然,用莫尔积分也同样可以求解,读者不妨试着用莫尔积分对上述各题求解一遍,比较一下哪种方法更方便些。

本节中,求解超静定问题,均是以多余未知力作为基本未知量,这种以力为基本未知量求解超静定问题的方法称为**力法**。通常,力法的应用较为广泛,但是当超静定次数较高时,如例 9-23,则需求解联立方程组,计算较为复杂。除了这种以未知力作为基本未知量求解超静定问题,还有一种方法,则是以结构中未知的节点位移作为基本未知量,这种以位移为基本未知量求解超静定问题的方法称为**位移法**。位移法则更适合用来求解高次超静定。关于力法和位移法的进一步讨论,将在结构力学课程中详细介绍。

思考题

9-1　杆件的弹性应变能等于外力所做的功,如何理解功有正、负而应变能总是正的。

9-2　克拉贝-依隆原理表明:线弹性体的应变能等于每一个载荷与其相应的位移乘积的二分之一的总和,即 $V_\varepsilon = W = \frac{1}{2}F_1\Delta_1 + \frac{1}{2}F_2\Delta_2 + \cdots$,这个结论和应变能不能叠加的特点是否矛盾?

9-3　一简支梁分别承受两种形式的载荷,其变形情况如思考题 9-3 图(a)和(b)所示。由功互等定理得到正确的等式是(　　)。

(A) $F_C \cdot w_C + F_D \cdot w_D = M_A \theta_A' + M_B \theta_B'$

(B) $F_C \cdot w_D + F_D \cdot w_C = M_A \theta_B' + M_B \theta_A'$

(C) $F_C \cdot w_C' + F_D \cdot w_D' = M_A \theta_A + M_B \theta_B$

(D) $F_C \cdot w_D' + F_D \cdot w_C' = M_A \theta_B + M_B \theta_A$

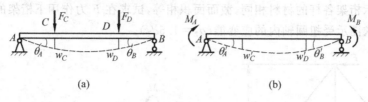

(a)   (b)

思考题 **9-3** 图

9-4 图示带有微小缺口（$\Delta\theta$ 很小）的圆环，试问在缺口的两侧截面上，施加怎样的力才能使这两个截面恰好密合？为什么？

9-5 图示等截面刚架的抗弯刚度 EI 已知，载荷 F 作用在 C 点上，欲使 C 点的位移沿着 F 力的方向，α 角应为何值？

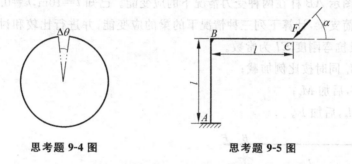

思考题 **9-4** 图   思考题 **9-5** 图

9-6 受均布载荷作用的等截面悬臂梁，变形后的挠曲线与变形前的轴线间所围的面积为 ω，如图所示。试证明在不计剪力对位移的影响的情况下，应变能 V_ε 对载荷集度 q 的变化率等于面积 ω，即 $\dfrac{\partial V_\varepsilon}{\partial q} = \omega$。

9-7 若用卡氏定理计算图示刚架截面 A 的铅垂位移 Δ_{Ay}，在不计剪力和轴力对位移的影响下，试问能否用 $\dfrac{\partial V_\varepsilon}{\partial F} = \Delta_{Ay}$？为什么？

9-8 图示圆柱体承受轴向拉伸，已知 F、l、d 以及材料弹性常数 E、μ。试用功互等定理求圆柱体的体积改变量。

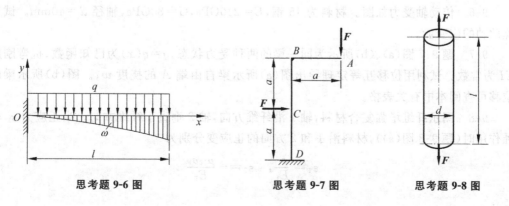

思考题 **9-6** 图   思考题 **9-7** 图   思考题 **9-8** 图

习题

9-1　图示桁架各杆的材料相同,截面面积相等,试求在 F 力作用下桁架的应变能。

9-2　试求图示受扭圆轴内的应变能($d_2 = 1.5d_1$)。

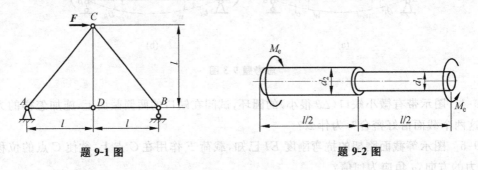

题 9-1 图　　　　　　　题 9-2 图

9-3　比较图示 AB 杆在两种受力情况下的应变能。已知 $l = 10\mathrm{m}$,$h = 0.1\mathrm{m}$。

9-4　图示简支梁,计算下列三种情况下的梁的应变能,并进行比较和讨论能否用叠加法进行计算。设抗弯刚度 EI 为常数。

(1) F 和 M_e 同时按比例加载;

(2) 先加 F,后加 M_e;

(3) 先加 M_e,后加 F。

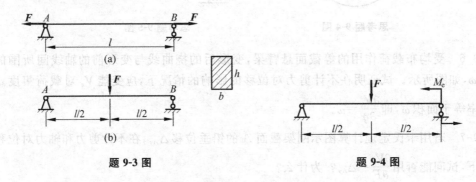

题 9-3 图　　　　　　　题 9-4 图

9-5　试计算图示梁或结构的应变能,略去剪切的影响,EI 为已知。对于只受拉伸(或压缩)的杆件,考虑拉伸(压缩)时的应变能。

9-6　传动轴受力如图。材料为 45 钢,$E = 210\mathrm{GPa}$,$G = 80\mathrm{GPa}$,轴径 $d = 40\mathrm{mm}$。试计算此轴的应变能。

9-7　题 9-7 图(a)、(b)所示为同一梁的两种受力状态,$q = q(x)$ 为已知函数,抗弯刚度 EI 为常数。试利用位移互等定理导出图(a)所示梁自由端 A 的挠度 w_A。图(b)所示梁的位移可查阅本书有关表格。

9-8　图示纤维增强复合材料,轴 1 沿纤维方向,轴 2 垂直于纤维方向。当正应力 σ_1 单独作用时(题 9-8 图(a)),材料沿 1 和 2 方向的正应变分别为

$$\varepsilon_1' = \frac{\sigma_1}{E_1}, \quad \varepsilon_2' = -\frac{\mu_{12}\sigma_1}{E_1}$$

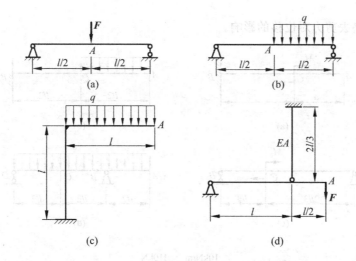

题 9-5 图

式中，E_1 和 μ_{12} 分别为复合材料的纵向弹性模量与纵向泊松比。当 σ_2 单独作用时（题 9-8 图 (b)），上述二方向的正应变则分别为

$$\varepsilon_1'' = -\frac{\mu_{21}\sigma_2}{E_2}, \quad \varepsilon_2'' = \frac{\sigma_2}{E_2}$$

式中，E_2 与 μ_{21} 分别为复合材料的横向弹性模量与横向泊松比。试证明 $\dfrac{\mu_{12}}{E_1} = \dfrac{\mu_{21}}{E_2}$。

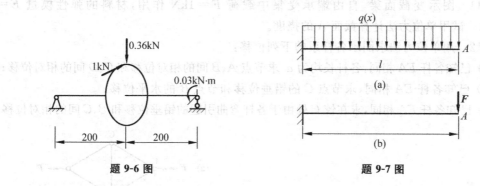

题 9-6 图   题 9-7 图

9-9　试用位移互等定理求图示简支梁上载荷 F 移至何处时，截面 C 的挠度最大。梁的抗弯刚度 EI 已知。

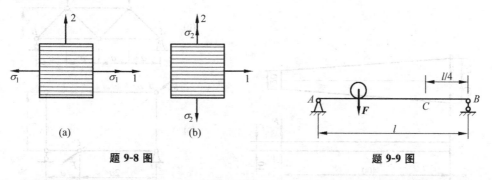

题 9-8 图   题 9-9 图

9-10　试用单位力法求图示各梁在载荷作用下，截面 A、C 处的挠度和截面 A 的转角，

设 EI 为已知,略去剪力对位移的影响。

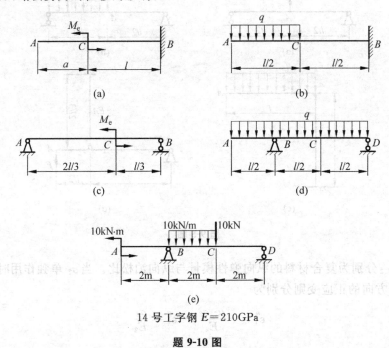

(a)

(b)

(c)

(d)

(e)

14 号工字钢 $E=210\text{GPa}$

题 9-10 图

9-11 图示变截面梁,自由端承受集中载荷 $F=1\text{kN}$ 作用,材料的弹性模量 $E=200\text{GPa}$。试用单位力法计算截面 A 的挠度。

9-12 用单位力法求图示各杆系的下列位移:

(a) 已知各杆 EA 相同,各杆长均为 a,求节点 A、B 间的相对位移和 C、D 间的相对位移;

(b) 已知各杆 EA 相同,求节点 C 的铅垂位移和节点 B 的水平位移;

(c) 已知各杆 EA 相同,求在铰 C 处由于各杆弯曲引起的铅垂位移和 B、C 间的相对位移。

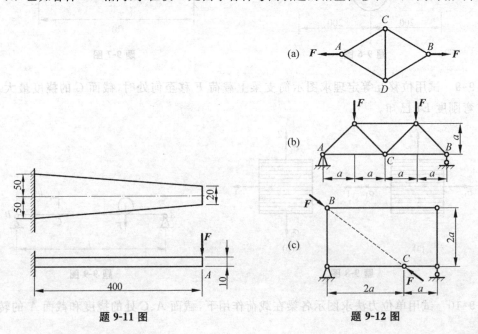

(a)

(b)

(c)

题 9-11 图   **题 9-12 图**

9-13　用单位力法求图示各圆弧形曲杆的下列位移。设 EI 及 GI_p 均为已知。

(a) 求曲杆 B 截面的水平位移；

(b) 求曲杆 A 截面的水平位移及铅垂位移；

(c) 求曲杆 A 截面的水平、铅垂位移及转角。

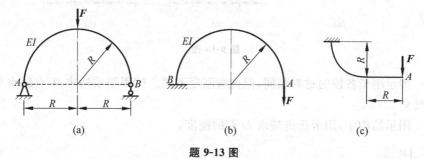

题 **9-13** 图

9-14　试用单位力法分别求出图示下列折杆指定截面处的位移。已知各杆 EI 相同。

(a) 求 D 截面的线位移和角位移。

(b) 判断各节点的水平和铅垂位移的指向。

(c) 圆截面折杆 $ABC(\angle ABC=90°)$ 位于水平面内,已知杆截面直径 d 及材料的弹性模量 E、G,求截面 C 处的铅垂位移和角位移。只考虑弯矩和扭转的影响,不计剪力的影响。

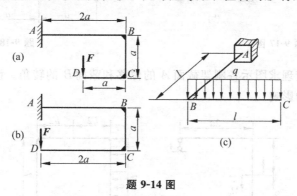

题 **9-14** 图

9-15　图示各梁中 F、M_e、q、l 以及抗弯刚度 EI 等均已知,忽略剪力影响。用图乘法求点 A 的挠度,截面 B 的转角。

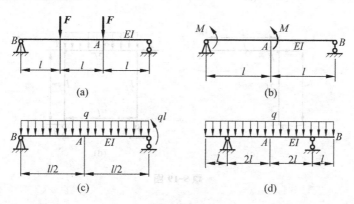

题 **9-15** 图

9-16 用图乘法求图示各变截面梁截面 B 的竖向位移及截面 A 的转角。

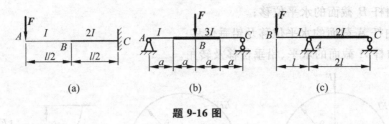

(a)　　　　　　(b)　　　　　　(c)

题 9-16 图

9-17 图示刚架各段的材料相同,但抗弯刚度不同。试用图乘法求 A 点的水平位移及 A 截面的转角。

9-18 图示结构中,用卡氏定理求 D 点的挠度。

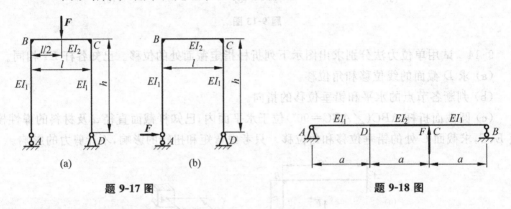

(a)　　　　　　(b)

题 9-17 图　　　　　　**题 9-18 图**

9-19 用卡氏定理求图示各刚架截面 A 的位移和截面 B 的转角。设抗弯刚度 EI 为常数,略去剪力、轴力的影响。

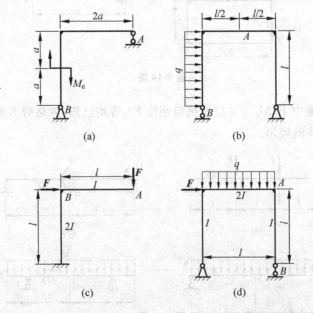

(a)　　　　　　(b)

(c)　　　　　　(d)

题 9-19 图

9-20 用卡氏定理求图示桁架节点 B 的铅垂位移。各杆的抗拉(压)刚度 EA 均相等。

9-21 用卡氏定理求图示平面曲杆 B 点的铅垂位移。设 EI 和 GI_p 已知。

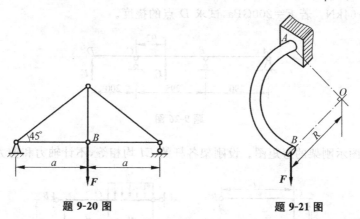

题 9-20 图　　　　　　　题 9-21 图

9-22 由杆系及梁组成的混合结构如图所示,设 F、a、E、A、I 均为已知。试用卡氏定理求 C 点的铅垂位移。

9-23 各杆均由直径 $d=30\text{mm}$ 的钢圆杆制成的刚架如图所示。已知 $F=0.5\text{kN}$,$E=200\text{GPa}$,$G=80\text{GPa}$。各杆均在线弹性范围内工作,且不计剪力和轴力对位移的影响。试用卡氏定理求截面 D 沿力方向的位移 Δ_{Dy}。

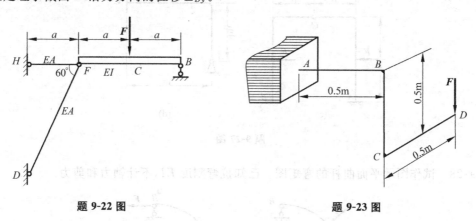

题 9-22 图　　　　　　　题 9-23 图

9-24 材料为线弹性,抗拉压刚度为 EA 的超静定桁架及其承载情况如图所示,试用卡氏定理求各杆的轴力。

9-25 试求梁在支座 1 截面上的弯矩 M_1。

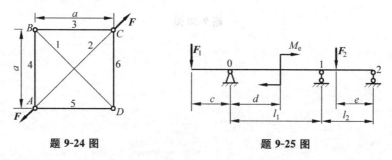

题 9-24 图　　　　　　　题 9-25 图

9-26 车床的主轴简化成直径为 $d=90\text{mm}$ 的等截面当量轴,轴有三个轴承,在垂直平面内的受力情况如图所示。F_b 和 F_z 分别是传动力和切削力简化到轴上的分力,且 $F_b=3.9\text{kN}$,$F_z=2.64\text{kN}$。若 $E=200\text{GPa}$,试求 D 点的挠度。

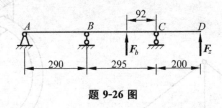

题 9-26 图

9-27 作图示刚架的弯矩图。设刚架各杆的 EI 均相等,不计轴力和剪力。

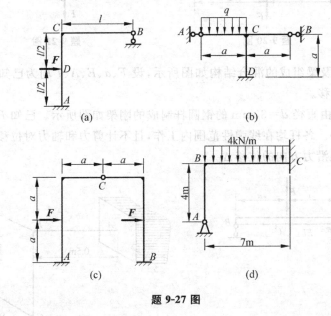

题 9-27 图

9-28 试作图示平面曲杆的弯矩图。已知抗弯刚度 EI,不计轴力和剪力。

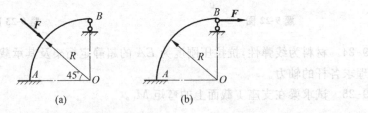

题 9-28 图

第10章

压杆稳定

10.1 概述

　　工程中有很多承受轴向压力作用的杆件,如内燃机配气机构中的挺杆(图 10-1)、磨床液压装置的活塞杆(图 10-2)等,对于这些受压杆件(简称压杆),除了必须具有足够的强度和刚度外,还需要考虑**稳定性**问题。

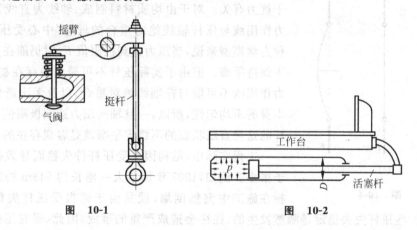

图　10-1　　　　　　　　　　　　　　　　图　10-2

　　以前各章从强度的观点出发,认为压杆在其横截面上的工作应力超过材料的极限应力(σ_s 或 σ_b)时,就会因其强度不足而失去承载能力。这种观点对于始终能够保持其原有直线形状的粗短杆来说是正确的。但是,对于较细长的压杆来说,实践证明,在轴向压力的作用下,杆内应力在没有达到材料的极限应力,有时甚至还远远低于材料的比例极限 σ_p 时,就会引起骤然的侧向弯曲而破坏。这说明,杆件受压丧失工作能力并不是因强度不足而发生压缩破坏。对于这些细长的受压杆件所表现出的与强度、刚度问题迥然不同的性质,就是绪论中所说的稳定性问题。

　　理论力学中曾介绍了关于刚体平衡的稳定性概念,即平衡的三种形式:稳定平衡、不稳定平衡及随遇平衡(图 10-3)。对于弹性体的平衡,同样也存在稳定性的问题,弹性体保持

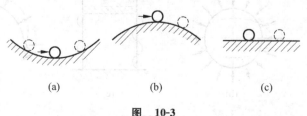

(a)　　　　　　　　　(b)　　　　　　　　　(c)

图　10-3

其初始平衡状态的能力称为**弹性平衡的稳定性**。如何判断一细长压杆是否稳定,可通过下面的实验加以说明。在某细长压杆的两端施加一对大小相等、方向相反的轴向外载荷 F,当载荷 F 的数值小于某一极限值时,压杆能一直保持它在直线形状下的平衡。这时即使作用一微小的侧向干扰力使杆发生微小的弯曲变形(图 10-4(a)),压杆也能在干扰力解除后恢复到其原有的直线形状(图 10-4(b)),这说明此时压杆的直线平衡状态为稳定平衡。但是,当载荷 F 逐渐增大到某一极限值 F_{cr} 时,若再作用一微小的侧向干扰力使杆发生微小的弯曲变形,在干扰力解除后,压杆将不能恢复到其原有的直线形状,而是在微弯的状态下保持平衡(图 10-4(c)),此时,压杆的直线平衡状态为不稳定平衡。随着载荷 F 的继续加大,压杆的弯曲程度也不断增加,直至破坏。通常,将压杆由直线状态的稳定平衡过渡到直线状态的不稳定平衡所能承受的轴向压力的极限值 F_{cr} 称为压杆的**临界压力**或临界力;而将压杆在临界压力作用下,其直线状态由稳定平衡转化为不稳定平衡的现象称为压杆在直线状态下的平衡丧失了稳定性,简称**失稳**,也称为屈曲。

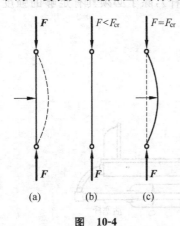

图 10-4

一细长压杆在轴向压力作用下是否失稳,似乎与侧向干扰力有关。对于由均质材料制成、轴线为直线且外加压力作用线与压杆轴线绝对重合的理想"中心受压杆件"这种力学模型来说,当压力达到极限值 F_{cr} 时仍能在直线状态下保持平衡。但由于实际压杆不可避免地存在初曲率,压力作用线不可能与杆轴线绝对重合,以及无法避免的材料本身的不均匀性,所以,一旦轴向压力达到极限值 F_{cr} 时,压杆的这种直线状态的不稳定平衡就是客观存在的。

工程实际中,结构因其受压杆件失稳而导致破坏的例子很多。例如,1907 年加拿大一座长约 548m 的魁北克大桥在施工中突然倒塌,就是由于两根受压杆失稳所引起的。由于这些压杆失去稳定是骤然发生的,往往会造成严重的事故,因此,研究压杆的稳定问题对于保证工程结构的安全是非常重要的,目前,压杆的稳定计算已成为结构设计中极为重要的一部分。

除压杆外,其他构件也存在稳定性问题。例如,在内压作用的圆柱形薄壳,壁内应力为拉应力,这是一个强度问题,如蒸气锅炉、圆柱形薄壁容器等就是这种情况。但如圆柱形薄壳在均匀外压作用下,壁内应力变为压应力(图 10-5(b)),当外压达到临界值时,薄壳的圆形平衡就变为不稳定,会突然变成由虚线表示的长圆形。

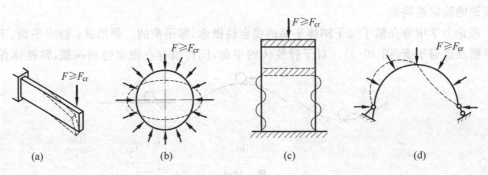

图　10-5

图 10-5 中列举了几种薄壁结构的失稳现象。本章仅讨论压杆的稳定性问题,对其他形式的稳定问题不作讨论。

10.2　两端铰支细长压杆的临界压力

由上节可知,对于压杆稳定性的研究,临界压力是一个重要的量,因此,必须首先确定压杆的临界压力 F_{cr} 的数值。但由于不同约束情况下细长压杆的临界压力是不同的,本节首先就两端铰支情况下细长压杆的临界压力的计算公式进行推导。

设细长压杆的两端为球铰支座(图 10-6(a)),轴线为直线,压力 F 与轴线重合。如上节所述,当压力达到其临界值时,压杆由原来的直线平衡状态转变为曲线平衡状态。可以认为,使压杆在微弯状态下保持平衡的最小轴向压力即为临界压力。

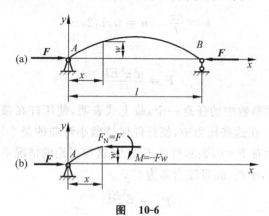

图　10-6

在如图 10-6(b)所示的坐标下,设距原点为 x 的任意横截面的挠度为 w,则该截面由轴向压力产生的弯矩 M 的绝对值为 Fw。若压力 F 用绝对值表示,则由图 10-6(b)可知,在所建立的坐标系下,M 与 w 的符号始终相反。故有

$$M = -Fw \qquad\qquad (a)$$

对于微小的弯曲变形,有挠曲线近似微分方程

$$\frac{d^2 w}{dx^2} = \frac{M}{EI}$$

将式(a)代入,有

$$\frac{d^2 w}{dx^2} = -\frac{Fw}{EI} \qquad\qquad (b)$$

令

$$k^2 = \frac{F}{EI} \qquad\qquad (c)$$

于是式(b)可以写成

$$\frac{d^2 w}{dx^2} + k^2 w = 0 \qquad\qquad (d)$$

对于这样一个二阶常系数线性微分方程,其通解为

$$w = A\sin kx + B\cos kx \qquad\qquad (e)$$

式中，A、B 为待定的两个积分常数，可以通过压杆的边界条件

$$x=0, w=0$$
$$x=l, w=0$$

来确定。

将上述两个边界条件分别代入式(e)，则可求得

$$B=0, \quad A\sin kl=0$$

后面的式子表明，要使 $A\sin kl=0$，A 或者 $\sin kl$ 必等于零。但是，若 A 等于零，由 $B=0$ 可知，此时式(e)一定为 $w\equiv0$，这表明杆件任一横截面的挠度均为零，即压杆轴线仍为一条直线。显然，这与事先设定的压杆处于微弯的平衡状态相矛盾。故只能是

$$\sin kl=0$$

于是求得

$$k=\frac{n\pi}{l}, \quad n=0,1,2,\cdots$$

将 k 代入式(c)，可得

$$F=\frac{n^2\pi^2 EI}{l^2}$$

因为 n 是 $0,1,2,\cdots$ 无数整数中的任意一个，故上式表明，使压杆在微弯状态下保持平衡的压力，理论上是多值的。在这些压力中，使杆件保持微小弯曲的最小压力，才是压杆的临界压力 F_{cr}。如取 $n=0$，则有 $F=0$，表示杆件不受力，这与讨论的情况不符。因此，只有取 $n=1$，才能使压力为最小值，于是，临界压力即为

$$F_{cr}=\frac{\pi^2 EI}{l^2} \tag{10-1}$$

这就是两端铰支的细长压杆临界压力的计算公式。它是由欧拉(L. Euler)于 1744 年首先导出的，故通常称之为欧拉公式。

应该指出，由于压杆两端是球铰支座，允许杆件在任意纵向平面内发生弯曲变形，因而杆件的微小弯曲变形必定是发生在抗弯能力最差的纵向平面内。因此，在应用式(10-1)计算压杆的临界压力时，I 应为横截面的最小惯性矩 I_{min}。

两端铰支压杆是工程实际中最常见的情况，前面提到的挺杆、活塞杆以及桁架结构中的受压杆，一般都可简化成两端铰支杆。

由式(10-1)可知，压杆的临界压力与其抗弯刚度 EI 成正比，与杆长 l 的平方成反比。在临界压力作用下，即 $n=1$，$k=\dfrac{\pi}{l}$，此时，压杆的挠曲线方程为

$$w=A\sin\frac{\pi x}{l}$$

说明两端铰支压杆临界状态下的挠曲线是一条半波正弦曲线。挠曲线中点的挠度(用 δ 表示，数值上就等于 A)则取决于压杆微弯的程度。

需要指出的是，在以上求解过程中，δ 实际上是一个无法确定的值，即不论 δ 为任何微小值，上述平衡条件始终成立，似乎压杆在临界压力作用下可以在微弯状态下处于随遇平衡状态。而事实上这种随遇平衡状态是不成立的，δ 值之所以无法确定，是因为在推导欧拉公式的过程中使用了挠曲线近似微分方程。若采用挠曲线的精确微分方程(略)，则所得精确

解的 F 与 δ 的关系可用图 10-7(a)中的曲线 AB 表示,当 $F \geqslant F_{cr}$ 时,压杆在微弯平衡形态下,压力 F 与压杆中点的挠度 δ 之间存在一一对应的关系。而由挠曲线近似微分方程得出的 F-δ 关系如图 10-7(b)所示,即当 $F = F_{cr}$ 时,压杆在微弯形态下呈现随遇平衡的特征。

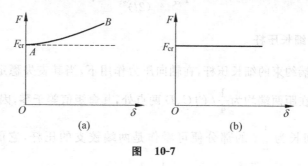

图　10-7

10.3　其他不同约束条件下细长压杆的临界压力

10.3.1　不同杆端约束下细长压杆的临界压力

前面导出的公式(10-1),只适用于计算杆端均为铰支的细长压杆的临界压力。在工程实际中,压杆两端除同为铰支约束外,还有其他不同的约束情况,例如,千斤顶螺杆就是一根压杆(图 10-8),其下端可简化为固定端,而上端因可与顶起的重物共同作微小的位移,故可简化为自由端。这样,千斤顶螺杆就简化为一端固定、另一端自由的压杆。对于这些压杆的临界压力,其计算公式仍可用上节相同的方法导出。但是,由于此时杆端的约束情况不再相同,故相应的边界条件要随之改变,因而所得的临界压力也就具有不同的数值。本书将采用较简单的类比方法导出不同约束情况下细长压杆的临界压力的计算公式。

1. 一端固定,一端自由的细长压杆

设压杆在微弯状态下保持平衡(图 10-9)。如把变形曲线假想地向反向延长一倍,如图所示,它与图 10-6 所示两端铰支压杆的变形曲线完全相似。因此,对于一端固定,另一端自由的细长压杆,其临界压力可按两端铰支的细长压杆临界压力计算公式(10-1)计算,但要

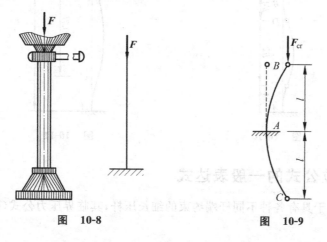

图　10-8　　　　　　图　10-9

将原公式中的杆长 l 以 $2l$ 来代替,即一端固定,另一端自由且长为 l 的细长压杆,其临界压力等于两端铰支长为 $2l$ 的细长压杆的临界压力,表达式为

$$F_{cr} = \frac{\pi^2 EI}{(2l)^2} \qquad (10\text{-}2)$$

2. 两端固定的细长压杆

两端均为固定端约束的细长压杆,在轴向压力作用下,当其丧失稳定后,其挠曲线形状如图 10-10 所示。在距两端均为 $\frac{1}{4}l$ 的 C、D 两点处,其弯矩值等于零,因而可以把这两点看作为铰链,于是中间长为 $\frac{1}{2}l$ 的部分便可看作是两端铰支的压杆,它的临界压力仍可用式(10-1)来计算,只是把公式中的 l 改写为 $\frac{1}{2}l$ 即可,其表达式为

$$F_{cr} = \frac{\pi^2 EI}{\left(\frac{1}{2}l\right)^2} \qquad (10\text{-}3)$$

上式所得的 F_{cr} 虽然是 CD 段的临界压力,但因 CD 是压杆的一部分,所以它的临界压力也就是整个杆件 AB 的临界压力。

3. 一端固定,一端铰支的细长压杆

图 10-11 所示的一端固定、一端铰支的压杆,在临界压力 F_{cr} 作用下,其挠曲线形状如图所示。在距铰支端长为 $0.7l$ 的 C 点处,其弯矩值等于零。于是,可将 C 点看作铰链,而 BC 段的挠曲线形状与长度为 $0.7l$ 的两端铰支细长压杆的挠曲线形状完全一样,因此,临界压力的计算公式可写为

$$F_{cr} = \frac{\pi^2 EI}{(0.7l)^2} \qquad (10\text{-}4)$$

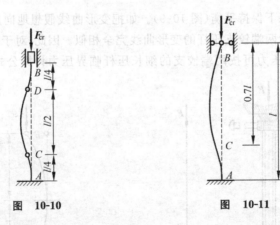

图 10-10   图 10-11

10.3.2 欧拉公式的一般表达式

综上所述,对于具有各种不同杆端约束的细长压杆,其临界压力公式(欧拉公式)可统一写成

$$F_{cr} = \frac{\pi^2 EI}{(\mu l)^2} \tag{10-5}$$

这是欧拉公式的一般表达式,式中 μ 称为**长度因数**,它反映了杆端约束条件对临界压力的影响。杆端的约束越强,则 μ 值越小,杆的抗弯能力就越大,相应的临界压力越高。μl 称为压杆的**相当长度**,即把不同约束形式的压杆折算成两端铰支压杆后的长度。表 10-1 列出了上述四种不同约束情况下压杆的长度因数 μ。

表 10-1　压杆的长度因数 μ

压杆的约束条件	长 度 因 数
两端铰支	$\mu = 1$
一端固定,另一端自由	$\mu = 2$
两端固定	$\mu = \dfrac{1}{2}$
一端固定,另一端铰支	$\mu \approx 0.7$

　　显然,以上所介绍的压杆的几种约束方式都是理想的和典型的。工程实际中,压杆的实际约束情况往往比较复杂,与上述四种理想的约束方式有着很大差别。因此,必须根据压杆的实际约束情况,将其恰当地化为上述的典型形式,或认定它是在哪两种约束情况之间,从而确定出合适的长度因数 μ。例如,压杆的端部与其他弹性构件固接,由于弹性构件将发生变形,所以压杆的端截面就是介于固定支座与铰支座之间的弹性支座。对于各种实际的杆端约束情况,压杆的长度因数 μ 可从有关的设计手册或规范中查到。

　　此外,在实际构件中,常常遇到一种所谓的柱状铰(图 10-12),若杆件在垂直于铰轴线(y 轴)的平面(xz 平面)内弯曲时,则应当认为是铰支端;而在包括铰轴线的平面(即 xy 平面)内弯曲时,则应看作是固定端。因此,对具体情况应具体分析。

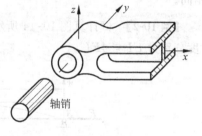

图　10-12

　　【例 10-1】　一端固定、一端自由的细长压杆,长 1m,弹性模量 $E = 200\text{GPa}$,杆件失稳时,其两端在空间任一方向的约束条件均相同。试计算如图 10-13 所示三种截面形式压杆的临界压力。

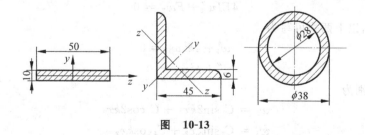

图　10-13

　　解：(1) 矩形截面压杆的临界压力

　　由于杆件两端在不同的方向具有相同的约束条件,故压杆首先在抗弯能力最差的平面内发生失稳,因此

$$I_{\min} = I_z = \frac{bh^3}{12} = \frac{1}{12} \times (50 \times 10^{-3})(10 \times 10^{-3})^3 = 0.417 \times 10^{-8}(\text{m}^4)$$

所以

$$F_{cr} = \frac{\pi^2 EI}{(\mu l)^2} = \frac{\pi^2 \times 200 \times 10^6 \times 0.417 \times 10^{-8}}{(2 \times 1)^2} = 2.02(\text{kN})$$

（2）角钢截面压杆的临界压力

由型钢表查得

$$I_{\min} = I_z = 3.89\text{cm}^4 = 3.89 \times 10^{-8}\text{m}^4$$

所以

$$F_{cr} = \frac{\pi^2 EI}{(\mu l)^2} = \frac{\pi^2 \times 200 \times 10^6 \times 3.89 \times 10^{-8}}{(2 \times 1)^2} = 18.73(\text{kN})$$

（3）圆环截面压杆的临界压力

$$I = \frac{\pi}{64}(D^4 - d^4) = \frac{\pi}{64}(3.8^4 - 2.8^4) \times 10^{-8} = 7.26 \times 10^{-8}(\text{m}^4)$$

所以

$$F_{cr} = \frac{\pi^2 EI}{(\mu l)^2} = \frac{\pi^2 \times 200 \times 10^6 \times 7.26 \times 10^{-8}}{(2 \times 1)^2} = 35.3(\text{kN})$$

上述三种截面的面积相近，但临界压力差别很大，其原因在于最小惯性矩 $I_{\min}$ 各不相同。

【例 10-2】 试计算图 10-14 所示细长压杆 AB 的临界压力。设 AC 和 CB 段的抗弯刚度分别为 EI 与 $4EI$。

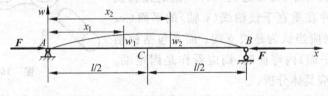

图 10-14

解： AC 与 CB 段的挠曲线近似微分方程分别为

$$EIw_1'' + Fw_1 = 0$$
$$4EIw_2'' + Fw_2 = 0$$

令 $k^2 = F/4EI$，以上两式可写为

$$w_1'' + 4k^2 w_1 = 0$$
$$w_2'' + k^2 w_2 = 0$$

方程的通解分别为

$$w_1 = C_1 \sin 2kx_1 + C_2 \cos 2kx_1 \tag{a}$$
$$w_2 = C_3 \sin kx_2 + C_4 \cos kx_2 \tag{b}$$

压杆的边界条件及光滑连续条件为

$x_1 = 0$, $w_1 = 0$ (1)		$x_2 = l$, $w_2 = 0$ (2)	
$x_1 = x_2 = \dfrac{l}{2}$, $w_1 = w_2$ (3)		$x_1 = x_2 = \dfrac{l}{2}$, $w_1' = w_2'$ (4)	

由条件(1)得

$$C_2 = 0$$

由此

$$w_1 = C_1 \sin 2kx_1 \tag{c}$$

由式(c)、(b)及条件(2)~(4),得

$$C_1 \sin kl - C_3 \sin \frac{kl}{2} - C_4 \cos \frac{kl}{2} = 0$$

$$2C_1 \cos kl - C_3 \cos \frac{kl}{2} + C_4 \sin \frac{kl}{2} = 0$$

$$C_3 \sin kl + C_4 \cos kl = 0$$

为寻求上述线性齐次方程组的非零解,令上述方程组的系数行列式为零,即

$$\begin{vmatrix} \sin kl & -\sin \dfrac{kl}{2} & -\cos \dfrac{kl}{2} \\ 2\cos kl & -\cos \dfrac{kl}{2} & \sin \dfrac{kl}{2} \\ 0 & \sin kl & \cos kl \end{vmatrix} = 0$$

由此得

$$\sin \frac{kl}{2} = 0 \tag{d}$$

$$\tan^2 \frac{kl}{2} = 2 \tag{e}$$

方程(d)和(e)的最小非零正根分别为

$$(kl)_1 = 2\pi$$

$$(kl)_2 = 1.91 \tag{f}$$

由式(f)有

$$\sqrt{\frac{F}{4EI}} l = 1.91$$

于是得压杆的临界压力为

$$F_{cr} = \frac{14.6EI}{l^2}$$

10.4　欧拉公式的适用范围　经验公式

10.4.1　临界应力

细长压杆在临界压力的作用下,其横截面上的平均应力称为压杆的临界应力,用 σ_{cr} 表示。若以 A 表示压杆的横截面面积,则有

$$\sigma_{cr} = \frac{F_{cr}}{A} = \frac{\pi^2 EI}{(\mu l)^2 A} \tag{a}$$

由于惯性半径 $i = \sqrt{\dfrac{I}{A}}$(见附录 A),上式可写成

$$\sigma_{cr} = \frac{\pi^2 E}{\left(\dfrac{\mu l}{i}\right)^2} \tag{b}$$

令

$$\lambda = \frac{\mu l}{i} \tag{10-6}$$

于是有

$$\sigma_{cr} = \frac{\pi^2 E}{\lambda^2} \tag{10-7}$$

这就是细长压杆临界应力的计算公式,它是欧拉公式(10-5)的另一种表达形式,两者并无实质性差别。式中的 λ 集中反映了压杆的长度、约束条件、截面形状、尺寸等因素对临界应力的影响,称为压杆的**柔度**或**长细比**,是一个无量纲量。此外,由式(10-7)可以看出压杆的临界应力与柔度的平方成反比,即两者呈双曲线关系。柔度 λ 越大,压杆的临界应力 σ_{cr} 越小。压杆总是在柔度较大的弯曲平面内发生失稳。需要指出的是,失稳时的应力并非均匀分布,临界应力 σ_{cr} 只是一个名义值。

10.4.2　欧拉公式的适用范围

欧拉公式是根据挠曲线近似微分方程导出的,而材料服从胡克定律是上述微分方程的基础,所以,欧拉公式的适用范围必须限制在胡克定律的范围内,即只有当临界应力小于材料的比例极限 σ_p 时,式(10-5)、式(10-7)才能成立,即

$$\sigma_{cr} = \frac{\pi^2 E}{\lambda^2} \leqslant \sigma_p$$

则

$$\lambda \geqslant \sqrt{\frac{\pi^2 E}{\sigma_p}} \tag{c}$$

可见,只有当压杆的柔度 λ 大于或等于极限值 $\sqrt{\dfrac{\pi^2 E}{\sigma_p}}$ 时,欧拉公式方可使用。用 λ_1 表示这一极限值,即

$$\lambda_1 = \sqrt{\frac{\pi^2 E}{\sigma_p}} \tag{10-8}$$

于是,式(c)可写为

$$\lambda \geqslant \lambda_1 \tag{10-9}$$

此即为欧拉公式(10-5)、(10-7)的适用范围。若压杆的实际柔度不满足上述条件,则不能使用欧拉公式计算其临界压力及临界应力。

由式(10-8)可知,λ_1 是一个只与材料性质有关的材料常数,不同的材料,λ_1 的数值各不相同。对于任意一种材料,都可根据其弹性模量 E 及比例极限 σ_p 由式(10-8)计算出该材料的 λ_1 值,从而确定欧拉公式对该材料的适用范围。例如,对于 Q235 钢,已知其 $E=206\mathrm{GPa}$,$\sigma_p=200\mathrm{MPa}$,于是有

$$\lambda_1 = \sqrt{\frac{\pi^2 \times 206 \times 10^9}{200 \times 10^6}} \approx 100$$

所以,对于由 Q235 钢制成的压杆,只有当实际压杆的柔度 $\lambda \geqslant 100$ 时,才可以使用欧拉公式。同样的方法可求得铸铁的 $\lambda_1 = 80$,而铝合金的 $\lambda_1 = 62.8$。

满足 $\lambda \geqslant \lambda_1$ 的压杆,习惯上称为**大柔度杆**,也就是前面所说的细长压杆。

10.4.3　经验公式

工程实际中所采用的压杆,绝大多数都不是大柔度杆,即这些压杆的柔度 λ 往往小于它们相应材料的 λ_1。对于这些 $\lambda < \lambda_1$ 的压杆,由于它们的临界应力 σ_{cr} 超过了材料的比例极限 σ_p,这时欧拉公式已不能使用,属于超过比例极限的压杆稳定问题。对于这类问题,理论上也有分析的结果,但工程中对这类压杆临界应力的计算通常采用建立在实验基础上的经验公式。目前采用的经验公式有两种,即直线公式和抛物线公式。

1. 直线公式

直线公式即是把压杆的临界应力 σ_{cr} 与压杆的柔度 λ 表示成如下的线性关系:

$$\sigma_{cr} = a - b\lambda \tag{10-10}$$

式中,a 和 b 是与材料性质有关的常数。例如 Q235 钢,$a = 304\text{MPa}$,$b = 1.12\text{MPa}$。表 10-2 列出了一些常用材料的 a 和 b 值。

表 10-2　直线经验公式的系数 a 和 b

材料(σ_b、σ_s 的单位为 MPa)	a/MPa	b/MPa
Q235 钢　$\sigma_b \geqslant 372$　$\sigma_s = 235$	304	1.12
优质碳钢　$\sigma_b \geqslant 471$　$\sigma_s = 306$	461	2.568
硅钢　$\sigma_b \geqslant 510$　$\sigma_s = 353$	578	3.744
铬钼钢	9807	5.296
铸铁	332.2	1.454
强铝	373	2.15
松木	28.7	0.19

利用式(10-10)计算出压杆的临界应力后,将其乘以压杆的横截面面积,即可得到压杆的临界压力。

柔度很小的短压杆称为小柔度压杆(或短柱),如压缩实验的金属短柱试件。对于这类压杆,当它受到轴向压力作用时,并不会像大柔度杆那样发生弯曲变形而丧失稳定,这类小柔度杆的破坏主要是由于其压应力达到材料的屈服极限(塑性材料)或强度极限(脆性材料)所致。事实上,这是一个强度问题。因此,小柔度杆的所谓临界应力是屈服极限 σ_s 或强度极限 σ_b。这样,在使用直线公式(10-10)计算临界应力 σ_{cr} 时,该值不能超过且最大只能等于 $\sigma_s(\sigma_b)$。设此时对应的压杆柔度为 λ_2,则有

$$\lambda_2 = \frac{a - \sigma_s}{b} \tag{10-11}$$

这就是使用直线公式时柔度 λ 的最小值,当 $\lambda < \lambda_2$ 时,压杆为小柔度杆,是强度问题,应按轴向压缩问题去计算。如果是脆性材料,只要把式(10-11)中的 σ_s 代以 σ_b,即可确定其相应的 λ_2。

2. 抛物线公式

抛物线公式即是把临界应力 σ_{cr} 与压杆的柔度 λ 表示成如下形式

$$\sigma_{cr} = a_1 - b_1 \lambda^2 \tag{10-12}$$

式中,a_1 和 b_1 也是与材料性质有关的常数。

10.4.4 临界应力总图

综上所述,对 $\lambda < \lambda_2$ 的小柔度杆,应按强度问题计算,对应的临界应力为常数 $\sigma_s(\sigma_b)$,故在图 10-15 中表示为水平线 AB。对于 $\lambda \geqslant \lambda_1$ 的大柔度杆,用欧拉公式(10-7)计算其临界应

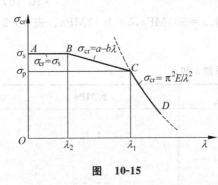

图　10-15

力,在图 10-15 中表示为曲线 CD。对于柔度介于 λ_2 和 λ_1 之间的压杆,称为**中柔度杆**,用经验公式计算其临界应力,若以直线公式计算,σ_{cr} 与 λ 的关系即为一条直线关系,在图 10-15 中表示为斜直线 BC。图 10-15 反映了压杆的临界应力 σ_{cr} 随压杆柔度 λ 变化的全部情况,称为**临界应力总图**。

稳定计算中,不论是欧拉公式还是经验公式,都是以压杆的整体变形为基础。由于局部削弱(如钉孔)对杆件的整体变形影响很小,故在计算临界应力时采用未经削弱的横截面面积 A 和惯性矩 I。但对于这些有局部削弱的压杆,除要进行稳定计算外,还要对削弱部分进行强度计算,计算时应使用削弱后的横截面面积。

【例 10-3】 如图 10-16 所示两端固定的压杆,材料为 Q235 钢,横截面面积 $A = 32 \times 10^2 \text{mm}^2$,$E = 200 \text{GPa}$。试分别计算图示四种截面压杆的临界力。

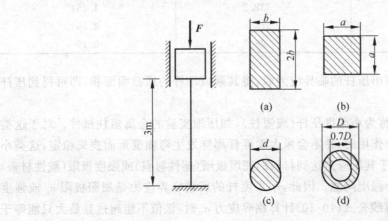

图　10-16

解：由于压杆两端固定，故取 $\mu = 0.5$。

（1）矩形截面

由 $A = 2b^2$ 可得：$b = \sqrt{A/2} = \sqrt{32 \times 10^2/2} = 40$（mm）。对于矩形截面，压杆总是在最小抗弯刚度平面内发生失稳，故应取截面最小的惯性矩来计算临界力。截面最小惯性半径为

$$i_{\min} = \sqrt{\frac{I_{\min}}{A}} = \sqrt{\frac{2b \times b^3/12}{2b^2}} = \frac{b}{2\sqrt{3}} = 11.55\text{（mm）}$$

最大柔度

$$\lambda_{\max} = \frac{\mu l}{i_{\min}} = \frac{0.5 \times 3 \times 10^3}{11.55} = 129.9 > \lambda_1 = 100$$

压杆为大柔度杆，故临界力可用欧拉公式计算，即

$$F_{\text{cr}} = \sigma_{\text{cr}}A = \frac{\pi^2 E}{\lambda_{\max}^2}A = \frac{\pi^2 \times 200 \times 10^9}{129.9^2} \times 32 \times 10^{-4} = 374 \times 10^3\text{（N）} = 374\text{（kN）}$$

（2）正方形截面

由 $A = a^2$ 可得：$a = \sqrt{A} = \sqrt{32 \times 10^2} = 40\sqrt{2}$（mm）。截面惯性半径为

$$i = \sqrt{\frac{I}{A}} = \sqrt{\frac{a^4/12}{a^2}} = \frac{a}{2\sqrt{3}} = 16.33\text{（mm）}$$

柔度

$$\lambda = \frac{\mu l}{i} = \frac{0.5 \times 3 \times 10^3}{16.33} = 91.8$$

由于 $\lambda_2 < \lambda < \lambda_1 \left(\lambda_2 = \frac{a - \sigma_{\text{s}}}{b} = \frac{304 - 235}{1.12} = 61.6\right)$，压杆为中柔度杆，临界应力为

$$\sigma_{\text{cr}} = a - b\lambda = 304 - 1.12 \times 91.8 = 201.18\text{（MPa）}$$

并由此计算临界力：

$$F_{\text{cr}} = \sigma_{\text{cr}}A = 201.18 \times 10^6 \times 32 \times 10^{-4} = 643.78 \times 10^3\text{（N）} = 643.78\text{（kN）}$$

（3）实心圆截面

由 $A = \frac{\pi d^2}{4}$ 可得：$d = \sqrt{\frac{4A}{\pi}} = 63.8$（mm）。截面惯性半径为

$$i = \sqrt{\frac{I}{A}} = \sqrt{\frac{\pi d^4/64}{\pi d^2/4}} = \frac{d}{4} = 15.95\text{（mm）}$$

柔度

$$\lambda = \frac{\mu l}{i} = \frac{0.5 \times 3 \times 10^3}{15.95} = 94$$

也为中柔度杆，故

$$F_{\text{cr}} = \sigma_{\text{cr}}A = (a - b\lambda)A = (304 - 1.12 \times 94) \times 10^6 \times 32 \times 10^{-4}$$
$$= 635.9 \times 10^3\text{（N）} = 635.90\text{（kN）}$$

（4）空心圆截面

由 $\alpha = \frac{d}{D} = 0.7, A = \frac{\pi D^2(1 - \alpha^2)}{4}$ 可得

$$D = \sqrt{\frac{4A}{\pi(1-\alpha^2)}} = 89.4 \text{(mm)}$$

截面惯性半径为

$$i = \sqrt{\frac{I}{A}} = \sqrt{\frac{\pi D^4(1-\alpha^4)/64}{\pi D^2(1-\alpha^2)/4}} = \frac{D\sqrt{1+\alpha^2}}{4} = 27.3 \text{(mm)}$$

柔度

$$\lambda = \frac{\mu l}{i} = 55 < \lambda_2$$

压杆为小柔度杆,故临界力为

$$F_{cr} = \sigma_{cr}A = \sigma_s A = 235 \times 10^6 \times 32 \times 10^{-4} = 752 \times 10^3 \text{(N)} = 752 \text{(kN)}$$

讨论:由上述计算结果可以看出,在杆端约束、长度、截面面积及材料均相同的条件下,压杆的截面形状不同,其临界力就不同。临界力越大,压杆越不容易失稳,由此看来,空心圆截面最合理。

【例 10-4】 截面尺寸为 $120\text{mm} \times 200\text{mm}$ 的矩形木柱,长 $l=7\text{m}$,材料的弹性模量 $E=10\text{GPa}$。支承情况是:在纸平面内失稳时,柱的两端可视为固定端(图 10-17(a));若在垂直纸平面的平面内失稳时,柱的两端可视为铰支端(图 10-17(b))。试求该木柱的临界力;并从稳定性方面进行分析,该木柱的截面尺寸 b、h 应具有如何的关系才合理。

解:由于该柱在两个形心主惯性平面内的支承条件不同,因此首先要分别计算出压杆在两个平面内失稳时的临界压力,然后经过比较,确定木柱的临界压力 F_{cr}。

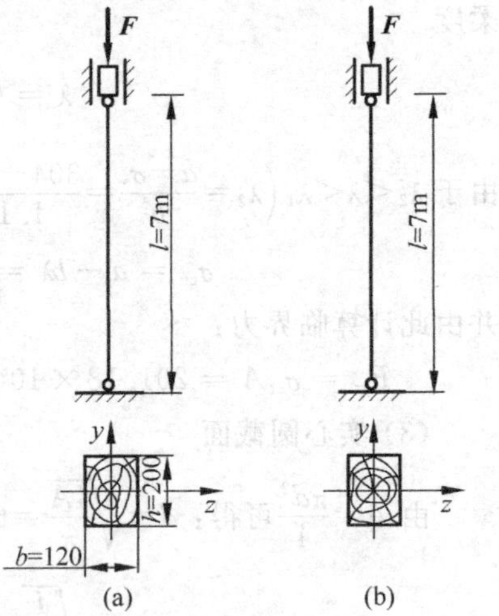

(1) 计算木柱在纸平面内绕 y 轴失稳时的临界压力 $(F_{cr})_y$ (图 10-17(a))

$$I_y = \frac{bh^3}{12} = \frac{200 \times 120^3 \times 10^{-12}}{12} = 288 \times 10^{-7} \text{(m}^4\text{)}$$

$$i_y = \sqrt{\frac{I_y}{A}} = \sqrt{\frac{288 \times 10^{-7}}{200 \times 120 \times 10^{-6}}} = 0.0346 \text{(m)}$$

两端固定,故 $\mu_y = 0.5$,柔度为

$$\lambda_y = \frac{\mu_y l}{i_y} = \frac{0.5 \times 7}{0.0346} = 101$$

因为松木的 $\lambda_1 = 110$,而 $\lambda_y < \lambda_1$,属中柔度杆。采用直线公式计算其临界应力:

$$\sigma_{cr} = a - b\lambda$$

由表 10-2 查得

$$a = 28.7\text{MPa}, \quad b = 0.19\text{MPa}$$

故

$$(\sigma_{cr})_y = 28.7 - 0.19 \times 101 = 9.51 \text{(MPa)}$$

$$(F_{cr})_y = (\sigma_{cr})_y \cdot A = 9.51 \times 10^6 \times 120 \times 200 \times 10^{-6}$$

$$= 228 \times 10^3 \text{(N)} = 228 \text{(kN)}$$

图 10-17

(2) 计算木柱在垂直于纸平面的平面内绕 z 轴失稳时的临界压力$(F_{cr})_z$(图 10-17(b))

$$I_z = \frac{bh^2}{12} = \frac{120 \times 200^3 \times 10^{-12}}{12} = 8 \times 10^{-5} (m^4)$$

$$i_z = \sqrt{\frac{I_z}{A}} = \sqrt{\frac{8 \times 10^{-5}}{120 \times 200 \times 10^{-6}}} = 0.0577 (m)$$

两端铰支,故 $\mu_z = 1$,柔度为

$$\lambda_z = \frac{\mu_z l}{i_z} = \frac{1 \times 7}{0.0577} = 121$$

由于 $\lambda_z > \lambda_1$,属细长压杆,用欧拉公式计算其临界压力:

$$(F_{cr})_z = \frac{\pi^2 E I_z}{(\mu_z l)^2} = \frac{\pi^2 \times 10 \times 10^9 \times 8 \times 10^{-5}}{(1 \times 7)^2}$$

$$= 161 \times 10^3 (N) = 161 (kN)$$

(3) 比较上述计算结果可知,由于$(F_{cr})_y > (F_{cr})_z$,故该柱将可能在垂直于纸平面的平面内绕 z 轴失稳,临界压力 $F_{cr} = (F_{cr})_z = 161 kN$。需要指出,尽管 $I_z > I_y$,EI_y 是木柱的最小抗弯刚度,但由于不同的平面内杆端的约束不同,所以出现了本例的情况,即木柱可能在抗弯刚度最大的纵向平面内失稳。

一根杆件究竟在哪个平面内失稳,可以用压杆在不同平面内的柔度来判断。该题中,因 $\lambda_z > \lambda_y$,故可判断先在垂直于纸平面的平面内失稳。

(4) 截面尺寸是否合理,要看压杆在不同的平面内是否具有相同或相近的稳定性。为提高压杆的稳定性,应使压杆在不同的平面内临界压力相等,即

$$(F_{cr})_y = (F_{cr})_z$$

由此得

$$\lambda_y = \lambda_z$$

本例中已知

$$\mu_y = 0.5, \quad \mu_z = 1$$

$$i_y = \sqrt{\frac{I_y}{A}} = \sqrt{\frac{\frac{hb^3}{12}}{bh}} = \frac{b}{\sqrt{12}}$$

$$i_z = \frac{h}{\sqrt{12}}$$

$$\lambda_y = \frac{\mu_y l}{i_y} = \frac{0.5 \times l \times \sqrt{12}}{b}$$

$$\lambda_z = \frac{\mu_z l}{i_z} = \frac{1 \times l \times \sqrt{12}}{h}$$

由 $\lambda_y = \lambda_z$,即

$$\frac{0.5 l \sqrt{12}}{b} = \frac{l \sqrt{12}}{h}$$

得

$$\frac{h}{b} = 2$$

所以,在本例条件下,截面尺寸的比例关系以 $h/b=2$ 为好。

10.5　压杆的稳定性校核

判断实际压杆在工作中是否会发生失稳破坏,这便是对压杆的稳定性校核,目前采用的方法主要有两种,即:安全因数法与折减因数法。本书只介绍安全因数法。

对于工程中的实际压杆,为保证其能够安全正常工作而不丧失其稳定性,必须使其所承受的轴向压力 F 小于压杆的临界压力,而且应具有一定的安全储备。故稳定条件为

$$n = \frac{F_{cr}}{F} \geqslant n_{st} \tag{10-13}$$

式中,n 为压杆工作时的**实际稳定安全因数**;F 为压杆实际承受的轴向压力;F_{cr} 为压杆的临界压力,可按上节所述方法计算;n_{st} 为规定的稳定安全因数,该值一般比强度安全因数大,其原因是由于一些难以避免的缺陷,如初弯曲、压力偏心等,都严重影响压杆的稳定,且压杆柔度越大,影响也越大,从而降低了杆件的临界压力。而同样这些因素,对杆件强度的影响就不像对稳定那么严重。几种常见压杆稳定安全因数的参考数值如表 10-3 所示。

表 10-3　几种常见压杆的稳定安全因数

实际压杆	金属结构中的压杆	矿山、冶金设备中的压杆	机床丝杆	精密丝杆	水平长丝杆	磨床油缸活塞杆	低速发动机挺杆	高速发动机挺杆
n_{st}	1.8~3.0	4~8	2.5~4	>4	>4	2~5	4~6	2~5

关于稳定安全因数 n_{st},可从相关设计手册或规范中查找。

利用式(10-13)进行稳定计算的方法称为**安全因数法**。

采用此法进行稳定计算,具体步骤如下:

(1) 根据压杆的实际尺寸及约束情况,计算压杆在各弯曲平面内的柔度 λ,从而确定 λ_{max};

(2) 根据 λ_{max},判断压杆是否为大柔度杆,从而确定计算压杆的临界压力的具体公式,并计算出临界压力 F_{cr};

(3) 利用式(10-13)进行稳定计算。

根据稳定条件式(10-13),可进行三方面的计算:

(1) 稳定性校核　由式(10-13)直接进行计算即可。

(2) 确定许可载荷　由式(10-13)得

$$F \leqslant \frac{F_{cr}}{n_{st}}$$

根据压杆受力与外载荷的关系,从而求出许可载荷。

(3) 设计截面尺寸　由式(10-13)得

$$F_{cr} \geqslant n_{st} \cdot F$$

在截面尺寸尚未确定的情况下,无法计算压杆的柔度,自然也无法判定压杆究竟属于哪一类杆件,因而临界压力也无法计算。为此,先按欧拉公式计算其临界压力,由式(10-13)确定出截面尺寸,待尺寸确定后,再检验压杆是否满足欧拉公式的条件,若满足,计算即可结束;

若不满足,则需按经验公式重新设计截面尺寸。

【**例 10-5**】　空气压缩机的活塞杆由 45 钢制成,$\sigma_s = 350\text{MPa}$,$\sigma_p = 280\text{MPa}$,$E =$ 210GPa。活塞杆长度 $l = 703\text{mm}$,直径 $d = 45\text{mm}$。最大轴向压力 $F_{max} = 41.6\text{kN}$。规定的稳定安全因数为 $n_{st} = 8 \sim 10$。试校核其稳定性。

解：由式(10-8)求出

$$\lambda_1 = \sqrt{\frac{\pi^2 E}{\sigma_p}} = \sqrt{\frac{\pi^2 \times 210 \times 10^9}{280 \times 10^6}} = 86$$

活塞杆简化成两端铰支杆,故 $\mu = 1$。又截面为圆形,有惯性半径 $i = \sqrt{\dfrac{I}{A}} = \dfrac{d}{4}$,于是活塞杆的柔度为

$$\lambda = \frac{\mu l}{i} = \frac{\mu l}{\dfrac{d}{4}} = \frac{1 \times 703}{\dfrac{45}{4}} = 62.5$$

$$\lambda < \lambda_1$$

所以不能使用欧拉公式计算临界压力。若用直线公式,由表 10-2 查得优质碳钢的 a 和 b 分别是：$a = 461\text{MPa}$,$b = 2.568\text{MPa}$。由式(10-11)得

$$\lambda_2 = \frac{a - \sigma_s}{b} = \frac{461 - 350}{2.568} = 43.2$$

可见活塞杆的柔度 λ 介于 λ_2 和 λ_1 之间($\lambda_2 < \lambda < \lambda_1$),是中柔度杆。由直线公式求出临界应力为

$$\sigma_{cr} = a - b\lambda = 461 - 2.568 \times 62.5 = 301(\text{MPa})$$

临界压力为

$$F_{cr} = \sigma_{cr} \cdot A = \frac{\pi}{4} \times (45 \times 10^{-3})^2 \times 301 \times 10^6 = 478 \times 10^3 (\text{N}) = 478(\text{kN})$$

活塞杆的实际稳定安全因数为

$$n = \frac{F_{cr}}{F_{max}} = \frac{478}{41.6} = 11.5 > n_{st}$$

所以满足稳定要求。

【**例 10-6**】　如图 10-18 所示结构由 AB 杆和 CB 梁组成,杆和梁材料均为 Q235 钢,弹性模量 $E = 200\text{GPa}$,$[\sigma] = 160\text{MPa}$。CB 梁由 22a 工字钢制成。AB 杆两端为球铰支座,直径 $d = 80\text{mm}$,规定稳定安全因数 $n_{st} = 5$。试确定许可载荷 q 的值。

解：(1) 由梁的强度确定 q

进得梁的受力分析如图 10-18(b)所示,由静力平衡方程可求得

$$F_C = F_B = \frac{ql}{2}$$

由梁的弯矩图 10-18(c)可知,最大弯矩

$$M_{max} = \frac{ql^2}{8}$$

由型钢表查得 22a 工字钢的

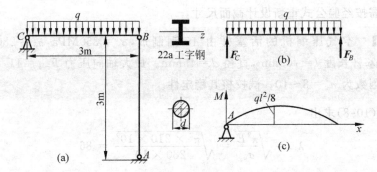

图 10-18

$$W = 309\text{cm}^3$$

由梁的弯曲强度条件

$$\sigma_{\max} = \frac{M_{\max}}{W} = \frac{ql^2}{8W} \leqslant [\sigma]$$

得

$$q \leqslant \frac{8W[\sigma]}{l^2} = \frac{8 \times 309 \times 10^{-6} \times 160 \times 10^6}{3^2} = 43.9 \times 10^3\,(\text{N/m}) = 43.9\,(\text{kN/m})$$

（2）由杆 AB 的稳定性条件确定 q

压杆 AB 两端铰支，

$$\mu = 1, i = \sqrt{\frac{I}{A}} = \sqrt{\frac{\pi d^4/64}{\pi d^2/4}} = \frac{d}{4} = 20\,(\text{mm})$$

柔度

$$\lambda = \frac{\mu l}{i} = \frac{1 \times 3000}{20} = 150 > \lambda_1$$

故杆 AB 属于大柔度杆。临界应力

$$\sigma_{\text{cr}} = \frac{\pi^2 E}{\lambda^2} = \frac{\pi^2 \times 200 \times 10^9}{150^2} = 87.7 \times 10^6\,(\text{Pa}) = 87.7\,(\text{MPa})$$

临界力

$$F_{\text{cr}} = \sigma_{\text{cr}}A = 87.7 \times 10^6 \times \frac{\pi \times 80^2 \times 10^{-6}}{4} = 441 \times 10^3\,(\text{N}) = 441\,(\text{kN})$$

压杆所受压力

$$F_A = F_B = \frac{ql}{2}$$

由压杆稳定性条件

$$n = \frac{F_{\text{cr}}}{F_A} = \frac{2F_{\text{cr}}}{ql} \geqslant n_{\text{st}}$$

得

$$q \leqslant \frac{2F_{\text{cr}}}{n_{\text{st}}l} = \frac{2 \times 441 \times 10^3}{5 \times 3} = 58.8 \times 10^3\,(\text{N/m}) = 58.8\,(\text{kN/m})$$

所以，许可载荷为$[q]=43.9\text{kN/m}$。

讨论：此例为梁与柱组合结构，在确定许可载荷时，既要满足梁的弯曲强度条件，又要满足压杆的稳定性条件，这样才能保证整个结构的安全。

10.6　提高压杆稳定性的措施

提高压杆的稳定性,关键是要提高压杆的临界压力。由以上各节可知,压杆的临界压力主要与压杆横截面的形状及尺寸、压杆的长度、压杆端部的约束情况以及压杆的材料等因素有关。因此,要采取适当措施来提高压杆的稳定性,必须从上述几方面加以考虑。

10.6.1　合理选择材料

对于细长压杆,由欧拉公式可知,临界压力的大小与材料的弹性模量 E 有关,弹性模量越高,临界压力越大。因此,选用高弹性模量的材料,显然可以提高细长压杆的稳定性。但是,就钢而言,由于各种钢材的弹性模量相差不大,因此,仅从稳定性考虑,选用优质钢材与选用普通钢材相比对提高压杆稳定性的作用不大。

对于中柔度压杆,无论是根据经验公式或理论分析,都说明临界应力与材料的强度有关。优质钢在一定程度上可以提高临界应力,所以,选用优质钢材显然有利于稳定性的提高。

至于小柔度压杆,本来就属于强度问题,当然是选用优质钢更合理。

10.6.2　减小压杆的柔度

无论是由欧拉公式或经验公式都可看出,压杆临界应力的大小均与其柔度 λ 有关,且柔度越小,临界应力越高,压杆抵抗失稳的能力越强。因此,要提高压杆的稳定性能,就应设法减小压杆的柔度。

由压杆的柔度公式

$$\lambda = \frac{\mu l}{i}$$

来看,减小压杆柔度的措施有以下几种。

(1) 尽量减小压杆的长度。

压杆的柔度与压杆的长度成正比,因此,在结构允许的情况下,应尽量减小压杆的实际长度,以提高压杆的稳定性。

(2) 改善约束情况,减小长度因数 μ。

压杆的约束条件不同,其临界压力大小就不一样,因此,压杆的约束情况直接影响着压杆的稳定性。例如,长为 l 的两端铰支压杆,其 $\mu = 1$,$F_{cr} = \dfrac{\pi^2 EI}{l^2}$。若在这一压杆的中间另加一个铰支座,或者将两端的铰支座改为固定端(图 10-19),则长度因数 μ 变为 $\dfrac{1}{2}$,临界压力则变为

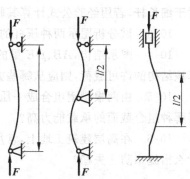

$$F_{cr} = \frac{\pi^2 EI}{\left(\dfrac{1}{2}l\right)^2} = \frac{4\pi^2 EI}{l^2}$$

成为原来临界压力的 4 倍。

一般来说,加强压杆的约束,使其不容易发生弯曲

图　10-19

变形,可以提高压杆的稳定性。

(3) 选择合理的截面形状。

要减小压杆的柔度,就要设法提高惯性半径 i,可见,在保证压杆横截面面积一定的前提条件下,应加大截面的惯性矩,以提高压杆的稳定性。因此,应尽可能使材料远离截面形心。如空心圆截面就比实心圆截面更合理(图 10-20)。因为在两者横截面面积相等的情况下,前者的 I 和 i 都比后者的大得多。但要注意,若为薄壁圆筒,其壁厚不能过薄,要有一定限制,以防止圆筒出现局部失稳现象。同理,对于工业上常用的型钢,如由型钢组成的桥梁桁架中的压杆或建筑物中的柱的组合截面,也都应该把型钢适当分散放置。例如图 10-21(a)所示的组合就要比图 10-21(b)所示的组合截面更合理。

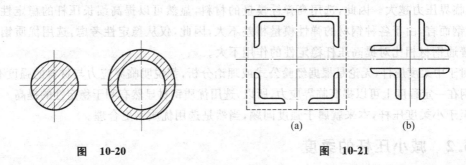

图　10-20　　　　　　　　　　　　图　10-21

当压杆两端在各弯曲平面内具有相同的约束条件时,应使截面对任一形心轴的惯性半径尽可能相等。这样,就可以使压杆在任一纵向平面内的柔度接近相同,从而保证压杆在任一纵向平面内具有相等或相近的抗失稳能力。如圆形、圆环及正多边形截面都能满足这一要求,若压杆两端在各弯曲平面内有不同的约束条件,则应综合考虑压杆的长度、约束条件、截面形状和尺寸等因素,使压杆在各个弯曲平面内具有相近的稳定性。这种结构称为**等稳定性结构**。

思考题

10-1　两端为球铰的压杆,横截面形状如图所示。试问压杆失稳时,各截面将绕哪一根轴转动?

10-2　在稳定计算中,对于中柔度杆,若用欧拉公式计算其临界压力,压杆是否安全?对于细长杆,若用经验公式计算其临界压力,能否判断压杆的安全性?

10-3　试分析图示两种压杆的长度系数 μ 的取值范围。

10-4　图示结构,AB、DE 梁的抗弯刚度为 EI,CD 杆的抗拉(压)刚度为 EA。若要计算该结构的许可载荷,则应从哪些方面考虑?

10-5　由两根槽钢组合成一压杆,其截面形状分别如思考题 10-5 图(a)和(b)所示,试问哪种组合截面的承载能力高?

10-6　在高层建筑工地上,常用塔式起重机,其主架非常高,属细长压杆。工程上采取什么措施来防止失稳?

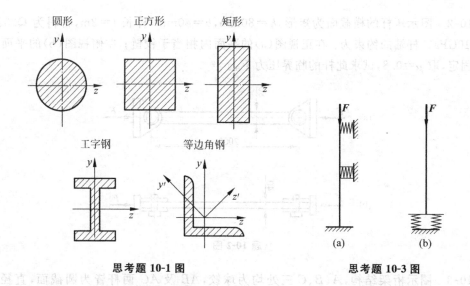

思考题 10-1 图　　　　思考题 10-3 图

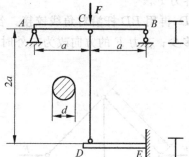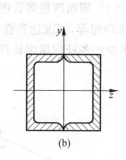

思考题 10-4 图　　　　思考题 10-5 图

习题

10-1　图示各杆的材料及截面尺寸均相同,试问哪一根杆的承载能力最大,哪一根杆最小?

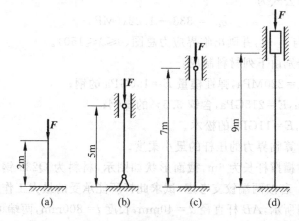

题 10-1 图

10-2　图示压杆的横截面为矩形，$h=80\text{mm}$，$b=40\text{mm}$，杆长 $l=2\text{m}$，材料为 Q235 钢，$E=210\text{GPa}$。杆端的约束为：在正视图(a)的平面内相当于铰链；在俯视图(b)的平面内为弹性固定，取 $\mu=0.8$，试求此杆的临界压力 F_{cr}。

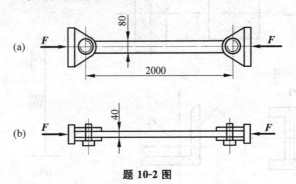

题 10-2 图

10-3　图示桁架结构，A、B、C 三处均为球铰，AB 及 AC 两杆皆为圆截面，直径 $d=8\text{cm}$，材料为 Q235 钢，$E=210\text{GPa}$，试求该结构的临界力 F_{cr}。

10-4　图示四根等长度的杆铰接成正方形 $ABCD$，再用 BD 杆沿对角线铰接。各杆的 E、A、I 均相等，试求达到临界状态时相应的力 F 为多少；若力 F 的方向改为向外时，其值又为多少？各杆均属细长杆。

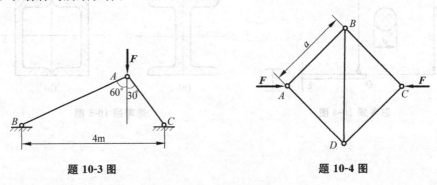

题 10-3 图　　　　　　　　　　　　题 10-4 图

10-5　某钢材的比例极限 $\sigma_p=230\text{MPa}$，屈服极限 $\sigma_s=274\text{MPa}$，弹性模量 $E=200\text{GPa}$，中柔度杆的临界应力公式为

$$\sigma_{cr}=338-1.22\lambda\,(\text{MPa})$$

试计算该材料的 λ_1 与 λ_2 值，并画出临界应力总图（$0\leqslant\lambda\leqslant150$）。

10-6　如果杆分别由下列材料制成：

(1) 比例极限 $\sigma_p=220\text{MPa}$，弹性模量 $E=190\text{GPa}$ 的钢；

(2) $\sigma_p=490\text{MPa}$，$E=215\text{GPa}$，含镍 3.5% 的镍钢；

(3) $\sigma_p=20\text{MPa}$，$E=11\text{GPa}$ 的松木。

试求可用欧拉公式计算临界力的压杆的最小柔度。

10-7　某塔架的横撑杆长为 6m，截面形状如图示，材料为 Q235 钢，$E=210\text{GPa}$，稳定安全因数 $n_{st}=1.75$。若按两端铰支考虑，试求此杆所能承受的最大工作压力。

10-8　托架如图所示，AB 杆直径 $d=40\text{mm}$，长度 $l=800\text{mm}$，两端可视为铰支，材料为 Q235 钢。

(1) 试根据 AB 杆的失稳来求托架的临界载荷 Q_{cr};

(2) 若已知工作载荷 $Q=70\text{kN}$,AB 杆的规定稳定安全因数 $n_{st}=2$,试问此托架是否安全?

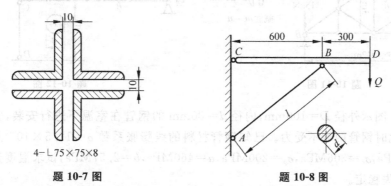

题 10-7 图　　　　　　题 10-8 图

10-9　图示结构由横梁 AB 与立柱 CD 组成,已知载荷 $F=10\text{kN}$,$l=600\text{mm}$,立柱的直径 $d=20\text{mm}$,两端铰支,材料是 Q235 钢,弹性模量 $E=200\text{GPa}$,稳定安全因数 $n_{st}=2$。

(1) 试校核该立柱的稳定性;

(2) 若许用应力 $[\sigma]=120\text{MPa}$,试选择横梁 AB 的工字钢型号。

10-10　压杆两端为球铰支座,承受轴向压力 $F=800\text{kN}$,长度 $l=3\text{m}$。压杆的截面由两个 $140\text{mm}\times140\text{mm}\times14\text{mm}$ 的等边角钢用铆钉联结而成,铆钉孔直径 $d=16\text{mm}$,压杆材料为 Q235 钢,$[\sigma]=160\text{MPa}$,弹性模量 $E=200\text{GPa}$,规定的稳定安全因数 $n_{st}=2$,试校核该压杆的稳定性及强度。

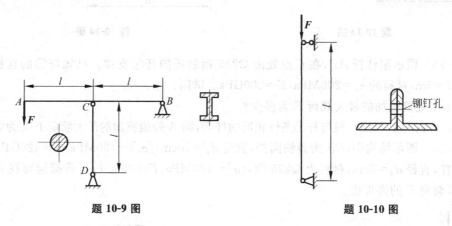

题 10-9 图　　　　　　　题 10-10 图

10-11　图示结构中,CD 杆由两根 $75\text{mm}\times75\text{mm}\times6\text{mm}$ 的等边角钢组成一整体,截面上有直径 $d=23\text{mm}$ 的铆钉孔。材料的许用应力 $[\sigma]=160\text{MPa}$。试对 CD 杆进行强度和稳定性的校核。

10-12　图示结构中,杆 AC 与 CD 均由 Q235 钢制成,C、D 两处均为球铰。已知 $d=20\text{mm}$,$b=100\text{mm}$,$h=180\text{mm}$,$E=200\text{GPa}$,$\sigma_s=235\text{MPa}$,$\sigma_b=400\text{MPa}$,强度安全因数 $n=2.0$,规定的稳定安全因数 $n_{st}=3.0$。试确定该结构的许可载荷。

10-13　图示由两根 18 号槽钢组成的承压立柱,为使两个方向的柔度相等 ($\lambda_y=\lambda_z$),试问 $a=?$(不记缀板的局部加强。)

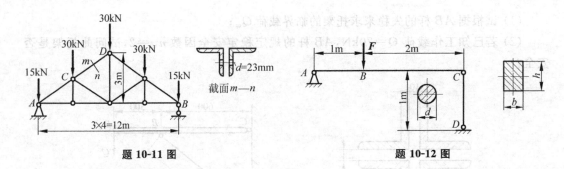

题 10-11 图   题 10-12 图

10-14 图示外径 $D=100$mm,内径 $d=80$mm 的钢管在室温下进行安装,安装后钢管两端固定,此时钢管两端不受力。已知钢管材料的线膨胀系数 $\alpha=12.5\times10^{-6}/℃$,弹性模量 $E=210$GPa,$\sigma_s=306$MPa,$\sigma_p=200$MPa,$a=460$MPa,$b=2.57$MPa,试求温度升高多少度时钢管将丧失稳定。

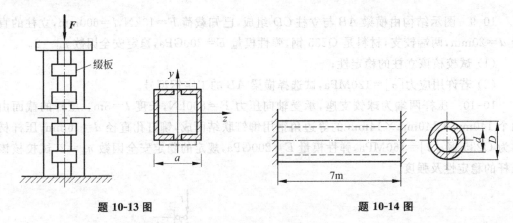

题 10-13 图   题 10-14 图

10-15 图示刚性杆 AB,在 C 点处由 Q235 钢制成的杆①支撑。已知杆①的直径 $d=50$mm,$l=3$m,材料的 $\sigma_p=200$MPa,$E=200$GPa。试问:

(1) A 处能施加的最大载荷 F 为多少?

(2) 若在 D 处再加一根与杆①条件相同的杆②,则 A 处能施加的最大载荷 F 又为多少?

10-16 图示结构中,CF 为铸铁圆杆,直径 $d_1=10$cm,$[\sigma_c]=120$MPa,$E=120$GPa;BE 为钢圆杆,直径 $d_2=5$cm,材料为 Q235 钢,$[\sigma]=160$MPa,$E=200$GPa。若横梁可视为刚性梁,试求载荷 F 的许可值。

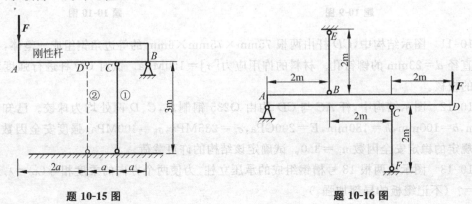

题 10-15 图   题 10-16 图

10-17 图示梁柱结构,梁由 16 号工字钢制成,柱由两根 63mm×63mm×10mm 的角钢组成,材料为 Q235 钢,$E=200$GPa。若强度安全因数 $n=1.4$,规定稳定安全因数 $n_{st}=2$,试校核该结构是否安全。

10-18 10 号工字钢梁的 C 端固定,A 端铰支于空心钢管 AB 上,钢管的内径和外径分别为 30mm 和 40mm,B 端亦为铰支。梁及钢管同为 Q235 钢。当重为 300N 的重物落于梁的 A 端时,试校核 AB 杆的稳定性。规定稳定安全因数 $n_{st}=2.5$。

提示:本题待学习冲击载荷后再求解。

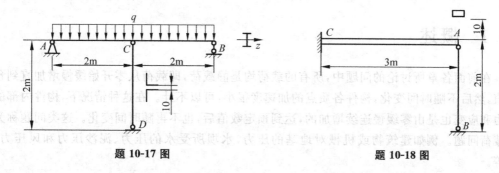

题 10-17 图   题 10-18 图

第 11 章

动载荷

11.1 概述

在前面各章所讨论的问题中,所有的载荷均是静载荷,即载荷从零开始缓慢增加直到预定值,然后不随时间变化,构件各质点的加速度很小,可以不计。在这种情况下,构件内部的应力和应变也是由零缓慢连续增加的,达到预定数值后,也不再随时间变化。这类问题称为静载荷问题。例如建筑物或机械对地基的压力,水坝所受水的压力、泥沙压力和风压力,等等。

在实际中还有另一类问题,载荷具有明显的加速度,或者构件处于加速运动状态中。如一些高速旋转的部件或加速提升的构件,其内部各质点具有明显的加速度。又如锻压气锤的锤杆,紧急制动的转轴,在极短时间内,速度发生剧烈变化。此外,大量的机械零件长期处在随时间周期性变化的载荷作用下工作的状态中。在这些情况下,构件内部各质点将有不可忽略的加速度,这类问题属于**动载荷问题**。在动载荷作用下,构件所产生的应力和变形称为**动应力**和**动变形**。

实验表明,在动载荷作用下,只要应力不超过比例极限,胡克定律仍然成立,弹性模量与静载荷作用下的数值相同。

本章主要讨论下述两类问题:①构件有加速度时的应力计算;②冲击问题。

11.2 构件作等加速运动时的动应力计算

构件作等加速直线运动或等速转动时,构件内各质点将产生惯性力。按照达朗贝尔原理,若在构件各质点处加上惯性力,则质点系上原力系与惯性力系将组成一平衡力系,此时可按静力学的方法计算动载荷作用下构件的应力和变形。这种将动力学问题在形式上作为静力学问题来处理的方法称为**动静法**。

现以匀加速度吊起一根杆件为例,说明构件作等加速直线运动时动应力的计算方法。设杆件长为 l,横截面面积为 A,材料单位体积重量为 γ,加速度为 a,方向向上(图 11-1(a))。以距杆下端为 x 的截面 $m-n$ 将杆件截为两部分,并取下面的部分为隔离体(图 11-1(b))作为研究对象。作用在隔离体上的力有:这一部分的重力 $W_x = \gamma A x$,沿杆轴线均匀分布,其集度为 $q_{st} = \gamma A$;沿杆轴线作用的惯性力 $\dfrac{W_x}{g}a$,惯性力集度为 $q_d = \dfrac{A\gamma}{g}a$,沿杆轴线均匀分布,方向与加速度 a 相反;以及作用在截面 $m-n$ 上的动荷轴力 $F_{Nd} = A\sigma_d$,式中 σ_d 是动应力。由平衡方程 $\sum F_x = 0$,得

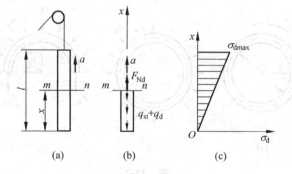

图 11-1

$$F_{\mathrm{Nd}} - \left(W_x + \frac{W_x}{g}a \right) = 0 \tag{a}$$

将 W_x 及 F_{Nd} 代入，上式改写为

$$\sigma_{\mathrm{d}}A - \gamma A x \left(1 + \frac{a}{g} \right) = 0 \tag{b}$$

解得

$$\sigma_{\mathrm{d}} = \gamma x \left(1 + \frac{a}{g} \right) \tag{c}$$

式中，γx 是 $a=0$ 时作用在 $m-n$ 截面上的静应力，以 σ_{st} 表示，即 $\sigma_{\mathrm{st}} = \gamma x$，则

$$\sigma_{\mathrm{d}} = \left(1 + \frac{a}{g} \right) \sigma_{\mathrm{st}} \tag{d}$$

括号中的因子称为**动荷因数**，并记为

$$K_{\mathrm{d}} = 1 + \frac{a}{g} \tag{e}$$

则式(d)写成

$$\sigma_{\mathrm{d}} = K_{\mathrm{d}} \sigma_{\mathrm{st}} \tag{f}$$

式(c)表示动应力沿杆轴线线性分布(图 11-1(c))。当 $x=l$ 时，最大动应力为

$$\sigma_{\mathrm{dmax}} = \gamma l \left(1 + \frac{a}{g} \right) = K_{\mathrm{d}} \sigma_{\mathrm{stmax}}$$

式中 $\sigma_{\mathrm{stmax}} = \gamma l$ 是最大静应力。因此杆件的强度条件可写为

$$\sigma_{\mathrm{dmax}} = K_{\mathrm{d}} \sigma_{\mathrm{stmax}} \leqslant [\sigma] \tag{g}$$

或

$$\sigma_{\mathrm{stmax}} \leqslant \frac{[\sigma]}{K_{\mathrm{d}}} \tag{h}$$

可见，在这一类问题中，只要将许用应力 $[\sigma]$ 除以动荷因数 K_{d}，使其值降低后，就可以按静荷计算方法进行动荷计算。

下面以等速旋转的圆环为例说明动静法的应用。设圆环以等角速度绕通过圆心并垂直于纸面的轴旋转(图 11-2(a))。若圆环的厚度 t 远小于直径 D，便可以近似地认为环内各点的向心加速度大小相等，且都等于 $\dfrac{D\omega^2}{2}$。以 A 表示圆环横截面面积，γ 表示单位体积的重力，于是沿轴线均匀分布的惯性力集度为 $q_{\mathrm{d}} = \dfrac{A\gamma}{g}a_n = \dfrac{A\gamma D}{2g}\omega^2$，如图 11-2(b)所示。设圆环横截

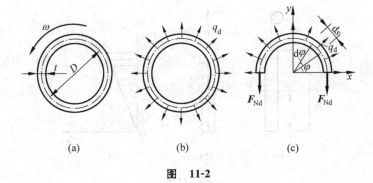

图　11-2

面上的内力为 F_{Nd}，由半个圆环(图 11-2(c))的平衡方程 $\sum F_y = 0$，得

$$2F_{Nd} = \int_0^\pi q_d \sin\varphi \cdot \frac{D}{2} d\varphi = q_d D$$

$$F_{Nd} = \frac{q_d D}{2} = \frac{A\gamma D^2}{4g}\omega^2$$

圆环横截面上的应力为

$$\sigma_d = \frac{F_{Nd}}{A} = \frac{\gamma D^2 \omega^2}{4g} = \frac{\gamma v^2}{g} \tag{i}$$

式中 $v = \dfrac{D\omega}{2}$ 是圆环轴线上点的线速度。强度条件是

$$\sigma_d = \frac{\gamma v^2}{g} \leqslant [\sigma] \tag{j}$$

由以上两式可见，圆环截面上的应力与材料单位体积重力和圆周线速度的平方成正比，而与横截面面积无关。因此，为了保证轮缘的强度，对轮缘的转速应有一定的限制，增加横截面面积并不能提高飞轮的强度。

【例 11-1】　如图 11-3(a)所示的梁由钢绳吊起，以等加速度上升。已知梁的横截面面积为 A，抗弯截面系数为 W，单位体积的重力为 γ。试求梁中央截面上的最大动应力。

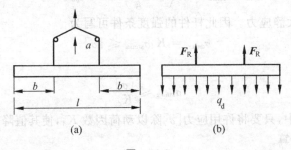

图　11-3

解：梁以等加速度 a 上升，每单位长度上的惯性力为 $\dfrac{A\gamma}{g}a$，且方向向下，再加上梁自身重力的作用，则梁上的均布载荷集度为

$$q_d = A\gamma + \frac{A\gamma}{g}a = A\gamma\left(1 + \frac{a}{g}\right)$$

梁中央截面上的弯矩为

$$M_d = F_R\left(\frac{l}{2} - b\right) - \frac{1}{2}q_d\left(\frac{l}{2}\right)^2 = \frac{1}{2}A\gamma\left(1 + \frac{a}{g}\right)\left(\frac{l}{4} - b\right)l$$

相应的最大动应力为

$$\sigma_d = \frac{M_d}{W} = \frac{A\gamma}{2W}\left(\frac{l}{4} - b\right)l\left(1 + \frac{a}{g}\right)$$

【例 11-2】　如图 11-4 所示,杆以角速度 ω 绕过杆端的轴在水平面内匀速转动。已知杆长为 L,横截面面积为 A,单位体积的重力为 γ。试求杆横截面上的最大动应力。

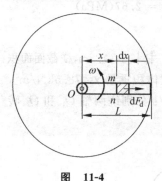

图　11-4

解:在距杆端 O 为 x 的截面 $m-n$ 处取一微段 dx,微段所受的惯性力为

$$dF_d = \left(\frac{A\gamma dx}{g}\right)\omega^2 x$$

截面 $m-n$ 以外部分杆件的惯性力为

$$F_d = \int dF_d = \int_x^L \frac{A\gamma\omega^2}{g}x\,dx = \frac{\omega^2}{2g}A\gamma(L^2 - x^2)$$

截面 $m-n$ 上的轴力 F_{Ndx} 可由平衡方程 $\sum F_x = 0$ 求得

$$F_{Ndx} = F_d = \frac{\omega^2}{2g}A\gamma(L^2 - x^2)$$

最大轴力发生在杆端 O 处的横截面上,在上式中令 $x=0$,得

$$F_{Ndmax} = \frac{\omega^2}{2g}A\gamma L^2$$

杆横截面上的最大动应力为

$$\sigma_d = \frac{F_{Ndmax}}{A} = \frac{\omega^2}{2g}\gamma L^2$$

【例 11-3】　在 AB 轴的 B 端有一个质量很大的飞轮(图 11-5)。与飞轮相比轴的质量可以忽略不计。轴的另一端 A 装有刹车离合器。飞轮的转速为 $n=100\text{r/min}$,转动惯量为 $I_x=0.5\text{kN}\cdot\text{m}\cdot\text{s}^2$,轴的直径 $D=100\text{mm}$。刹车时使轴在 10 秒内均匀减速停止转动。试求轴内最大动应力。

解:飞轮与轴的转动角速度为

$$\omega_0 = \frac{n\pi}{30} = \frac{\pi \times 100}{30} = \frac{10\pi}{3}(\text{rad/s})$$

当飞轮与轴同时作均匀减速转动时,其角加速度为

$$\varepsilon = \frac{\omega_1 - \omega_0}{t} = \frac{0 - \frac{10}{3}\pi}{10} = -\frac{\pi}{3}(\text{rad/s}^2)$$

等号右边的负号只是表示 ε 与 ω_0 的方向相反。

按动静法,在飞轮上加上方向与 ε 相反的惯性力偶矩 M_{ed},且

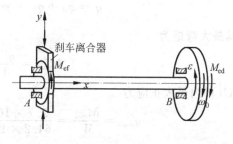

图　11-5

$$M_{ed} = -I_x\varepsilon = -0.5\left(-\frac{\pi}{3}\right) = \frac{0.5\pi}{3}(kN \cdot m)$$

设作用于轴上的摩擦力矩为 M_{ef}，由平衡方程 $\sum M_x = 0$，求出

$$M_{ef} = M_{ed} = \frac{0.5\pi}{3}kN \cdot m$$

AB 轴由于摩擦力矩 M_{ef} 和惯性力偶矩 M_{ed} 引起扭转变形，横截面上的扭矩为

$$T = M_{ed} = \frac{0.5\pi}{3}kN \cdot m$$

横截面上的最大扭转切应力为

$$\tau_{max} = \frac{T}{W_t} = \frac{\frac{0.5\pi}{3} \times 10^3}{\frac{\pi}{16}(100 \times 10^{-3})^3} = 2.67 \times 10^6(Pa) = 2.67(MPa)$$

【例 11-4】　如图 11-6 所示一以匀速 v 前进的机车链杆 AB。杆长 $l = 1.5m$，横截面面积 $A = 2.7 \times 10^{-3}m^2$，抗弯截面系数 $W = 64.2 \times 10^{-6}m^3$，材料单位体积重量 $\gamma = 78.5kN/m^3$，曲柄 $O_1A = O_2B = r = 0.5m$。设两曲柄均以角速度 $\omega = 30rad/s$ 分别绕两轴 O_1 和 O_2 转动，试求 AB 杆的弯曲应力。

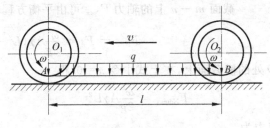

图　11-6

解：AB 杆上每一质点的运动都包含两部分，一是速度为 v 的匀速直线运动，一是半径为 r、角速度为 ω 的匀速圆周运动（各点所绕的圆心不同）。前一运动没有加速度，后一运动则给每一点以向心加速度 $a_n = r\omega^2$，因而每一质点均受有离心惯性力作用，其集度为 $q_d = \frac{\gamma A}{g}a_n$，方向随时间变化。现考虑最不利情况，即 AB 杆运行到最低位置，此时，惯性力的方向垂直向下，与杆自重 $q_{st} = \gamma A$ 的方向相同，杆内弯曲应力最大，它的受力情况和一受均布载荷 q 作用的简支梁相同，其载荷集度为

$$q = q_{st} + q_d = \gamma A + \frac{\gamma A}{g}a_n = \gamma A\left(1 + \frac{r\omega^2}{g}\right)$$

其最大弯矩为

$$M_{max} = \frac{ql^2}{8} = \frac{\gamma A l^2}{8}\left(1 + \frac{r\omega^2}{g}\right)$$

AB 杆内最大正应力

$$\sigma_{dmax} = \frac{M_{max}}{W} = \frac{2.7 \times 10^{-3}}{64.2 \times 10^{-6}}\frac{78.5 \times 1.5^2}{8}\left(1 + \frac{0.5 \times 30^2}{9.81}\right)$$

$$= 41.8 \times 10^6(Pa) = 41.8(MPa)$$

应该指出,AB 杆还受到把轮 O_1 的转动传给轮 O_2 去的压力作用,在以上的计算中没有考虑。

11.3 构件受冲击时的应力和变形

当物体以一定速度作用到构件上时,物体的速度在很短的时间内发生急剧变化,从而使构件受到很大的作用力,这种现象称为**冲击**或**撞击**。如重锤打桩、子弹击发、飞轮和砂轮的突然制动等,都属于冲击问题。在上述例子中,重锤、飞轮等为冲击物,而被打的桩和固定飞轮的轴等为承受冲击的构件,称为被冲击物。在冲击过程中,由于冲击时间非常短,应力状态复杂,接触力随时间的变化难以准确分析,这些都使冲击问题的精确计算十分困难。工程中常用能量法来近似估算冲击时的应力和变形。这种方法概念简单,计算分析方便。

冲击时,由于在相互冲击的构件表面上要产生塑性变形,致使构件局部硬化;冲击物与被冲击物之间的压力作用时间极短,应力不会立即传播到整个构件,因而形成应力波,以高速度向构件内传播,以致引起构件的振动;与此同时,材料的性质也要发生改变。所以,为了简化计算,作如下假设:冲击物为刚体(变形忽略不计);冲击时的应力瞬时即可传至构件各部(即无局部变形);被冲击物的质量远比冲击物的质量小,可以略去不计;冲击过程中材料服从胡克定律;冲击过程无能量损失;冲击物的能量完全转化为被冲击物的弹性应变能。

11.3.1 自由落体冲击

设以弹簧代表一受冲弹性体(图 11-7(a))。在实际问题中,它可以是一个梁(图 11-7(b))、一个杆(图 11-7(c))等其他构件,只是受冲物不同,弹性常数也不同而已。设一重为 Q 的重物从距弹簧顶端某一高度 h 自由落下,当重物降到最低位置时,速度为零,弹簧的变形达到最大值 Δ_d,根据在弹性范围内载荷与变形成正比的关系,此时,构件上承受着最大的冲击载荷 F_d。

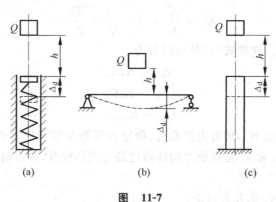

图 11-7

在冲击过程中,若以 T 和 V 表示冲击物动能和位能的变化,$V_{\varepsilon d}$ 表示弹簧的应变能,并忽略其他能量的损失,根据机械能守恒定律,冲击系统的动能和位能的变化应等于弹簧的应变能,即

$$T + V = V_{ed} \tag{a}$$

在图 11-7(a)所示情况下,冲击物所减少的位能是

$$V = Q(h + \Delta_d) \tag{b}$$

由于冲击物的初速度和末速度都等于零,所以动能无变化,即

$$T = 0 \tag{c}$$

受冲构件的应变能 V_{ed},等于冲击载荷 F_d 在冲击过程中所做的功。在材料服从胡克定律的情况下,冲击载荷 F_d 和弹簧变形 Δ_d 都是从零开始增加到最大值,受冲构件的应变能为

$$V_{ed} = \frac{1}{2} F_d \Delta_d \tag{d}$$

将 T、V 和 V_{ed} 代入式(a),得

$$Q(h + \Delta_d) = \frac{1}{2} F_d \Delta_d \tag{e}$$

若冲击物 Q 以静载荷的方式作用在弹簧顶端时,弹簧的静变形和静应力为 Δ_{st} 和 σ_{st}。在线弹性范围内,载荷、变形和应力成正比,有

$$\frac{F_d}{Q} = \frac{\Delta_d}{\Delta_{st}} = \frac{\sigma_d}{\sigma_{st}} \tag{f}$$

将 $F_d = Q \dfrac{\Delta_d}{\sigma_{st}}$ 代入式(e),经过整理,得

$$\Delta_d^2 - 2\Delta_{st}\Delta_d - 2h\Delta_{st} = 0 \tag{g}$$

从式(g)中解出

$$\Delta_d = \Delta_{st}\left(1 \pm \sqrt{1 + \frac{2h}{\Delta_{st}}}\right)$$

为了求出冲击时的最大变形,上式前取正号,故有

$$\Delta_d = \Delta_{st}\left(1 + \sqrt{1 + \frac{2h}{\Delta_{st}}}\right) \tag{h}$$

引入符号

$$K_d = \frac{\Delta_d}{\Delta_{st}} = 1 + \sqrt{1 + \frac{2h}{\Delta_{st}}} \tag{11-1}$$

K_d 称为**冲击动荷因数**。这样式(f)就可以写为

$$\begin{cases} \Delta_d = K_d \Delta_{st} \\ F_d = K_d Q \\ \sigma_d = K_d \sigma_{st} \end{cases} \tag{11-2}$$

可见,只要求出动荷因数 K_d,即可由静载荷、静应力和静变形求出冲击时的动载荷、动应力和动变形。这里 F_d、Δ_d 和 σ_d 是指受冲构件到达最大变形位置,冲击物速度等于零时的瞬时载荷、变形和应力。

关于动载荷因数 K_d 的几点讨论:

(1) 式(11-1)中 h 是初速度为零的冲击物自由下落的高度。如系突加载荷,则 $h = 0$,可得

$$K_d = 1 + \sqrt{1 + 0} = 2$$

这说明,在突加载荷下的应力、变形和所受的冲击力是静载荷作用时的两倍。

(2) 如果在冲击开始时,冲击物的动能为 T_0,式(11-1)还可用能量形式表示为

$$K_d = 1 + \sqrt{1 + \frac{2h}{\Delta_{st}}} = 1 + \sqrt{1 + \frac{Qh}{\frac{1}{2}Q\Delta_{st}}} = 1 + \sqrt{1 + \frac{T_0}{V_{est}}}$$

式中 $V_{est} = \frac{1}{2}Q\Delta_{st}$,为 Q 以静载荷方式作用在被冲击物上时被冲击物的应变能。

(3) 式(11-1)中 Δ_{st} 为冲击物 Q 以静载荷方式作用到被冲击物上时,冲击点沿冲击方向的线位移。

11.3.2　水平冲击

对于水平放置的系统,例如图 11-8 所示情况,在 B 点受到重量为 Q、速度为 v 的重物的水平冲击,冲击过程中系统的位能不变,$V=0$。冲击物只有动能的变化。若冲击物与杆件接触时的速度为 v,则动能

$$T = \frac{1}{2}\frac{Q}{g}v^2$$

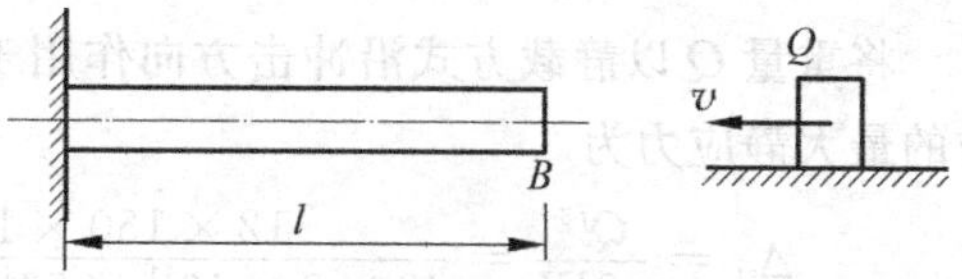

将 V、T 及式(d)代入式(a)中,即得

$$\frac{1}{2}\frac{Q}{g}v^2 + 0 = \frac{1}{2}F_d\Delta_d$$

图　11-8

由于 $\dfrac{F_d}{Q} = \dfrac{\Delta_d}{\Delta_{st}} = K_d$,上式可写为

$$\frac{1}{2}\frac{Q}{g}v^2 = \frac{1}{2}\frac{\Delta_d^2}{\Delta_{st}}Q$$

$$\Delta_d = \sqrt{\frac{v^2}{g\Delta_{st}}}\Delta_{st} \tag{i}$$

由此可得水平冲击时的动荷因数为

$$K_d = \sqrt{\frac{v^2}{g\Delta_{st}}} \tag{11-3}$$

式中,Δ_{st} 为大小等于 Q 的静载荷沿水平方向施加到杆件上时,冲击点沿冲击方向的线位移。

构件受冲击载荷作用时的强度条件可写成

$$\sigma_{dmax} = K_d\sigma_{stmax} \leqslant [\sigma] \tag{11-4}$$

应该指出,在上述讨论中,忽略了冲击过程中能量的损失,即认为冲击物所减少的动能和位能完全转换为被冲击物的应变能。事实并非如此,在冲击过程中有其他形式的能量损失(如热能等)。所以按上述方法计算的应变能数值偏高,是一种偏于安全的近似方法。

【例 11-5】　$Q=150\text{N}$ 的重物自 $h=75\text{mm}$ 高处自由落下,冲击于梁的跨度中点 C 处。试求梁内的最大弯曲正应力及最大挠度。已知钢梁的截面为 $50\text{mm} \times 50\text{mm}$,$E=200\text{GPa}$,$l=1\text{m}$。若:

(1) 梁两端为刚性支座(图 11-9(a));

(2) 梁两端支承在弹簧上,弹簧常数 $K=300\text{kN/m}$(图 11-9(b))。

解:(1) 刚性支承梁

① 计算静应力和静变形

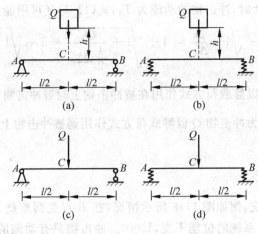

图 11-9

将重量 Q 以静载方式沿冲击方向作用于冲击点 C 处(图 11-9(c)),点 C 的静变形和梁内的最大静应力为

$$\Delta_{st} = \frac{Ql^3}{48EI} = \frac{12 \times 150 \times 1^3}{48 \times 2 \times 10^{11} \times 50^4 \times 10^{-12}} = 30 \times 10^{-6} (\text{m})$$

$$\sigma_{stmax} = \frac{M_{stmax}}{W} = \frac{\frac{Ql}{4}}{\frac{bh^2}{6}} = \frac{6 \times 150 \times 1}{4 \times 50^3 \times 10^{-9}} = 1.8 \times 10^6 (\text{Pa}) = 1.8 (\text{MPa})$$

② 计算动荷因数

$$K_d = 1 + \sqrt{1 + \frac{2h}{\Delta_{st}}} = 1 + \sqrt{1 + \frac{2 \times 75 \times 10^{-3}}{30 \times 10^{-6}}} = 71.7$$

③ 求 Δ_{dmax}、σ_{dmax}

最大动挠度发生在梁的跨中截面,即冲击点 C 处,该处也是最大静挠度发生处,所以

$$\Delta_{dmax} = K_d \Delta_{stmax} = 71.7 \times 30 \times 10^{-6} = 2.15 \times 10^{-3} (\text{m}) = 2.15 (\text{mm})$$

最大弯曲动应力为

$$\sigma_{dmax} = K_d \sigma_{stmax} = 71.7 \times 1.8 = 129 (\text{MPa})$$

(2) 弹簧支承梁

① 计算静应力和静变形

如图 11-9(d)所示,弹簧支承梁在静载荷 Q 作用下的最大静应力为

$$\sigma'_{stmax} = \frac{M_{stmax}}{W} = \frac{\frac{Ql}{4}}{\frac{bh^2}{6}} = 1.8 (\text{MPa})$$

冲击点 C 处的静位移由梁弯曲引起的 C 点的位移 Δ_{st1} 和弹簧的压缩引起的位移 Δ_{st2} 两部分组成:

$$\Delta'_{st} = \Delta_{st1} + \Delta_{st2} = \frac{Ql^3}{48EI} + \frac{Q/2}{K} = \frac{12 \times 150 \times 1^3}{48 \times 2 \times 10^{11} \times 50^4 \times 10^{-12}} + \frac{150}{2 \times 300 \times 10^3}$$

$$= 2.8 \times 10^{-4} (\text{m}) = 0.28 (\text{mm})$$

② 计算动荷因数

$$K'_d = 1 + \sqrt{1 + \frac{2h}{\Delta'_{st}}} = 1 + \sqrt{1 + \frac{2 \times 75 \times 10^{-3}}{2.8 \times 10^{-4}}} = 24.2$$

③ 求 Δ'_{dmax}、σ'_{dmax}

$$\Delta'_{dmax} = K'_d \Delta'_{st} = 24.2 \times 2.8 \times 10^{-4} = 6.78 \times 10^{-3}(m) = 6.78(mm)$$

$$\sigma'_{dmax} = K'_d \sigma'_{stmax} = 24.2 \times 1.8 = 43.6(MPa)$$

可见,同样的梁,支承在刚性支座和弹簧支座上,它们的最大静应力是相同的。但弹簧支承的梁冲击点的静挠度比刚性支承梁的静挠度大得多,其冲击动荷因数就小,产生的冲击动应力小得多。因此,在工程上常采用把刚性支座换成弹性支座的方法起缓冲作用,以降低构件的冲击应力,提高构件承受冲击的能力。

【例 11-6】 有一根下端固定、长度为 l 的铅直圆截面杆 AB,在距下端为 a 的 C 点处受一个重为 Q 的物体沿水平方向的冲击(图 11-10(a)),物体与杆接触时的速度为 v,杆的 E、I、W 皆为已知量。试求杆内最大冲击应力及最大冲击变形。

解:(1) 求冲击动荷因数

$$K_d = \sqrt{\frac{v^2}{g\Delta_{st}}}$$

其中 Δ_{st} 是 AB 杆在 C 处受到一个数值等于冲击物重量 Q 的水平力作用时,C 点的挠度(图 11-10(c))。故有

$$\Delta_{st} = \frac{Qa^3}{3EI}$$

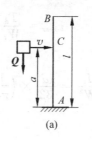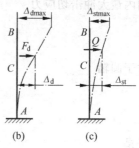

图 11-10

(2) 求 σ_{dmax}、Δ_{dmax}

AB 杆在 C 点受到水平力 Q 作用时,在固定端 A 截面的左、右边缘点产生最大弯曲正应力,其值为

$$\sigma_{stmax} = \frac{M_{max}}{W} = \frac{Qa}{W}$$

AB 杆的最大静变形发生在 B 点,其值为

$$\Delta_{stmax} = \frac{Qa^3}{3EI} + \frac{Qa^2}{2EI}(l-a) = \frac{Qa^2(3l-a)}{6EI}$$

最大冲击动应力和最大冲击变形为

$$\sigma_{dmax} = K_d \sigma_{stmax} = \sqrt{\frac{v^2}{g\Delta_{st}}} \cdot \frac{Qa}{W}$$

$$\Delta_{dmax} = K_d \Delta_{stmax} = \sqrt{\frac{v^2}{g\Delta_{st}}} \cdot \frac{Qa^2}{6EI}(3l-a)$$

【例 11-7】 在 AB 轴的 B 端有一个质量很大的飞轮(图 11-11),与飞轮相比,轴的质量可忽略不计。轴的另一端 A 装有刹车制动器,飞轮的速度为 $n = 100r/min$。转动惯量为 $I_x = 0.5kN \cdot m \cdot s^2$,轴的直径为 $d = 100mm$,轴长 $l = 1m$,切变模量 $G = 80GPa$。若 AB 轴在 A 端突然刹车,求轴内的最大动应力。

解：当 A 端突然刹车时，B 端飞轮具有动能，因而 AB 轴受到冲击，轴发生扭转变形。在冲击过程中，飞轮的角速度降低为零。它的动能 T 全部转化为轴的应变能 $V_{\varepsilon d}$。飞轮动能改变为

$$T = \frac{1}{2} I_x \omega^2$$

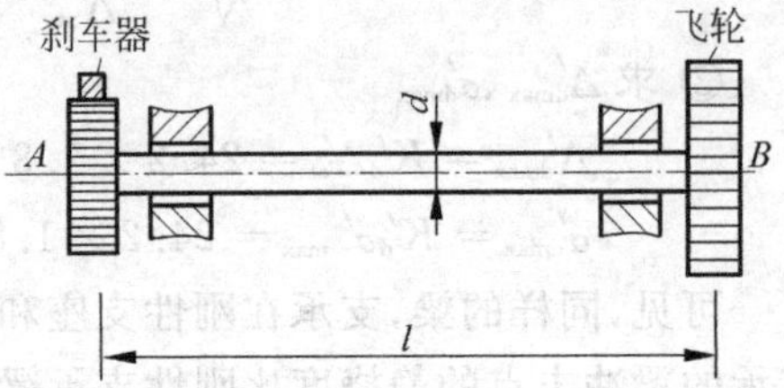

AB 轴的扭转应变能为

$$V_{\varepsilon d} = \frac{T_d^2 l}{2 G I_p}$$

故有

$$\frac{1}{2} I_x \omega^2 = \frac{T_d^2 l}{2 G I_p}$$

由此求得

$$T_d = \omega \sqrt{\frac{I_x G I_p}{l}}$$

图 11-11

轴内最大冲击切应力

$$\tau_{dmax} = \frac{T_d}{W_t} = \omega \sqrt{\frac{I_x G I_p}{l W_t^2}}$$

对于圆轴

$$\frac{I_p}{W_t^2} = \frac{\pi d^4}{32} \times \left(\frac{16}{\pi d^3}\right)^2 = \frac{2}{\frac{\pi d^2}{4}} = \frac{2}{A}$$

于是

$$\tau_{dmax} = \omega \sqrt{\frac{2 G I_x}{A l}}$$

可见，扭转冲击时，轴内最大动应力 τ_{dmax} 与轴的体积 Al 有关，体积越大，τ_{dmax} 越小。将已知数据代入上式，得

$$\tau_{dmax} = \frac{100\pi}{30} \sqrt{\frac{2 \times 80 \times 10^9 \times 0.5 \times 10^3}{1 \times (50 \times 10^{-3})^2 \pi}} = 1057 \times 10^6 \,(\text{Pa}) = 1057 \,(\text{MPa})$$

对于常用钢材，扭转时许用切应力约为 $[\tau] = 80 \sim 100\text{MPa}$，上述 τ_{dmax} 已经远远超过了许用应力。若刹车时使轴在 10 秒内按匀减速停止转动，这时轴的最大切应力 $\tau_{dmax} = 2.67\text{MPa}$（见例 11-3），仅为突然刹车的 $1/400$。所以对保证轴的安全来说，冲击载荷是十分不利的。

【例 11-8】 重物 Q 从高度 H 处自由下落，冲击到钢制的曲拐 ABC 的 C 端（图 11-12）。若 Q、H、h、b、l、d、a 等均为已知，试按第三强度理论校核曲拐的强度。

解：(1) 求静位移 Δ_{st}

当重物 Q 以静载荷方式作用于 C 端时，C 处的静位移包括三部分：BC 杆视为悬臂梁，在 C 点引起的位移

$$\Delta_{C1} = \frac{Q a^3}{3 E I_{BC}} = \frac{4 Q a^3}{E b h^3}$$

AB 杆受扭转力偶矩 Qa 的作用，在 C 点引起的位移

$$\Delta_{C2} = \varphi_{BA} \cdot a = \frac{Tl}{GI_p} \cdot a = \frac{32Qa^2 l}{G\pi d^4}$$

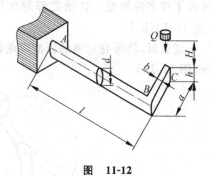

AB 杆作为悬臂梁,在 C 点的位移

$$\Delta_{C3} = \frac{Ql^3}{3EI_{AB}} = \frac{64Ql^3}{3E\pi d^4}$$

C 点总位移为

$$\Delta_{Cst} = \Delta_{C1} + \Delta_{C2} + \Delta_{C3} = \frac{4Qa^3}{Ebh^3} + \frac{32Qa^2 l}{G\pi d^4} + \frac{64Ql^3}{3E\pi d^4}$$

（2）求动荷因数

$$K_d = 1 + \sqrt{1 + \frac{2H}{\Delta_{Cst}}}$$

图 11-12

（3）求静载荷下的相当应力

AB 杆在静载荷 Q 的作用下产生弯扭组合变形,危险点在固定端 A 截面的上、下边缘,最大弯曲正应力和最大扭转切应力分别为

$$\sigma = \frac{M}{W} = \frac{32Ql}{\pi d^3}$$

$$\tau = \frac{T}{W_t} = \frac{16Qa}{\pi d^3}$$

按第三强度理论的相当应力为

$$(\sigma_{r3})_{st} = \sqrt{\sigma^2 + 4\tau^2} = \sqrt{\left(\frac{32Ql}{\pi d^3}\right)^2 + 4\left(\frac{16Qa}{\pi d^3}\right)^2} = \frac{32Q}{\pi d^3}\sqrt{l^2 + a^2}$$

（4）计算动载荷下危险点的相当应力并进行强度校核

$$(\sigma_{r3})_d = K_d(\sigma_{r3})_{st} = K_d \frac{32Q}{\pi d^3}\sqrt{l^2 + a^2}$$

按强度条件$(\sigma_{r3})_d \leqslant [\sigma]$进行强度校核。

11.4 冲击韧度

工程上对各种材料抗冲击能力的衡量,是以冲断具有切槽的标准试件所需要的能量多少为标志的。材料抵抗冲击的能力是通过冲击试验测定的。为了便于比较,应采用标准试件,我国目前采用的标准试件是两端简支的弯曲试件(图 11-13(a))。试件中央开有半圆形切槽,称为 U 形切槽试件。为了避免材料不均匀和切槽不准确的影响,试验时每组试件不应少于 4 根。试件上开切槽是为了使切槽区域高度应力集中,这样,切槽附近区域内便集中

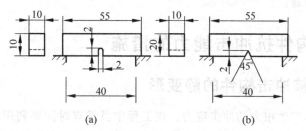

(a)   (b)

图 11-13

吸收了较多的能量。切槽底部越尖锐,越能满足上述要求。所以,有时采用 V 形槽试件（图 11-13(b)）。

试验时,将带有切槽的标准弯曲试件放置于冲击试验机的支架上,并使切槽位于受拉一侧（图 11-14）。

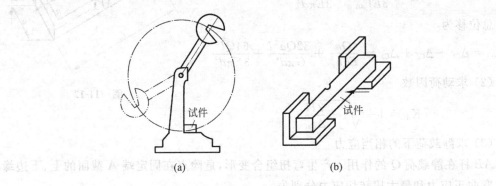

(a)　　　　　　(b)

图　11-14

当试验机的重摆从一定高度自由落下,将试件冲断时,试件所吸收的能量等于重摆所做的功 W。用摆锤所做的功除以试件在切槽处的最小横截面面积 A,得

$$\alpha_k = \frac{W}{A} \tag{11-5}$$

α_k 称为**冲击韧性**,其单位为焦耳/毫米²（J/mm²）。

α_k 越大,材料抗冲击的能力就越强。一般情况下,塑性材料的抗冲击能力远高于脆性材料。由于 α_k 的数值与试件的尺寸、形状、支承条件、温度等因素有关,所以它是衡量材料抗冲击能力的一个相对指标。

冲击韧性的测定一般是在室温下进行的。试验结果表明,α_k 的值随温度的降低而减少,在某一温度范围下,材料将变得很脆,α_k 的数值骤然下降,这就是冷脆现象。这一温度范围称为转变温度。各种材料的 α_k 值与温度的关系及其转变温度都不相同。图 11-15 所示为低碳钢的 α_k 与温度的关系曲线。其转变温度约为 $-40℃$。并非所有金属都有冷脆现象。例如铜、铝和某些高强度的合金钢,在很大的温度变化范围内,α_k 的数值变化很小,其冷脆现象不明显。

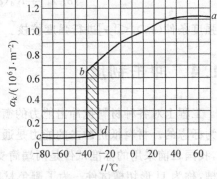

图　11-15

11.5　提高构件抗冲击能力的措施

11.5.1　增加被冲击构件的静变形

构件受冲击时,产生很大的冲击应力。在工程中虽然有时需要利用冲击造成的巨大的动载荷,如锻造、破碎、冲压、打桩等,但在更多的情况下应采取有效的措施来降低冲击应力,

以提高构件的抗冲击能力。

由冲击动荷因数的公式可以看出,如能增大静变形 Δ_{st} 就可以降低动荷因数 K_d,也就可以降低冲击载荷和冲击应力。由于静变形 Δ_{st} 与构件的刚度成反比,因此对于承受冲击的构件,应尽可能地降低其刚度。但需要注意,在设法增加静变形时,应尽量避免增加静应力 σ_{st}。否则,虽然降低了动荷因数 K_d 却增加了静应力 σ_{st},其结果未必能将动应力 $\sigma_d = K_d \sigma_{st}$ 降低。所以工程中经常在受冲击构件上增设缓冲装置(安装缓冲弹簧、加橡皮垫片等),就是为了增加静变形而不增大构件的静应力。

11.5.2　增大被冲击构件的体积

在某些情况下,改变受冲构件的尺寸,也可以达到降低动应力的目的。例如把承受冲击的汽缸盖螺栓(图 11-16(a))由短螺栓改为长螺栓(图 11-16(b)),增加了螺栓的体积,可以提高其抵抗冲击的能力。

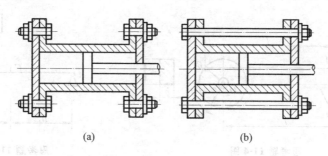

(a)　　　　　　　　　　　(b)

图　11-16

11.5.3　避免使用变截面杆

上述结论只适用于等截面杆,不能用于变截面杆。这可以从图 11-17 所示两杆说明。

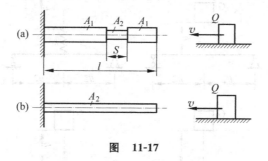

图　11-17

显然,两杆危险截面上的静应力相等,$\sigma_{st}^a = \sigma_{st}^b$。但若两杆的材料相同,则静变形 $\Delta_{st}^a < \Delta_{st}^b$。因此,动荷因数为 $K_d^a > K_d^b$,动应力 $\sigma_d^a > \sigma_d^b$。这就说明,虽然杆 a 的体积比杆 b 的大,但杆 a 的动应力 σ_d^a 却比杆 b 的动应力 σ_d^b 大。并且由 $\Delta_{st}^a = \dfrac{Qs}{EA_2} + \dfrac{Q(l-s)}{EA_1}$ 可以看出,a 杆削弱部分的长度 s 越小,静变形 Δ_{st}^a 越小,就更加增大动应力 σ_d^a 的数值。因此,受冲击的杆应当尽可能地避免采用变截面杆。

此外,用弹性模量较低的材料制造受冲击的构件,也有利于降低冲击动应力。但应注意,一般来说,弹性模量较低的材料往往其许用应力也较低。所以,对待具体问题,应该全面考虑。

思考题

11-1 动荷作用与静荷作用有何区别?

11-2 为什么转动的飞轮都有一定的转速限制? 如转速过高,将产生什么后果?

11-3 如何计算匀角速旋转圆环的应力及变形? 何谓惯性力集度? 为什么说增加截面面积并不能改善圆环的强度?

11-4 图示车轮以匀角速度 ω 旋转,钢连杆 AB 的截面为矩形,材料单位体积重量为 γ,试分析连杆 AB 的内力和危险工况。

11-5 重物 Q 自由下落冲击于梁的 D 点如图示。若求梁中的动应力,问动荷因数中的 Δ_{st} 应取哪一点的静挠度?

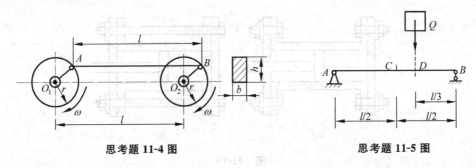

思考题 11-4 图　　　　　　思考题 11-5 图

11-6 图示四个自由落体系统中,梁的尺寸和材料均相同,弹簧劲度系数为 k,试问哪一个梁的动荷因数最大? 哪一个梁的动荷因数最小? 能否确定哪个梁的动应力最大?

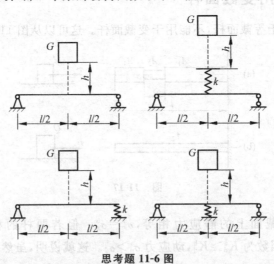

思考题 11-6 图

11-7 同一梁按图示两种位置受冲击:图(a)为在端点 C 处有钢球(重量为 G)的杆件 AC 绕 A 点旋转而下落,冲击到梁的 D 点处;图(b)为同一钢球自由下落冲击到梁的 D 处。在不考虑摩擦的情况下,试问上述两种冲击方式在梁内产生的应变能是否相同? 为什么?

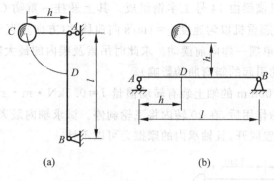

思考题 11-7 图

11-8 如用同样的能量 $T_0 = QH$ 轴向冲击图示三杆,试问哪一个杆内发生的动应力最大? 为什么?

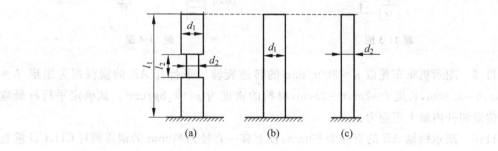

思考题 11-8 图

习题

11-1 图示桥式起重机,起重机构 C 重量 $G_1 = 20$kN,起重机大梁为 20a 工字钢,今用直径 $d = 20$mm 的钢索起吊重量 $G_2 = 10$kN 的重物,在启动后第一秒内以匀加速度 $a = 3$m/s² 上升。若钢索与梁的许用应力均为 $[\sigma] = 45$MPa,钢索重量不计,试校核钢索与梁的强度。

11-2 一重 $Q = 20$kN 的物体悬挂在钢缆上。钢缆由 500 根直径 $d = 0.5$mm 的钢丝组成。鼓轮以角加速度 $\varepsilon = 101/$s² 逆时针旋转,并将重物吊起。当钢缆长度 $l = 5$m 时,试求钢缆的最大正应力及伸长量。设鼓轮直径 $D = 50$cm,$g = 9.8$m/s²,$E = 220$GPa。

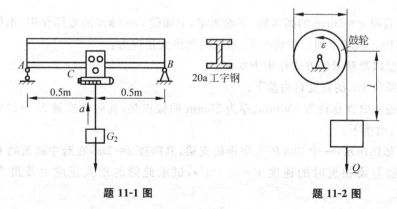

题 11-1 图　　　　　　　　　　　　题 11-2 图

11-3　桥式起重机横梁由 14 号工字钢组成。其上悬挂一重物 $G=50\text{kN}$,吊索横截面面积 $A=5\times10^{-4}\text{m}^2$。起重机以匀速度 $v=1\text{m/s}$ 向前移动(方向垂直于纸面)。当起重机突然停止移动时,重物像单摆一样向前摆动。求此时吊索及梁内的最大应力增加多少(不计吊索自重以及由重物摆动引起的斜弯曲的影响)。

11-4　在直径为 100mm 的轴上装有转动惯量 $I=0.5\text{kN}\cdot\text{m}\cdot\text{s}^2$ 的飞轮,轴的转速为 300r/min。制动器开始作用后,在 20 转内将飞轮刹停。试求轴内最大切应力。设在制动器作用前,轴已与驱动装置脱开,且轴承内的摩擦力可以不计。

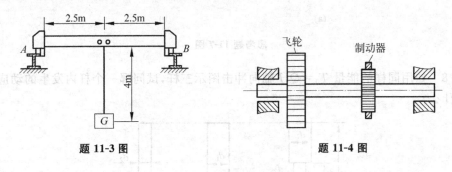

题 11-3 图　　　　　　　　　题 11-4 图

11-5　图示机车车轮以 $n=300\text{r/min}$ 的转速旋转。平行杆 AB 的横截面为矩形,$h=5.6\text{cm}$,$b=2.8\text{cm}$,长度 $l=2\text{m}$,$r=25\text{cm}$,材料的密度为 $\rho=7.8\text{g/cm}^3$。试确定平行杆最危险的位置和杆内最大正应力。

11-6　图示钢轴 AB 的直径为 80mm,轴上有一直径为 80mm 的钢质圆杆 CD,CD 垂直于 AB。若 AB 以匀角速度 $\omega=40\text{rad/s}$ 转动,材料的许用应力 $[\sigma]=70\text{MPa}$,密度为 7.8g/cm^3,试校核 AB 轴及 CD 杆的强度。

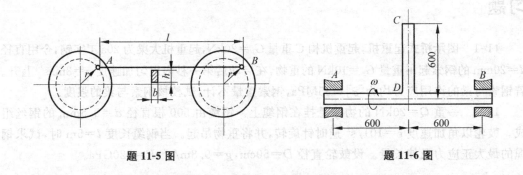

题 11-5 图　　　　　　　　　题 11-6 图

11-7　直径 $d=30\text{cm}$ 的圆木桩,下端固定,上端受 $G=5\text{kN}$ 的重锤作用,木材的弹性模量 $E_1=10\text{GPa}$。试求下列三种情况下,木桩内的最大正应力:

(1) 重锤以静载荷的方式作用于木桩上;

(2) 重锤从 1m 的高度自由落下;

(3) 在桩顶放置直径为 150mm、厚为 20mm 的橡皮垫,其弹性模量 $E_2=8\text{MPa}$,重锤从 1m 的高度自由落下。

11-8　如图所示,一个 20a 的工字钢简支梁,其跨度 $l=2\text{m}$,在跨中被重物 $Q=6\text{kN}$ 所冲击,若重物与梁相遇时的速度 $v=0.5\text{m/s}$,试求此梁的最大正应力及最大挠度。设 $E=200\text{GPa}$。

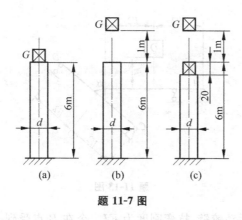

题 11-7 图

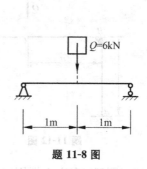

题 11-8 图

11-9　刚性重物 Q 在距梁的支座 B 为 $l/3$ 处的 D 点自高度为 H 处自由落下,梁的 EI 及弹簧劲度系数 k 均为已知。求梁受冲击时的最大动应力和最大动变形。

11-10　图示钢杆的下端有一个固定圆盘,盘上放置弹簧。弹簧在 1kN 的静载荷作用下缩短 0.0625cm。钢杆的直径 $d=$ 40mm,$l=4$m,许用应力 $[\sigma]=120$MPa,$E=200$GPa。今有重量为 15kN 的重物自由下落,试求其许可高度 H。又若无弹簧,则许可高度将等于多大?

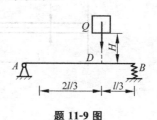

题 11-9 图

11-11　设 AB 杆的 l、E、I 及抗弯截面系数 W 均为已知,在 C 点受沿水平方向运动的物体冲击(图(a)),冲击物的重量为 P,它与杆接触时的速度为 v。如在杆上冲击点处安装一个弹簧(图(b)),其劲度系数为 k(N/m),试求在两种情况下 AB 杆内受到的最大冲击应力。

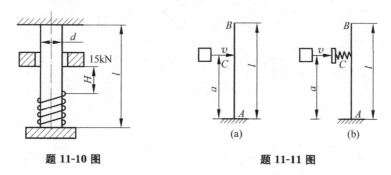

题 11-10 图　　　　　　题 11-11 图

11-12　重量为 Q 的重物自由下落在刚架上,如图示。设刚架各段的 E、I 及抗弯截面系数 W 均相同,且为已知。试求冲击时刚架内的最大正应力(不计轴力影响)。

11-13　图示简支梁 AB,长为 l,抗弯刚度为 EI,抗弯截面系数为 W,B 端铰支于另一完全相同的梁 CD 的中央。在 AB 梁的中点受到重物 Q 自高度 H 处的落体冲击。若不计梁的自重,求梁内最大冲击应力。

11-14　圆轴直径 $d=6$cm,$l=2$m,左端固定,右端有一直径 $D=40$cm 的鼓轮,轮上绕以钢绳,绳的端点 A 悬挂吊盘。绳长 $l_1=10$cm,横截面面积 $A=1.2$cm²,$E=200$GPa。轴材料的 $G=80$GPa。重量 $Q=800$N 的物块自 $h=20$cm 处落于吊盘上,求轴内最大切应力和绳内最大正应力。

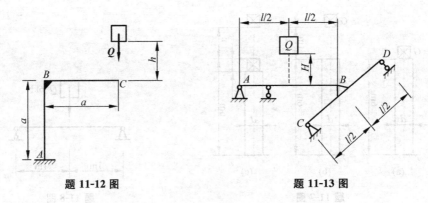

题 11-12 图   题 11-13 图

11-15 刚架 ABC，A 端固定，C 端为活动铰链，抗弯刚度为 EI。今在 B 点受到一重为 Q 的物体的水平冲击，冲击速度为 v，试求刚架的最大弯矩。

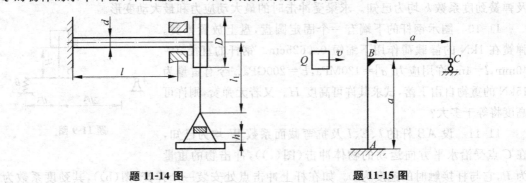

题 11-14 图   题 11-15 图

第12章

交变应力

12.1 概述

工程中,有些构件的应力是随时间周期性变化的,这种应力称为**交变应力**。如图 12-1(a) 所示,齿轮每旋转一周,轮齿啮合一次,其上任一齿的齿根处 A 点的弯曲正应力 σ 由零变化到某一最大值,然后再回到零。应力随时间变化的曲线如图 12-1(b)所示。又如图 12-2 所示的火车轮轴,虽然它所承受的载荷并不随时间而变化,但由于轮轴本身在旋转,因而轮轴内除了轴线上的各点之外,其他任一点处的弯曲正应力也都随时间作周期性变化。轮轴在不停地转动,应力在不停地重复变化。交变应力重复变化一次的过程称为**应力循环**,应力重复变化的次数称为**循环次数**,完成一个应力循环所需要的时间称为**一个周期**。

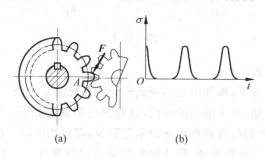

(a)   (b)

图 12-1

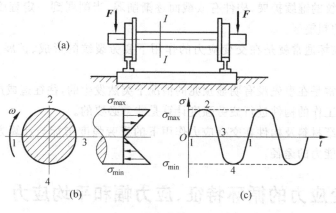

(a)

(b)   (c)

图 12-2

构件在交变应力作用下破坏的现象习惯上称为**疲劳破坏**。由于疲劳破坏经常发生在构件长期运转之后,因而人们最初曾误认为这是由于材料"疲劳"引起材料性质的改变,故称为疲劳破坏。随着生产的发展,近代科学研究发现,发生疲劳破坏的构件,其材料性质并不因交变应力而发生变化,从而否定了这种错误的认识,但"疲劳"这个词却一直沿用至今。

构件在交变应力下的破坏和静载荷作用下的强度破坏有着本质上的区别,其特点为:

(1) 长时间承受交变应力作用的构件,会在远低于材料强度极限(甚至屈服极限)的应力下突然断裂;

(2) 构件在疲劳破坏前没有明显的塑性变形,表现为脆性断裂,即使是塑性很好的材料也是如此;

(3) 疲劳破坏是一个累积损伤过程,它与应力大小及循环次数有关;

(4) 构件断口通常可以明显地区分为光滑区和晶粒状的粗糙区(图 12-3)。

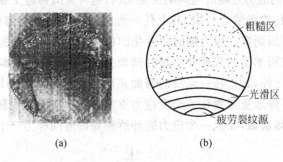

(a)   (b)

图　12-3

对疲劳破坏的一般解释是:

在足够大的交变应力下,构件中最不利或较弱的晶粒沿最大切应力作用面形成滑移带,随着应力循环次数的增加,萌生细微的裂纹,这就是所谓的裂纹源。在构件外形突变(如圆角、切口、沟槽等)或表面划痕或材料内部缺陷等部位,都可能因较大的应力集中引起微观裂纹。分散的微观裂纹经过集结沟通,形成裸眼所见的宏观裂纹。已形成的宏观裂纹在交变应力的反复作用下,裂纹逐渐扩展,裂纹两边的材料时而分离,时而挤压,逐渐形成了断口的光滑区。随着裂纹的继续扩展,构件有效截面逐渐削弱,当削弱到一定程度时,构件便突然断裂,形成断口的粗糙区。

可见,疲劳破坏通常就是在交变应力的作用下疲劳裂纹的形成、扩展及最后脆断的全过程。

疲劳破坏通常是在事先没有明显预兆的情况下突然发生的,往往造成严重损失。因此,对在交变应力下工作的构件进行疲劳强度计算是非常必要的。

本章主要介绍材料及构件在交变应力作用下的疲劳强度指标与计算方法,讨论提高构件抵抗疲劳破坏能力的途径。

12.2　交变应力的循环特征、应力幅和平均应力

图 12-4 表示一个交变应力与时间关系曲线。若以 σ_{max} 和 σ_{min} 分别表示一个应力循环中的最大和最小应力,则比值

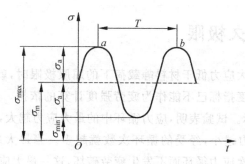

图 12-4

$$r = \frac{\sigma_{\min}}{\sigma_{\max}} \qquad (12\text{-}1)$$

称为交变应力的**应力比**或**循环特征**,它用来表示交变应力在一个应力循环中应力交替变化的程度。最大应力与最小应力的代数平均值,称为**平均应力**,用 σ_m 表示,即

$$\sigma_{\mathrm{m}} = \frac{1}{2}(\sigma_{\max} + \sigma_{\min}) \qquad (12\text{-}2)$$

平均应力 σ_m 为交变应力中的静应力部分。最大应力与最小应力代数差的一半称为**应力幅**,用 σ_a 表示,即

$$\sigma_a = \frac{1}{2}(\sigma_{\max} - \sigma_{\min}) \qquad (12\text{-}3)$$

应力幅 σ_a 为交变应力中的动应力部分。上述参数不随时间改变的交变应力称为**等幅交变应力**,反之称为**变幅交变应力**。

在交变应力中,若 $\sigma_{\max}$ 和 $\sigma_{\min}$ 等值反号,即 $\sigma_{\max} = -\sigma_{\min}$(图 12-5(a)),这种情况称为**对称循环**,这时

$$r = -1, \sigma_{\mathrm{m}} = 0, \sigma_a = \sigma_{\max}$$

若应力循环中最小应力 $\sigma_{\min} = 0$(图 12-5(b)),则称为**脉动循环**,其应力比 $r = 0$。图 12-1 所示齿根处弯曲交变应力即为脉动循环。静应力也可以看作是交变应力的特例,这时,$r = 1, \sigma_a = 0, \sigma_{\max} = \sigma_{\min} = \sigma_{\mathrm{m}}$(图 12-5(c))。

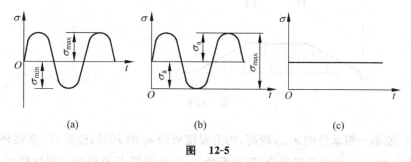

(a) (b) (c)

图 12-5

除对称循环外,其他应力循环统称为非对称循环。由式(12-2)和式(12-3)可知

$$\sigma_{\max} = \sigma_{\mathrm{m}} + \sigma_a, \qquad \sigma_{\min} = \sigma_{\mathrm{m}} - \sigma_a \qquad (12\text{-}4)$$

可见,任一非对称循环都可以看作是静应力 σ_m 与幅度为 σ_a 的对称循环叠加的结果。

以上概念同样适用于交变切应力,只需将 σ 改为 τ 即可。

12.3　材料的持久极限

在交变应力下,当最大应力低于材料静载荷下的屈服极限时,就可能发生疲劳破坏,因此,材料在静载荷下的强度指标已不能作为疲劳强度计算的依据。必须重新确定材料在交变应力作用下的强度指标。试验表明,应力循环中的最大应力越大,疲劳破坏前经历的循环次数越少;反之,最大应力越小,经受的循环次数就越多。当最大应力减小到某一临界值后,试件就可以经受无限次应力循环而不发生疲劳破坏,这一最大应力的临界值称为材料的**持久极限**或**疲劳极限**。持久极限就是交变应力下材料的极限应力。材料的持久极限以符号σ_r或τ_r表示,下标r是循环特征。例如σ_{-1}表示材料在对称循环下的持久极限。试验表明,材料在对称循环下的持久极限最低,而且已知对称循环下材料的持久极限后,还可以求出材料在非对称循环下的持久极限。所以,对称循环下的持久极限是衡量材料疲劳强度的基本指标。

各种材料的持久极限与循环特征r有关,同时与构件的变形形式有关。材料在对称循环下的持久极限,通常在弯曲疲劳试验机上测定。

将同一材料加工成直径为$7\sim10$mm表面磨光的标准试件,这种试件称为光滑小试件。每组试件约10根左右,将试件装在如图12-6所示的疲劳试验机上,使其承受纯弯曲。由图可见,试件中间部分即为弯曲变形。横截面上的最大应力为

$$\sigma_{\max} = \frac{M}{W} = \frac{Fa}{W}$$

当试验机开动时,试件也随之转动,受到对称循环交变应力的作用,交变应力的循环次数可通过计数器读出。

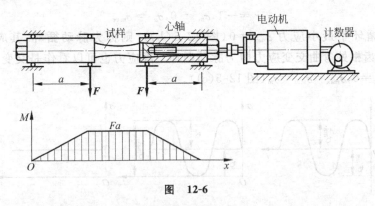

图　12-6

试验时,使第一根试件的$\sigma_{\max,1}$较高,约为强度极限σ_b的70%,经历N_1次循环后试件断裂,N_1称应力为$\sigma_{\max,1}$时的**疲劳寿命**(简称寿命)。然后降低F值使第二根试件的$\sigma_{\max,2}$略低于$\sigma_{\max,1}$,测出第二根试件断裂时的循环次数N_2。这样,按同样的方法逐渐降低最大正应力的数值,得出各试件的疲劳寿命。以$\sigma_{\max}$为纵坐标,N为横坐标,将试验结果描成一条曲线,称为**疲劳曲线**(应力-寿命曲线)或S-N曲线,如图12-7所示。

由疲劳曲线可以看出,试件在断裂前所能经受的循环次数随$\sigma_{\max}$之减小而增加,当应力

降到某一极限值时,疲劳曲线趋近于水平线。这表明只要应力不超过这一极限值,N 可无限增大,水平渐近线的纵坐标就是材料的持久极限。

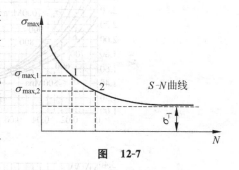

图　12-7

常温下的试验结果表明,对于钢和铸铁等黑色金属材料,如经历 10^7 次应力循环后,尚未断裂,则可以认为再增加循环次数试件也不会疲劳破坏。所以,通常就把 $N_0 = 10^7$ 称为**循环基数**。把 N_0 对应的最大正应力作为材料的持久极限。

某些有色金属及其合金,其疲劳曲线并不明显地趋于水平,对于这类金属通常规定一个循环基数,例如取 $N_0 = 10^8$,与此循环基数对应的最大应力作为这类材料的"条件"持久极限。

大量的试验结果表明,钢材在对称循环下的持久极限与静载荷强度极限 σ_b 之间大致关系如下:

弯曲　　　　　　　　$\sigma_{-1} = (0.42 \sim 0.46)\sigma_b$

拉压　　　　　　　　$\sigma_{-1} = (0.32 \sim 0.37)\sigma_b$

扭转　　　　　　　　$\tau_{-1} = (0.25 \sim 0.27)\sigma_b$

在缺少疲劳试验数据时,上述关系可作为粗略估算材料持久极限的参考。

12.4　影响构件持久极限的主要因素

材料的持久极限一般是由光滑小试件测定的,但实验表明,实际构件的持久极限与材料的持久极限不同,它不仅与材料性能有关,而且与构件的外形、尺寸、表面质量、工作环境等因素有关。下面讨论影响对称循环下构件持久极限的几种主要因素。

12.4.1　构件外形的影响

由于结构及工艺要求,构件的外形常有轴肩、键、槽、小孔和缺口等,这些构件外形的突然变化会引起局部的应力集中。在应力集中区域,局部的应力很大,在较低的载荷下就会出现疲劳裂纹,并不断扩展,从而使构件的持久极限明显降低。

应力集中对构件持久极限的影响是用**有效应力集中因数**表示的。设没有应力集中小试件的持久极限为 σ_{-1},同样尺寸有应力集中的试件的持久极限为 $(\sigma_{-1})_k$,则比值

$$K_\sigma = \frac{\sigma_{-1}}{(\sigma_{-1})_k} \tag{12-5}$$

称为**有效应力集中因数**。显然有效应力集中因数大于 1,它与构件的几何形状及材料性质有关。交变切应力的有效应力集中因数

$$K_\tau = \frac{\tau_{-1}}{(\tau_{-1})_k}$$

工程中为方便使用,将有效应力集中因数的实验数据整理成曲线,如图 12-8 所示。当轴上有螺纹、键槽、花键槽及横孔时,有效应力集中因数可查表 12-1。

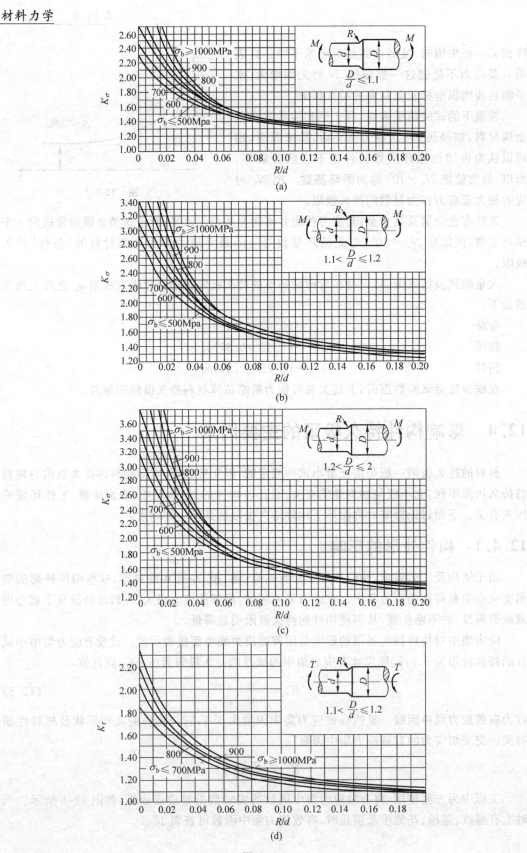

图　12-8

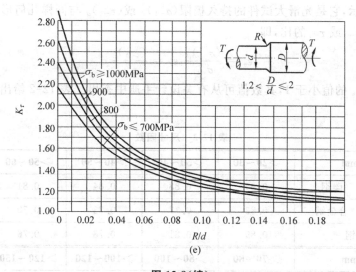

图 12-8（续）

表 12-1 螺纹、键槽、花键槽及横孔处的有效应力集中因数

A 型（铣刀槽）　　　　　　B 型（盘铣刀槽）

σ_b/MPa	螺纹 K_σ (K_τ=1)	键槽 K_σ			键槽 K_τ	花键 K_τ		横孔 K_σ		横孔 K_τ
		A 型	B 型	AB 型		矩形花键	渐开线形花键	$d_0/d=$ 0.05~0.15	$d_0/d=$ 0.15~0.25	$d_0/d=$ 0.05~0.25
400	1.45	1.51	1.30	1.20	1.35	2.10	1.40	1.90	1.70	1.70
500	1.78	1.64	1.38	1.37	1.45	2.25	1.43	1.95	1.75	1.75
600	1.96	1.76	1.46	1.54	1.55	2.35	1.46	2.00	1.80	1.80
700	2.20	1.89	1.54	1.71	1.60	2.45	1.49	2.05	1.85	1.80
800	2.32	2.01	1.62	1.88	1.65	2.55	1.52	2.10	1.90	1.85
900	2.47	2.14	1.69	2.05	1.70	2.65	1.55	2.15	1.95	1.90
1000	2.61	2.26	1.77	2.22	1.72	2.70	1.58	2.20	2.00	1.90
1200	2.90	2.50	1.92	2.39	1.75	2.80	1.60	2.30	2.10	2.00

12.4.2 构件尺寸的影响

试验表明，随着构件横截面尺寸的增大，其持久极限相应降低。这是由于构件绝对尺寸大，包含的杂质、缺陷也较多，因而其疲劳裂纹也容易产生和扩展。构件尺寸大小的影响用

尺寸因数 ε_σ 表示,它是光滑大试件的持久极限$(\sigma_{-1})_d$ 或$(\tau_{-1})_d$ 与同样几何形状的光滑小试件的持久极限σ_{-1} 或τ_{-1} 的比,即

$$\varepsilon_\sigma = \frac{(\sigma_{-1})_d}{\sigma_{-1}}, \quad \varepsilon_\tau = \frac{(\tau_{-1})_d}{\tau_{-1}} \tag{12-6}$$

尺寸因数 ε_σ 的值小于1,其数值可从有关设计手册中查出。表12-2给出了常用钢材的尺寸因数。

表 12-2　尺寸因数

直径 d/mm		>20~30	>30~40	>40~50	>50~60	>60~70
ε_σ	碳钢	0.91	0.88	0.84	0.81	0.78
	合金钢	0.83	0.77	0.73	0.70	0.68
ε_τ,各种钢		0.89	0.81	0.78	0.76	0.74
直径 d/mm		>70~80	>80~100	>100~120	>120~150	>150~500
ε_σ	碳钢	0.75	0.73	0.70	0.68	0.60
	合金钢	0.66	0.64	0.62	0.60	0.54
ε_τ,各种钢		0.73	0.72	0.70	0.68	0.60

12.4.3　构件表面质量的影响

疲劳破坏一般起源于构件的表面,因此构件表面粗糙度和加工质量对疲劳强度有很大影响。实验表明,构件表面粗糙度越差,构件的持久极限越低。这是因为一般情况下,构件的最大应力发生于表层,疲劳裂纹也多于表层生成,表面加工粗糙、刻痕、损伤等将引起应力集中,从而降低构件的持久极限。

构件表面的加工质量对持久极限的影响用**表面质量因数** β 表示,它是对称循环下不同表面质量的试件持久极限$(\sigma_{-1})_\beta$ 与光滑小试件持久极限σ_{-1} 的比值,即

$$\beta = \frac{(\sigma_{-1})_\beta}{\sigma_{-1}} \tag{12-7}$$

当构件表面质量低于光滑小试件时,$\beta<1$;当构件表面经强化处理后,$\beta>1$。不同表面粗糙度的 β 值及各种强化方法的 β 值见表12-3和表12-4。

表 12-3　不同表面粗糙度的表面质量因数 β

加工方法	轴表面粗糙度 Ra/μm	σ_b/MPa		
		400	800	1200
磨削	0.4~0.2	1	1	1
车削	3.2~0.8	0.95	0.90	0.80
粗车	2.5~6.3	0.85	0.80	0.65
未加工的表面		0.75	0.65	0.45

表 12-4 各种强化方法的表面质量因数 β

强化方法	心部强度 σ_b/MPa	β		
		光轴	低应力集中的轴 $K_\sigma \leqslant 1.5$	高应力集中的轴 $K_\sigma \geqslant 1.8 \sim 2$
高频淬火	600~800	1.5~1.7	1.6~1.7	2.4~2.8
	800~1000	1.3~1.5		
氮化	900~1200	1.1~1.25	1.5~1.7	1.7~2.1
渗碳	400~600	1.8~2.0	3	
	700~800	1.4~1.5		
	1000~1200	1.2~1.3	2	
喷丸硬化	600~1500	1.1~1.25	1.5~1.6	1.7~2.1
滚子滚压	600~1500	1.1~1.3	1.3~1.5	1.6~2.0

除上述三种主要因素外,还有一些因素,如周围介质对构件的腐蚀、某些加工工艺所造成的残余应力等,对构件的持久极限都有一定的影响,此处不再赘述,读者可查阅有关设计手册。

12.4.4 对称循环下构件的持久极限

综上所述,对称循环下考虑构件的外形、尺寸及表面质量时,构件的持久极限为

$$\sigma_{-1}^0 = \frac{\varepsilon_\sigma \beta}{K_\sigma} \sigma_{-1} \tag{12-8a}$$

$$\tau_{-1}^0 = \frac{\varepsilon_\tau \beta}{K_\tau} \tau_{-1} \tag{12-8b}$$

12.5 交变应力下构件的疲劳强度计算

12.5.1 对称循环下构件的疲劳强度条件

在对称循环下,构件的疲劳强度条件仍然和静荷问题中的强度条件一样。若规定的安全因数为 n,则许用应力为

$$[\sigma_{-1}] = \frac{\sigma_{-1}^0}{n}$$

构件的强度条件为

$$\sigma_{max} \leqslant [\sigma_{-1}] = \frac{\sigma_{-1}^0}{n} \tag{a}$$

也可把疲劳强度条件写成安全因数的形式,即令

$$n_\sigma = \frac{\sigma_{-1}^0}{\sigma_{max}} \tag{b}$$

为构件的**工作安全因数**,则强度条件(a)写为

$$n_\sigma \geqslant n \tag{c}$$

将式(12-8a)代入式(b)、(c)中得

$$n_\sigma = \frac{\sigma_{-1}}{\dfrac{K_\sigma}{\varepsilon_\sigma \beta} \sigma_{\max}} \geq n \tag{12-9a}$$

对于扭转交变应力,强度条件应为

$$n_\tau = \frac{\tau_{-1}}{\dfrac{K_\tau}{\varepsilon_\tau \beta} \tau_{\max}} \geq n \tag{12-9b}$$

【例 12-1】 一转动的空心圆轴 AB 如图 12-9(a)所示,力 F 的大小及方向均不变化。堵头 EB 的尺寸如图 12-9(b)所示,材料为碳钢,$\sigma_b = 700\text{MPa}$,$\sigma_{-1}^{弯} = 300\text{MPa}$。$E$ 截面只有弯曲变形,弯矩 $M = 3.3 \times 10^3 \text{N} \cdot \text{m}$。规定安全因数 $n = 1.8$,试校核 E 截面处的强度。

解:E 截面为纯弯曲的对称循环交变应力,应按公式 12-9(a)进行校核。

(1) 各种因数

阶梯形截面尺寸为

$$D = 160\text{mm}, d = 85\text{mm}, r = 5\text{mm}$$

有效应力集中因数 k_σ:

由 $\dfrac{r}{d} = \dfrac{5}{85} = 0.059$,$\dfrac{D}{d} = 1.88$,由图 12-8(c)查得 $K_\sigma = 1.82$。

尺寸因数:由表 12-2 查得 $\varepsilon_\sigma = 0.72$。

表面质量因数:由 $\sigma_b = 700\text{MPa}$,及粗糙度 1.6,查得 $\beta = 0.92$。

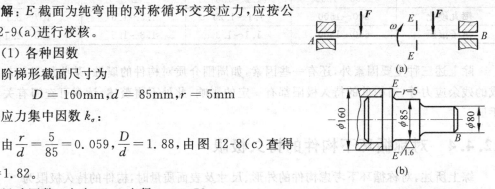

图 12-9

(2) 计算弯曲工作应力 $\sigma_{\max} = \dfrac{M}{W} = \dfrac{M}{\dfrac{\pi}{32}d^3} = \dfrac{3.3 \times 10^6 \times 32}{\pi \times 85^3} = 54.7\text{(MPa)}$

(3) 疲劳强度校核

$$n_\sigma = \frac{\sigma_{-1}}{\dfrac{K_\sigma}{\varepsilon_\sigma \beta} \sigma_{\max}} = \frac{300}{\dfrac{1.82}{0.72 \times 0.92} \times 54.7} = 2.0 > n = 1.8$$

所以疲劳强度足够。

12.5.2 非对称循环下构件的疲劳强度条件

非对称循环时的最大应力 $\sigma_{\max}$ 可以看作由静应力 σ_m 与对称循环的应力幅 σ_a 叠加而成。实验表明,应力集中、构件尺寸和表面质量只对构件的应力幅有影响,而对于静应力部分的平均应力 σ_m 无影响。因此对于应力幅按式(12-9)处理,对于静应力部分则引入一个与材料性质有关的**敏感因数** ψ。于是非对称循环下构件的疲劳强度条件为

$$n_\sigma = \frac{\sigma_{-1}}{\dfrac{K_\sigma}{\varepsilon_\sigma \beta}\sigma_a + \psi_\sigma \sigma_m} \geq n \tag{12-10a}$$

$$n_\tau = \frac{\tau_{-1}}{\dfrac{K_\tau}{\varepsilon_\tau \beta}\tau_a + \psi_\tau \tau_m} \geq n \tag{12-10b}$$

式中 ψ_σ、ψ_τ 可从表 12-5 查得。

表 12-5　材料的敏感因数

因数	σ_b/MPa				
	350~500	500~700	700~1000	1000~1200	1200~1400
ψ_σ	0	0.05	0.1	0.2	0.25
ψ_τ	0	0	0.05	0.1	0.15

当循环特征 r 接近 1 时,对塑性材料制成的构件,将首先发生屈服破坏,故应校核屈服强度,即

$$\sigma_{max} \leqslant \frac{\sigma_s}{n_s}$$

将上式写成用安全因数表达的静强度条件为

$$n_{\sigma s} = \frac{\sigma_s}{\sigma_{max}} \geqslant n_s \tag{12-11a}$$

对于切应力有

$$n_{\tau s} = \frac{\tau_s}{\tau_{max}} \geqslant n_s \tag{12-11b}$$

式中 $n_{\sigma s}$ 和 $n_{\tau s}$ 为屈服破坏的安全因数。

因此,对于 $0 < r < 1$ 的构件,应同时按式(12-10)和式(12-11)进行强度校核。

【例 12-2】 试校核如图 12-10 所示振动式落砂机的工作轴强度。此轴上安装两个偏心重块,重量 $G = 1.6\text{kN}$,轴转动时重块的离心力 $H = 2.1\text{kN}$。材料为 45 钢,$\sigma_b = 650\text{MPa}$,$\sigma_{-1} = 350\text{MPa}$,材料敏感因数 $\psi_\sigma = 0.20$,轴径 $d = 60\text{mm}$,螺栓孔径 $d_0 = 15\text{mm}$,规定的安全因数 $n = 2.0$,$n_s = 1.8$,轴表面经磨削加工。

解:(1) 轴的内力图

当重块转到图 12-10(a)位置时,力 G、H 都向下,此时载荷 $F = 1.6 + 2.1 = 3.7(\text{kN})$,轴的弯矩图如图 12-10(c)所示。当轴从图 12-10(a)位置转过 180°时,力 G、H 反向,此时载荷 $F = 2.1 - 1.6 = 0.5(\text{kN})$,轴的弯矩图如图 12-10(d)所示,这样轴在转动过程中弯矩在 1.48kN·m 和 −0.2kN·m 之间交替变化。

(2) 重块处截面的抗弯截面系数 W_z

重块处截面(图 12-10(b))可看成是一圆形截面内去掉矩形(螺栓孔)得到的,矩形高度

$$h = \sqrt{d^2 - d_0^2} = \sqrt{60^2 - 15^2} = 58.1(\text{mm})$$

惯性矩

$$I_z = \frac{\pi d^4}{64} - \frac{d_0 h^3}{12} = \frac{\pi}{64} \times 60^4 - \frac{1}{12} \times 15 \times 58.1^3 = 391 \times 10^3(\text{mm}^4)$$

抗弯截面系数

$$W_z = \frac{I_z}{\frac{h}{2}} = \frac{391 \times 10^3}{\frac{1}{2} \times 58.1} = 13.5 \times 10^3(\text{mm}^3)$$

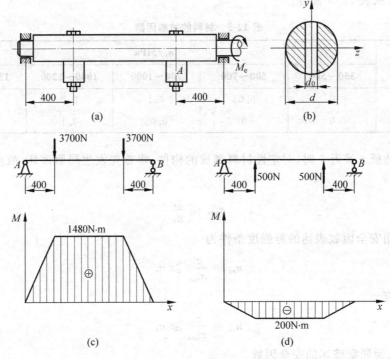

图 12-10

（3）危险点 A 的工作应力

当轴在图 12-10(a)所示位置时，穿过螺栓的截面最下点 A 承受最大的拉应力，即

$$\sigma_{max} = \frac{M_{max}}{W_z} = \frac{1.48 \times 10^3}{13.5 \times 10^3 \times 10^{-9}} = 109.6 \times 10^6 (\text{Pa}) = 109.6 (\text{MPa})$$

当轴转过 180°时，A 点转到最上面，此时承受最小的拉应力，即

$$\sigma_{min} = \frac{M_{min}}{W_z} = \frac{0.2 \times 10^3}{13.5 \times 10^3 \times 10^{-9}} = 14.8 \times 10^6 (\text{Pa}) = 14.8 (\text{MPa})$$

$$r = \frac{\sigma_{min}}{\sigma_{max}} = \frac{14.8}{109.6} = 0.135$$

$$\sigma_m = \frac{\sigma_{max} + \sigma_{min}}{2} = \frac{109.6 + 14.8}{2} = 62.2 (\text{MPa})$$

$$\sigma_a = \frac{\sigma_{max} - \sigma_{min}}{2} = \frac{109.6 - 14.8}{2} = 47.4 (\text{MPa})$$

因此，A 点承受非对称交变应力。

（4）确定因数 K_σ、ε_σ、β

由 $\frac{d_0}{d} = \frac{15}{60} = 0.25$，$\sigma_b = 650 \text{MPa}$，从表 12-1 查得 $K_\sigma = 1.825$；由 $d = 60 \text{mm}$，$\sigma_b = 650 \text{MPa}$，从表 12-2 查得 $\varepsilon_\sigma = 0.78$；由 $\sigma_b = 650 \text{MPa}$，从表 12-3 查得 $\beta = 1$。

（5）疲劳强度校核

$$n = \frac{\sigma_{-1}}{\frac{K_\sigma}{\varepsilon_\sigma \beta}\sigma_a + \psi_\sigma \sigma_m} = \frac{350}{\frac{1.825}{0.78 \times 1} \times 47.4 + 0.2 \times 62.2} = 2.64 > n$$

所以,疲劳强度足够。

(6) 静强度校核

$$n_{\sigma s} = \frac{\sigma_s}{\sigma_{max}} = \frac{360}{109.6} = 3.28 > n_s$$

静强度的条件满足。

12.5.3 弯扭组合交变应力下构件的疲劳强度条件

实验表明,静载下由强度理论得到的弯扭组合变形下的强度条件,可以近似地推广到对称循环弯扭组合交变应力下的情况。

按照第三强度理论,构件在弯扭组合变形时的静强度条件为

$$\sqrt{\sigma_{max}^2 + 4\tau_{max}^2} \leqslant \frac{\sigma_s}{n_s}$$

将上式两边平方并除以 σ_s^2,把 $\tau_s = \frac{\sigma_s}{2}$ 代入,得

$$\frac{1}{\left(\dfrac{\sigma_s}{\sigma_{max}}\right)^2} + \frac{1}{\left(\dfrac{\tau_s}{\tau_{max}}\right)^2} \leqslant \frac{1}{n_s^2}$$

将式中的 σ_s、τ_s、n_s 用 σ_{-1}^0、τ_{-1}^0、n 代替,有

$$\frac{1}{\left(\dfrac{\sigma_{-1}^0}{\sigma_{max}}\right)^2} + \frac{1}{\left(\dfrac{\tau_{-1}^0}{\tau_{max}}\right)^2} \leqslant \frac{1}{n^2}$$

比值 $\dfrac{\sigma_{-1}^0}{\sigma_{max}}$、$\dfrac{\tau_{-1}^0}{\tau_{max}}$ 表示弯曲、扭转对称循环下的工作安全因数,即

$$\frac{1}{n_\sigma^2} + \frac{1}{n_\tau^2} \leqslant \frac{1}{n^2}$$

略作整理得

$$\frac{n_\sigma n_\tau}{\sqrt{n_\sigma^2 + n_\tau^2}} \geqslant n$$

将上式左端记为 $n_{\sigma\tau}$,作为构件的工作安全因数,则弯扭组合对称循环下的疲劳强度条件为

$$n_{\sigma\tau} = \frac{n_\sigma n_\tau}{\sqrt{n_\sigma^2 + n_\tau^2}} \geqslant n \tag{12-12}$$

当弯扭组合为不对称循环时,仍可用上式计算,但此时 n_σ、n_τ 由式(12-10)求得。

【例 12-3】 阶梯轴尺寸如图 12-11 所示,材料为合金钢,经磨削加工而成。已知 $\sigma_b = 900\text{MPa}$,$\sigma_{-1} = 410\text{MPa}$,$\tau_{-1} = 240\text{MPa}$。作用于轴上的弯矩变化于 $-1000\text{N} \cdot \text{m}$ 到 $1000\text{N} \cdot \text{m}$ 之间,扭转变化于 0 到 $1500\text{N} \cdot \text{m}$ 之间,规定的安全因数 $n=2$。试校核该轴的疲劳强度。

解:(1) 计算轴的工作应力

$$\sigma_{max} = \frac{M_{max}}{W_z} = \frac{32M_{max}}{\pi d^3} = \frac{32 \times 1000}{\pi \times 50^3 \times 10^{-9}} = 81.3 \times 10^6 (\text{Pa}) = 81.3 (\text{MPa})$$

$$\sigma_{min} = \frac{M_{min}}{W_z} = \frac{32M_{min}}{\pi d^3} = \frac{-32 \times 1000}{\pi \times 50^3 \times 10^{-9}} = -81.3 \times 10^6 (\text{Pa}) = -81.3 (\text{MPa})$$

$$r = \frac{\sigma_{\min}}{\sigma_{\max}} = -1$$

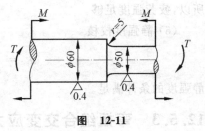

图 12-11

交变扭转切应力及循环特征

$$\tau_{\max} = \frac{T_{\max}}{W_t} = \frac{16 T_{\max}}{\pi d^3} = \frac{16 \times 1500}{\pi \times 50^3 \times 10^{-9}}$$

$$= 61 \times 10^6 (\text{Pa})$$

$$= 61 (\text{MPa})$$

$$\tau_{\min} = 0$$

$$r = 0$$

$$\tau_a = \tau_{\mathrm m} = \frac{1}{2}\tau_{\max} = \frac{61}{2} = 30.5 (\text{MPa})$$

（2）确定各种因数

根据 $\dfrac{D}{d} = \dfrac{60}{50} = 1.2$，$\dfrac{r}{d} = \dfrac{5}{50} = 0.1$，由图 12-8(b) 查得 $k_\sigma = 1.55$，由图 12-8(e) 查得 $K_\tau = 1.24$；由 $d = 50\text{mm}$，$\sigma_b = 900\text{MPa}$，从表 12-2 查得 $\varepsilon_\sigma = 0.73$，$\varepsilon_\tau = 0.78$，由表 12-3 查得 $\beta = 1$；对合金钢取 $\psi_\tau = 0.1$。

（3）计算弯曲和扭转工作安全因数

弯曲正应力是对称循环，故

$$n_\sigma = \frac{\sigma_{-1}}{\dfrac{K_\sigma}{\varepsilon_\sigma \beta}\sigma_{\max}} = \frac{410}{\dfrac{1.55}{0.73 \times 1} \times 81.3} = 2.38$$

扭转切应力是脉动循环，故

$$n_\tau = \frac{\tau_{-1}}{\dfrac{K_\tau}{\varepsilon_\tau \beta} + \psi_\tau \tau_{\mathrm m}} = \frac{240}{\dfrac{1.24}{0.78 \times 1} \times 30.5 + 0.1 \times 30.5} = 4.66$$

（4）计算弯扭组合交变应力安全因数

$$n_{\sigma\tau} = \frac{n_\sigma n_\tau}{\sqrt{n_\sigma^2 + n_\tau^2}} = \frac{2.38 \times 4.66}{\sqrt{2.38^2 + 4.66^2}} = 2.12 > n = 2$$

满足疲劳强度条件。

12.6　变幅交变应力

前面讨论的都是应力幅和平均应力保持不变的交变应力，即常幅稳定交变应力。这种情况下只要最大应力不超过构件的疲劳极限，就不会发生疲劳破坏。然而在有些情况下，如行驶在崎岖路面的汽车、受紊影响的飞机等，其载荷是随机的，应力不能保持不变，而且随时间的变化不规则，变动中的高应力还常超出持久极限。这时仍以最大应力低于疲劳极限作为安全判据显然是不合理的。在许多情况下，高应力的循环次数远低于低应力的循环次数，而在确定的应力幅下，发生疲劳破坏需要一定量的应力循环次数，超过疲劳极限的高应力，若循环次数较少时，不一定会引起疲劳破坏。

针对上述情况，近代损伤累积的理论认为，当应力高于构件的持久极限时，每一应力循环都将使构件受到损伤，损伤累积到一定程度，便将引起疲劳破坏。

工程上广泛采用线性累积损伤理论,它的基本假设是各级交变应力引起的疲劳损伤可以分别计算,然后再线性叠加。

首先将图 12-12(a)所示变幅交变应力的应力谱进行整理,将其简化为由若干级常幅交变应力组成的周期性应力谱,如图 12-12(b)所示。设各级常幅交变应力的最大值分别是 $\sigma_1, \sigma_2, \cdots, \sigma_k$,均未超过构件的持久极限,在每一周期内各级交变应力的循环次数分别为 $n_1, n_2, \cdots, n_k$,构件在此种应力谱的作用下达到破坏的周期数为 λ。如果构件在常幅交变应力 σ_1 作用下的寿命为 N_1,则 σ_1 每循环一次对构件造成的损伤为 $\dfrac{1}{N_1}$。构件在 σ_1 作用下总共经历了 λn_1 次循环,因此 σ_1 对构件造成的损伤为 $\dfrac{\lambda n_1}{N_1}$。同理可知,$\sigma_2, \cdots, \sigma_k$ 对构件造成的损伤为 $\dfrac{\lambda n_2}{N_2}, \cdots, \dfrac{\lambda n_k}{N_k}$。线形累积损伤理论指出:当各级交变应力对构件引起的损伤之和等于 1 时,发生疲劳破坏。故疲劳强度条件为

$$\lambda \sum_{i=1}^{k} \frac{n_i}{N_i} = 1 \qquad\qquad (12\text{-}13)$$

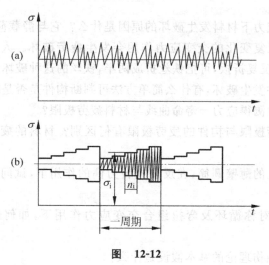

图　12-12

实验表明,$\lambda \sum\limits_{i=1}^{k} \dfrac{n_i}{N_i}$ 一般不等于 1。这是因为前面的应力循环会影响后继应力循环造成的损伤,而后继应力循环也会影响前面形成的损伤,这些相互依赖的关系相当复杂,现在并不清楚。但线性累积损伤理论由于简单、直观,所以广泛用于有限寿命的估算。

12.7　提高构件疲劳强度的措施

疲劳裂纹主要位于应力集中的部位和构件表面。提高构件疲劳强度应从降低应力集中等影响持久极限的主要因素着手。

首先,在结构上应采用合理的设计,以尽可能减缓应力集中的影响。例如设计构件外形时,尽量避免出现方形或带尖角的孔和槽。在构件截面急剧改变处,应尽可能采用较大的过渡圆角半径。有时因结构上的原因,难以加大过渡圆角的半径,这时在直径较大的部分轴上

开减荷槽(图 12-13)或退刀槽(图 12-14),都可使应力集中明显减弱。

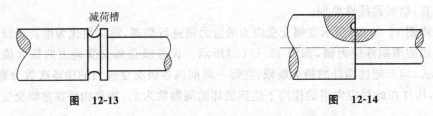

| 图　12-13 | 图　12-14 |

其次,提高表面粗糙度,降低表层应力集中,也是提高构件疲劳强度的一个有效措施。对于高强度钢材,由于其对应力集中比较敏感,更应保证构件表面有较高的粗糙度。

此外,工程上还通过一些工艺措施来提高构件表面质量。为了强化构件的表层,可采用热处理(如表面淬火、渗碳、渗氮等)及表面强化(如表面滚压、喷丸等),它们都使构件表面形成一层预压应力层,从而达到提高疲劳强度的目的。

思考题

12-1 试问交变应力下材料发生破坏的原因是什么? 它与静载荷下的破坏有何区别?

12-2 构件承受反复变化的交变应力作用会发生疲劳破坏。人们经常用两手上下折扳一根铁丝,经过几次反复折扳,可把铁丝折成两半,铁丝的这种破坏是疲劳破坏吗?

12-3 若一个构件发生破坏,有什么简单方法可判断构件是否是疲劳破坏?

12-4 如何由试验测得应力—寿命曲线与材料疲劳极限?

12-5 材料的疲劳极限与构件的疲劳极限有何区别? 材料的疲劳极限与强度极限有何区别?

12-6 带有小圆孔的薄壁圆筒,在反复扭转力偶的作用下,试问为什么疲劳裂纹的扩展方向往往如图所示?

12-7 在对称、非对称循环及弯扭组合交变应力作用下,如何进行构件的疲劳强度计算?

12-8 线性累积损伤理论的基本假设是什么?

12-9 图示阶梯圆轴在工作中承受交变应力,试从圆轴疲劳强度的角度出发,对该轴的设计提出一些合理的改进意见。

| 思考题 12-6 图 | 思考题 12-9 图 |

习题

12-1 一发动机连杆的横截面面积 $A=2.83\times10^3\,\mathrm{mm}^2$,在汽缸点火时,连杆受到轴向压力 520kN,当吸气开始时,受到轴向拉力 120kN,试求连杆的应力循环特征、平均应力及应力幅。

12-2　火车轮轴受力情况如图所示。$a=500\text{mm}$，$l=1435\text{mm}$。轮轴中段直径 $d=15\text{cm}$。若 $F=50\text{kN}$，试求轮轴中段截面边缘上任一点的最大应力、最小应力、循环特征，并作出 σ-t 曲线。

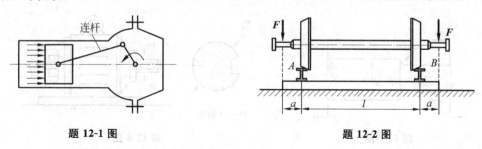

题 12-1 图　　　　　　　　　　题 12-2 图

12-3　阶梯轴如图所示。材料为铬镍合金钢，$\sigma_b=920\text{MPa}$，$\sigma_{-1}=420\text{MPa}$，$\tau_{-1}=250\text{MPa}$。轴的尺寸：$d=40\text{mm}$，$D=50\text{mm}$，$r=5\text{mm}$。求弯曲和扭转时的有效应力集中因数和尺寸因数。

12-4　图示钢轴，承受对称循环弯曲应力作用。钢轴分别由合金钢和碳钢制成。碳钢的强度极限 $\sigma_b=200\text{MPa}$，合金钢的强度极限 $\sigma_b=700\text{MPa}$。两根试件均经粗车制成。若规定的安全因数 $n=2$，试计算两根钢轴的许用应力 $[\sigma_{-1}]$，并进行比较。

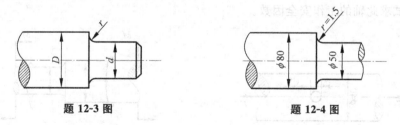

题 12-3 图　　　　　　　　　　题 12-4 图

12-5　图示阶梯形圆轴，粗细两段的直径分别为 $D=50\text{mm}$，$d=40\text{mm}$，圆角半径 $r=5\text{mm}$。材料为合金钢，$\sigma_b=900\text{MPa}$，$\sigma_{-1}=400\text{MPa}$。圆轴承受对称循环交变弯矩 $M=\pm450\text{N·m}$，规定的安全因数 $n=2$。试校核此轴的疲劳强度。

12-6　图示阶梯形圆截面轴，危险截面 A—A 的内力为对称循环交变扭矩，最大值为 1.0kN·m。轴表面经精车加工，材料的强度极限 $\sigma_b=600\text{MPa}$，持久极限 $\tau_{-1}=130\text{MPa}$，规定的安全因数 $n=2$。试校核该轴的疲劳强度。

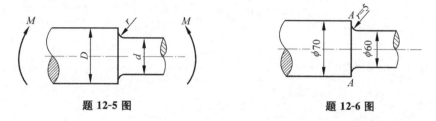

题 12-5 图　　　　　　　　　　题 12-6 图

12-7　图示铰车轴受对称循环弯曲交变应力，材料为碳钢，$\sigma_b=520\text{MPa}$，$\sigma_{-1}=220\text{MPa}$，规定安全因数 $n=1.7$，试分别求当圆角 $r=1\text{mm}$ 和 $r=5\text{mm}$ 时的许可弯矩 $[M]$，并进行比较。

12-8 电动机轴直径 $d=30$mm，轴上开有端铣加工的键槽。轴的材料是合金钢，$\sigma_b=750$MPa，$\tau_b=400$MPa，$\tau_s=260$MPa，$\tau_{-1}=190$MPa。轴在 $n=750$r/min 的转速下传递功率 $N=20$hp(1hp$=0.735$kN·m)。该轴时而工作，时而停止，但无反向旋转。轴表面经磨削加工。若规定的安全因数 $n=2$，$n_s=1.5$，试校核轴的强度。

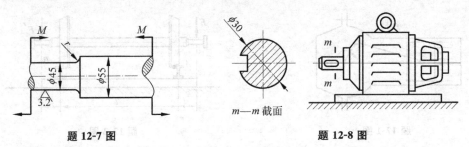

题 12-7 图　　　　　　　　　　　题 12-8 图

12-9 图示圆杆表面未经加工，且因径向圆孔而削弱。杆受到 0 到 F_{max} 的交变轴向力作用。已知材料为普通碳钢，$\sigma_b=600$MPa，$\sigma_s=340$MPa，$\sigma_{-1}=200$MPa，$\psi_\sigma=0.1$，规定的安全因数 $n=1.7$，$n_s=1.5$，试求最大载荷。

12-10 直径 $D=50$mm，$d=40$mm 的阶梯轴，受交变弯矩和扭矩的联合作用。圆角半径 $r=2$mm。正应力从 50MPa 变到 -50MPa；切应力从 40MPa 变到 20MPa。轴的材料为碳钢，$\sigma_b=550$MPa，$\sigma_{-1}=220$MPa，$\tau_{-1}=120$MPa，$\sigma_s=300$MPa，$\tau_s=180$MPa。若取 $\psi_\tau=0.1$，$\beta=1$，试求此轴的工作安全因数。

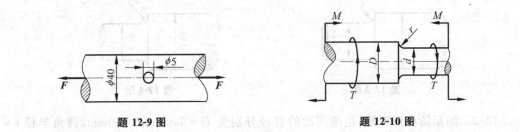

题 12-9 图　　　　　　　　　　　题 12-10 图

附录 A　截面的几何性质

在材料力学中,为了计算构件在外力作用下的应力和变形,需要涉及到一些与构件的横截面形状和尺寸相关的几何量。例如构件在轴向拉伸(压缩)时用到的横截面面积 A,圆截面杆在扭转时用到的极惯性矩 I_p,梁在弯曲时用到的惯性矩 I_y、I_z,以及压杆稳定中计算杆件柔度用到的惯性半径 i_y、i_z。这些几何量都从不同侧面反映了截面的几何特征,通称为截面的几何性质,是确定构件承载能力的重要因素。本章集中介绍这些几何量的定义和计算方法。

A.1　静矩和形心

任意截面图形如图 A-1 所示,其面积为 A。y 轴和 z 轴为图形所在平面内的任意直角坐标轴。在坐标 (y,z) 处,取微面积 dA,则 ydA 和 zdA 分别称为该面积元素 dA 对于 z 轴和 y 轴的静矩或一次矩,而遍及整个截面面积 A 的积分

$$S_z = \int_A y\,dA, \quad S_y = \int_A z\,dA \tag{A-1}$$

分别定义为该截面对于 z 轴和 y 轴的**静矩**,或面积矩。

从式(A-1)可知静矩是对某一坐标轴而言的,它不仅与截面有关,还与坐标轴的位置有关。同一截面图形对于不同的坐标轴,其静矩一般是不同的。静矩的数值可能为正、可能为负,也可能为零。静矩的量纲是 $[长度]^3$,常用单位为 m^3 或 mm^3。

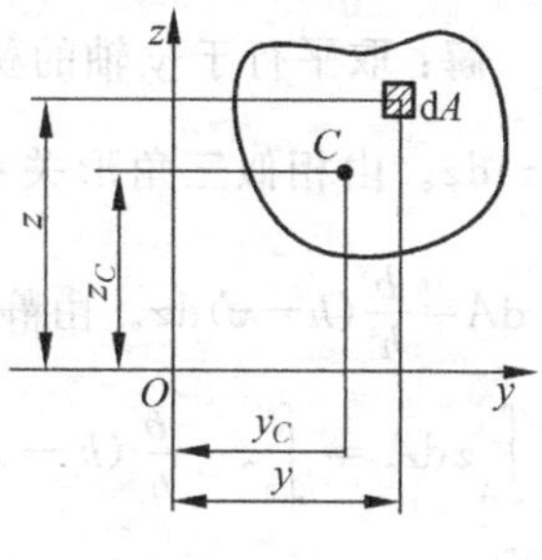

由理论力学的合力矩定理可知,均质等厚度薄板的重心在 yOz 坐标系的坐标为

图　A-1

$$y_C = \frac{\int_A y\,dA}{A}, \quad z_C = \frac{\int_A z\,dA}{A}$$

而均质薄板的重心与该薄板平面图形的形心是重合的,所以上式可用来计算截面图形(图 A-1)的形心坐标。由于上式中的 $\int_A y\,dA$ 和 $\int_A z\,dA$ 就是截面的静矩,于是利用式(A-1),可将上式改写为

$$y_C = \frac{S_z}{A}, \quad z_C = \frac{S_y}{A} \tag{A-2}$$

因此,若已知截面图形的面积 A 及其对于 z 轴和 y 轴的静矩时,即可由上式确定截面的形心坐标 (y_C, z_C)。若将上式改写为

$$S_z = y_C A, \quad S_y = z_C A \tag{A-3}$$

则已知截面的面积 A 及其形心坐标 y_C、z_C 时,即可按式(A-3)确定此截面对于 z 轴和 y 轴的静矩。

由式(A-2)和式(A-3)可见,**若截面对于某一轴的静矩等于零,则该轴必通过截面的形心;反之,若某一轴通过截面的形心,则截面对于该轴的静矩恒等于零。**

若截面有一个对称轴,则其形心必在此轴上,因为截面对此轴的静矩为零。在许多情况下通过观测可定出形心的位置。例如,如果截面有两个或两个以上的对称轴,则其形心必在对称轴的交点上。如果截面对一点对称(截面无对称轴),则该点即为形心。

当截面图形由若干简单图形(例如矩形、圆形、三角形等)组成时,由于简单图形的面积及其形心位置均为已知,且由静矩定义可知,截面各组成部分对于某一轴的静矩的代数和就等于该截面对于同一轴的静矩,于是得整个截面的静矩为

$$S_z = \sum_{i=1}^{n} A_i y_{Ci}, \quad S_y = \sum_{i=1}^{n} A_i z_{Ci} \tag{A-4}$$

式中,A_i 和 y_{Ci}、z_{Ci} 分别表示任一简单图形的面积及其形心坐标;n 为组成此截面的简单图形的个数。

若将式(A-4)代入式(A-2),便得**组合截面形心坐标**的计算公式为

$$y_C = \frac{\sum_{i=1}^{n} A_i y_{Ci}}{\sum_{i=1}^{n} A_i}, \quad z_C = \frac{\sum_{i=1}^{n} A_i z_{Ci}}{\sum_{i=1}^{n} A_i} \tag{A-5}$$

【例 A-1】 试计算如图 A-2 所示三角形截面对 z 轴和 y 轴的静矩,并确定其形心 C 的坐标。

解: 取平行于 y 轴的狭长条作为微面积 dA,则 $dA = b(z) dz$。由相似三角形关系可知 $b(z) = \dfrac{b}{h}(h-z)$,因此有 $dA = \dfrac{b}{h}(h-z) dz$。由静矩定义得

图 A-2

$$S_y = \int_A z \, dA = \int_0^h z \cdot \frac{b}{h}(h-z) dz = b \int_0^h z \, dz - \frac{b}{h} \int_0^h z^2 \, dz = \frac{bh^2}{6}$$

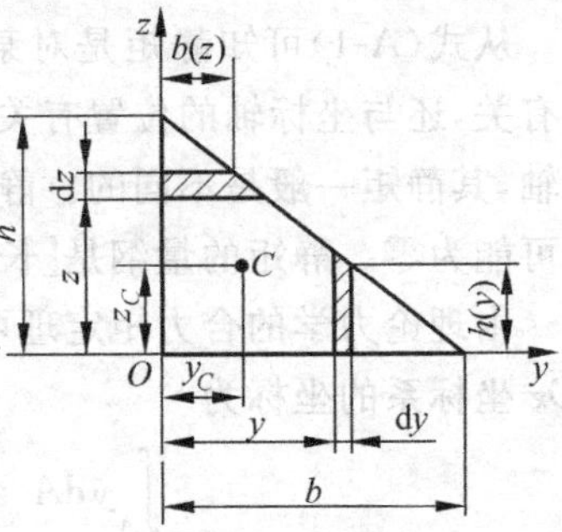

同理

$$S_z = \int_A y \, dA = \int_0^b y \cdot \frac{h}{b}(b-y) dy = \frac{hb^2}{6}$$

根据式(A-2),截面的形心坐标为

$$y_C = \frac{S_z}{A} = \frac{\dfrac{hb^2}{6}}{\dfrac{bh}{2}} = \frac{b}{3}$$

$$z_C = \frac{S_y}{A} = \frac{\dfrac{bh^2}{6}}{\dfrac{bh}{2}} = \frac{h}{3}$$

【例 A-2】 试确定如图 A-3 所示截面形心 C 的位置。

解法一: 将截面分为 Ⅰ、Ⅱ 两个矩形,选取坐标系如图 A-3(a)所示。每一矩形的面积和形心位置分别为

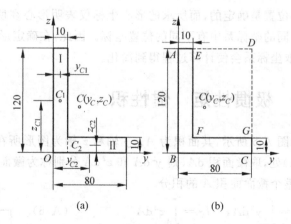

图　**A-3**

矩形 I：$A_1 = 10 \times 120 = 1200 (\text{mm}^2)$

$$y_{C1} = \frac{10}{2} = 5 (\text{mm}), z_{C1} = \frac{120}{2} = 60 (\text{mm})$$

矩形 II：$A_2 = 70 \times 10 = 700 (\text{mm}^2)$

$$y_{C2} = 10 + \frac{70}{2} = 45 (\text{mm}), z_{C2} = \frac{10}{2} = 5 (\text{mm})$$

由式(A-5)即求得截面形心 C 的坐标为

$$y_C = \frac{A_1 y_{C1} + A_2 y_{C2}}{A_1 + A_2} = \frac{1200 \times 5 + 700 \times 45}{1200 + 700} = 19.7 (\text{mm})$$

$$z_C = \frac{A_1 z_{C1} + A_2 z_{C2}}{A_1 + A_2} = \frac{1200 \times 60 + 700 \times 5}{1200 + 700} = 39.7 (\text{mm})$$

解法二：将截面看成由矩形 $ABCD$ 减去矩形 $EFGD$，如图 A-3(b)所示(这种方法也叫负面积法)，仍取 y 轴和 z 轴分别与截面的底边和左边重合(见图)，则

$$y_C = \frac{A_1 y_{C1} + A_2 y_{C2}}{A_1 + A_2} = \frac{80 \times 120 \times 40 - 70 \times 110 \times 45}{80 \times 120 - 70 \times 110} = 19.7 (\text{mm})$$

$$z_C = \frac{A_1 z_{C1} + A_2 z_{C2}}{A_1 + A_2} = \frac{80 \times 120 \times 60 - 70 \times 110 \times 65}{80 \times 120 - 70 \times 110} = 39.7 (\text{mm})$$

在使用第二种解法时，应注意在截面 $EFGD$ 的面积和静矩之前一定要用负号，其余与第一种解法相同。一般在空心截面中用负面积法较方便。

【例 A-3】 试确定如图 A-4 所示截面的形心位置。

解：此截面有一对称轴 z，截面的形心必在此对称轴上，即 $y_C = 0$，故只需确定形心的另一个坐标 z_C。取坐标系 yOz 如图所示，并将截面分为 I、II 两个矩形。则由式(A-5)得

$$z_C = \frac{A_1 z_{C1} + A_2 z_{C2}}{A_1 + A_2}$$

$$= \frac{50 \times 200 \times \left(50 + \frac{200}{2}\right) + 150 \times 50 \times \frac{50}{2}}{50 \times 200 + 150 \times 50}$$

$$= 96.4 (\text{mm})$$

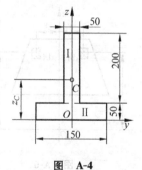

图　**A-4**

一个图形的形心位置是确定的,而所求的形心坐标仅表明形心在所选取坐标系中的位置。同一个形心在不同的坐标系中有不同的位置坐标。因此,在确定形心位置时,需要选参考坐标系,恰当地选取坐标系会使计算过程得到简化。

A.2 惯性矩 极惯性矩 惯性积

任意截面图形如图 A-5 所示,其面积为 A。y 轴和 z 轴为图形所在平面内的任意直角坐标轴。在坐标 (y,z) 处,取微面积 $\mathrm{d}A$,则 $y^2\mathrm{d}A$ 和 $z^2\mathrm{d}A$ 分别称为微面积 $\mathrm{d}A$ 对于 z 轴和 y 轴的惯性矩,而遍及整个截面面积 A 的积分

$$I_z = \int_A y^2\,\mathrm{d}A, \quad I_y = \int_A z^2\,\mathrm{d}A \qquad (A-6)$$

分别定义为该截面对于 z 轴和 y 轴的**惯性矩**。

若以 ρ 表示微面积 $\mathrm{d}A$ 到坐标原点 O 的距离,则 $\rho^2\mathrm{d}A$ 称为微面积 $\mathrm{d}A$ 对于 O 点的极惯性矩。而以下积分:

$$I_\mathrm{p} = \int_A \rho^2\,\mathrm{d}A \qquad (A-7)$$

定义为该截面对于 O 点的**极惯性矩**。

图 A-5

由图 A-5 可以看出,$\rho^2 = y^2 + z^2$,于是有

$$I_\mathrm{p} = \int_A \rho^2\,\mathrm{d}A = \int_A (y^2 + z^2)\,\mathrm{d}A$$

$$= \int_A y^2\,\mathrm{d}A + \int_A z^2\,\mathrm{d}A = I_z + I_y \qquad (A-8)$$

即截面对任意一对正交坐标轴的惯性矩之和,等于它对该两轴交点的极惯性矩。

微面积 $\mathrm{d}A$ 与 y、z 两坐标的乘积 $yz\,\mathrm{d}A$ 称为微面积 $\mathrm{d}A$ 对于 y、z 两正交坐标轴的惯性积,而遍及整个截面面积 A 的积分

$$I_{yz} = \int_A yz\,\mathrm{d}A \qquad (A-9)$$

定义为整个截面对于 y、z 两正交坐标轴的**惯性积**。

从以上定义可以看出:

(1) 惯性矩和惯性积分别是对某一轴和某一对正交坐标轴而言的。同一截面对于不同的坐标轴的惯性矩或惯性积一般是不同的。

(2) 惯性矩 I_y、I_z 的值恒为正,而惯性积 I_{yz} 的值则可能为正,可能为负,也可能为零。它们的量纲均为 $[长度]^4$,常用单位是 m^4 或 mm^4。

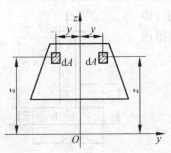

图 A-6

(3) 由式(A-8)知,截面对过一点的任意一对正交坐标轴的惯性矩之和均相等,且等于截面对该点的极惯性矩。

(4) 若 y、z 两坐标轴中有一个是截面的对称轴,则截面对该对称轴的惯性积 I_{yz} 必等于零。证明如下:在图 A-6 中,z 轴为截面的对称轴,在对称轴 z 两侧的对称位置处,各取一微面积 $\mathrm{d}A$,由于二者的 z 坐标相同,y 坐标则数值相等而符号相反,因此,每有一个 $yz\,\mathrm{d}A$,就必然有一个

$-yz\mathrm{d}A$，它们在积分中相互抵消，最后导致

$$I_{yz} = \int_A yz\,\mathrm{d}A = 0$$

在某些问题中，为了应用的方便，将惯性矩表示为截面面积 A 与某一长度平方的乘积，即

$$I_y = i_y^2 A，\quad I_z = i_z^2 A \tag{A-10}$$

式中，i_y 和 i_z 分别称为截面对于 y 轴和 z 轴的**惯性半径**，其量纲就是长度，单位为 m 或 mm。

由式（A-10）可得

$$i_y = \sqrt{\frac{I_y}{A}}，\quad i_z = \sqrt{\frac{I_z}{A}} \tag{A-11}$$

当已知截面面积 A 和惯性矩 I_y、I_z 时，即可由上式求得惯性半径。我们可将截面对轴的惯性半径视为整个面积集中在此距离处，而仍有与原面积相同的惯性矩。惯性矩、惯性半径与理论力学所学的转动惯量、回转半径的力学意义类似。

【例 A-4】 试计算如图 A-7 所示矩形截面对其对称轴 y 和 z 的惯性矩。矩形的高为 h、宽为 b。

解：取平行于 y 轴的狭长条作为微面积 $\mathrm{d}A$，即 $\mathrm{d}A = b\mathrm{d}z$，由式（A-6）可得

$$I_y = \int_A z^2\,\mathrm{d}A = \int_{-\frac{h}{2}}^{\frac{h}{2}} z^2 b\,\mathrm{d}z = \frac{bh^3}{12}$$

用完全相似的方法可求得

$$I_z = \frac{hb^3}{12}$$

若截面是高为 h、宽为 b 的平行四边形（图 A-8），则其对形心轴 y 的惯性矩仍然是 $I_y = \dfrac{bh^3}{12}$。

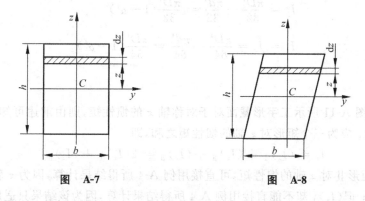

图　A-7　　　　　　　　　　图　A-8

【例 A-5】 试计算如图 A-9 所示圆截面对于其形心轴（即直径轴）的惯性矩。

解：以圆心为原点，选 y、z 坐标轴如图所示。取平行于 y 轴的狭长条作为微面积 $\mathrm{d}A$，即 $\mathrm{d}A = 2b(z)\mathrm{d}z = 2\sqrt{R^2 - z^2}\,\mathrm{d}z$。将它代入式（A-6），并利用圆的对称性，对半个圆积分再乘以 2，得

$$I_y = \int_A z^2 \mathrm{d}A = 2\int_0^R z^2 \, 2\sqrt{R^2 - z^2}\, \mathrm{d}z = \frac{\pi R^4}{4} = \frac{\pi D^4}{64}$$

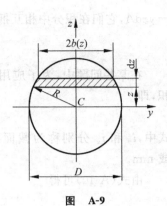

图　A-9

z 轴和 y 轴都与圆的直径重合,由圆的对称性知 $I_z = I_y$,即有

$$I_z = I_y = \frac{\pi D^4}{64}$$

由式(A-8)可求得圆截面对圆心的极惯性矩为

$$I_p = I_z + I_y = \frac{\pi D^4}{32}$$

这与第 3 章的计算结果完全相同。

对于矩形和圆形截面,由于 y、z 两轴都是截面的对称轴,因此,惯性积 I_{yz} 均等于零。

在工程中常遇到组合截面。根据惯性矩和惯性积的定义可知,组合截面对于某坐标轴的惯性矩等于其各组成部分对于同一轴的惯性矩之和;组合截面对于某对正交坐标轴的惯性积等于其各组成部分对于同一对轴的惯性积之和。若截面是由 n 个部分组成,则组合截面对于 y、z 轴的惯性矩和惯性积分别为

$$\begin{cases} I_y = \sum_{i=1}^n I_{yi} \\[2mm] I_z = \sum_{i=1}^n I_{zi} \\[2mm] I_{yz} = \sum_{i=1}^n I_{yzi} \end{cases} \tag{A-12}$$

式中,I_{yi}、I_{zi} 和 I_{yzi} 分别为组合截面中组成部分 i 对于 y、z 两轴的惯性矩和惯性积。

例如求图 A-10 所示空心圆截面的惯性矩时,就可用大圆的惯性矩减去小圆的惯性矩的方法来计算,即

$$I_p = \frac{\pi D^4}{32} - \frac{\pi d^4}{32} = \frac{\pi D^4}{32}(1 - \alpha^4)$$

$$I_y = I_z = \frac{\pi D^4}{64} - \frac{\pi d^4}{64} = \frac{\pi D^4}{64}(1 - \alpha^4)$$

式中,$\alpha = \dfrac{d}{D}$。

若要计算图 A-11 所示工字形截面对于对称轴 z 的惯性矩,则由前述可知,此截面对于 z 轴的惯性矩 I_z 应为三个矩形对 z 轴的惯性矩之和,即

$$I_z = (I_z)_{\mathrm{I}} + (I_z)_{\mathrm{II}} + (I_z)_{\mathrm{III}} = 2(I_z)_{\mathrm{I}} + (I_z)_{\mathrm{II}}$$

这里 $(I_z)_{\mathrm{II}}$ 为矩形 II 对 z 轴的惯性矩,可直接用例 A-4 所得结果计算,因为 z 轴也是矩形 II 本身的形心轴;但 $(I_z)_{\mathrm{I}}$ 却不能直接用例 A-4 所得结果计算,因为该结果只适用于计算矩形截面对于其自身形心轴的惯性矩,而 z 轴不是矩形 I 的形心轴。因此,必须找到截面对其自身形心轴的惯性矩与对另一个与此形心轴平行的轴的惯性矩之间的关系。下一节就来介绍这一关系。

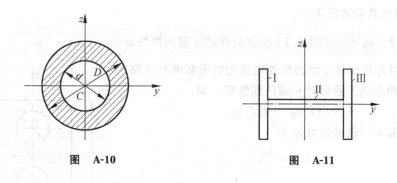

图 A-10　　　　　　　　　　　图 A-11

A.3　惯性矩和惯性积的平行移轴定理

图 A-12 表示任意形状的截面，C 为此截面的形心，y_C 轴和 z_C 轴是通过截面形心的一对形心轴。y 轴和 z 轴为分别与 y_C 轴和 z_C 轴平行的另一对轴，a、b 分别为截面形心 C 在 yOz 坐标系中的纵、横坐标值。截面对形心轴 y_C 和 z_C 的惯性矩和惯性积分别记为

$$I_{y_C} = \int_A z_C^2 \, \mathrm{d}A, \quad I_{z_C} = \int_A y_C^2 \, \mathrm{d}A, \quad I_{y_C z_C} = \int_A y_C z_C \, \mathrm{d}A \quad (a)$$

截面对 y 轴和 z 轴的惯性矩和惯性积分别为

$$I_y = \int_A z^2 \, \mathrm{d}A, \quad I_z = \int_A y^2 \, \mathrm{d}A, \quad I_{yz} = \int_A yz \, \mathrm{d}A \quad (b)$$

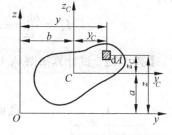

图　A-12

由图 A-12 可见，截面上任一微面积 $\mathrm{d}A$ 在两个坐标系内的坐标 (y,z) 和 (y_C, z_C) 之间的关系为

$$y = y_C + b, \quad z = z_C + a \qquad (c)$$

将式(c)第二式代入式(b)第一式得

$$I_y = \int_A z^2 \, \mathrm{d}A = \int_A (z_C + a)^2 \, \mathrm{d}A = \int_A z_C^2 \, \mathrm{d}A + 2a \int_A z_C \, \mathrm{d}A + a^2 \int_A \mathrm{d}A$$

上式中，$\int_A z_C \, \mathrm{d}A$ 为截面对形心轴 y_C 的静矩，其值应等于零，$\int_A \mathrm{d}A = A$。再应用式(a)第一式，即可得

$$I_y = I_{y_C} + a^2 A$$

同理有

$$\begin{cases} I_z = I_{z_C} + b^2 A \\ I_{yz} = I_{y_C z_C} + abA \end{cases} \qquad (A\text{-}13)$$

式(A-13)即为惯性矩和惯性积的**平行移轴定理**。即截面对其平面上任一平行于形心轴之惯性矩等于对形心轴的惯性矩加上面积乘以两轴间距离之平方；截面对其平面上任一对平行于形心轴之惯性积等于对一对形心轴的惯性积加上面积与 a、b 两坐标的乘积。显然可见，在一组互相平行的轴中，截面对形心轴的惯性矩最小。应用平行移轴公式，即可根据截面对于自身形心轴的惯性矩或惯性积，计算截面对于与形心轴平行的坐标轴的惯性矩或惯性积，或进行相反的运算。

需要注意的是，式(A-13)中的 a、b 两坐标有正负号。若二者同号，则 abA 为正值；若二者异号，则 abA 为负值。所以，平行移轴后的惯性积可能增加，也可能减小；如果只平移 y

轴或 z 轴,则惯性积数值不变。

【例 A-6】 试计算如图 A-13 所示截面对 y 轴的惯性矩。

解:此组合截面对 y 轴的惯性矩应为矩形截面对 y 轴的惯性矩减去两个圆形截面对 y 轴的惯性矩。即

$$I_y = (I_y)_矩 - 2(I_y)_圆$$

矩形截面对 y 轴的惯性矩为

$$(I_y)_矩 = \frac{bh^3}{12}$$

圆形截面对 y 轴的惯性矩为

$$(I_y)_圆 = (I_{y_C})_圆 + a^2 A_圆 = \frac{\pi d^4}{64} + \left(\frac{h}{4}\right)^2 \cdot \frac{\pi d^2}{4}$$

$$= \frac{\pi d^2}{64}(d^2 + h^2)$$

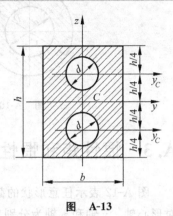

图 A-13

故得

$$I_y = \frac{bh^3}{12} - 2\left[\frac{\pi d^2}{64}(d^2 + h^2)\right] = \frac{bh^3}{12} - \frac{\pi d^2}{32}(d^2 + h^2)$$

【例 A-7】 试计算如图 A-14 所示截面对其形心轴的惯性矩和惯性积。

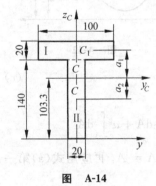

图 A-14

解:把截面看成是由两个矩形 I 和 II 所组成。首先须确定截面的形心位置,然后再用相关公式求解。

(1) 确定形心位置

取对称轴为 z_C 轴,截面的形心应在此轴上,即 $y_C = 0$。为了确定形心的另一个坐标 z_C 值,取与底边重合的 y 轴为参考轴,则由式(A-5)得形心坐标为

$$z_C = \frac{A_1 z_{C1} + A_2 z_{C2}}{A_1 + A_2}$$

$$= \frac{100 \times 20 \times \left(140 + \frac{20}{2}\right) + 20 \times 140 \times \frac{140}{2}}{100 \times 20 + 20 \times 140}$$

$$= 103.3(\text{mm})$$

由此确定出截面的形心轴 y_C 如图中所示。

(2) 计算惯性矩 I_{z_C}

由式(A-12)得

$$I_{z_C} = (I_{z_C})_I + (I_{z_C})_{II} = \frac{1}{12} \times 20 \times 100^3 + \frac{1}{12} \times 140 \times 20^3 = 176 \times 10^4(\text{mm}^4)$$

(3) 计算惯性矩 I_{y_C}

由式(A-12)得

$$I_{y_C} = (I_{y_C})_I + (I_{y_C})_{II}$$

每个矩形对 y_C 轴的惯性矩可由平行移轴公式(A-13)求得为

$$(I_{y_C})_I = \frac{1}{12} \times 100 \times 20^3 + (150 - 103.3)^2 \times 100 \times 20 = 443 \times 10^4(\text{mm}^4)$$

$$(I_{y_C})_{II} = \frac{1}{12} \times 20 \times 140^3 + (103.3 - 70)^2 \times 20 \times 140 = 768 \times 10^4 (\text{mm}^4)$$

于是有

$$I_{y_C} = (I_{y_C})_I + (I_{y_C})_{II} = 443 \times 10^4 + 768 \times 10^4 = 1211 \times 10^4 (\text{mm}^4)$$

（4）计算惯性积 $I_{y_C z_C}$

由于 z_C 轴为截面的对称轴，故 $I_{y_C z_C} = 0$。

【例 A-8】 如图 A-15 所示截面由 16 号槽钢和 20a 号工字钢组成。试求组合截面对其形心轴 y_C、z_C 的惯性矩。

解： 型钢截面的几何性质数值可以从型钢表中查得。

20a 号工字钢：$A_1 = 35.5 \text{cm}^2$，$I_{y_{C1}} = 2370 \text{cm}^4$，$I_{z_{C1}} = 158 \text{cm}^4$

16 号槽钢：$A_2 = 25.15 \text{cm}^2$，$I_{y_{C2}} = 83.4 \text{cm}^4$，$I_{z_{C2}} = 934.5 \text{cm}^4$

（1）确定形心位置

截面有一对称轴 z_C 轴，取参考坐标系 yOz_C 如图所示，则由式（A-5）得

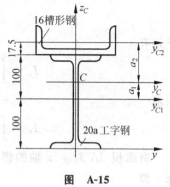

图 A-15

$$z_C = \frac{A_1 z_{C1} + A_2 z_{C2}}{A_1 + A_2}$$

$$= \frac{35.5 \times 10 + 25.15 \times (20 + 1.75)}{35.5 + 25.15}$$

$$= 14.87 (\text{cm})$$

而 $y_C = 0$，于是形心位置确定。以 C 为原点，取坐标系 $y_C C z_C$，则 y_C、z_C 轴为截面的形心轴。y_{C1} 和 y_{C2} 分别为工字钢和槽钢的形心轴，均与 y_C 轴平行，且可以求得

$$a_1 = 14.87 - 10 = 4.87 (\text{cm})$$

$$a_2 = 21.75 - 14.87 = 6.88 (\text{cm})$$

（2）计算惯性矩 I_{z_C}

由组合截面的惯性矩计算公式（A-12）得

$$I_{z_C} = (I_{z_C})_I + (I_{z_C})_{II} = 158 + 934.5 = 1093 (\text{cm}^4)$$

（3）计算惯性矩 I_{y_C}

由组合截面的惯性矩计算公式（A-12）及平行移轴公式（A-13）得

$$I_{y_C} = (I_{y_C})_I + (I_{y_C})_{II} = (I_{y_{C1}} + a_1^2 A_1) + (I_{y_{C2}} + a_2^2 A_2)$$

$$= (2370 + 4.87^2 \times 35.5) + (83.4 + 6.88^2 \times 25.15)$$

$$= 4486 (\text{cm}^4)$$

【例 A-9】 试计算如图 A-16 所示三角形截面对形心轴 y_C、z_C 的惯性矩 I_{y_C}、I_{z_C} 和惯性积 $I_{y_C z_C}$。

解： 此题可先求三角形对于过其直角边的坐标轴 y、z 的惯性矩 I_y、I_z 和惯性积 I_{yz}，然后再由平行移轴公式求 I_{y_C}、I_{z_C} 和 $I_{y_C z_C}$。

（1）求 I_y、I_z、I_{yz}。

选坐标系 yOz 如图所示。取平行于 y 轴的狭长条作为微面积 $\text{d}A$，则

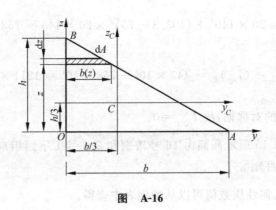

图 A-16

$$dA = b(z)dz = \frac{b}{h}(h-z)dz$$

于是有

$$I_y = \int_A z^2 dA = \int_0^h z^2 \cdot \frac{b}{h}(h-z)dz = \frac{bh^3}{12}$$

同理

$$I_z = \int_A y^2 dA = \int_0^b y^2 \cdot \frac{h}{b}(b-y)dy = \frac{hb^3}{12}$$

微面积 dA 对 y、z 轴的惯性积为 $dI_{yz} = yzdA$,其中的 y、z 应为微面积 dA 的形心坐标。即

$$dI_{yz} = yzdA = \frac{1}{2}b(z)zdA = \frac{b^2}{2}\left(1-\frac{z}{h}\right)^2 zdz$$

于是有

$$I_{yz} = \int_A yzdA = \int_0^h \frac{b^2}{2}\left(1-\frac{z}{h}\right)^2 zdz = \frac{b^2h^2}{24}$$

(2) 求 I_{y_C}、I_{z_C} 和 $I_{y_C z_C}$

三角形的形心 C 在 yOz 坐标系中的坐标为 $\left(\frac{b}{3}, \frac{h}{3}\right)$,由平行移轴公式(A-13)得

$$I_{y_C} = I_y - \left(\frac{h}{3}\right)^2 A = \frac{bh^3}{12} - \left(\frac{h}{3}\right)^2 \cdot \frac{bh}{2} = \frac{bh^3}{36}$$

$$I_{z_C} = I_z - \left(\frac{b}{3}\right)^2 A = \frac{hb^3}{12} - \left(\frac{b}{3}\right)^2 \cdot \frac{bh}{2} = \frac{hb^3}{36}$$

$$I_{y_C z_C} = I_{yz} - \left(\frac{b}{3}\right)\left(\frac{h}{3}\right)A = \frac{b^2h^2}{24} - \frac{b}{3}\frac{h}{3}\frac{bh}{2} = -\frac{b^2h^2}{72}$$

A.4 惯性矩和惯性积的旋转轴公式 主惯性轴和主惯性矩

当坐标轴绕原点旋转时,截面对于具有不同转角的各坐标轴的惯性矩或惯性积之间也存在着确定的关系。下面导出这种关系,并利用它来确定截面的主惯性轴,计算截面的主惯性矩。

图 A-17 表示面积为 A 的任意形状的截面,y、z 为通过截面内任一点 O 的一对坐标轴。

此截面对 y、z 轴的惯性矩 I_y、I_z 及惯性积 I_{yz} 均为已知。若将这对坐标轴绕 O 点旋转 α 角（规定 α 角以逆时针转向为正）至 y_1、z_1 位置，则该截面对于新坐标轴 y_1、z_1 的惯性矩和惯性积分别为 I_{y_1}、I_{z_1} 和 $I_{y_1 z_1}$，它们都可以用已知的 I_y、I_z、I_{yz} 及 α 角来表达。

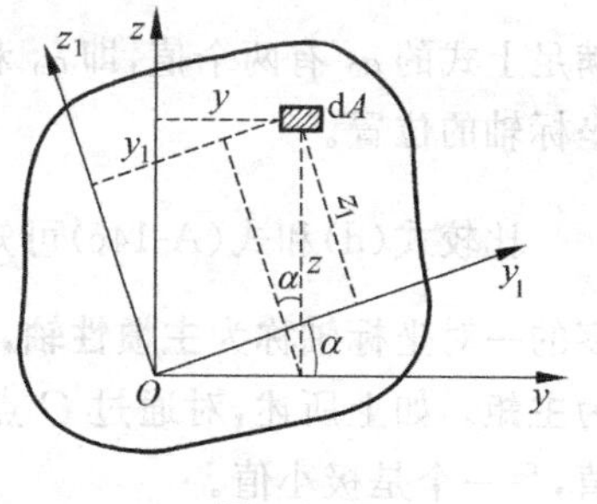

由图 A-17 可见，截面上任一微面积 dA 在新旧两个坐标系内的坐标(y_1,z_1)和(y,z)之间的关系为

$$\begin{cases} y_1 = y\cos\alpha + z\sin\alpha \\ z_1 = z\cos\alpha - y\sin\alpha \end{cases} \quad\text{(a)}$$

图　A-17

将 z_1 代入式(A-6)中的第二式，有

$$I_{y_1} = \int_A z_1^2 \, dA = \int_A (z\cos\alpha - y\sin\alpha)^2 \, dA$$

$$= \cos^2\alpha \int_A z^2 \, dA + \sin^2\alpha \int_A y^2 \, dA - 2\sin\alpha\cos\alpha \int_A yz \, dA \quad\text{(b)}$$

根据惯性矩和惯性积的定义，上式右端的三项积分分别为

$$\int_A z^2 \, dA = I_y, \quad \int_A y^2 \, dA = I_z, \quad \int_A yz \, dA = I_{yz}$$

将以上三式代入式(b)，并利用倍角三角函数的关系，即得

$$I_{y_1} = \frac{I_y + I_z}{2} + \frac{I_y - I_z}{2}\cos 2\alpha - I_{yz}\sin 2\alpha \quad\text{(A-14a)}$$

同理有

$$I_{z_1} = \frac{I_y + I_z}{2} - \frac{I_y - I_z}{2}\cos 2\alpha + I_{yz}\sin 2\alpha \quad\text{(A-14b)}$$

$$I_{y_1 z_1} = \frac{I_y - I_z}{2}\sin 2\alpha + I_{yz}\cos 2\alpha \quad\text{(A-14c)}$$

以上三式就是惯性矩和惯性积的**旋转轴公式**。由旋转轴公式可见，当坐标轴旋转时，惯性矩 I_{y_1}、I_{z_1} 及惯性积 $I_{y_1 z_1}$ 随转角 α 作周期性变化。旋转轴公式和平行移轴公式有所不同：旋转轴公式的坐标原点可以是截面内任一点；而平行移轴公式中却必有一轴是截面的形心轴。

将式(A-14a)和式(A-14b)中的 I_{y_1} 和 I_{z_1} 相加，得

$$I_{y_1} + I_{z_1} = I_y + I_z \quad\text{(A-15)}$$

上式表明，截面对于通过同一点的任意一对正交坐标轴的两惯性矩之和为一常数。由式(A-8)可见，这一常数就是截面对于该坐标原点的极惯性矩 I_p。

由式(A-14a)、式(A-14b)及式(A-15)可见，当坐标轴绕原点旋转、α 角改变时，I_{y_1}、I_{z_1} 相应随之变化，但其和不变。因此当 I_{y_1} 变至极大值时，I_{z_1} 必达极小值。

将式(A-14a)对 α 求导数得

$$\frac{dI_{y_1}}{d\alpha} = -2\left(\frac{I_y - I_z}{2}\sin 2\alpha + I_{yz}\cos 2\alpha\right) \quad\text{(c)}$$

若 $\alpha = \alpha_0$ 时，能使导数 $\dfrac{dI_{y_1}}{d\alpha} = 0$，则对 α_0 所确定的坐标轴，截面的惯性矩为极大值或极小值。将 α_0 代入式(c)，并令其等于零，则得到

$$\frac{I_y - I_z}{2}\sin 2\alpha_0 + I_{yz}\cos 2\alpha_0 = 0 \quad\text{(d)}$$

由此求出

$$\tan 2\alpha_0 = -\frac{2I_{yz}}{I_y - I_z} \tag{A-16}$$

满足上式的 α_0 有两个值,即 α_0 和 $\alpha_0 + 90°$,它们分别对应着惯性矩取极大值和极小值的两个坐标轴的位置。

比较式(d)和式(A-14c)可知,使导数 $\dfrac{\mathrm{d}I_{y_1}}{\mathrm{d}\alpha} = 0$ 的角度 α_0 恰好使惯性积为零。惯性积为零的一对坐标轴称为**主惯性轴**,简称为**主轴**。截面对主惯性轴的惯性矩称为**主惯性矩**,简称为**主矩**。如上所述,对通过 O 点的所有轴来说,截面对主轴的两个主惯性矩,一个是极大值,另一个是极小值。

通过截面形心的主惯性轴称为**形心主惯性轴**。截面对于形心主惯性轴的惯性矩称为**形心主惯性矩**。根据 A.2 节中的讨论,截面对于包括对称轴在内的一对正交坐标轴的惯性积等于零,而形心又必然在对称轴上,所以截面的对称轴就是形心主惯性轴。若截面两组不同的形心轴中,每一组中有一轴为对称轴,则每一形心轴均为形心主惯性轴。若截面有三个(或三个以上)不同的对称轴时,则所有过形心的轴均为形心主惯性轴,且截面对于所有形心轴的惯性矩均相同。如圆及正多边形。

由式(A-16)求出角度 α_0 的数值后,代入式(A-14a)和式(A-14b),即求得截面的主惯性矩。为了计算方便,下面直接导出主惯性矩的计算公式。为此,利用式(A-16)可算出

$$\cos 2\alpha_0 = \frac{1}{\sqrt{1 + \tan^2 2\alpha_0}} = \frac{I_y - I_z}{\sqrt{(I_y - I_z)^2 + 4I_{yz}^2}}$$

$$\sin 2\alpha_0 = \tan 2\alpha_0 \cdot \cos 2\alpha_0 = \frac{-2I_{yz}}{\sqrt{(I_y - I_z)^2 + 4I_{yz}^2}}$$

将其代入式(A-14a)和式(A-14b),经化简后即得主惯性矩的计算公式为

$$\begin{cases} I_{\max} = \dfrac{I_y + I_z}{2} + \dfrac{1}{2}\sqrt{(I_y - I_z)^2 + 4I_{yz}^2} \\[2mm] I_{\min} = \dfrac{I_y + I_z}{2} - \dfrac{1}{2}\sqrt{(I_y - I_z)^2 + 4I_{yz}^2} \end{cases} \tag{A-17}$$

在确定形心主惯性轴的位置并计算形心主惯性矩时,同样可以应用式(A-16)和式(A-17),但式中的 I_y、I_z 和 I_{yz} 应为截面对于通过形心的某一对正交坐标轴的惯性矩和惯性积。值得注意的是惯性矩和惯性积的一系列旋转轴公式(A-14a)~(A-17)与二向应力状态分析的一系列公式(7-1)~(7-4)类似。可以看出:应力、惯性矩等量是比矢量(如力、速度等)更加复杂的物理量。

计算组合截面形心主惯性矩的步骤:

(1)确定形心位置;

(2)以形心为坐标原点,选择一对便于计算惯性矩和惯性积的坐标轴为参考坐标轴,算出组合截面对于这对参考坐标轴的惯性矩和惯性积;

(3)将上述结果代入式(A-16)和式(A-17),确定表示形心主惯性轴位置的角度和形心主惯性矩的数值。

如果组合截面有对称轴,则包括此轴在内的一对相互垂直的形心轴就是形心主惯性轴。只要利用计算组合截面惯性矩的式(A-12)和平行移轴公式(A-13),即可求得截面的形心主

惯性矩。

【**例 A-10**】 试确定如图 A-18 所示截面的形心主惯性轴的位置,并计算形心主惯性矩。

解:(1) 确定形心位置

选择一对参考轴 y、z,将截面分为 I、II 两部分。根据例 A-2 的计算结果,确定截面形心 C 的位置为

$$y_C = 19.7 \text{mm} \approx 20 \text{mm}$$

$$z_C = 39.7 \text{mm} \approx 40 \text{mm}$$

(2) 求截面对形心轴的惯性矩及惯性积

过形心 C 选 $y_C C z_C$ 坐标系,使 y_C、z_C 轴分别与 y、z 轴平行。由图可见,矩形 I、II 的形心 C_1、C_2 在 $y_C C z_C$ 坐标系中的坐标分别为

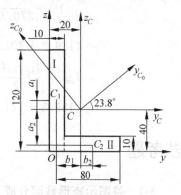

图 A-18

$$a_1 = 60 - 40 = 20 (\text{mm}), \quad a_2 = -(40 - 5) = -35 (\text{mm})$$

$$b_1 = -(20 - 5) = -15 (\text{mm}), \quad b_2 = 45 - 20 = 25 (\text{mm})$$

由平行移轴公式(A-13)得矩形 I、II 对 y_C、z_C 轴的惯性矩和惯性积分别为

矩形 I:

$$I_{y_C}^{\text{I}} = I_{y_{C1}} + a_1^2 A_1 = \frac{1}{12} \times 10 \times 120^3 + 20^2 \times 10 \times 120 = 192 \times 10^4 (\text{mm}^4)$$

$$I_{z_C}^{\text{I}} = I_{z_{C1}} + b_1^2 A_1 = \frac{1}{12} \times 120 \times 10^3 + (-15)^2 \times 10 \times 120 = 28 \times 10^4 (\text{mm}^4)$$

$$I_{y_C z_C}^{\text{I}} = I_{y_{C1} z_{C1}} + a_1 b_1 A_1 = 0 + 20 \times (-15) \times 10 \times 120 = -36 \times 10^4 (\text{mm}^4)$$

矩形 II:

$$I_{y_C}^{\text{II}} = I_{y_{C2}} + a_2^2 A_2 = \frac{1}{12} \times 70 \times 10^3 + (-35)^2 \times 70 \times 10 = 86.3 \times 10^4 (\text{mm}^4)$$

$$I_{z_C}^{\text{II}} = I_{z_{C2}} + b_2^2 A_2 = \frac{1}{12} \times 10 \times 70^3 + (25)^2 \times 70 \times 10 = 72.3 \times 10^4 (\text{mm}^4)$$

$$I_{y_C z_C}^{\text{II}} = I_{y_{C2} z_{C2}} + a_2 b_2 A_2 = 0 + (-35) \times 25 \times 70 \times 10 = -61.3 \times 10^4 (\text{mm}^4)$$

整个截面对形心轴 y_C、z_C 的惯性矩及惯性积为

$$I_{y_C} = I_{y_C}^{\text{I}} + I_{y_C}^{\text{II}} = 192 \times 10^4 + 86.3 \times 10^4 = 278.3 \times 10^4 (\text{mm}^4)$$

$$I_{z_C} = I_{z_C}^{\text{I}} + I_{z_C}^{\text{II}} = 28 \times 10^4 + 72.3 \times 10^4 = 100.3 \times 10^4 (\text{mm}^4)$$

$$I_{y_C z_C} = I_{y_C z_C}^{\text{I}} + I_{y_C z_C}^{\text{II}} = -36 \times 10^4 - 61.3 \times 10^4 = -97.3 \times 10^4 (\text{mm}^4)$$

(3) 求形心主惯性轴位置及形心主惯性矩

由式(A-16)得

$$\tan 2\alpha_0 = -\frac{2 I_{y_C z_C}}{I_{y_C} - I_{z_C}} = -\frac{2 \times (-97.3 \times 10^4)}{278.3 \times 10^4 - 100.3 \times 10^4} = 1.093$$

解得

$$\alpha_0 = 23.8° \quad \text{或} \quad 113.8°$$

α_0 为正值,应从 y_C 轴逆时针量取,确定形心主惯性轴 y_{C_0}、z_{C_0},如图 A-18 所示。

由式(A-17)求得形心主惯性矩为

$$I_{y_{C_0}} = I_{\max} = \frac{I_{y_C} + I_{z_C}}{2} + \frac{1}{2}\sqrt{(I_{y_C} - I_{z_C})^2 + 4I_{y_C z_C}^2}$$

$$= \frac{278.3 \times 10^4 + 100.3 \times 10^4}{2}$$

$$+ \frac{1}{2}\sqrt{(278.3 \times 10^4 - 100.3 \times 10^4)^2 + 4 \times (-97.3 \times 10^4)^2}$$

$$= (189.3 + 131.9) \times 10^4 = 321 \times 10^4 (\text{mm}^4)$$

$$I_{z_{C_0}} = I_{\min} = \frac{I_{y_C} + I_{z_C}}{2} - \frac{1}{2}\sqrt{(I_{y_C} - I_{z_C})^2 + 4I_{y_C z_C}^2}$$

$$= (189.3 - 131.9) \times 10^4 = 57.4 \times 10^4 (\text{mm}^4)$$

思考题

A-1　将图示矩形截面分成 Ⅰ、Ⅱ 两部分,试问 Ⅰ 部分对 y 轴的静矩 $(S_y)_Ⅰ$ 和 Ⅱ 部分对 y 轴的静矩 $(S_y)_Ⅱ$ 有何关系?

A-2　大小不同的截面,其面积 A 大者,惯性矩 I 是否也大?

A-3　截面对一组互相平行的轴的惯性矩中,对哪根轴的惯性矩最小? 惯性积也是如此吗?

A-4　为什么当两个互相垂直的形心轴同时平行移动时,截面的惯性积可增可减? 而当只平行移动其中一根形心轴时,截面的惯性积保持不变?

A-5　何谓主惯性轴? 过截面内任一点有无主惯性轴存在? 何谓形心主惯性轴? 过截面形心有几对主惯性轴存在(一般情况)? 截面的对称轴是否一定是形心主惯性轴? 形心主惯性轴一定是截面的对称轴吗?

A-6　圆形、正方形和正多边形等截面有几对形心主惯性轴? 它们的形心主惯性矩有何关系?

A-7　过图示截面上 A 点有无主轴存在? 主轴方位如何? 过形心 O 点有几对主轴? 为什么?

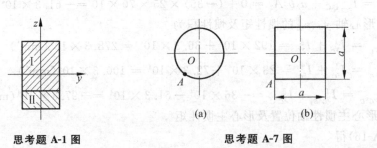

思考题 A-1 图　　　　　　思考题 A-7 图

A-8　图示三种截面对 z 轴的惯性矩 I_z^a、I_z^b、I_z^c 之间的关系是(　　)。

(a) $I_z^a = I_z^b = I_z^c$　　　　　　　　　(b) $I_z^a > I_z^b > I_z^c$

(c) $I_z^a > I_z^c > I_z^b$　　　　　　　　　(d) 无法确定

A-9　图示直角三角形截面,y、z 为过斜边中点 D 且分别与两直角边平行的一对正交坐标轴。试用推理的方法说明,y、z 轴就是 D 点的主惯性轴。

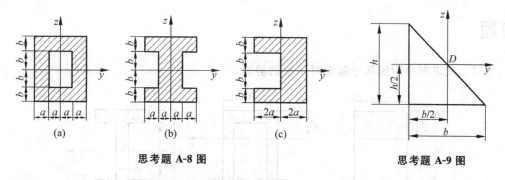

思考题 A-8 图　　　　　　　　　思考题 A-9 图

A-10　图示截面中有三对轴,分别是 y_1、z_1 轴,y_1、z_2 轴和 y、z 轴,C 为截面的形心。试问哪对轴为主惯性轴? 哪对轴为形心主惯性轴?

A-11　如何用最简捷的方法计算图示阴影部分截面对 y 轴的惯性矩 I_y?

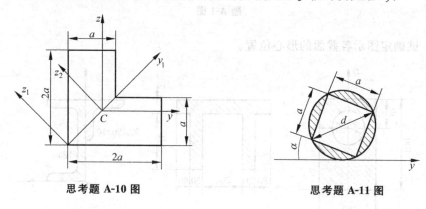

思考题 A-10 图　　　　　　　　思考题 A-11 图

A-12　试画出图示各截面的形心主惯性轴的位置,并指出对哪个轴的惯性矩最大。

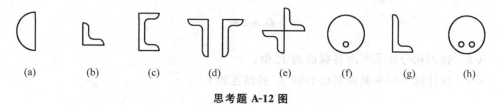

(a)　　(b)　　(c)　　(d)　　(e)　　(f)　　(g)　　(h)

思考题 A-12 图

A-13　试用最简便的方法求图示截面对 y、z 轴的惯性矩和惯性积。

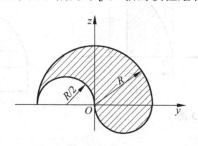

思考题 A-13 图

习题

A-1 试求图中阴影部分截面对 y 轴的静矩。

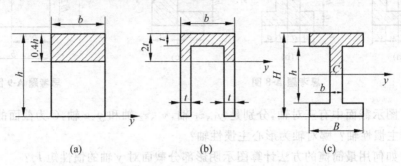

题 A-1 图

A-2 试确定图示各截面的形心位置。

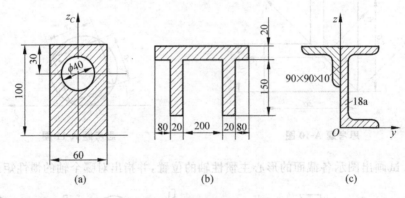

题 A-2 图

A-3 试用积分法求图示各截面的 I_y 值。

A-4 试计算半圆形截面对形心轴 y_C 的惯性矩 I_{y_C}。

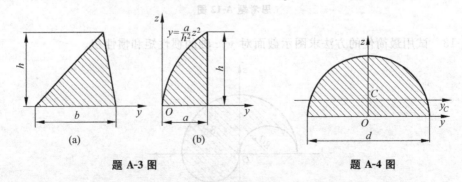

题 A-3 图   题 A-4 图

A-5 试计算下列截面对 y、z 轴的惯性矩 I_y、I_z 以及惯性积 I_{yz}。

A-6 图示矩形截面，$b=\dfrac{2}{3}h$，从左右两侧切去半圆形 $\left(d=\dfrac{h}{2}\right)$。试求：

(1) 切去部分面积占原面积的百分比；

(2) 切后截面的惯性矩 I_y' 与原截面的惯性矩 I_y 之比。

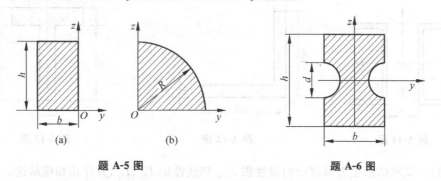

题 A-5 图　　　　　　　　　　题 A-6 图

A-7　试求图示正方形截面对其对角线的惯性矩。

A-8　试求图示三角形截面对通过顶点 A 并平行于底边 BC 的 y 轴的惯性矩。

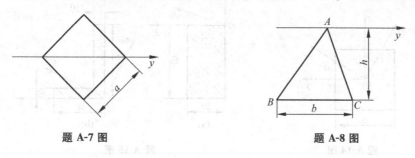

题 A-7 图　　　　　　　　　　题 A-8 图

A-9　试求图示组合截面的形心坐标 z_C 及对形心轴 y_C 的惯性矩。

A-10　在直径 $D=8a$ 的圆截面中，开了一个 $2a \times 4a$ 的矩形孔，如图所示。试求截面对其水平形心轴和竖直形心轴的惯性矩 I_{y_C} 和 I_{z_C}。

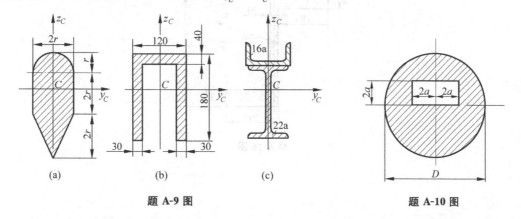

题 A-9 图　　　　　　　　　　题 A-10 图

A-11　图示由两个 20a 号槽钢组成的组合截面，若欲使此截面对其两对称轴的惯性矩 I_y 和 I_z 相等，求两槽钢的间距 a 应为多少。

A-12　试求图示截面的惯性积 I_{yz}。

A-13　图示 T 形截面，已知 $\dfrac{h}{b}=6$；试求截面形心 C 的位置，并求 $\dfrac{z_2}{z_1}=$?

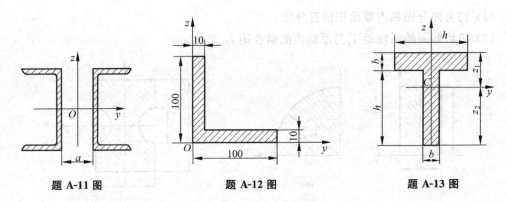

题 A-11 图 题 A-12 图 题 A-13 图

A-14 试求图示正方形截面的惯性积 $I_{y_1z_1}$ 和惯性矩 I_{y_1}、I_{z_1}，并作出相应结论。

A-15 试求图示截面过坐标原点 O 的主惯性轴的位置，并计算主惯性矩 I_{y_0} 和 I_{z_0}。

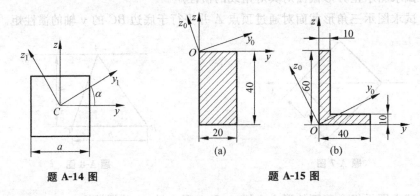

题 A-14 图 题 A-15 图

A-16 试求图示 Z 形截面的形心主惯性轴位置，并求形心主惯性矩。

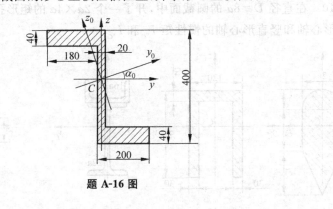

题 A-16 图

附录 B 型钢表

本附录由下列四个表格组成：

表 B-1 热轧等边角钢（GB 9787—1988）　　表 B-2 热轧不等边角钢（GB 9788—1988）

表 B-3 热轧槽钢（GB 707—1988）　　表 B-4 热轧工字钢（GB 706—1988）。

符号意义：

b——边宽度；

d——边厚度；

r——内圆弧半径；

r_1——边端内圆弧半径；

I——惯性矩；

i——惯性半径；

W——截面系数；

z_0——重心距离。

表 B-1 热轧等边角钢（GB 9787—1988）

角钢号数	尺寸/mm			截面面积 /cm²	理论质量 /(kg/m)	外表面积 /(m²/m)	参考数值											
							x-x			x_0-x_0			y_0-y_0			x_1-x_1	z_0
	b	d	r				I_x /cm⁴	i_x /cm	W_x /cm³	I_{x0} /cm⁴	i_{x0} /cm	W_{x0} /cm³	I_{y0} /cm⁴	i_{y0} /cm	W_{y0} /cm³	I_{x1} /cm⁴	/cm
2	20	3	3.5	1.132	0.889	0.078	0.40	0.59	0.29	0.63	0.75	0.45	0.17	0.39	0.20	0.81	0.60
		4		1.459	1.145	0.077	0.50	0.58	0.36	0.78	0.73	0.55	0.22	0.38	0.24	1.09	0.64
2.5	25	3		1.432	1.124	0.098	0.82	0.76	0.46	1.29	0.95	0.73	0.34	0.49	0.33	1.57	0.73
		4		1.859	1.459	0.097	1.03	0.74	0.59	1.62	0.93	0.92	0.43	0.48	0.40	2.11	0.76
3.0	30	3	4.5	1.749	1.373	0.117	1.46	0.91	0.68	2.31	1.15	1.09	0.61	0.59	0.51	2.71	0.85
		4		2.276	1.786	0.117	1.84	0.90	0.87	2.92	1.13	1.37	0.77	0.58	0.62	3.63	0.89
3.6	36	3		2.109	1.656	0.141	2.58	1.11	0.99	4.09	1.39	1.61	1.07	0.71	0.76	4.68	1.00
		4		2.756	2.163	0.141	3.29	1.09	1.28	5.22	1.38	2.05	1.37	0.70	0.93	6.25	1.04
		5		3.382	2.654	0.141	3.95	1.08	1.56	6.24	1.36	2.45	1.65	0.70	1.09	7.84	1.07

续表

角钢号数	b	d	r	截面面积 /cm²	理论质量 /(kg/m)	外表面积 /(m²/m)	I_x /cm⁴	i_x /cm	W_x /cm³	I_{x0} /cm⁴	i_{x0} /cm	W_{x0} /cm³	I_{y0} /cm⁴	i_{y0} /cm	W_{y0} /cm³	I_{x1} /cm⁴	z_0 /cm
							x–x			x_0–x_0			y_0–y_0			x_1–x_1	
4.0	40	3	5	2.359	1.852	0.157	3.59	1.23	1.23	5.69	1.55	2.01	1.49	0.79	0.96	6.41	1.09
		4		3.086	2.422	0.157	4.60	1.22	1.60	7.29	1.54	2.58	1.91	0.79	1.19	8.56	1.13
		5		3.791	2.976	0.156	5.53	1.21	1.96	8.76	1.52	3.10	2.30	0.78	1.39	10.74	1.17
4.5	45	3	5	2.659	2.088	0.177	5.17	1.40	1.58	8.20	1.76	2.58	2.14	0.89	1.24	9.12	1.22
		4		3.486	2.736	0.177	6.65	1.38	2.05	10.56	1.74	3.32	2.75	0.89	1.54	12.18	1.26
		5		4.292	3.369	0.176	8.04	1.37	2.51	12.74	1.72	4.00	3.33	0.88	1.81	15.25	1.30
		6		5.076	3.985	0.176	9.33	1.36	2.95	14.76	1.70	4.64	3.89	0.88	2.06	18.36	1.33
5	50	3	5.5	2.971	2.332	0.197	7.18	1.55	1.96	11.37	1.96	3.22	2.98	1.00	1.57	12.50	1.34
		4		3.897	3.059	0.197	9.26	1.54	2.56	14.70	1.94	4.16	3.82	0.99	1.96	16.69	1.38
		5		4.803	3.770	0.196	11.21	1.53	3.13	17.79	1.92	5.03	4.64	0.98	2.31	20.90	1.42
		6		5.688	4.465	0.196	13.05	1.52	3.68	20.68	1.91	5.85	5.42	0.98	2.63	25.14	1.46
5.6	56	3	6	3.343	2.624	0.221	10.19	1.75	2.48	16.14	2.20	4.08	4.24	1.13	2.02	17.56	1.48
		4		4.390	3.446	0.220	13.18	1.73	3.24	20.92	2.18	5.28	5.46	1.11	2.52	23.43	1.53
		5		5.415	4.251	0.220	16.02	1.72	3.97	25.42	2.17	6.42	6.61	1.10	2.98	29.33	1.57
		8		8.367	6.568	0.219	23.63	1.68	6.03	37.37	2.11	9.44	9.89	1.09	4.16	47.24	1.68
6.3	63	4	7	4.978	3.907	0.248	19.03	1.96	4.13	30.17	2.46	6.78	7.89	1.26	3.29	33.35	1.70
		5		6.143	4.822	0.248	23.17	1.94	5.08	36.77	2.45	8.25	9.57	1.25	3.90	41.73	1.74
		6		7.288	5.721	0.247	27.12	1.93	6.00	43.03	2.43	9.66	11.20	1.24	4.46	50.14	1.78
		8		9.515	7.469	0.247	34.46	1.90	7.75	54.56	2.40	12.25	14.33	1.23	5.47	67.11	1.85
		10		11.657	9.151	0.246	41.09	1.88	9.39	64.85	2.36	14.56	17.33	1.22	6.36	84.31	1.93
7	70	4	8	5.570	4.372	0.275	26.39	2.18	5.14	41.80	2.74	8.44	10.99	1.40	4.17	45.74	1.86
		5		6.875	5.397	0.275	32.21	2.16	6.32	51.08	2.73	10.32	13.34	1.39	4.95	57.21	1.91
		6		8.160	6.406	0.275	37.77	2.15	7.48	59.93	2.71	12.11	15.61	1.38	5.67	68.73	1.95
		7		9.424	7.398	0.275	43.09	2.14	8.59	68.35	2.69	13.81	17.82	1.38	6.34	80.29	1.99
		8		10.667	8.373	0.274	48.17	2.12	9.68	76.37	2.68	15.43	19.98	1.37	6.98	91.92	2.03

续表

角钢号数	尺寸/mm			截面面积 /cm²	理论质量 /(kg/m)	外表面积 /(m²/m)	参考数值										
	b	d	r				x-x			x0-x0			y0-y0			x1-x1	z0
							I_x /cm⁴	i_x /cm	W_x /cm³	I_{x0} /cm⁴	i_{x0} /cm	W_{x0} /cm³	I_{y0} /cm⁴	i_{y0} /cm	W_{y0} /cm³	I_{x1} /cm⁴	/cm
7.5	75	5	9	7.412	5.818	0.295	39.97	2.33	7.32	63.30	2.92	11.94	16.63	1.50	5.77	70.56	2.04
		6		8.797	6.905	0.294	46.95	2.31	8.64	74.38	2.90	14.02	19.51	1.49	6.67	84.55	2.07
		7		10.160	7.976	0.294	53.57	2.30	9.93	84.96	2.89	16.02	22.18	1.48	7.44	98.71	2.11
		8		11.503	9.030	0.294	59.96	2.28	11.20	95.07	2.88	17.93	24.86	1.47	8.19	112.97	2.15
		10		14.126	11.089	0.293	71.98	2.26	13.64	113.92	2.84	21.48	30.05	1.46	9.56	141.71	2.22
8	80	5	9	7.912	6.211	0.315	48.79	2.48	8.34	77.33	3.13	13.67	20.25	1.60	6.66	85.36	2.15
		6		9.397	7.376	0.314	57.35	2.47	9.87	90.98	3.11	16.08	23.72	1.59	7.65	102.50	2.19
		7		10.860	8.525	0.314	65.58	2.46	11.37	104.07	3.10	18.40	27.09	1.58	8.58	119.70	2.23
		8		12.303	9.658	0.314	73.49	2.44	12.83	116.60	3.08	20.61	30.39	1.57	9.46	136.97	2.27
		10		15.126	11.874	0.313	88.43	2.42	15.64	140.09	3.04	24.76	36.77	1.56	11.08	171.74	2.35
9	90	6	10	10.637	8.350	0.354	82.77	2.79	12.61	131.26	3.51	20.63	34.28	1.80	9.95	145.87	2.44
		7		12.301	9.656	0.354	94.83	2.78	14.54	150.47	3.50	23.64	39.18	1.78	11.19	170.30	2.48
		8		13.944	10.946	0.353	106.47	2.76	16.42	168.97	3.48	26.55	43.97	1.78	12.35	194.80	2.52
		10		17.167	13.476	0.353	128.58	2.74	20.07	203.90	3.45	32.04	53.26	1.76	14.52	244.07	2.59
		12		20.306	15.940	0.352	149.22	2.71	23.57	236.21	3.41	37.12	62.22	1.75	16.49	293.76	2.67
10	100	6	12	11.932	9.366	0.393	114.95	3.10	15.68	181.98	3.90	25.74	47.92	2.00	12.69	200.07	2.67
		7		13.796	10.830	0.393	131.86	3.09	18.10	208.97	3.89	29.55	54.74	1.99	14.26	233.54	2.71
		8		15.638	12.276	0.393	148.24	3.08	20.47	235.07	3.88	33.24	61.41	1.98	15.75	267.09	2.76
		10		19.261	15.120	0.392	179.51	3.05	25.06	284.68	3.84	40.26	74.35	1.96	18.54	334.48	2.84
		12		22.800	17.898	0.391	208.90	3.03	29.48	330.95	3.81	46.80	86.84	1.95	21.08	402.34	2.91
		14		26.256	20.611	0.391	236.53	3.00	33.73	374.06	3.77	52.90	99.00	1.94	23.44	470.75	2.99
		16		29.627	23.257	0.390	262.53	2.98	37.82	414.16	3.74	58.57	110.89	1.94	25.63	539.80	3.06

续表

角钢号数	尺寸/mm b	d	r	截面面积/cm²	理论质量/(kg/m)	外表面积/(m²/m)	I_x/cm⁴	x-x i_x/cm	W_x/cm³	I_{x0}/cm⁴	x0-x0 i_{x0}/cm	W_{x0}/cm³	I_{y0}/cm⁴	y0-y0 i_{y0}/cm	W_{y0}/cm³	x1-x1 I_{x1}/cm⁴	z_0/cm
11	110	7	12	15.196	11.928	0.433	177.16	3.41	22.05	280.94	4.30	36.12	73.38	2.20	17.51	310.64	2.96
		8		17.238	13.532	0.433	199.46	3.40	24.95	316.49	4.28	40.69	82.42	2.19	19.39	355.20	3.01
		10		21.261	16.690	0.432	242.19	3.38	30.60	384.39	4.25	49.42	99.98	2.17	22.91	444.65	3.09
		12		25.200	19.782	0.431	282.55	3.35	36.05	448.17	4.22	57.62	116.93	2.15	26.15	534.60	3.16
		14		29.056	22.809	0.431	320.71	3.32	41.31	508.01	4.18	65.31	133.40	2.14	29.14	625.16	3.24
12.5	125	8	14	19.750	15.504	0.492	297.03	3.88	32.52	470.89	4.88	53.28	123.16	2.50	25.86	521.01	3.37
		10		24.373	19.133	0.491	361.67	3.85	39.97	573.89	4.85	64.93	149.46	2.48	30.62	651.93	3.45
		12		28.912	22.696	0.491	423.16	3.83	41.17	671.44	4.82	75.96	174.88	2.46	35.03	783.42	3.53
		14		33.367	26.193	0.490	481.65	3.80	54.16	763.73	4.78	86.41	199.57	2.45	39.13	915.61	3.61
14	140	10	14	27.373	21.488	0.551	514.65	4.34	50.58	817.27	5.46	82.56	212.04	2.78	39.20	915.11	3.82
		12		32.512	25.522	0.551	603.68	4.31	59.80	958.79	5.43	96.85	248.57	2.76	45.02	1099.28	3.90
		14		37.567	29.490	0.550	688.81	4.28	68.75	1093.56	5.40	110.47	284.06	2.75	50.45	1284.22	3.98
		16		42.539	33.393	0.549	770.24	4.26	77.46	1221.81	5.36	123.42	318.67	2.74	55.55	1470.07	4.06
16	160	10	16	31.502	24.729	0.630	779.53	4.98	66.70	1237.30	6.27	109.36	321.76	3.20	52.76	1365.33	4.31
		12		37.441	29.391	0.630	916.58	4.95	78.98	1455.68	6.24	128.67	377.49	3.18	60.74	1639.57	4.39
		14		43.296	33.987	0.629	1048.36	4.92	90.05	1665.02	6.20	147.17	431.70	3.16	68.24	1914.68	4.47
		16		49.067	38.518	0.629	1175.08	4.89	102.63	1865.57	6.17	164.89	484.59	3.14	75.31	2190.82	4.55
18	180	12	16	42.241	33.159	0.710	1321.35	5.59	100.82	2100.10	7.05	165.00	542.61	3.58	78.41	2332.80	4.89
		14		48.896	38.383	0.709	1514.48	5.56	116.25	2407.42	7.02	189.14	621.53	3.56	88.38	2723.48	4.97
		16		55.467	43.542	0.709	1700.99	5.54	131.13	2703.37	6.98	212.40	698.60	3.55	97.83	3115.29	5.05
		18		61.955	48.634	0.708	1875.12	5.50	145.64	2988.24	6.94	234.78	762.01	3.51	105.14	3502.43	5.13
20	200	14	18	54.642	42.894	0.788	2103.55	6.20	144.70	3343.26	7.82	236.40	863.83	3.98	111.82	3734.10	5.46
		16		62.013	48.680	0.788	2366.15	6.18	163.65	3760.89	7.79	265.93	971.41	3.96	123.96	4270.39	5.54
		18		69.301	54.401	0.787	2620.64	6.15	182.22	4164.54	7.75	294.48	1076.74	3.94	135.52	4808.13	5.62
		20		76.505	60.056	0.787	2867.30	6.12	200.42	4554.55	7.72	322.06	1180.04	3.93	146.55	5347.51	5.69
		24		90.661	71.168	0.785	3338.25	6.07	236.17	5294.97	7.64	374.41	1381.53	3.90	166.65	6457.16	5.87

注：截面图中的 $r_1=\frac{1}{3}d$ 及表中 r 值的数据用于孔型设计，不作为交货条件。

表 B-2 热轧不等边角钢（GB 9788—1988）

符号意义：

B——长边宽度;
b——短边宽度;
d——边厚度;
r——内圆弧半径;
r₁——边端内圆弧半径;
x₀——形心坐标;
y₀——形心坐标;
I——惯性矩;
i——惯性半径;
W——抗弯截面系数。

角钢号数	B	b	d	r	截面面积 /cm²	理论质量 /(kg/m)	外表面积 /(m²/m)	Ix /cm⁴	ix /cm	Wx /cm³	Iy /cm⁴	iy /cm	Wy /cm³	Ix1 /cm⁴	y₀ /cm	Iy1 /cm⁴	x₀ /cm	Iu /cm⁴	iu /cm	Wu /cm³	tan α
								x-x			y-y			x₁-x₁		y₁-y₁		u-u			
2.5/1.6	25	16	3	3.5	1.162	0.912	0.080	0.70	0.78	0.43	0.22	0.44	0.19	1.56	0.86	0.43	0.42	0.14	0.34	0.16	0.392
			4		1.499	1.176	0.079	0.88	0.77	0.55	0.27	0.43	0.24	2.09	0.90	0.59	0.46	0.17	0.34	0.20	0.381
3.2/2	32	20	3	3.5	1.492	1.171	0.102	1.53	1.01	0.72	0.46	0.55	0.30	3.27	1.08	0.82	0.49	0.28	0.43	0.25	0.382
			4		1.939	1.220	0.101	1.93	1.00	0.93	0.57	0.54	0.39	4.37	1.12	1.12	0.53	0.35	0.42	0.32	0.374
4/2.5	40	25	3	4	1.890	1.484	0.127	3.08	1.28	1.15	0.93	0.70	0.49	5.39	1.32	1.59	0.59	0.56	0.54	0.40	0.385
			4		2.467	1.936	0.127	3.93	1.26	1.49	1.18	0.69	0.63	8.53	1.37	2.14	0.63	0.71	0.54	0.52	0.381
4.5/2.8	45	28	3	5	2.149	1.687	0.143	4.45	1.44	1.47	1.34	0.79	0.62	9.10	1.47	2.23	0.64	0.80	0.61	0.51	0.383
			4		2.806	2.203	0.143	5.69	1.42	1.91	1.70	0.78	0.80	12.13	1.51	3.00	0.68	1.02	0.60	0.66	0.380
5/3.2	50	32	3	5.5	2.431	1.908	0.161	6.24	1.60	1.84	2.02	0.91	0.82	12.49	1.60	3.31	0.73	1.20	0.70	0.68	0.404
			4		3.177	2.494	0.160	8.02	1.59	2.39	2.58	0.90	1.06	16.65	1.65	4.45	0.77	1.53	0.69	0.87	0.402
5.6/3.6	56	36	3	6	2.743	2.153	0.181	8.88	1.80	2.32	2.92	1.03	1.05	17.54	1.78	4.70	0.80	1.73	0.79	0.87	0.408
			4		3.590	2.818	0.180	11.45	1.78	3.03	3.76	1.02	1.37	23.39	1.82	6.33	0.85	2.23	0.79	1.13	0.408
			5		4.415	3.466	0.180	13.86	1.77	3.71	4.49	1.01	1.65	29.25	1.87	7.94	0.88	2.67	0.79	1.36	0.404
6.3/4	63	40	4	7	4.058	3.185	0.202	16.49	2.02	3.87	5.23	1.14	1.70	33.30	2.04	8.63	0.92	3.12	0.88	1.40	0.398
			5		4.993	3.920	0.202	20.02	2.00	4.74	6.31	1.12	2.71	41.63	2.08	10.86	0.95	3.76	0.87	1.71	0.396
			6		5.908	4.638	0.201	23.36	1.96	5.59	7.29	1.11	2.43	49.98	2.12	13.12	0.99	4.34	0.86	1.99	0.393
			7		6.802	5.339	0.201	26.53	1.98	6.40	8.24	1.10	2.78	58.07	2.15	15.47	1.03	4.97	0.86	2.29	0.389

续表

角钢号数	B	b	d	r	截面面积 /cm²	理论质量 /(kg/m)	外表面积 /(m²/m)	I_x /cm⁴	i_x /cm	W_x /cm³	I_y /cm⁴	i_y /cm	W_y /cm³	I_{x1} /cm⁴	y_0 /cm	I_{y1} /cm⁴	x_0 /cm	I_u /cm⁴	i_u /cm	W_u /cm³	$\tan\alpha$
								x-x			y-y			x₁-x₁		y₁-y₁		u-u			
7/4.5	70	45	4	7.5	4.547	3.570	0.226	23.17	2.26	4.86	7.55	1.29	2.17	45.92	2.24	12.26	1.02	4.40	0.98	1.77	0.410
			5		5.609	4.403	0.225	27.95	2.23	5.92	9.13	1.28	2.65	57.10	2.28	15.39	1.06	5.40	0.98	2.19	0.407
			6		6.647	5.218	0.225	32.54	2.21	6.95	10.62	1.26	3.12	68.35	2.32	18.58	1.09	6.35	0.93	2.59	0.404
			7		7.657	6.011	0.225	37.22	2.20	8.03	12.01	1.25	3.57	79.99	2.36	21.84	1.13	7.16	0.97	2.94	0.402
(7.5/5)	75	50	5	8	6.125	4.808	0.245	34.86	2.39	6.83	12.61	1.44	3.30	70.00	2.40	21.04	1.17	7.41	1.10	2.74	0.435
			6		7.260	5.699	0.245	41.12	2.38	8.12	14.70	1.42	3.88	84.30	2.44	25.37	1.21	8.54	1.08	3.19	0.435
			8		9.467	7.431	0.244	52.39	2.35	10.52	18.53	1.40	4.99	112.50	2.52	34.23	1.29	10.87	1.07	4.10	0.429
			10		11.590	9.098	0.244	62.71	2.33	12.79	21.96	1.38	6.04	140.80	2.60	43.43	1.36	13.10	1.06	4.99	0.423
8/5	80	50	5	8	6.375	5.005	0.255	41.96	2.56	7.78	12.82	1.42	3.32	85.21	2.60	21.06	1.14	7.66	1.10	2.74	0.388
			6		7.560	5.935	0.255	49.49	2.56	9.25	14.95	1.41	3.91	102.53	2.65	25.41	1.18	8.85	1.08	3.20	0.387
			7		8.724	6.848	0.255	56.16	2.54	10.58	16.96	1.39	4.48	119.33	2.69	29.82	1.21	10.18	1.08	3.70	0.384
			8		9.867	7.745	0.254	62.83	2.52	11.92	18.85	1.38	5.03	136.41	2.73	34.32	1.25	11.38	1.07	4.16	0.381
9/5.6	90	56	5	9	7.212	5.661	0.287	60.45	2.90	9.92	18.32	1.59	4.21	121.32	2.91	29.53	1.25	10.98	1.23	3.49	0.385
			6		8.557	6.717	0.286	71.03	2.88	11.74	21.42	1.58	4.96	145.59	2.95	35.58	1.29	12.90	1.23	4.18	0.384
			7		9.880	7.756	0.286	81.01	2.86	13.49	24.36	1.57	5.70	169.66	3.00	41.71	1.33	14.67	1.22	4.72	0.382
			8		11.183	8.779	0.286	91.03	2.85	15.27	27.15	1.56	6.41	194.17	3.04	47.93	1.36	16.34	1.21	5.29	0.380
10/6.3	100	63	6	10	9.617	7.550	0.320	99.06	3.21	14.64	30.94	1.79	6.35	199.71	3.24	50.50	1.43	18.42	1.38	5.25	0.394
			7		11.111	8.722	0.320	113.45	3.20	16.88	35.26	1.78	7.29	233.00	3.28	59.14	1.47	21.00	1.38	6.02	0.394
			8		12.584	9.878	0.319	127.37	3.18	19.08	39.39	1.77	8.21	266.32	3.32	67.88	1.50	23.50	1.37	6.78	0.391
			10		15.467	12.142	0.319	153.81	3.15	23.32	47.12	1.74	9.98	333.06	3.40	85.73	1.58	28.33	1.35	8.24	0.387
10/8	100	80	6	10	10.637	8.350	0.354	107.04	3.17	15.19	61.24	2.40	10.16	199.83	2.95	102.68	1.97	31.65	1.72	8.37	0.627
			7		12.301	9.656	0.354	122.73	3.16	17.52	70.08	2.39	11.71	233.20	3.00	119.98	2.01	36.17	1.72	9.60	0.626
			8		13.944	10.946	0.353	137.92	3.14	19.81	78.58	2.37	13.21	266.61	3.04	137.37	2.05	40.58	1.71	10.80	0.625
			10		17.167	13.476	0.353	166.87	3.12	24.24	94.65	2.35	16.12	333.63	3.12	172.48	2.13	49.10	1.69	13.12	0.622
11/7	110	70	6	10	10.637	8.350	0.354	133.37	3.54	17.85	42.92	2.01	7.90	265.78	3.53	69.08	1.57	25.36	1.54	6.53	0.403
			7		12.301	9.656	0.354	153.00	3.53	20.60	49.01	2.00	9.09	310.07	3.57	80.82	1.61	28.95	1.53	7.50	0.402
			8		13.944	10.946	0.353	172.04	3.51	23.30	54.87	1.98	10.25	354.39	3.62	92.70	1.65	32.45	1.53	8.45	0.401
			10		17.167	13.467	0.353	208.39	3.48	28.54	65.88	1.96	12.48	443.13	3.70	116.83	1.72	39.20	1.51	10.29	0.397
12.5/8	125	80	7	11	14.096	11.066	0.403	227.98	4.02	26.86	74.42	2.30	12.01	454.99	4.01	120.32	1.80	43.81	1.76	9.92	0.408
			8		15.989	12.551	0.403	256.77	4.01	30.41	83.49	2.28	13.56	519.99	4.06	137.85	1.84	49.15	1.75	11.18	0.407
			10		19.712	15.474	0.402	312.04	3.98	37.33	100.67	2.26	16.56	650.09	4.14	173.40	1.92	59.45	1.74	13.64	0.404
			12		23.351	18.330	0.402	364.41	3.95	44.01	116.67	2.24	19.43	780.39	4.22	209.67	2.00	69.35	1.72	16.01	0.400

续表

角钢号数	尺寸/mm B	b	d	r	截面面积/cm²	理论质量/(kg/m)	外表面积/(m²/m)	x-x I_x/cm⁴	i_x/cm	W_x/cm³	y-y I_y/cm⁴	i_y/cm	W_y/cm³	x₁-x₁ I_{x1}/cm⁴	y_0/cm	y₁-y₁ I_{y1}/cm⁴	x_0/cm	u-u I_u/cm⁴	i_u/cm	W_u/cm³	tan α
14/9	140	90	8	12	18.038	14.160	0.453	365.64	4.50	38.48	120.69	2.59	17.34	730.53	4.50	195.79	2.04	70.83	1.98	14.31	0.411
			10		22.261	17.475	0.452	445.50	4.47	47.31	146.03	2.56	21.22	913.20	4.58	245.92	2.21	85.82	1.96	17.48	0.409
			12		26.400	20.724	0.451	521.59	4.44	55.87	169.79	2.54	24.95	1096.09	4.66	296.89	2.19	100.21	1.95	20.54	0.406
			14		30.456	23.908	0.451	594.10	4.42	64.18	192.10	2.51	28.54	1279.26	4.74	348.82	2.27	114.13	1.94	23.52	0.403
16/10	160	100	10	13	25.315	19.872	0.512	668.69	5.14	62.13	205.03	2.85	26.56	1362.89	5.24	336.59	2.28	121.74	2.19	21.92	0.390
			12		30.054	23.592	0.511	784.91	5.11	73.49	239.09	2.82	31.28	1635.56	5.32	405.94	2.36	142.33	2.17	25.79	0.388
			14		34.709	27.247	0.510	896.30	5.08	84.56	271.20	2.80	35.83	1908.50	5.40	476.42	2.43	162.23	2.16	29.56	0.385
			16		39.281	30.835	0.510	1003.04	5.05	95.33	301.60	2.77	40.24	2181.79	5.48	548.22	2.51	182.57	2.16	33.44	0.382
18/11	180	110	10	14	28.373	22.273	0.571	956.25	5.80	78.96	278.11	3.13	32.49	1940.40	5.89	447.22	2.44	166.50	2.42	26.88	0.376
			12		33.712	26.464	0.571	1124.72	5.78	93.53	325.03	3.10	38.32	2328.35	5.98	538.94	2.52	194.87	2.40	31.66	0.374
			14		38.967	30.589	0.570	1286.91	5.75	107.76	369.55	3.08	43.97	2716.60	6.06	631.95	2.59	222.30	2.39	36.32	0.372
			16		44.139	34.649	0.569	1443.06	5.72	121.64	411.85	3.06	49.44	3105.15	6.14	726.46	2.67	248.84	2.38	40.87	0.369
20/12.5	200	125	12	14	37.912	29.761	0.641	1570.90	6.44	116.73	483.16	3.57	49.99	3193.85	6.54	787.74	2.83	285.79	2.74	41.23	0.392
			14		43.867	34.436	0.640	1800.97	6.41	134.65	550.83	3.54	57.44	3726.17	6.62	922.47	2.91	326.58	2.73	47.34	0.390
			16		49.739	39.045	0.639	2023.35	6.38	152.18	615.44	3.52	64.69	4258.86	6.70	1058.86	2.99	366.21	2.71	53.32	0.388
			18		55.526	43.588	0.639	2238.30	6.35	169.33	677.19	3.49	71.74	4792.00	6.78	1197.13	3.06	404.83	2.70	59.18	0.385

注：① 括号内型号不推荐使用。

② 截面图中的 $r_1 = \dfrac{1}{3}d$ 及表中 r 的数据用于孔型设计，不作为交货条件。

表 B-3 热轧槽钢（GB 707—1988）

符号意义：

h——高度；
b——腿宽度；
d——腰厚度；
t——平均腿厚度；
r——内圆弧半径；
r₁——腿端圆弧半径；
I——惯性矩；
W——截面系数；
i——惯性半径；
z₀——y-y 轴与 y₁-y₁ 轴间距。

| 型号 | 尺寸/mm | | | | | | 截面面积 /cm² | 理论质量 /(kg/m) | 参考数值 | | | | | | | |
| | h | b | d | t | r | r₁ | | | x-x | | | y-y | | | y₁-y₁ | z₀ /cm |
									W_x/cm³	I_x/cm⁴	i_x/cm	W_y/cm³	I_y/cm⁴	i_y/cm	I_{y_1}/cm⁴	
5	50	37	4.5	7	7.0	3.5	6.928	5.438	10.4	26.0	1.94	3.55	8.30	1.10	20.9	1.35
6.3	63	40	4.8	7.5	7.5	3.8	8.451	6.634	16.1	50.8	2.45	4.50	11.9	1.19	28.4	1.36
8	80	43	5.0	8	8.0	4.0	10.248	8.045	25.3	101	3.15	5.79	16.6	1.27	37.4	1.43
10	100	48	5.3	8.5	8.5	4.2	12.748	10.007	39.7	198	3.95	7.8	25.6	1.41	54.9	1.52
12.6	126	53	5.5	9	9.0	4.5	15.692	12.318	62.1	391	4.95	10.2	38.0	1.57	77.1	1.59
14 a	140	58	6.0	9.5	9.5	4.8	18.516	14.535	80.5	564	5.52	13.0	53.2	1.70	107	1.71
14 b	140	60	8.0	9.5	9.5	4.8	21.316	16.733	87.1	609	5.35	14.1	61.1	1.69	121	1.67
16a	160	63	6.5	10	10.0	5.0	21.962	17.240	108	866	6.28	16.3	73.3	1.83	144	1.80
16	160	65	8.5	10	10.0	5.0	25.162	19.752	117	935	6.10	17.6	83.4	1.82	161	1.75
18a	180	68	7.0	10.5	10.5	5.2	25.699	20.174	141	1270	7.04	20.0	98.6	1.96	190	1.88
18	180	70	9.0	10.5	10.5	5.2	29.299	23.000	152	1370	6.84	21.5	111	1.95	210	1.84
20a	200	73	7.0	11	11.0	5.5	28.837	22.637	178	1780	7.86	24.2	128	2.11	244	2.01
20	200	75	9.0	11	11.0	5.5	32.837	25.777	191	1910	7.64	25.9	144	2.09	268	1.95

续表

型号	尺寸/mm						截面面积 /cm²	理论质量 /(kg/m)	参考数值							
									x-x			y-y			y_1-y_1	z_0 /cm
	h	b	d	t	r	r_1			W_x/cm³	I_x/cm⁴	i_x/cm	W_y/cm³	I_y/cm⁴	i_y/cm	I_{y_1}/cm⁴	
22a	220	77	7.0	11.5	11.5	5.8	31.846	24.999	218	2390	8.67	28.2	158	2.23	298	2.10
22	220	79	9.0	11.5	11.5	5.8	36.246	28.453	234	2570	8.42	30.1	176	2.21	326	2.03
25 a	250	78	7.0	12	12.0	6.0	34.917	27.410	270	3370	9.82	30.6	176	2.24	322	2.07
25 b	250	80	9.0	12	12.0	6.0	39.917	31.335	282	3530	9.41	32.7	196	2.22	353	1.98
c	250	82	11.0	12	12.0	6.0	44.917	35.260	295	3690	9.07	35.9	218	2.21	384	1.92
28 a	280	82	7.5	12.5	12.5	6.2	40.034	31.427	340	4760	10.9	35.7	218	2.33	388	2.10
28 b	280	84	9.5	12.5	12.5	6.2	45.634	35.823	366	5130	10.6	37.9	242	2.30	428	2.02
c	280	86	11.5	12.5	12.5	6.2	51.234	40.219	393	5500	10.4	40.3	268	2.29	463	1.95
32 a	320	88	8.0	14	14.0	7.0	48.513	38.083	475	7600	12.5	46.5	305	2.50	552	2.24
32 b	320	90	10.0	14	14.0	7.0	54.913	43.107	509	8140	12.2	49.2	336	2.47	593	2.16
c	320	92	12.0	14	14.0	7.0	61.313	48.131	543	8690	11.9	52.6	374	2.47	643	2.09
36 a	360	96	9.0	16	16.0	8.0	60.910	47.814	660	11 900	14.0	63.5	455	2.73	818	2.44
36 b	360	98	11.0	16	16.0	8.0	68.110	53.466	703	12 700	13.6	66.9	497	2.70	880	2.37
c	360	100	13.0	16	16.0	8.0	75.310	59.118	746	13 400	13.4	70.0	536	2.67	948	2.34
40 a	400	100	10.5	18	18.0	9.0	75.068	58.928	879	17 600	15.3	78.8	592	2.81	1070	2.49
40 b	400	102	12.5	18	18.0	9.0	83.068	65.208	932	18 600	15.0	82.5	640	2.78	1140	2.44
c	400	104	14.5	18	18.0	9.0	91.068	71.488	986	19 700	14.7	86.2	688	2.75	1220	2.42

注：截面图和表中标注的圆弧半径 r、r_1 的数据用于孔型设计，不作为交货条件。

表 B-4 热轧工字钢（GB 706—1988）

符号意义：

h ——高度；
b ——腿宽度；
d ——腰厚度；
t ——平均腿厚度；
r ——内圆弧半径；

r_1 ——腿端圆弧半径；
I ——惯性矩；
W ——截面系数；
i ——惯性半径；
S ——半截面的静力矩。

型号	尺寸/mm						截面面积 /cm²	理论质量 /(kg/m)	参 考 数 值								
	h	b	d	t	r	r_1			x-x					y-y		
									I_x/cm^4	W_x/cm^3	i_x/cm	$I_x : S_x/cm$	I_y/cm^4	W_y/cm^3	i_y/cm
10	100	68	4.5	7.6	6.5	3.3	14.345	11.261	245	49.0	4.14	8.59	33.0	9.72	1.52
12.6	126	74	5.0	8.4	7.0	3.5	18.118	14.223	488	77.5	5.20	10.8	46.9	12.7	1.61
14	140	80	5.5	9.1	7.5	3.8	21.516	16.890	712	102	5.76	12.0	64.4	16.1	1.73
16	160	88	6.0	9.9	8.0	4.0	26.131	20.513	1130	141	6.58	13.8	93.1	21.2	1.89
18	180	94	6.5	10.7	8.5	4.3	30.756	24.143	1660	185	7.36	15.4	122	26.0	2.00
20a	200	100	7.0	11.4	9.0	4.5	35.578	27.929	2370	237	8.15	17.2	158	31.5	2.12
20b	200	102	9.0	11.4	9.0	4.5	39.578	31.069	2500	250	7.96	16.9	169	33.1	2.06
22a	220	110	7.5	12.3	9.5	4.8	42.128	33.070	3400	309	8.99	18.9	225	40.9	2.31
22b	220	112	9.5	12.3	9.5	4.8	46.528	36.524	3570	325	8.78	18.7	239	42.7	2.27
25a	250	116	8.0	13.0	10.0	5.0	48.541	38.105	5020	402	10.2	21.6	280	48.3	2.40
25b	250	118	10.0	13.0	10.0	5.0	53.541	42.030	5280	423	9.94	21.3	309	52.4	2.40
28a	280	122	8.5	13.7	10.5	5.3	55.404	43.492	7110	508	11.3	24.6	345	56.6	2.50
28b	280	124	10.5	13.7	10.5	5.3	61.004	47.888	7480	534	11.1	24.2	379	61.2	2.49
32a	320	130	9.5	15.0	11.5	5.8	67.156	52.717	11100	692	12.8	27.5	460	70.8	2.62
32b	320	132	11.5	15.0	11.5	5.8	73.556	57.741	11600	726	12.6	27.1	502	76.0	2.61
32c	320	134	13.5	15.0	11.5	5.8	79.956	62.765	12200	760	12.3	26.8	544	81.2	2.61
36a	360	136	10.0	15.8	12.0	6.0	76.480	60.037	15800	875	14.4	30.7	552	81.2	2.69

续表

型号	尺寸/mm						截面面积/cm²	理论质量/(kg/m)	参考数值						
	h	b	d	t	r	r_1			x-x					y-y	
									I_x/cm⁴	W_x/cm³	i_x/cm	$I_x : S_x$/cm	I_y/cm⁴	W_y/cm³	i_y/cm
36b	360	138	12.0	15.8	12.0	6.0	83.680	65.689	16 500	919	14.1	30.3	582	84.3	2.64
36c	360	140	14.0	15.8	12.0	6.0	90.880	71.341	17 300	962	13.8	29.9	612	87.4	2.60
40a	400	142	10.5	16.5	12.5	6.3	86.112	67.598	21 700	1090	15.9	34.1	660	93.2	2.77
40b	400	144	12.5	16.5	12.5	6.3	94.112	73.878	22 800	1140	15.6	33.6	692	96.2	2.71
40c	400	146	14.5	16.5	12.5	6.3	102.112	80.158	23 900	1190	15.2	33.2	727	99.6	2.65
45a	450	150	11.5	18.0	13.5	6.8	102.446	80.420	32 200	1430	17.7	38.6	855	114	2.89
45b	450	152	13.5	18.0	13.5	6.8	111.446	87.485	33 800	1500	17.4	38.0	894	118	2.84
45c	450	154	15.5	18.0	13.5	6.8	120.446	94.550	35 300	1570	17.1	37.6	938	122	2.79
50a	500	158	12.0	20.0	14.0	7.0	119.304	93.654	46 500	1860	19.7	42.8	1120	142	3.07
50b	500	160	14.0	20.0	14.0	7.0	129.304	101.504	48 600	1940	19.4	42.4	1170	146	3.01
50c	500	162	16.0	20.0	14.0	7.0	139.304	109.354	50 600	2080	19.0	41.8	1220	151	2.96
56a	560	166	12.5	21.0	14.5	7.3	135.435	106.316	65 600	2340	22.0	47.7	1370	165	3.18
56b	560	168	14.5	21.0	14.5	7.3	146.635	115.108	68 500	2450	21.6	47.2	1490	174	3.16
56c	560	170	16.5	21.0	14.5	7.3	157.835	123.900	71 400	2550	21.3	46.7	1560	183	3.16
63a	630	176	13.0	22.0	15.0	7.5	154.658	121.407	93 900	2980	24.5	54.2	1700	193	3.31
63b	630	178	15.0	22.0	15.0	7.5	167.258	131.298	98 100	3160	24.2	53.5	1810	204	3.29
63c	630	180	17.0	22.0	15.0	7.5	179.858	141.189	102 000	3300	23.8	52.9	1920	214	3.27

注：截面图和表中标注的圆弧半径 r、r_1 的数据用于孔型设计，不作为交货条件。

习 题 答 案

第 2 章　拉伸、压缩与剪切

2-3　$F_{N1}=-20\text{kN}, \sigma=-100\text{MPa}$

$F_{N2}=-10\text{kN}, \sigma=-33.3\text{MPa}$

$F_{N3}=10\text{kN}, \sigma=25\text{MPa}$

2-4　$\theta=26.6°$

2-5　$\sigma=-0.34\text{MPa}$

2-6　(2) $F=13.75\text{kN}$

(3) $A=29.99\text{mm}$

2-7　(1) $d_{max}=17.8\text{mm}$

(2) $A_{CD}\geqslant 833\text{mm}^2$

(3) $F_{max}=15.7\text{kN}$

2-8　$\sigma_1=82.9\text{MPa}, \sigma_2=131.8\text{MPa}$

2-9　$[F]=57.6\text{kN}$

2-10　$\theta=54.8°$

2-11　$\delta_{CD}=\dfrac{-\mu F}{4Et}$

2-12　$d_{AB}\geqslant 17.2\text{mm}, d_{BC}=d_{BD}\geqslant 17.2\text{mm}$

2-13　$d\geqslant 20\text{mm}, b\geqslant 84.1\text{mm}$

2-14　$\Delta=1.365\text{mm}$

2-15　$\sigma=151\text{MPa}, \delta_C=0.79\text{mm}$

2-16　$V_{\varepsilon1}=3V_{\varepsilon2}$

2-17　$A_1=0.576\text{m}^2, A_2=0.665\text{m}^2, \Delta_A=2.24\text{mm}$

2-18　$F=80\text{kN}$ 时，$\delta_B=6.86\text{mm}$

$F=120\text{kN}$ 时，$\delta_B=20.58\text{mm}$

2-19　$K=0.729\text{kN/m}^3, \Delta L=1.97\text{mm}$

2-20　杆 AC：$2 \llcorner 80\times 7$

杆 CD：$2 \llcorner 75\times 6$

2-21　$\delta_{AC}=0.683\times 10^{-3}a$

2-22　$\Delta_{Cy}=1.04\text{mm}, \Delta_{Cx}=0.518\text{mm}$

2-23　AB 杆 $2 \llcorner 90\times 50\times 5$

CD 杆 $2 \llcorner 40\times 25\times 3$

EF 杆 $2 \llcorner 70\times 45\times 5$

GH 杆 $2 \llcorner 70\times 45\times 5$

$\Delta_A=2.7\text{mm}, \Delta_D=1.55\text{mm}, \Delta_C=2.46\text{mm}$

2-24 $\dfrac{d_{AB}}{d_{AC}}=1.03$

2-25 $F_{RA}=F_{RB}=F, F_{Nmax}=F$

2-26 $A_1=A_2\geqslant182\text{mm}^2$

2-27 $e=\dfrac{b(E_1-E_2)}{2(E_1+E_2)}$

2-28 $F_{N1}=\dfrac{5}{6}F, F_{N2}=\dfrac{1}{3}F, F_{N3}=-\dfrac{1}{6}F$

2-29 $\sigma_1=127\text{MPa}, \sigma_2=26.8\text{MPa}, \sigma_3=-86.5\text{MPa}$

2-30 $\sigma_{CE}=96\text{MPa}, \sigma_{BD}=161\text{MPa}$

2-31 $[F]=742\text{kN}$

2-32 (a) $\sigma_{max}=131\text{MPa}$

  (b) $\sigma_{max}=78.8\text{MPa}$

2-33 $\sigma_{BC}=30.3\text{MPa}, \sigma_{BD}=-26.2\text{MPa}$

2-34 温度降低, $\Delta T=-26.5℃$

2-35 (1) $F=32\text{kN}$ (2) $\sigma'=87.5\text{MPa}, \sigma''=75\text{MPa}$

2-36 $F_{N1}=F_{N2}=F_{N3}=0.241\dfrac{EA\delta}{l}, F_{N4}=F_{N5}=-0.139\dfrac{EA\delta}{l}$

2-37 杆1应力 $\sigma_1=16.2\text{MPa}$, 杆2应力 $\sigma_2=45.9\text{MPa}$

2-38 $A_1=1384\text{mm}^2, A_2=692\text{mm}^2$

2-40 $d\geqslant4\text{cm}$

2-41 $\tau=66.3\text{MPa}, \sigma_{bs}=102\text{MPa}$

2-42 $d/h=2.4$

2-43 $D:h:d=1.225:0.333:1$

2-44 $\tau=15.9\text{MPa}<[\tau]$, 安全

2-45 $\tau=0.952\text{MPa}, \sigma_{bs}=7.41\text{MPa}$

2-46 $\tau=43.3\text{MPa}, \sigma_{bs}=59.5\text{MPa}$

2-47 $t=80\text{mm}$

2-48 $l\geqslant101\text{mm}$

第 3 章 扭 转

3-4 $\bar{m}=0.0135\text{kN}\cdot\text{m/m}$

3-5 $\tau_{\frac{d}{8}}=12.5\text{MPa}, \tau_{\frac{d}{4}}=25\text{MPa}, \tau_{\frac{d}{2}}=50\text{MPa}$

3-6 $\tau_{max}=\dfrac{16M}{\pi d_2^3}$

3-7 $\tau=189.4\text{MPa}, \gamma=2.53\times10^{-3}\text{rad}$

3-8 $M=151\text{N}\cdot\text{m}$

3-9 $\tau_{max}=46.6\text{MPa}, P=71.8\text{kW}$

3-10 (1) $\bar{m}=0.009\,76\text{kN}\cdot\text{m/m}$

  (2) $\tau_{max}=17.76\text{MPa}$

(3) $\varphi = 8.5°$

3-11　$d \geqslant 32.2 \text{mm}$

3-12　$\tau_{max} = 18.8 \text{MPa} < [\tau]$，安全

3-13　$T_{max} = 4 \text{kN} \cdot \text{m}, \tau_{max} = 20.4 \text{MPa}, \varphi_{max} = 0.51 \times 10^{-2} \text{rad}$

3-14　$M \leqslant 1.92 \text{kN} \cdot \text{m}$

3-15　$\mu = 0.289$

3-16　$E = 216 \text{GPa}, G = 81.8 \text{GPa}, \mu = 0.32$

3-17　$\tau_{AC max} = 49.9 \text{MPa} < [\tau]$

$\tau_{DB max} = 21.3 \text{MPa} < [\tau]$

$\varphi_{max} = 1.77(°)/\text{m} < [\varphi]$，安全

3-18　重量比 $= 0.51$，刚度比 $= 1.19$

3-19　$d \geqslant 111.3 \text{mm}$

3-20　AE：$\tau_{max} = 45.2 \text{MPa}, \varphi = 0.462(°)/\text{m}$

　　　　BC：$\tau_{max} = 71.3 \text{MPa}, \varphi = 1.02(°)/\text{m}$

3-21　(1) $d_1 \geqslant 84.6 \text{mm}, d_2 \geqslant 74.5 \text{mm}$

　　　(2) $d \geqslant 84.6 \text{mm}$

　　　(3) 主动轮 1 放在从动轮 2、3 之间比较合理。

3-23　$D^3 = 8 \varphi d^2$

3-24　$\tau_{max} = 33.4 \text{MPa}, l = 104 \text{mm}$

3-25　$d \geqslant 86 \text{mm}$

3-26　$\tau_a = \dfrac{I_{p实} G_a}{I_{p实} G_a + I_{p空} G_b} \dfrac{mr}{I_{p实}}, \quad 0 \leqslant r \leqslant R_A$

　　　$\tau_b = \dfrac{I_{p空} G_b}{I_{p实} G_a + I_{p空} G_b} \dfrac{mr}{I_{p空}}, \quad R_A \leqslant r \leqslant R_B$

3-27　$F_{AB} = \dfrac{3}{4} F, F_{CD} = \dfrac{1}{4} F$

3-28　$T_1 = T_2 = \dfrac{\alpha \cdot G_1 I_{p1} \cdot G_2 I_{p2}}{l_2 \cdot G_1 I_{p1} + l_2 G_2 I_{p2}}$

3-29　$T = \dfrac{31}{48} \pi R^3 \tau$

3-30　$\tau_{max} = 65.6 \text{MPa}, V_\varepsilon = 0.492 \text{kN} \cdot \text{m}$

3-31　$V_\varepsilon = \dfrac{m^2 l^3}{6 E I_p}$

3-32　$\tau_{圆 max} = 37.1 \text{MPa}, \tau_{方 max} = 47.6 \text{MPa}, \tau_{矩 max} = 57.4 \text{MPa}$

　　　$\tau_{圆 max} : \tau_{方 max} : \tau_{矩 max} = 1 : 1.28 : 1.55$

3-33　$[M_{e2}] = 1.73 \text{kN} \cdot \text{m}, \varphi_A = 0.006 \text{rad}$

3-34　$\tau_{max} = 25 \text{MPa}, \varphi = 0.0625 \text{rad}$

第 4 章　弯曲内力

4-1　(a) $F_{S1} = 0, M_1 = -2 \text{kN} \cdot \text{m}$；$F_{S2} = -5 \text{kN}, M_2 = -12 \text{kN} \cdot \text{m}$

(b) $F_{S1}=2\text{kN},M_1=6\text{kN}\cdot\text{m}$；$F_{S2}=-3\text{kN},M_2=6\text{kN}\cdot\text{m}$

(c) $F_{S1}=4\text{kN},M_1=4\text{kN}\cdot\text{m}$；$F_{S2}=4\text{kN},M_2=-6\text{kN}\cdot\text{m}$

(d) $F_{S1}=-1.67\text{kN},M_1=5\text{kN}\cdot\text{m}$

(e) $F_{S1}=-\dfrac{M_e}{4a},M_1=-\dfrac{M_e}{4}$；$F_{S2}=-\dfrac{M_e}{4a},M_2=-M_e$；

　　$F_{S3}=0,M_3=-M_e$

(f) $F_{S1}=12.5\text{kN},M_1=-15.25\text{kN}\cdot\text{m}$；

　　$F_{S2}=-11.81\text{kN},M_2=-15.25\text{kN}\cdot\text{m}$

(g) $F_{S1}=30\text{kN},M_1=-45\text{kN}\cdot\text{m}$；$F_{S2}=0,M_2=-40\text{kN}\cdot\text{m}$

(h) $F_{S1}=\dfrac{3}{4}q_0a,M_1=\dfrac{11}{12}q_0a^2$；$F_{S2}=0,M_2=\dfrac{4}{3}q_0a^2$

4-2　(a) $|F_S|_{\max}=\dfrac{1}{2}q_0l$，　$|M|_{\max}=\dfrac{1}{6}q_0l^2$

(b) $|F_S|_{\max}=45\text{kN}$，　$|M|_{\max}=127.5\text{kN}\cdot\text{m}$

(c) $|F_S|_{\max}=49.5\text{kN}$，　$|M|_{\max}=174\text{kN}\cdot\text{m}$

(d) $|F_S|_{\max}=1.4\text{kN}$，　$|M|_{\max}=2.4\text{kN}\cdot\text{m}$

(e) $|F_S|_{\max}=22\text{kN}$，　$|M|_{\max}=20\text{kN}\cdot\text{m}$

(f) $|F_S|_{\max}=qa$，　$|M|_{\max}=\dfrac{1}{2}qa^2$

(g) $|F_S|_{\max}=F$，　$|M|_{\max}=\dfrac{Fl}{2}$

(h) $|F_S|_{\max}=30\text{kN}$，　$|M|_{\max}=30\text{kN}\cdot\text{m}$

4-3　(a) $|F_S|_{\max}=5\text{kN}$，　$|M|_{\max}=10\text{kN}\cdot\text{m}$

(b) $|F_S|_{\max}=15\text{kN}$，　$|M|_{\max}=25\text{kN}\cdot\text{m}$

(c) $|F_S|_{\max}=\dfrac{3}{2}qa$，　$|M|_{\max}=\dfrac{21}{8}qa^2$

(d) $|F_S|_{\max}=\dfrac{M_e}{3a}$，　$|M|_{\max}=2M_e$

(e) $|F_S|_{\max}=14\text{kN}$，　$|M|_{\max}=20\text{kN}\cdot\text{m}$

(f) $|F_S|_{\max}=\dfrac{11}{16}F$，　$|M|_{\max}=\dfrac{3}{8}Fa$

(g) $|F_S|_{\max}=1.5\text{kN}$，　$|M|_{\max}=0.563\text{kN}\cdot\text{m}$

(h) $|F_S|_{\max}=280\text{kN}$，$|M|_{\max}=545\text{kN}\cdot\text{m}$

(i) $|F_S|_{\max}=F$，　$|M|_{\max}=Fa$

(j) $|F_S|_{\max}=\dfrac{11}{6}qa$，　$|M|_{\max}=qa^2$

4-4　(a) $|F_S|_{\max}=4\text{kN}$，　$|M|_{\max}=4\text{kN}\cdot\text{m}$

(b) $|F_S|_{\max}=75\text{kN}$，$|M|_{\max}=200\text{kN}\cdot\text{m}$

4-9　(a) $|F_S|_{\max}=\dfrac{1}{4}q_0l$，　$|M|_{\max}=\dfrac{1}{12}q_0l^2$

(b) $|F_S|_{\max}=\dfrac{3}{4}ql$，　$|M|_{\max}=\dfrac{7}{24}ql^2$

(c) $|F_S|_{max}=\dfrac{7}{16}ql$, $|M|_{max}=\dfrac{5}{48}ql^2$

(d) $|F_S|_{max}=88.3kN$, $|M|_{max}=80kN \cdot m$

4-10 (a) $|M|_{max}=36kN \cdot m$

(b) $|M|_{max}=6.25kN \cdot m$

(c) $|M|_{max}=2.25kN \cdot m$

4-11 $\dfrac{a}{l}=0.207$

4-12 $x=\dfrac{l}{2}-\dfrac{d}{4}$, $|M|_{max}=\dfrac{F}{2}(l-d)+\dfrac{Fd^2}{8l}$, 作用在左轮截面处；

或 $x=\dfrac{l}{2}-\dfrac{3d}{4}$, $|M|_{max}=\dfrac{F}{2}(l-d)+\dfrac{Fd^2}{8l}$, 作用在右轮截面处。

4-13 (a) $|F_S|_{max}=20kN$, $|M|_{max}=80kN \cdot m$, $|F_N|_{max}=10kN$

(b) $|F_S|_{max}=17.5kN$, $|M|_{max}=26.3kN \cdot m$, $|F_N|_{max}=17.5kN$

(c) $|F_S|_{max}=60kN$, $|M|_{max}=180kN \cdot m$, $|F_N|_{max}=60kN$

(d) $|F_S|_{max}=70kN$, $|M|_{max}=105kN \cdot m$, $|F_N|_{max}=70kN$

(e) $|F_S|_{max}=6kN$, $|M|_{max}=15kN \cdot m$, $|F_N|_{max}=6kN$

(f) $|F_S|_{max}=45kN$, $|M|_{max}=101.3kN \cdot m$, $|F_N|_{max}=27.1kN$

4-14 (a) $|F_S|_{max}=F$, $|M|_{max}=FR$, $|F_N|_{max}=F$

(b) $|F_S|_{max}=F$, $|M|_{max}=FR$, $|F_N|_{max}=F$

(c) $|F_S|_{max}=F$, $|M|_{max}=FR$, $|F_N|_{max}=F$

第 5 章　弯曲应力

5-1　$\sigma_{max}=100MPa$

5-3　截面 m—m: $\sigma_A=-7.41MPa$, $\sigma_B=4.94MPa$

$\sigma_C=0$, $\sigma_D=7.41MPa$

截面 n—n: $\sigma_A=9.26MPa$, $\sigma_B=-6.18MPa$

$\sigma_C=0$, $\sigma_D=-9.26MPa$

5-4　$b \geqslant 277mm$, $h \geqslant 416mm$

5-5　$F=56.8kN$

5-6　最大允许轧制力 $F=910kN$

5-7　$b=510mm$

5-8　$F=44.3kN$

5-9　$M=10.7kN \cdot m$

5-10　(1) 最大正弯矩所在截面：$\sigma_{t,max}=45.9MPa$, $\sigma_{c,max}=107.2MPa$

(2) 最大负弯矩所在截面：$\sigma_{t,max}=70MPa$, $\sigma_{c,max}=30MPa$

5-11　$d=115m$

5-12　$a=1.386m$

5-13　(1) $\dfrac{\sigma_{max}}{\tau_{max}}=5$

(2) $\Delta l = \dfrac{ql^3}{2Ebh^2}$

5-14 AC 中点；$b=139\text{mm}, h=209\text{mm}$

5-15 $W \geqslant 220\text{cm}^3$，取 20$a$ 工字钢

5-16 $\sigma_{\max} = \dfrac{128}{27}\dfrac{Fl}{\pi d^3}$

5-17 $M_{\max} = 140.2\text{kN}\cdot\text{m}$，选 28$a$ 工字钢。

5-18 $F = 3.75\text{kN}$

5-19 $\tau = 16.2\text{MPa} < [\tau]$

5-22 $e = 100\text{mm}$

第6章 弯曲变形

6-2 (a) $w_{\max} = \dfrac{ql^4}{8EI}\left(1+\dfrac{4a}{3l}\right)$ ($\downarrow$)

    (b) $w_{\max} = \dfrac{M_e l^2}{6EI}$ ($\uparrow$)

6-3 $\theta_A = -\dfrac{qa^3}{6EI}$, $\theta_B = 0$

    $w_D = -\dfrac{qa^4}{12EI}$, $w_C = -\dfrac{qa^4}{8EI}$

6-4 $\theta_A = \dfrac{5ql^3}{48EI}$, $\theta_B = \dfrac{ql^3}{24EI}$

    $w_A = -\dfrac{ql^4}{24EI}$, $w_D = \dfrac{ql^4}{384EI}$

6-5 $w_A = -\dfrac{19Fa^3}{24EI}$, $w_C = \dfrac{3Fa^3}{8EI}$, $w_E = -\dfrac{Fa^3}{2EI}$

6-6 $\omega_B = -\dfrac{2Fl^3}{9EI}$

6-7 $\theta_A = \dfrac{qa^3}{48EI}$, $w_C = -\dfrac{13qa^4}{48EI}$

6-8 $\theta_A = -\theta_B = -\dfrac{5q_0 l^3}{192EI}$

    $w_{\max} = -\dfrac{q_0 l^4}{120EI}$

6-9 $M_B = 2M_A$

6-10 $a = \dfrac{l}{2}$, $w_A = \dfrac{ql^4}{384EI}$

6-11 (a) $|\theta|_{\max} = \dfrac{5Fl^2}{16EI}$, $|w|_{\max} = \dfrac{3Fl^3}{16EI}$

    (b) $|\theta|_{\max} = \dfrac{5Fl^2}{128EI}$, $|w|_{\max} = \dfrac{3Fl^3}{256EI}$

6-12 (a) $w_{\max} = -\dfrac{24Fa^3}{bh^3E}$

(b) $w_{max} = -\dfrac{3Fa^3}{bh^3E}$

6-16 (a) $w_A = \dfrac{Fl^3}{12EI}$, $\qquad \theta_B = \dfrac{7Fl^2}{8EI}$

(b) $w_A = -\dfrac{Fa}{6EI}(3b^2 + 6ab + 2a^2)$, $\qquad \theta_B = \dfrac{Fa(2b+a)}{2EI}$

(c) $w_A = -\dfrac{5ql^4}{768EI}$, $\qquad \theta_B = \dfrac{ql^3}{384EI}$

(d) $w_A = \dfrac{ql^4}{16EI}$, $\qquad \theta_B = \dfrac{ql^3}{12EI}$

6-17 $w_B = 8.21\text{mm}$

6-18 $\Delta l = 2.28\text{mm}, \Delta = 7.39\text{mm}$

6-19 16a 槽钢

6-20 $d \geqslant 30.9\text{mm}$

6-21 No.18 工字钢

6-22 $\Delta = \dfrac{9F^4}{2048q^3EI}$

6-23 $\delta = \dfrac{19Wa^3}{1152EI}$

6-24 (1) $x = 0.152l$; (2) $x = \dfrac{l}{6}$

6-25 $w_C = \dfrac{135qa^4}{24EI}$

6-26 在梁的自由端加集中力 $F = 6AEI$(向上)，集中力偶 $M_e = 6AlEI$(顺时针)。

6-28 $w_C = \dfrac{Fl^3}{3EI} - \dfrac{Fa^2l}{GI_p} - \dfrac{Fa^3}{3EI}$ $\quad (\downarrow)$

6-29 (a) $F_B = \dfrac{9M_e}{16a}$ $(\uparrow)$; (b) $F_C = \dfrac{7}{4}F$ $(\uparrow)$;

(c) $F_C = \dfrac{5}{8}ql$ $(\uparrow)$; (d) $F_C = qa$, $M_A = M_B = \dfrac{qa^2}{12}$

6-30 梁 CD 受力 $F_1 = \dfrac{135}{167}F$

6-31 $\sigma_{max} = 109.1\text{MPa}, \sigma_{BC} = 31.0\text{MPa}, w_C = 8.03\text{mm}$

6-32 $F_S = 85.1\text{N}$

第7章 应力状态和强度理论

7-2 (a) $\sigma_\alpha = 40.0\text{MPa}, \tau_\alpha = 10.0\text{MPa}$

(b) $\sigma_\alpha = -38.2\text{MPa}, \tau_\alpha = 0\text{MPa}$

(c) $\sigma_\alpha = 0.49\text{MPa}, \tau_\alpha = -20.5\text{MPa}$

7-3 (a) $\sigma_1 = 57\text{MPa}, \sigma_3 = -7\text{MPa}, \alpha_0 = -19°20', \tau_{max} = 32\text{MPa}$

(b) $\sigma_1 = 52.4\text{MPa}, \sigma_2 = 7.64\text{MPa}, \alpha_0 = -31°42', \tau_{max} = 26.2\text{MPa}$

(c) $\sigma_1 = 25\text{MPa}, \sigma_3 = -25\text{MPa}, \alpha_0 = -45°, \tau_{max} = 25\text{MPa}$

(d) $\sigma_1 = 11.2\text{MPa}, \sigma_3 = -71.2\text{MPa}, \alpha_0 = -38°, \tau_{max} = 41.2\text{MPa}$

(e) $\sigma_1 = 4.7\text{MPa}, \sigma_3 = -84.7\text{MPa}, \alpha_0 = -13°17', \tau_{max} = 44.7\text{MPa}$

(f) $\sigma_1 = 37\text{MPa}, \sigma_3 = -27\text{MPa}, \alpha_0 = 19°20', \tau_{max} = 32\text{MPa}$

7-4　(a) $\sigma_1 = 94.7\text{MPa}, \sigma_2 = 50\text{MPa}, \sigma_3 = 5.3\text{MPa}, \tau_{max} = 44.7\text{MPa}$

　　(b) $\sigma_1 = 80\text{MPa}, \sigma_2 = 50\text{MPa}, \sigma_3 = -20\text{MPa}, \tau_{max} = 50\text{MPa}$

　　(c) $\sigma_1 = 50\text{MPa}, \sigma_2 = -50\text{MPa}, \sigma_3 = -80\text{MPa}, \tau_{max} = 65\text{MPa}$

7-5　1 点：$\sigma_1 = \sigma_2 = 0, \sigma_3 = -120\text{MPa}$

　　2 点：$\sigma_1 = 36\text{MPa}, \sigma_2 = 0, \sigma_3 = -36\text{MPa}$

　　3 点：$\sigma_1 = 70.3\text{MPa}, \sigma_2 = 0, \sigma_3 = -10.3\text{MPa}$

　　4 点：$\sigma_1 = 120\text{MPa}, \sigma_2 = \sigma_3 = 0$

7-6　(1) $\sigma_\alpha = 2.13\text{MPa}, \tau_\alpha = 24.3\text{MPa}$

　　(2) $\sigma_1 = 84.9\text{MPa}, \sigma_3 = -5\text{MPa}, \alpha_0 = -13°36'$

7-8　$\sigma_1 = 141\text{MPa}, \sigma_2 = 31\text{MPa}, \sigma_3 = 0, \alpha_0 = 29°42'; \ \alpha = 75°$

7-9　$\sigma_1 = \sqrt{3}\,p, \sigma_2 = \dfrac{\sqrt{3}}{3}p, \alpha_0 = 30°$

7-10　$\mu = 0.27$

7-11　$F = 13.4\text{kN}$

7-12　$\varepsilon_{-45°} = -\varepsilon_{45°} = \dfrac{\tau(1+\mu)}{E}, \quad \varepsilon_z = 0$

7-13　$M_e = \dfrac{\sqrt{3}\,\pi d^3 E \varepsilon_{30°}}{24(1+\mu)}$

7-14　$M_e = 58.5\text{kN} \cdot \text{m}$

7-15　$\Delta l_{AB} = \dfrac{\sqrt{2}\,F(1-\mu)}{2bE}$

7-16　$\sigma_x = 105.5\text{MPa}, \sigma_y = 51.7\text{MPa}, \tau_{xy} = -11.5\text{MPa}$

7-18　$\varepsilon_{max} = 750 \times 10^{-6}, \varepsilon_{min} = -550 \times 10^{-6}, \alpha_0 = 11.3°$

7-19　(1) $\sigma_1 = \sigma_2 = -2.2\text{MPa}, \sigma_3 = -10\text{MPa}$

　　(2) $\sigma_1 = \sigma_2 = -0.61\text{MPa}, \sigma_3 = -10\text{MPa}$

7-20　$\varepsilon_x = 380 \times 10^{-6}, \varepsilon_y = 250 \times 10^{-6}, \gamma_{xy} = 650 \times 10^{-6}, \varepsilon_{30°} = 66.0 \times 10^{-6}$

7-21　(a) $\sigma_{r3} = \sigma$;　(b) $\sigma_{r3} = \dfrac{1-2\mu}{1-\mu}\sigma$

7-22　(a) $\sigma_{r3} = 154\text{MPa}, \sigma_{r4} = 142.8\text{MPa}$

　　(b) $\sigma_{r3} = 30\text{MPa}, \sigma_{r4} = 26.5\text{MPa}$

7-23　$\sigma_{r3} = 43.3\text{MPa} < [\sigma]$

7-24　$\sigma_{rM} = 58\text{MPa} < [\sigma_t]$

7-25　$\sigma_{r3} = 183\text{MPa}$

7-26　$F = 2\text{kN}, M_e = 2\text{N} \cdot \text{m}, \sigma_{r4} = 31.2\text{MPa} < [\sigma]$

7-27　$\sigma_{r4} = 258.2\text{MPa} > [\sigma]$，强度不够

第 8 章 组 合 变 形

8-1 $\sigma_{\max}=12\text{MPa},\dfrac{w_{\max}}{l}=\dfrac{1}{198}$

8-2 (1) $h=2b\geqslant71.2\text{mm}$；   (2) $d\geqslant52.4\text{mm}$

8-3 $\sigma_{t,\max}=6.75\text{MPa},\sigma_{c,\max}=-6.99\text{MPa}$

8-4 No. 16

8-5 $\sigma_{\max}=140\text{MPa}$

8-6 $\sigma_{\max}=121\text{MPa}$,超过许用应力 0.75%,故仍可使用。

8-7 18a 槽钢

8-8 $\sigma_{t,\max}=26.9\text{MPa}<[\sigma_t]$, $\sigma_{c,\max}=32.3\text{MPa}<[\sigma_c]$,安全。

8-9 $F_1=237.5\text{kN},F_2=302.5\text{kN}$

8-10 $F\leqslant1.28\text{kN},F\leqslant0.925\text{kN}$

8-11 $[F]=4.85\text{kN}$

8-13 $e=1.786\text{mm},F=18.38\text{kN}$

8-14 $F=174.5\text{kN}$; $\sigma_{c,\max}=56.6\text{MPa}<[\sigma]$,安全。

8-15 （a）核心边界为一正方形,其对角顶点在两对称轴上,其相对两顶点间距离
为 364mm；

（b）核心边界为一平行四边形,四个顶点均在两对称轴上,两顶点间的距离是一个为
41.6mm,另一个为 83.4mm；

（c）核心边界为一扇形；

（d）核心边界为一八边形,其中有四个顶点在与截面各边平行的两对称轴上,相对的
两顶点间距离为 12.9×10^{-2}m。

8-16 $\delta=2.65\text{mm}$

8-17 $\sigma_{r3}=77.8\text{MPa}<[\sigma]$,安全。

8-18 $d\geqslant112\text{mm}$

8-19 $F=788\text{N}$

8-20 $d\geqslant46\text{mm}$

8-21 $\sigma_{r4}=54.4\text{MPa}<[\sigma]$,安全。

8-22 $d\geqslant49.3\text{mm}$

8-23 $\sigma_{r3}=98.1\text{MPa}<[\sigma]$,安全。

8-24 $\sigma_{r3}=107.4\text{MPa}<[\sigma]$,安全。

8-25 $\sigma_{r3}=121.4\text{MPa}<[\sigma]$,安全。

8-26 $\sigma_{r3}=144\text{MPa}>[\sigma]$,但超过$[\sigma]2.85\%$,仍可使用。

8-27 $\sigma_{r4}=112.2\text{MPa}<[\sigma]$,安全。

第 9 章 能 量 法

9-1 $V_\varepsilon=0.957\dfrac{F^2l}{EA}$

9-2　$V_\varepsilon = \dfrac{9.6M_e^2 l}{\pi G d_1^4}$

9-3　$V_{\varepsilon 1} : V_{\varepsilon 2} = 1 : 2500$

9-4　$V_\varepsilon = \dfrac{F^2 l^3}{96EI} + \dfrac{FM_e l^2}{16EI} + \dfrac{M_e^2 l}{6EI}$，与加载次序无关。

9-5　(a) $V_\varepsilon = \dfrac{F^2 l^3}{96EI}$；　　(b) $V_\varepsilon = \dfrac{17q^2 l^5}{15360EI}$；

　　　(c) $V_\varepsilon = \dfrac{3q^2 l^5}{20EI}$；　　(d) $V_\varepsilon = \dfrac{F^2 l^3}{16EI} + \dfrac{3F^2 l}{4EA}$

9-6　$V_\varepsilon = 60.4\mathrm{N} \cdot \mathrm{mm}$

9-7　$w_A = \dfrac{1}{6EI}\displaystyle\int_0^l q(x)x^2(x-3l)\,\mathrm{d}x$

9-9　距 A 端 $0.559l$ 处。

9-10　(a) $w_A = \dfrac{M_e l}{EI}\left(\dfrac{l}{2}+a\right)$　($\downarrow$)，　$w_C = \dfrac{M_e l^2}{2EI}$　($\downarrow$)，　$\theta_A = \dfrac{M_e l}{EI}$(逆时针)

　　　(b) $w_A = \dfrac{41ql^4}{384EI}$　($\downarrow$)，　$w_C = \dfrac{7ql^4}{192EI}$　($\downarrow$)，　$\theta_A = \dfrac{7ql^3}{48EI}$(逆时针)

　　　(c) $w_A = \dfrac{2M_e l^2}{81EI}$　($\downarrow$)，　$\theta_A = \dfrac{M_e l}{9EI}$(顺时针)

　　　(d) $w_A = \dfrac{ql^4}{128EI}$　($\downarrow$)，　$w_C = \dfrac{ql^4}{192EI}$　($\downarrow$)，　$\theta_A = \dfrac{ql^3}{48EI}$　(逆时针)

　　　(e) $w_A = -2.23\times10^{-3}\mathrm{m}$　($\uparrow$)，　$w_C = 1.34\times10^{-2}\mathrm{m}$　($\downarrow$)，
　　　　　$\theta_A = 5.51\times10^{-3}\mathrm{rad}$(逆时针)

9-11　$\Delta_A = 0.0168\mathrm{m}$

9-12　(a) $\Delta_{AB} = \dfrac{5Fa}{3EA}$　($\leftrightarrow$)，　$\Delta_{CD} = \dfrac{\sqrt{3}Fa}{3EA}$　($\updownarrow$)

　　　(b) $\Delta_C = \dfrac{2Fa}{EA}(2+\sqrt{2})$　($\downarrow$)，　$\Delta_B = \dfrac{4Fa}{EA}$　($\rightarrow$)

　　　(c) $\Delta_{Cy} = \dfrac{8\sqrt{2}Fa^3}{9EI}$　($\uparrow$)，　$\Delta_{BC} = \dfrac{8Fa^3}{3EI}$

9-13　(a) $_{Bx} = \dfrac{FR^3}{2EI}$　($\rightarrow$)

　　　(b) $\Delta_{Ax} = \dfrac{2FR^3}{EI}$　($\leftarrow$)

　　　(c) $\Delta_{Ax} = \dfrac{FR^3}{2EI}(\pi-1)$　($\leftarrow$)，　$\Delta_{Ay} = \dfrac{FR^3}{12EI}(28+9\pi)$　($\downarrow$)，

　　　　　$\theta_A = \dfrac{FR^2}{2EI}(\pi+3)$(顺时针)

9-14　(a) $\Delta_{Dy} = \dfrac{2Fa^3}{EI}$　($\downarrow$)，　$\Delta_{Dx} = \dfrac{Fa^3}{2EI}$　($\rightarrow$)，　$\theta_D = \dfrac{3Fa^3}{2EI}$(逆时针)

　　　(b) 节点 B：无水平位移,铅垂位移向上;
　　　　　节点 C：向右、向上。

(c) $\Delta_C = \dfrac{ql^4}{2GI_p} + \dfrac{11ql^4}{24EI}$ （↓）

在平行于纸平面的平面内，$\theta_{C1} = \dfrac{ql^3}{2GI_p} + \dfrac{ql^3}{6EI}$（顺时针）

在垂直于纸平面的平面内，$\theta_{C2} = \dfrac{ql^3}{2EI}$ （→→）

9-15 (a) $w_A = \dfrac{5Fl^3}{6EI}$ （↓），$\theta_B = \dfrac{Fl^2}{EI}$（顺时针）

(b) $w_A = \dfrac{Ml^2}{4EI}$ （↑），$\theta_B = \dfrac{5Ml}{12EI}$（顺时针）

(c) $w_A = \dfrac{29ql^4}{384EI}$ （↓），$\theta_B = \dfrac{5ql^3}{24EI}$（顺时针）

(d) $w_A = \dfrac{7ql^4}{3EI}$ （↓），$\theta_B = \dfrac{3ql^2}{2EI}$（逆时针）

9-16 (a) $w_B = \dfrac{5Fl^3}{96EI}$ （↓），$\theta_A = \dfrac{5Fl^2}{16EI}$（逆时针）

(b) $w_B = \dfrac{5Fa^3}{9EI}$ （↓），$\theta_A = \dfrac{Fa^2}{2EI}$（顺时针）

(c) $w_B = \dfrac{2Fl^3}{3EI}$ （↓），$\theta_A = \dfrac{Fl^2}{3EI}$（逆时针）

9-17 (a) $\Delta_A = \dfrac{Fhl^2}{8EI_2}$ （←），$\theta_A = \dfrac{Fl^2}{16EI_2}$（顺时针）

(b) $\Delta_A = \dfrac{Fh^2}{3E}\left(\dfrac{2h}{I_1} + \dfrac{3l}{I_2}\right)$ （→），$\theta_A = \dfrac{Fh}{2E}\left(\dfrac{h}{I_1} + \dfrac{l}{I_2}\right)$（逆时针）

9-18 $w_D = \dfrac{1}{54}\dfrac{Fa^3}{E}\left(\dfrac{8}{I_1} + \dfrac{13}{I_2}\right)$ （↑）

9-19 (a) $\Delta_{Ax} = \dfrac{17M_e a^2}{6EI}$ （→），$\Delta_{Ay} = 0$，$\theta_B = \dfrac{5M_e a}{3EI}$（顺时针）

(b) $\Delta_{Ax} = \dfrac{3ql^4}{4EI}$ （→），$\Delta_{Ay} = \dfrac{3ql^4}{32EI}$ （↑），$\theta_B = \dfrac{ql^3}{2EI}$（逆时针）

(c) $\Delta_{Ax} = \dfrac{5Fl^3}{12EI}$ （→），$\Delta_{Ay} = \dfrac{13Fl^3}{12EI}$ （↓），$\theta_B = \dfrac{3Fl^2}{4EI}$（顺时针）

(d) $\Delta_{Ax} = \dfrac{l^3}{48EI}(ql + 24F)$ （→），$\Delta_{Ay} = 0$，$\theta_B = \dfrac{l^2}{48EI}(ql + 4F)$（逆时针）

9-20 $\Delta_{By} = \dfrac{3 + 2\sqrt{2}}{2}\dfrac{Fa}{EA}$ （↓）

9-21 $\Delta_{By} = FR^3\left(\dfrac{0.785}{EI} + \dfrac{0.356}{GI_p}\right)$ （↓）

9-22 $\Delta_{Cy} = \dfrac{Fa^3}{6EI} + \dfrac{3Fa}{4EA}$ （↓）

9-23 $\Delta_{Dy} = 22.9\text{mm}$ （↓）

9-24 $F_{N1} = -\dfrac{2 - \sqrt{2}}{2}F$，$F_{N2} = \dfrac{\sqrt{2}}{2}F$

9-25 $M_1 = \dfrac{1}{2(l_1+l_2)}\left[F_1 cl_1 - \dfrac{M_e}{l_1}(l_1^2 - 3d^2) - \dfrac{F_2 e(l_2^2 - e^2)}{l_2}\right]$

9-26 $w_D = 0.0199\text{mm}$ （↑）

9-27 (a) $F_B = \dfrac{3F}{32}$ （↑）

(b) $F_{Ax} = \dfrac{3qa}{8}$ （→）， $F_{Bx} = \dfrac{3qa}{8}$ （→）

(c) $F_{Ax} = F$ （←）， $F_{Ay} = \dfrac{3}{14}F$ （↓）

(d) $F_{Ax} = 2.32\text{kN}$ （→）， $F_{Ay} = 12.5\text{kN}$ （↑）

9-28 (a) $F_{RB} = \dfrac{\sqrt{2}}{4}F$ （↑）

(b) $F_{RB} = \dfrac{2}{\pi}F$ （↑）

第 10 章　压 杆 稳 定

10-1 图(b)所示杆 F_{cr} 最小,图(a)所示杆 F_{cr} 最大。

10-2 $F_{cr} = 345\text{kN}$

10-3 695kN

10-4 $F = \dfrac{\pi^2 \sqrt{2} EI}{a^2}$, $F = \dfrac{\pi^2 EI}{2a^2}$（向外）

10-6 (1) $\lambda = 92.3$；   (2) $\lambda = 65.8$；   (3) $\lambda = 73.7$

10-7 $[F] = 186\text{kN}$

10-8 (1) $Q_{cr} = 119\text{kN}$

(2) $n = 1.735 < n_{st}$,不安全。

10-9 (1) $n = 2.1 > n_{st}$,稳定；

(2) 10 或 12.6 工字钢。

10-10 $n = 2.11 > n_{st}$, $\sigma = 113\text{MPa} < [\sigma]$

10-11 $F_{cr} = 92.1\text{kN}$, $\sigma_{cr} = 52.3\text{MPa}$, $\sigma = 45.3\text{MPa}$

10-12 $[F] = 15.5\text{kN}$

10-13 $a = 16.8\text{cm}$

10-14 66.1℃

10-15 (1) $F_{max} = 16.8\text{kN}$

(2) $F_{max} = 50.4\text{kN}$

10-16 $[F] = 180.3\text{kN}$

10-17 CD 杆：$n = 4 > n_{st}$；

AB 杆：$n = 1.7 > n_{st}$,安全。

10-18 $n = 2.3 < n_{st}$,不安全。

第 11 章　动 　载 　荷

11-1 钢索：$\sigma_d = 41.7\text{MPa} < [\sigma]$；

梁：$\sigma_{max}=35MPa<[\sigma]$，安全。

11-2　$\sigma_d=256MPa$；　$\Delta_d=5.81mm$

11-3　梁：$\Delta\sigma_{max}=15.6MPa$

　　　吊索：$\Delta\sigma=2.55MPa$

11-4　$\tau_{max}=10MPa$

11-5　$\sigma_{dmax}=107MPa$

11-6　CD 杆：$\sigma_{dmax}=2.27MPa<[\sigma]$，安全；

　　　AB 轴：$\sigma_{dmax}=68.2MPa<[\sigma]$，安全。

11-7　(1) 0.07MPa；　(2) 15.43MPa；　(3) 3.73MPa

11-8　$\sigma_{dmax}=152.9MPa$；　$w_{dmax}=2.54mm$

11-9　$\Delta_{st}=\dfrac{4Ql^3}{243EI}+\dfrac{4Q}{9k}$，　$K_d=1+\sqrt{1+\dfrac{2H}{\Delta_{st}}}$

　　　$\sigma_{dmax}=\dfrac{2Ql}{9W}K_d$，　$\Delta_{dmax}=\dfrac{2Q}{3k}\cdot K_d$

11-10　有弹簧时：$H=384mm$

　　　无弹簧时：$H=9.56mm$

11-11　(a) $\sigma_{dmax}=\dfrac{Pa}{W}\sqrt{\dfrac{3EIv^2}{Pa^3g}}$

　　　(b) $\sigma_{dmax}=\dfrac{Pa}{W}\sqrt{\dfrac{v^2}{g\left(\dfrac{P}{k}+\dfrac{Pa^3}{3EI}\right)}}$

11-12　$\sigma_{dmax}=\left(1+\sqrt{1+\dfrac{3EIh}{2Qa^3}}\right)\dfrac{Qa}{W}$

11-13　$K_d=1+\sqrt{1+\dfrac{384EIH}{5Ql^3}}$

　　　$\sigma_{dmax}^{AB}=\dfrac{Ql}{4W}K_d$，　$\sigma_{dmax}^{CD}=\dfrac{Ql}{8W}K_d$

11-14　$\tau_{dmax}=80.7MPa$，　$\sigma_{dmax}=142.5MPa$

11-15　$M_{dmax}=\sqrt{\dfrac{75EIQv^2}{28ga}}$

第 12 章　交 变 应 力

12-1　$r=-0.231,\sigma_m=-70.7MPa,\sigma_a=113.1MPa$

12-2　$\sigma_{max}=-\sigma_{min}=75MPa,r=-1$

12-3　$k_\sigma=1.55,k_\tau=1.26,\varepsilon_\sigma=0.77,\varepsilon_\tau=0.81$

12-4　合金钢轴$[\sigma_{-1}]=34MPa$，碳钢轴$[\sigma_{-1}]=36MPa$

12-5　$n_\sigma=2.77$

12-6　$n_\tau=3.25>n$

12-7　$r=1,[M]=442N\cdot m$

　　　$r=5,[M]=645N\cdot m$

12-8　疲劳强度 $n_\tau = 5.06 > n$,安全；屈服强度 $n_\tau = 7.37 > n_s$,安全.

12-9　$F_{max} = 88.3\text{kN}$

12-10　$n_\sigma = 1.88$

附录 A　截面的几何性质

A-1　(a) $S_y = 0.326h^2$;　(b) $S_y = t^2\left(t + \dfrac{3}{2}b\right)$;

　　(c) $S_y = \dfrac{B(H^2 - h^2)}{8} + \dfrac{bh^2}{8}$

A-2　(a) $y_C = 0, z_C = -25.3\text{mm}$;

　　(b) $y_C = 0, z_C = 123.6\text{mm}$(距离下边);

　　(c) $y_C = 0.87\text{mm}, z_C = 115.7\text{mm}$

A-3　(a) $I_y = \dfrac{bh^3}{12}$;　(b) $I_y = \dfrac{2ah^3}{15}$

A-4　$I_{y_C} = 0.00686d^4$

A-5　(a) $I_y = \dfrac{bh^3}{3}, I_z = \dfrac{hb^3}{3}, I_{yz} = -\dfrac{b^2h^2}{4}$

　　(b) $I_y = I_z = \dfrac{\pi R^4}{16}, I_{yz} = \dfrac{R^4}{8}$

A-6　(1) $\dfrac{\pi h^2}{16} \Big/ \dfrac{2h^2}{3} = 29.4\%$

　　(2) $\left(\dfrac{h^4}{18} - \dfrac{\pi h^4}{64 \times 16}\right) \Big/ \dfrac{h^4}{18} = 94.4\%$

A-7　$I_y = \dfrac{a^4}{12}$

A-8　$I_y = \dfrac{bh^3}{4}$

A-9　(a) $z_C = 2.85r, I_{y_C} = 10.38r^4$

　　(b) $z_C = 103\text{mm}, I_{y_C} = 3.91 \times 10^{-5}\text{ m}^4$

　　(c) $z_C = 15.4\text{cm}, I_{y_C} = 5837\text{cm}^4$

A-10　$I_{y_C} = 188.9a^4, I_{z_C} = 190.4a^4$

A-11　$a = 111\text{mm}$

A-12　$I_{yz} = 4.98 \times 10^5\text{ mm}^4$

A-13　$z_1 = \dfrac{9}{4}b, z_2 = \dfrac{19}{4}b, \dfrac{z_2}{z_1} = \dfrac{19}{9}$

A-14　$I_{y_1} = \dfrac{a^4}{12}, I_{z_1} = \dfrac{a^4}{12}, I_{y_1 z_1} = 0$

A-15　(a) $\alpha_0 = 22.5°, I_{y_0} = 49.3\text{cm}^4, I_{z_0} = 4.02\text{cm}^4$

　　(b) $\alpha_0 = -13.5°, I_{y_0} = 76.1\text{cm}^4, I_{z_0} = 19.9\text{cm}^4$

A-16　$\alpha_0 = 26°28', I_{max} = 7.04 \times 10^4\text{cm}^4, I_{min} = 5.39 \times 10^3\text{cm}^4$

索 引

（按汉语拼音字母顺序）

参 考 文 献

[1] 单辉祖.材料力学 I [M].2 版.北京：高等教育出版社,2004.

[2] 蔡怀崇,闵行.材料力学[M].西安：西安交通大学出版社,2004.

[3] 孙训芳,方孝淑,关来泰.材料力学 I [M].4 版.北京：高等教育出版社,2002.

[4] 孙训芳,方孝淑,关来泰.材料力学 II [M].4 版.北京：高等教育出版社,2002.

[5] 刘鸿文.材料力学 I [M].5 版.北京：高等教育出版社,2011.

[6] 刘鸿文.材料力学 II [M].5 版.北京：高等教育出版社,2011.

[7] Gere J M,Timoshenko S P. Mechanics of Materials. Second SI Edition[M]. New York：Van Nostrand Reinhold,1984.

[8] 陈乃立,陈倩.材料力学学习指导书[M].北京：高等教育出版社,2004.

[9] [美] Ferdinand P B.材料力学[M].张燕,王红图,彭丽,译.4 版.北京：清华大学出版社,2008.